职业技术教育课程改革规划教材

光机电专业国家级教学资源库系列教材

激光设备控制技术

JIGUANG SHEBEI KONGZHI JISHU

主　编　李建新　史子木　钟正根

参　编　蔡承宇　华学兵　关　雷

　　　　金露凡　王静奕　徐临超

主　审　吴让大

華中科技大學出版社

http://www.hustp.com

中国·武汉

内容简介

本书为国家职业教育资源库课程建设的成果。教材分为激光加工系统运动控制和激光加工工艺控制两大内容，主要涉及激光加工设备电气控制、伺服系统控制、激光加工设备 PLC 及数控技术、激光设备常见的控制系统案例、激光打标机设备与工艺控制、激光切割机设备与工艺控制。教材内容紧扣职业岗位要求，涉及光、机、电及检测等技术，突出光机电一体化原理与方法，提供了大量的激光加工设备设备与工艺控制案例，充分体现职业教育的职业性要求。

本书适合高等职业院校三年制专科和四年制本科光电制造与应用技术、激光加工技术专业课程教学，也可以供光电企业生产、装配、调试、检验及维修员工培训、职业鉴定使用和相关工程技术人员参考。

图书在版编目(CIP)数据

激光设备控制技术/李建新，史子木，钟正根主编. —武汉：华中科技大学出版社，2018.8（2024.7 重印）
职业技术教育课程改革规划教材. 光机电专业国家级教学资源库系列教材
ISBN 978-7-5680-4528-5

Ⅰ.①激…　Ⅱ.①李…　②史…　③钟…　Ⅲ.①激光加工-工业生产设备-职业教育-教材　Ⅳ.①TG665

中国版本图书馆 CIP 数据核字(2018)第 193767 号

激光设备控制技术
Jiguang Shebei Kongzhi Jishu

李建新　史子木　钟正根　主编

策划编辑：王红梅
责任编辑：王红梅
封面设计：秦　茹
责任校对：刘　竣
责任监印：徐　露
出版发行：华中科技大学出版社（中国・武汉）　电话：(027)81321913
武汉市东湖新技术开发区华工科技园　邮编：430223
录　　排：武汉市洪山区佳年华文印部
印　　刷：广东虎彩云印刷有限公司
开　　本：787mm×1092mm　1/16
印　　张：16.75
字　　数：405 千字
版　　次：2024 年 7 月第 1 版第 8 次印刷
定　　价：39.80 元

职业技术教育课程改革规划教材
光机电专业国家级教学资源库系列教材

编审委员会

前　言

激光是20世纪继原子能、计算机、半导体之后，人类的又一重大技术发明。激光技术的发展不仅使古老的光学科学和光学技术获得了新生，而且导致一个新兴产业的出现。激光加工是激光应用最有发展前途的领域之一，激光加工作为先进制造技术已广泛应用于汽车、电子、航空、冶金、机械制造等国民经济重要部门，对提高产品质量、劳动生产率、自动化水平，减少污染、材料消耗等起到愈来愈重要的作用。激光加工技术是涉及光、机、电、材料及检测等多门学科的一门综合技术，一般可分为激光加工系统和激光加工工艺。根据《高等职业学校激光加工技术专业教学标准(2011版)·培养规格》第2条"在掌握激光加工设备数控系统、伺服驱动装置及接口连接能力的基础上，形成对激光加工设备数控系统参数设置及光机电联调的能力"和第3条"在掌握激光加工设备操作使用的基础上，形成对激光加工设备加工工艺设计的技能，掌握激光加工设备数控系统程序编制能力等技术"要求，学习激光加工系统技术对于激光加工技术专业的应用型后备人才——高职学生来说是重要内容，为此我们编写了本教材。

编者根据长期的教学和校企联合办学的经验，将激光设备控制所涉及的最常用的技术融入教材中，力图将自动化技术和激光加工设备与工艺结合。本教材共分8章，主要包括激光设备机械运动控制和激光加工工艺控制两大内容。第1章是激光设备低压电气控制设备与控制系统，主要介绍低压电气控制设备、交流电动机和控制电动机及控制系统；第2章是激光加工设备典型控制系统，主要介绍激光加工设备运动控制、激光功率(能量)控制、振镜控制、飞行打标控制、调Q控制、切割机X、Y、Z轴控制；第3章是激光设备PLC控制，主要介绍PLC基本单元和定位单元的激光设备控制；第4章是激光设备数控技术，主要介绍PA8000和Smart Manager数控编程技术；第5章是激光打标机控制系统，主要介绍激光打标机硬件控制系统和软件控制系统及工艺控制系统；第6章是激光切割机控制系统，主要介绍激光切割机控制硬件系统；第7章是激光切割控制软件系统，主要介绍激光切割工艺处理、常用排样功能和激光加工控制系统；第8章是激光切割控制系统平台设置，主要介绍激光切割机机械系统和调高器、激光器、辅助气体、输入/输出设置。

浙江工贸职业技术学院主持国家职业教育光机电应用技术专业教学资源库建设，开发了一批光机电应用技术专业教学资源库课程。本教材为教学资源库课程建设的成果，编写者均为教学资源库建设的参与教师。第1章由钟正根编写，第2章由李建新编写，第3章由蔡承宇编写，第4章由华学兵编写，第5章由关雷编写，第6章由金露凡编写，第7章由王静奕编写，第8章由徐临超编写。全书由史子木统稿，奔腾楚天总经理吴让大教授、高级工程师主审。

本书在编写过程中参考了大量文献和相关研究成果，得到合作院校和相关单位的大力支持，在此一一表示诚挚的感谢！书稿中存在不妥之处在所难免，请广大读者及专家学者批评、指正。

编　者

2018年3月4日

目　　录

1

激光设备低压电气设备与控制系统

1.1 低压电气控制设备

本章介绍电气控制系统中常用的各种低压电器，以及各种电子元器件的结构、工作原理和技术规格，不涉及元器件的设计，而着重于应用。

1.1.1 接触器

接触器是电力拖动和自动控制系统中使用量大、涉及面广的一种低压控制电器，其用途为频繁地接通和断开交、直流主回路和大容量控制电路。接触器的主要控制对象是电动机，能实现远距离控制，并具有欠(零)电压保护功能。几种常用的交流接触器如图 1-1 所示。

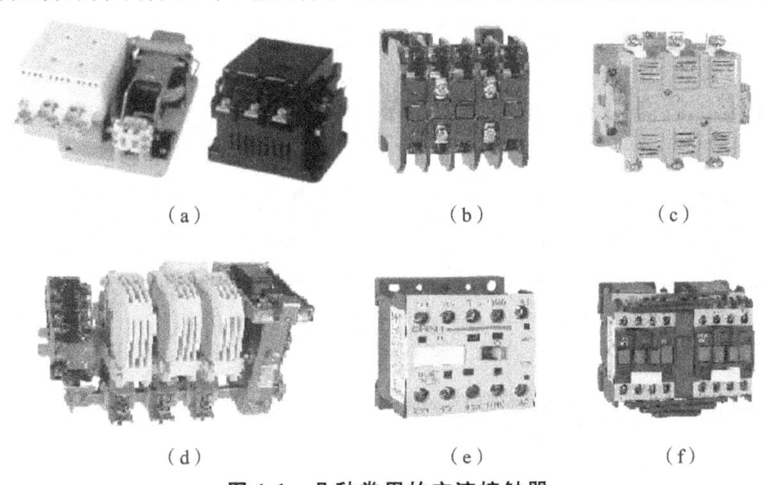

(a)　(b)　(c)

(d)　(e)　(f)

图 1-1　几种常用的交流接触器

1. 结构和工作原理

1) 接触器组成

接触器主要由电磁系统、触头系统和灭弧装置组成，其结构如图 1-2 所示。

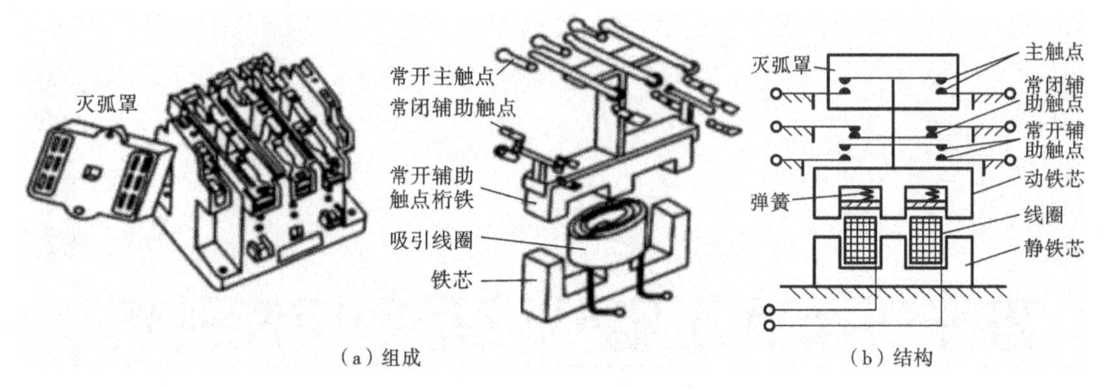

（a）组成　　（b）结构

图 1-2　接触器结构简图

(1) 电磁系统：电磁系统包括动铁芯（衔铁）、静铁芯和电磁线圈三部分，其作用是将电磁能转换成机械能，即电磁线圈产生电磁吸力带动触头动作。

(2) 触头系统：触头又称为触点，是接触器的执行元件，用来接通或断开被控制电路。触头的结构形式很多，按其所控制的电路可分为主触点和辅助触点。主触点用于接通或断开主电路，允许通过较大的电流；辅助触点用于接通或断开控制电路，只能通过较小的电流。触点按其原始状态可分为常开触点（动合触点）和常闭触点（动断触点）。原始状态（即线圈未通电）时断开、线圈通电后闭合的触点称为常开触点；原始状态时闭合、线圈通电后断开的触点称为常闭触点。线圈断电后所有触点复位，即回复到原始状态。

(3) 灭弧装置：触点在分断电流瞬间，在触点间的气隙中会产生电弧，电弧的高温能将触头烧损，并可能造成其他事故。因此，应采用适当措施迅速熄灭电弧。接触器常采用灭弧罩、灭弧栅和磁吹灭弧装置。

2) 接触器的工作原理

当线圈接入电源时，电磁力使动铁芯向静铁芯运动，带动动触点向静触点运动，从而利用触点的接触完成电路的接通。而线圈断电时，在反力弹簧的作用下铁芯及触点均恢复为常态。“常态”指线圈未通电时的状态。依常态，触点可分为常开触点和常闭触点。常开触点在线圈通电时接通电路，也称为“动合”触点。常闭触点在线圈通电时断开，也称为“动断”触点。触点依接通、断开能力又可以分为主触点和辅助触点。主触点通过电流能力强（主触点通过电流的能力常用电器的额定电流值表示），用于主电路。辅助触点的额定电流一般为 5 A，用于控制电路。要强调的是，同一接触器的所有触点在线圈通电或断电时都同时动作，并改变通断状态。

接触器的图形符号、文字符号如图 1-3 所示。

2. 交、直流接触器的特点

接触器按其主触点所控制主电路电流的种类可分为交流接触器和直流接触器。

(1) 交流接触器：交流接触器线圈通以交流电，主触点接通、分断交流主电路。

当交变磁通穿过铁芯时，铁芯内将产生涡流和磁滞损耗，会使铁芯发热，形成铁损。为减少铁损，铁芯用硅钢片冲压而成。为了便于散热，线圈做成短而粗的圆筒状绕在骨架上。

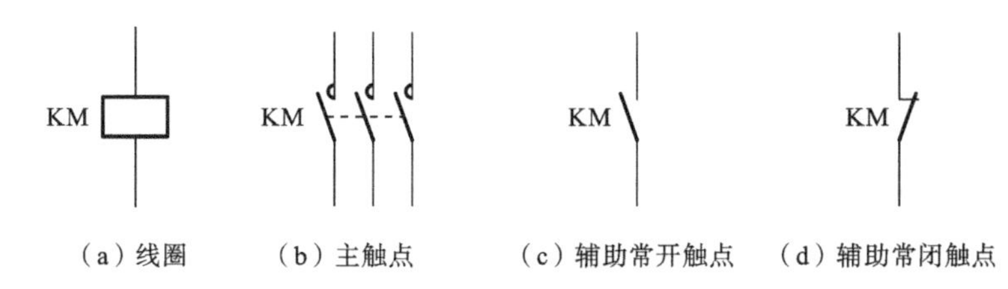

(a) 线圈　(b) 主触点　(c) 辅助常开触点　(d) 辅助常闭触点

图 1-3 接触器的图形符号和文字符号

为防止交变磁通使衔铁产生强烈振动和噪声,交流接触器铁芯端面上都安装一个铜制的短路环。

交流接触器的灭弧装置通常采用灭弧罩和灭弧栅。

(2) 直流接触器:直流接触器线圈通以直流电流,主触点接通/断开直流主电路。

直流接触器铁芯中不产生涡流和磁滞损耗,所以不发热。铁芯可用整块钢制成。为了散热良好,通常将线圈绕制成长而薄的圆筒状。直流接触器灭弧较难,一般采用灭弧能力较强的磁吹灭弧装置。

3. 接触器的选择

接触器的选择应从工作条件出发,主要考虑下列因素。

(1) 控制交流负载应选用交流接触器,控制直流负载则选用直流接触器。

(2) 接触点的使用类别应与负载性质一致。

(3) 主触点的额定工作电压应大于或等于负载电路的电压。

(4) 主触点的额定工作电流应大于或等于负载电路的电流。还要注意的是,接触器主触点的额定工作电流是在规定条件(额定工作电压、使用类别、操作频率等)下能够正常工作的电流值,实际使用条件不同,这个电流值也将随之改变。

(5) 吸引线圈的额定电压应与控制回路电压一致,接触器在线圈电压到达额定电压的85%及以上时应能可靠地吸合。

(6) 主触点和辅助触点的数量应能满足控制系统的需要。

1.1.2 继电器

继电器主要用于控制与保护电路,同时作信号转换用。它具有输入电路(又称感应元件)和输出电路(又称执行元件),当感应元件中的输入量(如电流、电压、温度、压力等)变化到某一定值时继电器动作,执行元件便接通和断开控制回路。

控制继电器种类繁多,常用的有电流继电器、电压继电器、中间继电器、时间继电器、热继电器及温度、压力、计数、频率继电器等。

电压、电流继电器和中间继电器属于电磁式继电器。其结构、工作原理与接触器的相似,由电磁系统、触头系统和释放弹簧等组成。由于继电器用于控制电路,流过触头的电流小,故不需要灭弧装置。

电磁式继电器的外形如图 1-4(a)、(b)、(c)、(d)所示,图形符号、文字符号如图 1-4(e)所示。

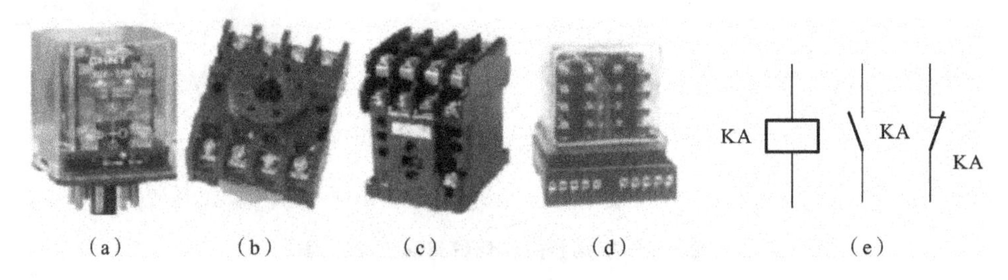

(a) (b) (c) (d) (e)

图 1-4 电磁式继电器

1. 电压、电流继电器

根据输入(线圈)电流大小不同而动作的继电器称为电流继电器，按用途可分为过电流继电器和欠电流继电器。过电流继电器的任务是当电路发生短路及过流时立即将电路断开，因此过电流继电器线圈通过的电流小于整定电流时继电器不动作，只有通过的电流超过整定电流时继电器才动作。过电流继电器的动作电流整定范围是：交流为(110%～350%)I_N，直流为(70%～300%)I_N。欠电流继电器的任务是当电路电流过低时立即将电路断开，因此欠电流继电器线圈通过的电流大于或等于整定电流时，继电器吸合，只有线圈通过的电流低于整定电流时继电器才释放。欠电流继电器动作电流整定范围是：吸合电流为(30%～50%)I_N；释放电流为(10%～20%)I_N。欠电流继电器一般是自动复位的。

电压继电器是根据输入电压大小不同而动作的继电器，过电压继电器动作电压整定范围为(105%～120%)U_N，欠电压继电器吸合电压调整范围为(30%～50%)U_N，释放电压调整范围为(7%～20%)U_N。

2. 中间继电器

中间继电器实质上是电压继电器的一种，它的触点多，触点电流容量大，动作灵敏，如图1-4(c)所示。其主要用途是当其他继电器的触点数或触点容量不够时，扩大它们的触点数或触点容量，从而起到中间转换的作用。

3. 时间继电器

时间继电器是一种用来实现触点延时接通或断开的控制电器，按其动作原理与结构不同，可分为空气阻尼式、电动式、电子式等多种类型。

电子式时间继电器早期产品多是阻容式，近期开发的产品多为数字式(又称计数式的)，由脉冲发生器、计数器、数字显示器、放大器及执行机构等组成，具有延时时间长、调节方便、精度高的优点，有的还带有数字显示，应用很广，可取代阻容式、空气阻尼式、电动式等时间继电器。

时间继电器的外观、图形符号、文字符号如图 1-5 所示。

4. 热继电器

热继电器是专门用来对连续运行的电动机进行过载及断相保护，以防止电动机过热而烧毁的保护电器。

(1) 热继电器的结构及工作原理：由图 1-6 所示的热继电器结构原理可知，它主要由双金属片、加热元件、动作机构、触点系统、整定调整装置及手动复位装置等组成。双金属片作

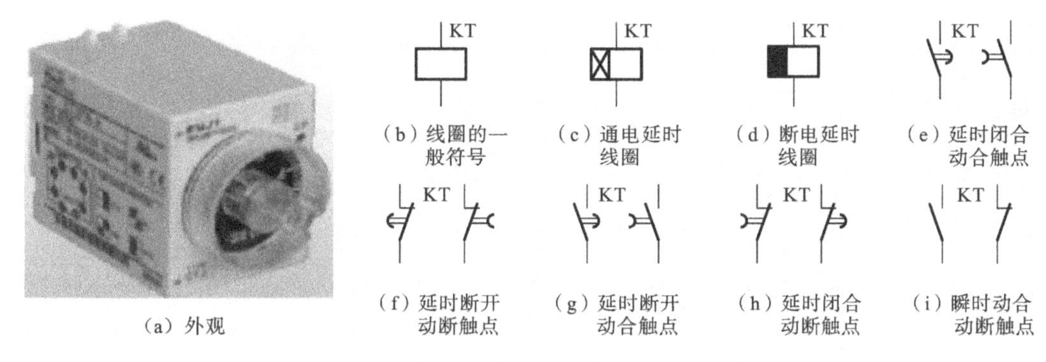

图 1-5　时间继电器的外观、图形符号和文字符号

为温度检测元件，由两种膨胀系数不同的金属片压焊而成，它被加热元件加热后，因两层金属片伸长率不同而弯曲。加热元件串接在电动机定子绕组中，在电动机正常运行时，热元件产生的热量不会使触点系统动作；当电动机过载时，流过热元件的电流加大，经过一定的时间，热元件产生的热量使双金属片的弯曲程度超过一定值，通过导板推动热继电器的触点动作（常开触点闭合、常闭触点断开）。通常用其串接在接触器线圈电路的常闭触点来切断线圈电流，使电动机主电路失电。故障排除后，按手动复位按钮，热继电器触点复位，可重新接通控制电路。

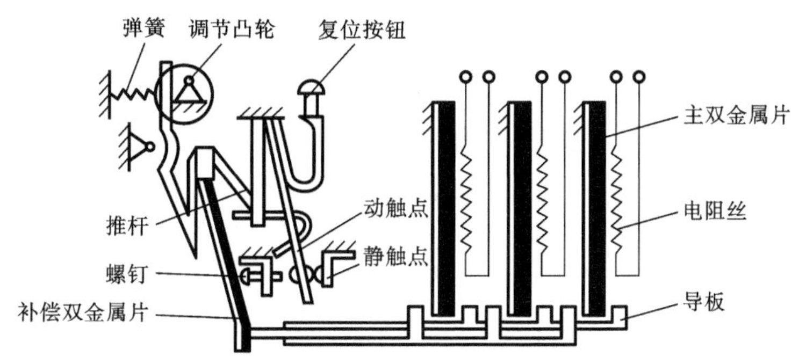

图 1-6　双金属片式热继电器结构

（2）热继电器主要参数：热继电器主要参数有热继电器额定电流、相数、热元件额定电流、整定电流及调节范围等。热继电器的额定电流是指热继电器中可以安装的热元件的最大整定电流值。热元件的额定电流是指热元件的最大整定电流值。

热继电器的整定电流是热元件能够长期通过而不致引起热继电器动作的最大电流值。通常热继电器的整定电流是按电动机的额定电流整定的。热继电器有手动调节整定电流的旋钮，它通过偏心轮机构，调整双金属片与导板的距离，就能在一定范围内调节其电流的整定值，从而更好地保护电动机。

热继电器的图形符号、文字符号如图 1-7 所示。

5. 断相与相序保护继电器

断相与相序保护继电器，在三相交流电动机以及不可逆转传动设备中分别作断相保护和相序保护，具有性能可靠、适用范围广、使用方便等优点。断相与相

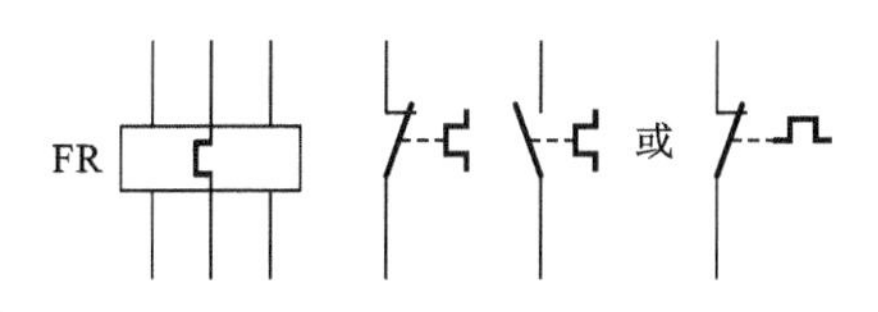

图 1-7　热继电器的图形符号与文字符号

序保护继电器原理如图 1-8 所示。

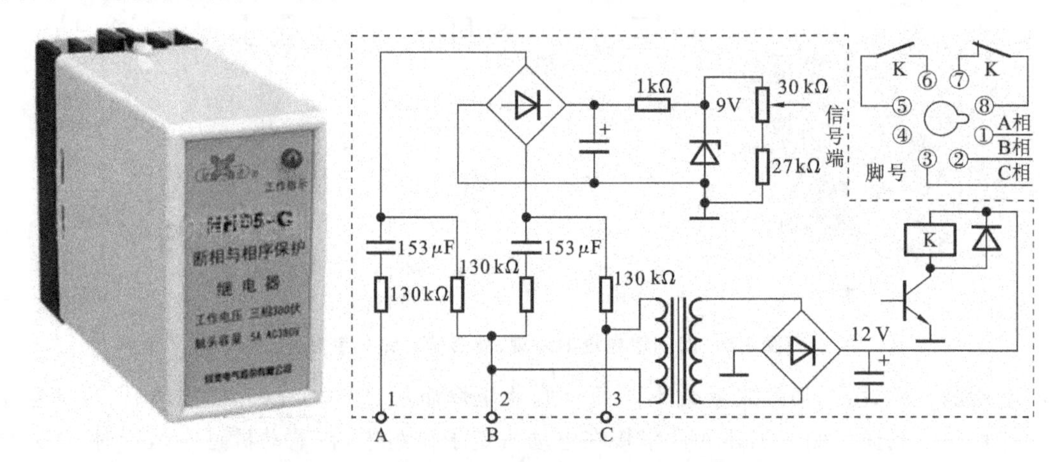

图 1-8　断相与相序保护继电器外形和电原理图

三相电路中任何一相熔断器开路或供电电压不平衡,断相与相序保护继电器即能动作,切除 KM 主回路电源,从而达到保护电动机的目的。

工作原理:三相的相序相同时,经阻容元件降压后的电压最大,其电压信号驱动执行检测机构动作,继电器吸合,触点接通控制电源。相序不同或断相时,经阻容元件降压后的电压甚低,其电压信号不足以驱动执行检测机构动作,所以,继电器处在复位状态,控制电源也就被切断。

在三相不可逆转的设备(如水泵、风扇、空压机、电梯电机、中小型配电屏等),认定相序后,若维修或更改供电线路,即发生与原认定相序错接的情况,则断相与相序保护继电器能可靠鉴别相序,停止 KM 主回路电源供电,从而达到保护设备的目的。

图 1-8 所示的电路中,1、2 和 3 脚分别接 A、B 和 C 相线,5、6 脚之间接输出常开触点,7、8 脚之间接输出常闭触点。接上三相电源后,5、6 脚吸合导通,7、8 脚由导通变断开。一般只要把 5、6 脚串联在控制电动机的接触器线圈的电路中就可以了。

1.1.3　熔断器

1. 工作原理

熔断器是一种结构简单、使用方便、价格低廉的保护电器,广泛用于供电线路和电气设备的短路保护。熔断器由熔体和安装熔体的外壳两部分组成。熔体是熔断器的核心,通常用低熔点的铅锡合金、锌、铜、银的丝状或片状材料制成,新型的熔体通常设计成灭弧栅状和具有变截面片状结构。当通过熔断器的电流超过一定数值并经过一定的时间后,电流在熔体上产生的热量使熔体某处熔化而分断电路,从而保护了电路和设备。

2. 熔断器的选择

熔断器的选择主要是选择熔断器的种类、额定电压、熔断器额定电流和熔体额定电流等参数。熔断器的种类主要由电控系统整体设计确定,熔断器的额定电压应大于或等于实际电路的工作电压。确定熔体电流是选择熔断器的主要任务,具体来说,有下列几条原则。

① 电路上、下两级都装设熔断器时,为使两级保护相互配合良好,两级熔体额定电流的比值不小于 1.9∶1。

② 对于照明线路或电阻炉等没有冲击性电流的负载,熔体的额定电流应大于或等于电路的工作电流,即

$$I_{FN} \geqslant I_1$$

式中:I_{FN}为熔体的额定电流;I_1为电路的工作电流。

③ 保护一台感应电动机时,考虑电动机冲击电流的影响,熔体的额定电流应为:

$$I_{fN} \geqslant (1.5 \sim 2.5) I_N$$

式中:I_N 为电动机的额定电流。

④ 保护多台感应电动机时,若各台电动机不同时起动,则应按下式计算:

$$I_{fN} \geqslant (1.5 \sim 2.5) I_{N,max} + \Sigma I_N$$

式中:$I_{N,max}$为容量最大的一台电动机的额定电流;ΣI_N为其余电动机额定电流的总和。熔断器的图形、文字符号如图 1-9 所示。

FU

图 1-9 熔断器图形符号与文字符号

1.1.4 低压隔离器

低压隔离器也称刀开关。低压隔离器是低压电器中结构比较简单、应用十分广泛的一类手动操作电器,主要有低压开关、熔断器式刀开关和组合开关等三种。

隔离器的作用主要是在电源切除后,将线路与电源明显地隔开,以保障检修人员的安全。熔断器式刀开关由刀开关和熔断器组合而成,故兼有二者的功能,即电源隔离和电路保护功能,可分断一定的负载电流。

1. 刀开关

低压刀开关由操纵手柄、触刀、触刀插座和绝缘底板等组成,其结构简图如图 1-10(a)所示。

刀开关的主要类型有带灭弧装置的大容量刀开关、带熔断器的开启式负荷开关(胶盖开关)、带灭弧装置和熔断器的封闭式负荷开关(铁壳开关)等。

选用刀开关时,刀的极数要与电源进线相数相等,刀开关的额定电压应大于所控制线路的额定电压,刀开关的额定电流应大于负载的额定电流。刀开关的图形符号、文字符号如图 1-10(b)所示。

2. 组合开关

组合开关也是一种刀开关,但它的刀片是转动式的,操作比较轻巧,它的动触点(刀片)和静触点装在封闭的绝缘件内,采用叠装式结构,其层数由动触点数量决定,动触点装在操作手柄的转轴上,随转轴旋转而改变各对触点的通断状态。

采用扭簧储能,可使开关快速接通及断开电路而与手柄旋转速度无关,因此它不仅可用于不频繁接通、断开及转换交、直流电阻性负载电路,而且可以降低容量。使用时可直接起

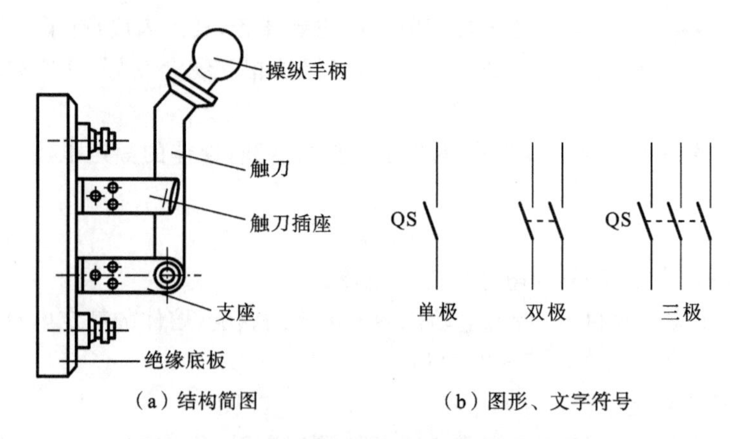

（a）结构简图　　（b）图形、文字符号

图 1-10　低压隔离器结构图与图形、文字符号

动和断开转动中的小型感应电动机。

组合开关的主要参数有额定电压、额定电流、极数等，其中额定电流有 10 A、25 A、90 A 等几级。

组合开关的结构和图形、文字符号如图 1-11 所示。

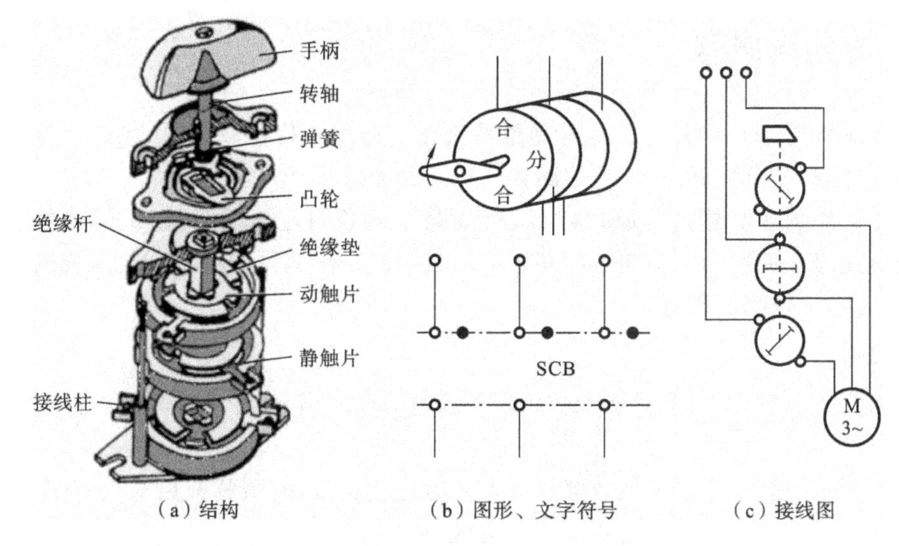

（a）结构　　（b）图形、文字符号　　（c）接线图

图 1-11　组合开关的结构，图形、文字符号和接线图

3. 低压断路器

低压断路器原称为自动开关，为了和 IEC（国际电气技术委员会）标准一致，故改用此名。

低压断路器可用来分配电能，不频繁地起动感应电动机，对电源线路及电动机等实行保护，当它们发生严重的过载或短路及欠电压等故障时能自动切断电路，其功能相当于熔断器式断路器与过流、欠压、热继电器等的组合，而且在分断故障电流后一般不需要更换零部件，因而获得了广泛的应用。

断路器的结构有框架式（又称万能式）和塑料外壳式（又称装置式）两大类。框架式断路器结构为敞开式结构，适用于大容量配电装置；塑料外壳式断路器的特点是外壳用绝缘材料制作，具有良好的安全性，广泛用于电气控制设备及建筑物内的电源线路保护，以及电动机的过载和短路保护。低压断路器的外形如图 1-12 所示。

图 1-12 低压断路器

低压断路器主要由触点和灭弧装置、各种可供选择的脱扣器与操作机构、自由脱扣机构等三部分组成。各种脱扣器包括过流、欠压（失压）脱扣器和热脱扣器等。工作原理如图1-13(a)所示。图中选用了过载和欠压两种脱扣器。开关的主触点靠操作机构手动或电动合闸，在正常工作状态下能接通和断开工作电流，当电路发生短路或过流故障时，过流脱扣器的衔铁被吸合，使自由脱扣机构的钩子脱开，自动开关触点分离，及时有效地切除高达数十倍额定电流的故障电流。若电网电压过低或过零，则失压脱扣器的衔铁被释放，自由脱扣机构动作，使断路器触点分离，从而在过流与零压欠压时保证电路及电路中设备的安全。

低压断路器的图形、文字符号如图 1-13(b)所示。

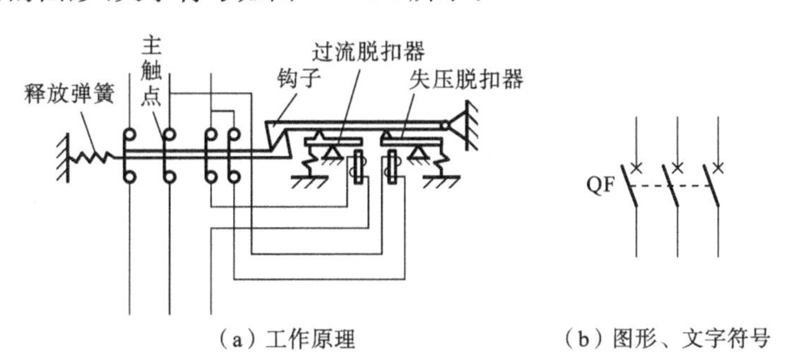

(a) 工作原理　　(b) 图形、文字符号

图 1-13 低压断路器工作原理图和图形、文字符号

1.1.5 主令电器

主令电器是用来发布命令、改变控制系统工作状态的电器，它可以直接作用于控制电路，也可以通过电磁式电器的转换对电路实现控制，其主要类型有按钮、行程开关、万能转换开关、主令控制器、脚踏开关等。

1. 按钮

按钮是最常用的主令电器，其典型结构如图 1-14(a)所示。它既有常开触点，也有常闭触点。常态时在复位弹簧的作用下，由桥式动触点将常闭静触点闭合，常开静触点断开；当按下按钮时，桥式动触点将常闭静触点分断，常开静触点闭合。常闭静触点又称为常闭或动断触点，常开静触点又称为常开或动合触点。

按钮的图形、文字符号如图 1-14(b)、(c)、(d)所示。

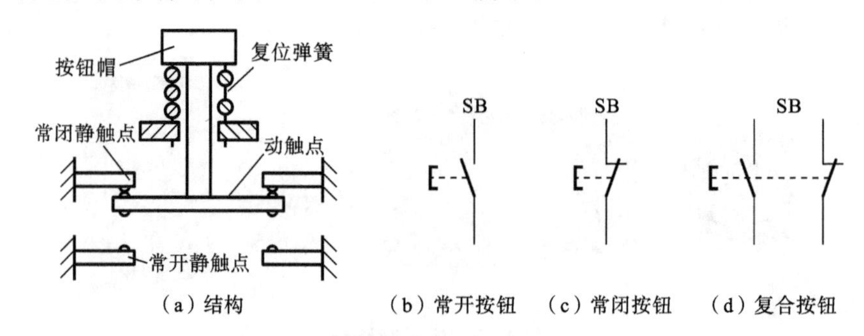

(a) 结构　(b) 常开按钮　(c) 常闭按钮　(d) 复合按钮

图 1-14　按钮的结构及图形、文字符号

将按钮帽做成红、绿、黑、黄、蓝、白、灰等颜色。国标 GB 5229-85 对按钮颜色作了如下规定。

① “停止”和“急停”按钮必须是红色的。按下红色按钮,必须使设备停止工作或断电。

② “起动”按钮的颜色是绿色。

③ “起动”与“停止”交替动作的按钮的颜色必须是黑色、白色或灰色,不得用红色和绿色。

④ “点动”按钮的颜色必须是黑色;

⑤ “复位”(如保护继电器的复位按钮)的颜色必须是蓝色。当复位按钮还有停止作用时,则必须是红色。

2. 行程开关

行程开关主要用于检测工作机械的位置,发出命令以控制其运动方向或行程长短,如图 1-15 所示。行程开关也称位置开关。

图 1-15　各类行程开关

行程开关按结构分为机械结构的接触式行程开关和电气机构的非接触式接近开关等两类。接触式行程开关靠移动物体碰撞行程开关的操动头而使行程开关的常开触点接通和常闭触点断开,从而实现对电路的控制作用,其结构如图 1-16 所示。

行程开关按外壳防护形式分为开启式、防护式和防尘式等三种;按动作速度分为瞬动和慢动(蠕动)等两种;按复位方式分为自动复位和非自动复位等两种;按接线方式分为螺钉式、焊接式及插入式等三种;按操作形式分为直杆式(柱塞式)、直杆滚轮式(滚轮柱塞式)、转臂式、方向式、叉式、铰链杠杆式等多种;按用途分为一般用途行程开关、起重设备用行程开关及微动开关等多种。

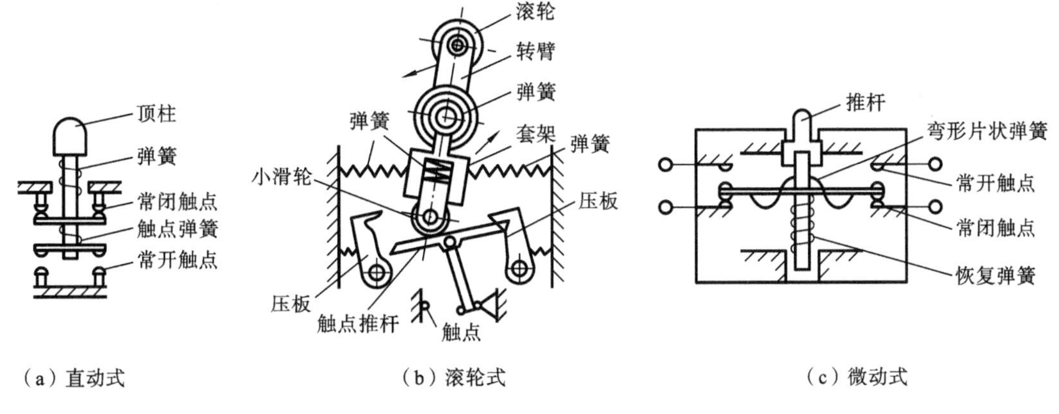

（a）直动式　（b）滚轮式　（c）微动式

图 1-16　行程开关的结构图

行程开关的图形、文字符号如图 1-17 所示。

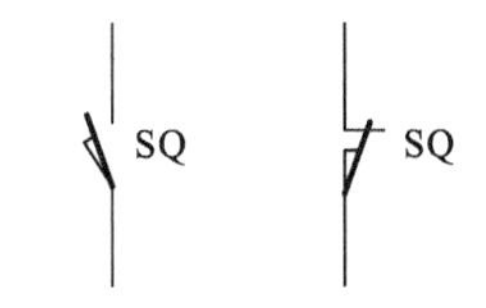

（a）常开触点（b）常闭触点

图 1-17　行程开关的图形、文字符号

3. 脚踏开关

脚踏开关是一种通过脚踩或踏来控制电路通断的开关，使用在双手不能触及的控制电路中以代替双手达到操作的目的。

简单的脚踏开关其实就是内置一个行程开关，当脚踏给予信号的时候开关动作。但是，在焊接领域脚踏开关的功能还担当控制输出电流大小的作用。这种类型的脚踏开关还可以分为机械式脚踏开关、感应式脚踏开关等两类。机械式脚踏开关是传统的齿轮齿条传动的，感应式脚踏开关是通过电磁感应等原理工作的。

根据图 1-18 所示的脚踏开关内部接线图可知，脚踏开关有 3 个接点，两对触点，黑线与红线构成动断触点，黑线与蓝线构成动合触点。

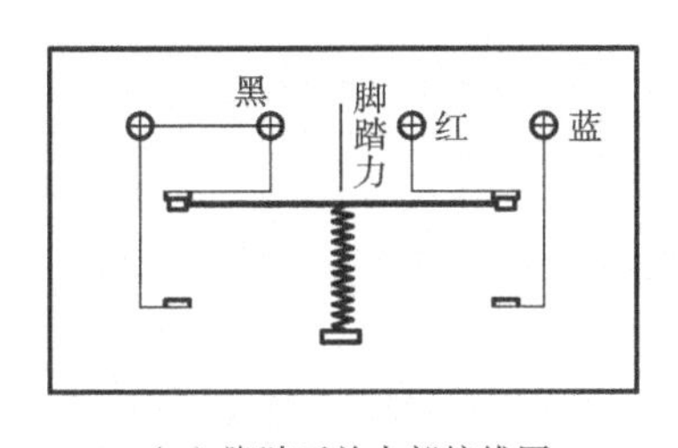

（a）脚踏开关内部接线图

（b）外形

图 1-18　脚踏开关

1.1.6　执行元件

1. 电磁阀

电磁阀在激光加工中用于控制辅助气体的通断，电磁阀外形与在气路中的通断控制如图1-19所示。

电磁阀图形符号由方框、箭头、符号“┬”或“┴”，以及字符构成，如图 1-20 所示。

（1）用方框表示阀的工作位置，每个方框表示电磁阀的一种工作位置，即“位”，有几个方

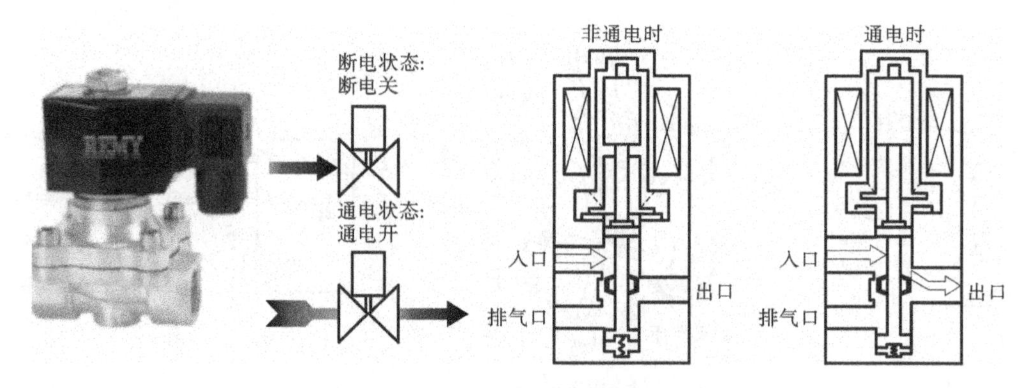

图 1-19 电磁阀外形与在气路中的控制

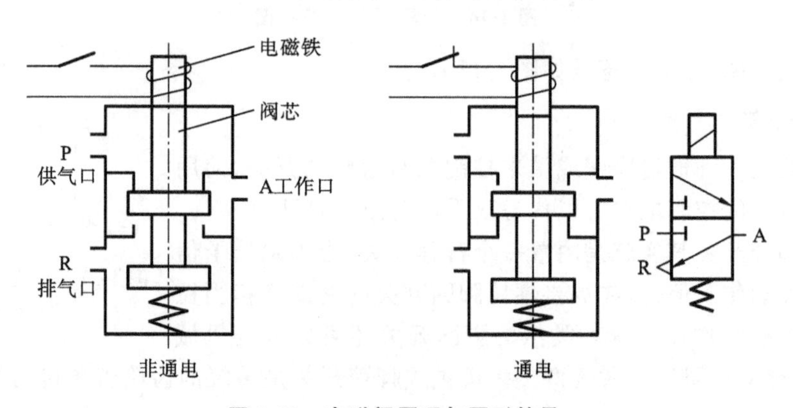

图 1-20 电磁阀原理与图形符号

框就表示有几“位”，如二位三通电磁阀表示有两种工作位置。

(2) 方框内的箭头表示对应的两接口处于连通状态，但箭头方向不一定表示流体的实际方向。

(3) 方框内符号“┴”或“┬”表示该通路不通。

(4) 方框外部连接的接口数有几个，就表示几“通”。

(5) 一般地，流体的进口端用字母 P 表示，出口端用 R 表示；而阀与执行元件连接的接口用 A、B 等表示。

(6) 换向阀都有两个或两个以上的工作位置，其中一个为常态位，即阀芯未受到操纵力时所处的位置。图形符号中的中位是三位阀的常态位。利用弹簧复位的二位阀则以靠近弹簧的方框内的通路状态为其常态位。绘制系统图时，油路/气路一般应连接在换向阀的常态位上。

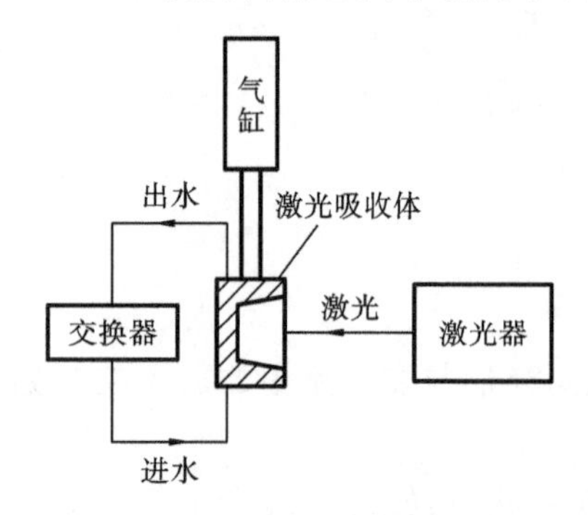

图 1-21 激光气动光闸机构简图

2. 光闸

光闸是用来控制激光器是否辐射激光的器件，分为电子光闸和机械光闸等两大类。电子光闸是大多数激光器都配备的；机械光闸有气动和电动两种，由于气动部件的稳定性比较高(见图 1-21)，而电动部件比较简单，因此这两种都能在一定范围内得到运用。

光闸是由旋转电动机和反射镜片组成的，当不需要出光时，控制器给出脉冲电流，控制电动机转向，带动反射镜片进入光路，把激光反射进光陷阱。需要出光时，控制器给出脉冲电流，控制电动机旋转，反射镜片脱离光路，激光输出。

在高功率加工设备中，需要将能量吸收；其光闸中的抛物镜，能引导激光 90°转弯，再反射到耐高温的螺旋状吸收体上，注入水流，就能把激光的能量迅速吸收，达到关闭激光的效果。

1.2 电 动 机

1.2.1 三相异步电动机

1. 三相异步电动机的工作原理

对称三相定子绕组中通入对称三相正弦交流电，便产生旋转磁场。旋转磁场切割转子导体，便产生感应电动势和感应电流。感应电流一旦产生，便受到旋转磁场的作用，形成电磁转矩，转子便沿着旋转磁场的转向转动起来，如图 1-22 所示。

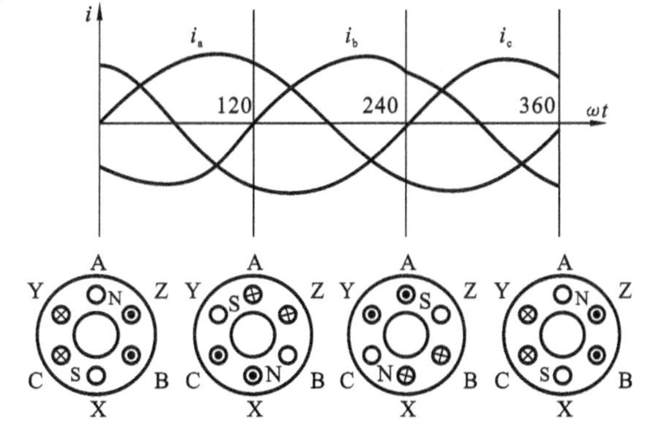

图 1-22 三相异步电动机旋转磁场的产生

旋转磁场的转速为：

$$n_0=\frac{60f}{p} \tag{1-1}$$

式中：f 为电源频率；p 是磁场的磁极对数；n_0的单位是 r/min。旋转磁场的转速又称为同步转速。

定子绕组产生旋转磁场后，转子导条（鼠笼条）将切割旋转磁场的磁力线而产生感应电流，转子导条中的电流又与旋转磁场相互作用产生电磁力，电磁力产生的电磁转矩驱动转子沿旋转磁场方向以 n 的转速旋转起来。

转子的转动方向虽然与旋转磁场的转动方向相同，但转子转速 n 不可能达到旋转磁场的同步转速 n_0，因为如果二者相等，则转子与旋转磁场之间就不存在相对运动，因而转子导体就不能切割磁力线，转子上也就不再产生感生电流及电磁转矩。可见，鼠笼式转子的转速与旋转磁场的同步转速之间必须存在差值而不能同步，这也正是异步电动机名称的由来。

2. 三相异步电动机的结构

一般三相异步电动机主要由两部分组成：固定部分称为定子，旋转部分称为转子。另外还有端盖、风扇、罩壳、机座、接线盒等，如图 1-23 所示。

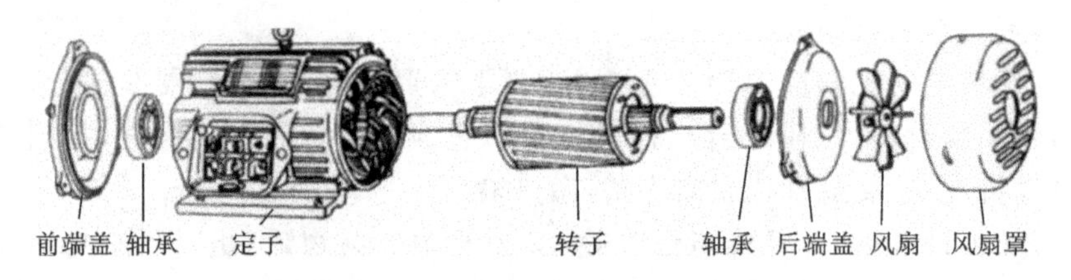

图 1-23　三相鼠笼式异步电动机的结构

定子用来产生磁场和作电动机的机械支撑，由定子铁芯、定子绕组和机座三部分组成。定子绕组镶嵌在定子铁芯中，通过电流时产生感应电动势，实现电能量转换。机座的作用主要是固定和支撑定子铁芯。一般电动机在机座外表面设计为散热片状。

电动机的转子由转子铁芯、转子绕组和转轴组成。转子铁芯也是作为电动机磁路的一部分。转子绕组的作用是感应电动势，通过电流而产生电磁转矩。转轴是支撑转子的重量、传递转矩、输出机械功率的主要部件。

3. 三相异步电动机的分类

按转子结构的不同，三相异步电动机可分为鼠笼式和绕线式等两种（见图 1-24）。鼠笼式异步电动机结构简单、运行可靠、重量轻、价格便宜，得到了广泛的应用，但其主要缺点是调速困难。绕线式三相异步电动机的转子和定子一样也设置了三相绕组，并通过滑环、电刷与外部变阻器连接。调节变阻器电阻可以改善电动机的起动性能和调节电动机的转速。

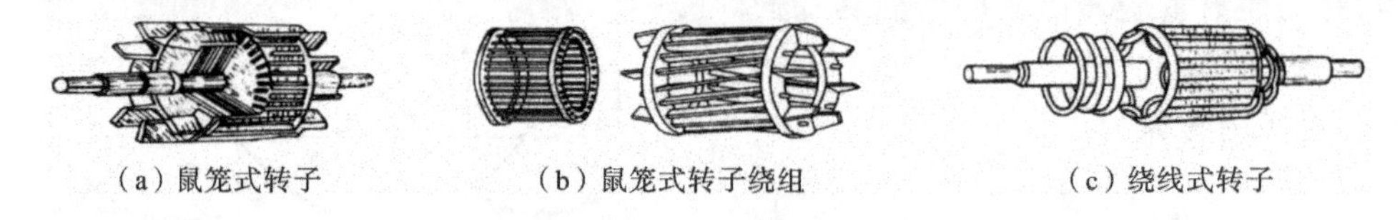

（a）鼠笼式转子　（b）鼠笼式转子绕组　（c）绕线式转子

图 1-24　电动机的转子

4. 三相异步电动机的使用

电动机的接线方法有两种，定子三相绕组头尾相连的连接是 Y 形连接，如图 1-25 所示，此时电动机上每相绕组所承受的电压是电源线电压的 1/3；如果将电动机三相绕组的六个线头按照图 1-26 所示的方式连接，则称为△形连接，此时电动机上每相绕组所承受的电压等于电源线电压。

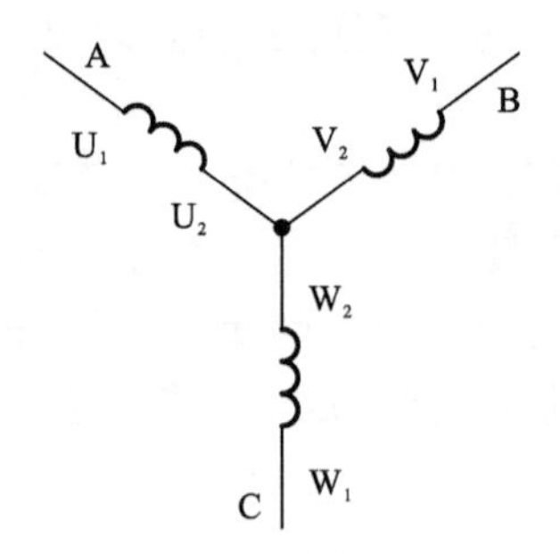

图 1-25　电动机 Y 形连接

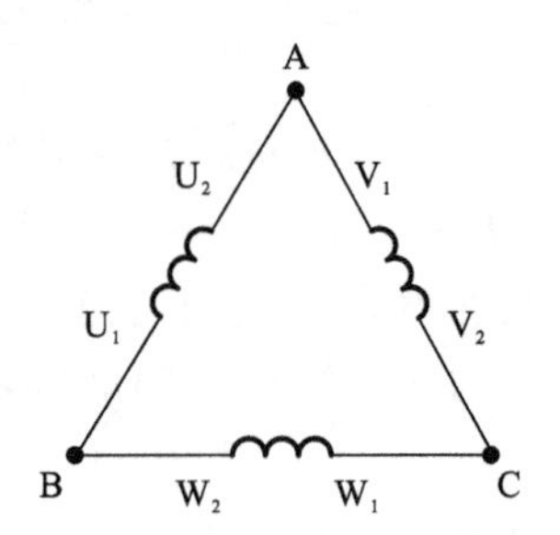

图 1-26　电动机△形连接

电动机的接线盒有六个接线端子，标有 U_1 和 U_2、V_1 和 V_2、W_1 和 W_2，分别是定子内三相绕组的首末端。如果铭牌上标明是“Y”形连接，接线端子应按图 1-27 所示的接法连接；如果铭牌上标明是“△”形连接，接线端子应按图 1-28 所示的接法连接。

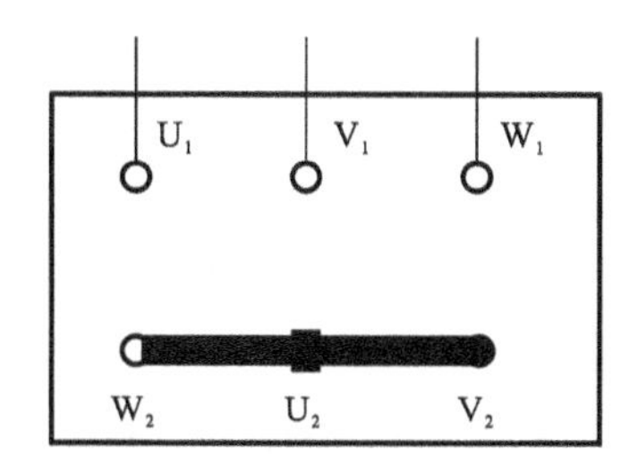

图 1-27 电动机的 Y 形连接

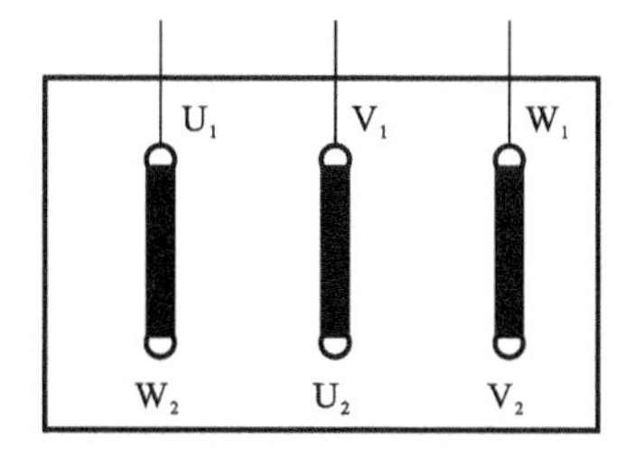

图 1-28 电动机的△形连接

通常，三相异步电动机功率在 3 kW 以下者连接成 Y 形；4 kW 以上者连接成△形。

每台电动机的铭牌上都已经注明了该电动机应该采用的接线方式。如果将额定为 Y 形连接的电动机接为△形，那么电动机的功率将会增大，电流会上升，电动机很快就会发热、烧坏。如果将额定为△形连接的电动机接为 Y 形，那么电动机的功率将会减小，因为带不动负载，也很快会发热、烧坏。

5. 三相异步电动机的起动、反转及调速

(1) 起动：在电动机通电起动的瞬间，定子旋转磁场的转速可以同时达到同步转速，但是转子却是静止的，二者之间的转速差最大，此时转子产生的感生电流也最大，电路输入给电动机的电流也最大，往往可以达到电动机额定电流的几倍到十几倍，对电动机和电网的冲击比较大。因此，对于较大功率的电动机，不能直接加额定电压起动，需要采用降压起动的方式减小起动电流，待转子的转速接近额定转速时，再改换为额定电压正常运行；或采用连续调压的方式从低压开始起动，随转子的转速增大而逐渐把电压调到额定电压。一般来说，7.5 kW 以下的电动机可直接起动，而 7.5 kW 以上的电动机需要降压起动。

(2) 反转：如果要改变电动机当前旋转的方向，只要任意对调二根相线与定子绕组的连接，便可改变定子三相绕组中三相交流电的相序，实现反向转动。

(3) 调速：三相异步电动机转速为：

$$n_1=\frac{60f}{p(1-s)} \tag{1-2}$$

式中：f 为电源频率；p 是磁场的磁极对数；s 为电动机转子实际转速与同步转速之比，即转差率。

从式(1-2)可见，改变供电频率 f、电动机的极对数 p 及转差率 s 均可达到改变转速的目的。从调速的本质来看，调速方式可分为改变交流电动机的同步转速和不改变同步转速等两种方式。

在生产机械中，广泛使用不改变同步转速的调速方法，对于绕线式电动机，有转子串接电阻调速、斩波调速、串级调速，以及应用电磁转差离合器、液力耦合器、油膜离合器等调速方法。改变同步转速的有改变定子极对数的多速电动机，还有采用改变定子电压、频率的变频调速方法等。

1.2.2 步进电动机及驱动器

1. 步进电动机概述

步进电动机是一种将电脉冲信号转换为机械角位移的机电执行元件。它与普通电动机一样，由转子、定子和定子绕组组成。当给步进电动机定子绕组输入一个电脉冲时，转子就会转过一个相应的角度，其转子的转角与输入的电脉冲个数成正比；转速与电脉冲频率成正比；转动方向取决于步进电动机定子绕组的通电顺序。步进电动机伺服系统是典型的开环控制系统，它没有任何反馈检测环节，其精度主要由步进电动机决定，并具有控制简单、运行可靠、无累积误差等优点。

步进电动机分三种：永磁式、反应式和混合式。

永磁式步进电动机的定子和转子铁芯中，一件用永磁材料制成（大多数是转子铁芯），另一件用软磁材料制成。一般为两相步进电动机，转矩和体积较小，步距角一般为 7.5°或 15°。

反应式步进电动机的定子、转子铁芯都用软磁材料制成，定位精度可以做得很高，气隙可以做得很小，磁极也可以设计得比较窄，步距角较小。一般为三相步进电动机，可实现大转矩输出，步距角一般为 1.5°，但噪声和振动都很大。

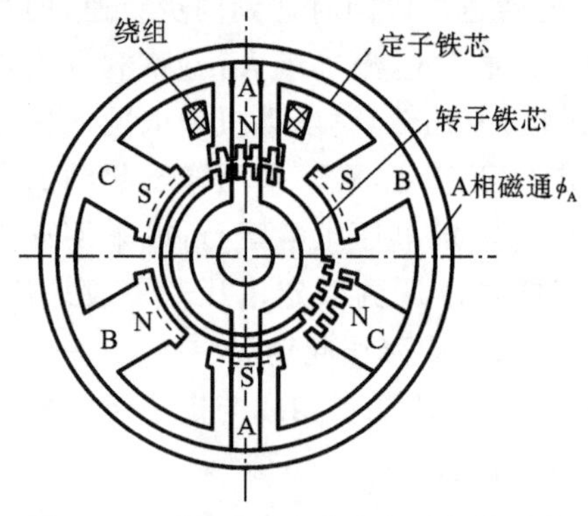

图 1-29 三相反应式步进电动机的结构

混合式步进电动机是吸取了永磁式和反应式优点、结构更加先进，应用最为广泛。混合式步进电动机从类型上可以分为两相、三相和五相等三种，两相整步步距角为1.8°，三相整步步距角为 1.2°，五相整步步距角为 0.72°。

2. 反应式步进电动机的工作原理和主要特性

图 1-29 所示的为三相反应式步进电动机的结构。它是由转子、定子及定子绕组组成的。定子有六个均布的磁极，直径方向相对的两个极上的线圈串联，构成电动机的一相控制绕组。

图 1-30 所示的为三相反应式步进电动机工作原理图。定子上的 A、B、C 三对磁极，转子上有四个齿，转子上无绕组，由带齿的铁芯做成，如果先将电脉冲加到 A 相励磁绕组，B、C 相不加电脉冲，A 相磁极便产生磁场，在磁场力矩作用下，转子 1、3 两个齿与定子 A 相磁极对

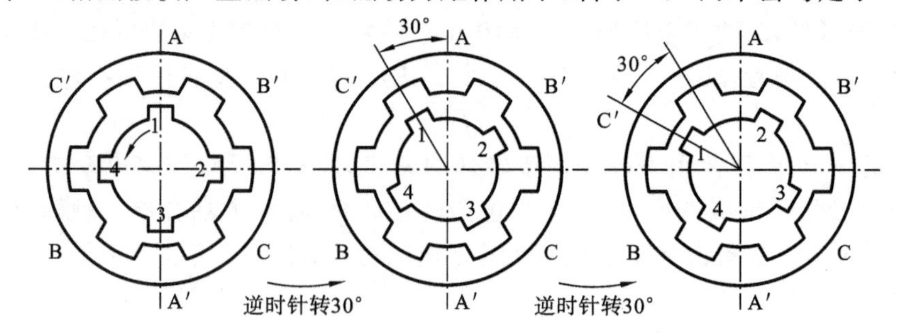

图 1-30 三相反应式步进电动机工作原理图

齐;如果将电脉冲加到B相励磁绕组,A、C相不加电脉冲,B相磁极便产生磁场,这时转子2、4两个齿与定子B相磁极靠得最近,转子便沿逆时针方向转过30°,使转子2、4两个齿与定子B相对齐;如果将电脉冲加到C相励磁绕组,A、B相不加电脉冲,C相磁极便产生磁场,这时转子1、3两个齿与定子C相磁极靠得最近,转子再沿逆时针方向转动30°,使转子1、3两个齿与定子C相对齐。如果按照A→B→C→A→…的顺序通电,步进电动机就按逆时针方向转动;如果按照A→C→B→A→…的顺序通电,步进电动机就按顺时针方向转动,且每步转30°。如果控制电路连续地按一定方向切换定子绕组各相的通电顺序,转子便按一定方向不停地转动。

步进电动机定子绕组从一种通电状态换接到另一种通电状态称为一拍,每拍转子转过的角度,称为步距角。上述通电方式称为三相单三拍,即三相励磁绕组依次单独通电运行,换相三次完成一个通电循环。由于每种状态只有一相绕组通电,转子容易在平衡位置附近产生振荡,并且在绕组通电切换瞬间,电动机失去自锁转矩,易产生丢步。通常采用三相双三拍控制方式,即AB→BC→CA→AB→…或AC→CB→BA→AC→…的顺序通电,定位精度增高且不易失步。如果步进电动机按照A→AB→B→BC→C→CA→A→…或A→AC→C→CB→B→BA→A→…的顺序通电,根据其原理图分析可知,其步矩角比三相三拍工作方式减小一半,称这种方式为三相六拍工作方式。综上述,步距角为:

$$\theta_S=\frac{360^\circ}{mzk} \tag{1-3}$$

式中:θ_S为步距角;m为电动机相数;z为转子齿数;k为通电方式系数,$k=$拍数/相数。

不管是定子还是转子,其齿距角都为:

$$\theta_z=\frac{2\pi}{z} \tag{1-4}$$

式中:z为转子的齿数。

例如,如果转子的齿数为40,则齿距角为:

$$\theta_z=\frac{2\pi}{40}=9$$

从式(1-3)可知,电动机相数的多少受结构限制,减小步距角的主要方法是增加转子齿数z。如图1-31所示,电动机相邻两个极之间的夹角为60°,图示的转子只有4个齿,因此齿与齿之间的夹角为90°,经上述分析可知,当电动机以三相三拍方式工作时,步距角为30°;以三相六拍方式工作时,步距角为15°。在一个循环过程中,即通电从A→…→A,转子正好过一个齿间夹角。如果将转子齿的齿数变为40个,则转子齿间夹角为9°。这样,当电动机以三相三拍方式工作时,步距角则为3°;以三相六拍方式工作时,步距角则为1.5°。只要改变定子绕组的通电顺序,就可改变电动机的旋转方向,实现运动部件进给方向的改变。

步进电动机转子角位移的大小取决于来自CNC装置发出的电脉冲个数,其转速n取决于电脉冲频率f,即

$$n=\frac{\theta_S\times 60f}{360^\circ}=\frac{60f}{mzk} \tag{1-5}$$

式中:n为电动机转速(r/min);f为电脉冲频率(Hz)。

综上所述,步进电动机的角位移大小与脉冲个数成正比;转速与脉冲频率成正比;转动

方向取决于定子绕组的通电顺序。

例 1-1 一台三相反应式步进电动机，采用三相六拍分配方式，转子上共有 40 个齿。已知脉冲源频率为 600 Hz，试完成下列要求：(1) 写出一个循环的通电顺序；(2) 求电动机的步距 θ_b；(3) 求电动机的转速 n。

解 (1) 采用三相六拍分配方式，完成一个循环的通电顺序为 A→AB→B→BC→C→CA，或者是 A→AC→C→CB→B→BA。

(2) 采用三相六拍分配方式时，拍数 $N=2m=6$，故步距角为：

$$\theta_S=\frac{360°}{mzk}=\frac{360°}{6\times 40}=1.5°$$

采用三拍分配方式时，拍数 $N=3$，故此台电动机步距角为 3°。

(3) 电动机转速：单拍制时，$N=m=3$，有

$$n=\frac{\theta_S\cdot 60f}{360}=\frac{3\times 60\times 600}{360}\ \text{r/min}=300\ \text{r/min}$$

双拍制时，$N=2m=6$，有

$$n=\frac{\theta_S\cdot 60f}{360}=\frac{1.5\times 60\times 600}{360}\ \text{r/min}=150\ \text{r/min}$$

3. 两相混合式步进电动机和细分驱动器

1) 两相混合式步进电动机的结构

两相混合式步进电动机的结构与反应式步进电动机的结构相似，其结构示意如图 1-31 所示。两相混合式步进电动机的定子也有磁极（大极），一般有 8 个磁极，间隔的 4 个磁极是同一绕组（相），如 1、3、5、7 是 A 相；2、4、6、8 是 B 相。绕组按照一定的缠绕方式，使每一相相对的磁极在通电后产生相同的极性，如图 1-31(b)所示结构中，A 相通电时，磁极 1、5 呈 N 极，3、7 呈 S 极。与反应式步进电动机一样，每个磁极的内表面上也均匀分布着大小相同、间距相等的小齿，这些小齿与转子的小齿齿距相同，因此它们的齿距角 θ_z 仍然可以用式(1-4)计算。

两相混合式步进电动机的转子结构比反应式步进电动机的复杂。如图 1-31(a)所示，转子由两段铁芯组成，中间嵌入永磁铁，所以转子的一端铁芯呈 S 极，另一端铁芯呈 N 极。转子的两段铁芯外周虽然也均匀地分布着同样数量和尺寸的小齿，但是两段铁芯的小齿互相错位半个齿距，这个结构可以从图 1-31(b)所示的两个图中通过比较转子的小齿位置看出。

制造时，要保证当某一磁极上的小齿与转子处于对齿状态时，与这个磁极相垂直的两个磁极上的小齿一定处于最大错齿位置。例如，图 1-31(b)所示的 K—K 剖视图中，当磁极 1 和 5 与转子处于对齿时，磁极 3 和 7 一定处于最大错齿位置。因为转子也产生磁场，所以两相混合式步进电动机所产生的转矩是转子永磁磁场和定子电枢磁场共同作用所产生的，它比反应式步进电动机仅由定子所产生的转矩要大。

2) 两相混合式步进电动机的工作原理

如图 1-31(b)所示，转子的 S 极与定子的 N 极产生吸合力，与定子的 S 极产生排斥力；同时，转子的 N 极与定子的 S 极产生吸合力，与定子的 N 极产生排斥力。这些力所产生的合力就会推动转子转动。

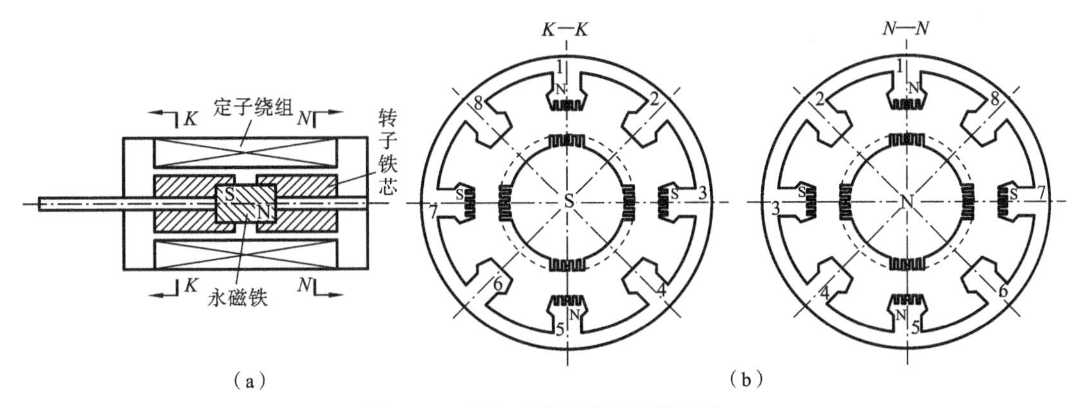

图 1-31 混合式步进电动机的结构

转子的 N、S 极性是不变的，改变定子磁极的 N、S 极性以及变化顺序，就会使转子按要求旋转。

例如，转子有 50 个齿，根据式(1-2)，齿距角为 360°/50＝7.2°。在转子 S 极一端，图 1-31(b)所示的 *K*—*K* 视图中，如果将磁极 1 的中心线看成 0°，在 0°处的转子齿为 0 号齿，且处于对齿状态，则磁极 2 的中心线上对应的转子齿号为 45°/7.2°＝6(1/4)，即磁极 2 的中心线处于转子第 6 号齿再过 1/4 齿距角的地方，也即磁极 2 错了 1/4 个齿距角。两相混合式步进电动机的工作原理如图 1-32 所示。

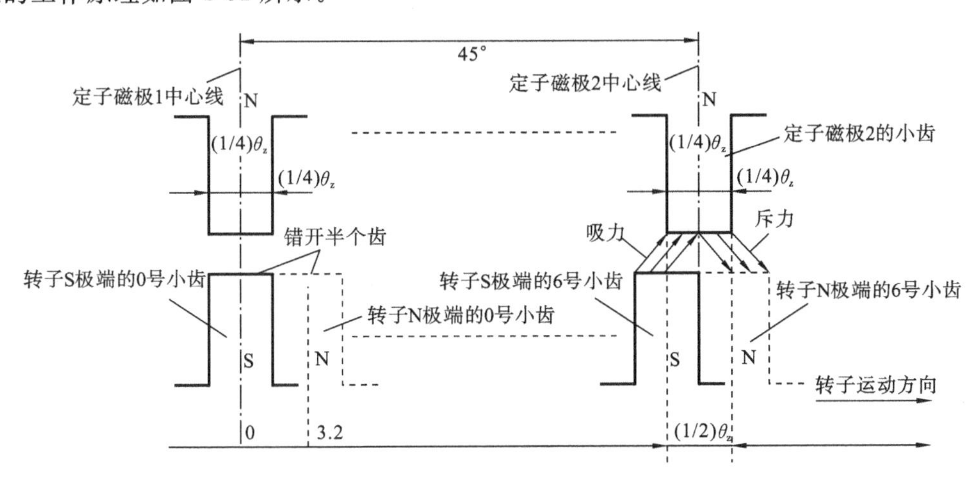

图 1-32 两相混合式步进电动机的工作原理

为了解和掌握步进电动机在实际使用时的接线方式及控制方法，下面以 SH 系列两相混合式步进电动机及细分驱动器为例，介绍两相混合式步进电动机驱动器的使用方法。图 1-33 所示的为两相混合式步进电动机驱动器和两相混合式步进电动机的外形图。在实现步进电动机的控制中，用户需要掌握步进电动机选择及接线和步进电动机驱动器的接线端子排、8 位拨动开关使用方法。

图 1-33 两相混合式步进电动机及细分驱动器

(1) 两相混合式步进电动机技术数据如表 1-1 所示。

表 1-1 两相混合式步进电动机技术数据

型　号	相数	步距角/(°)	静态相电流/A	相电阻/Ω	相电感/mH	保持转矩/(N·m)	定位转矩/(N·m)	空载启动频率(半步方式)/kHz	重量/kg	转动惯量/(g·cm²)
56BYG250B-SASSBL-0241	2	0.9/1.8	2.4	0.95	2.4	0.65	0.03	2.7	0.48	180
56BYG250B-SASSBL-0241	2	0.9/1.8	2.4	0.5	2.4	0.65	0.03	2.7	0.48	180
56BYG250C-SASSBL-0241	2	0.9/1.8	2.4	1.2	4.0	1.04	0.04	2.8	0.6	260
56BYG250C-SASSBL-0241	2	0.9/1.8	2.4	1.2	4.0	1.04	0.04	2.8	0.6	260
56BYG250D-SASSBL-0241	2	0.9/1.8	2.4	1.5	5.4	1.72	0.07	3.0	1	460
56BYG250D-SASSBL-0241	2	0.9/1.8	2.4	1.5	5.4	1.72	0.07	3.0	1	460

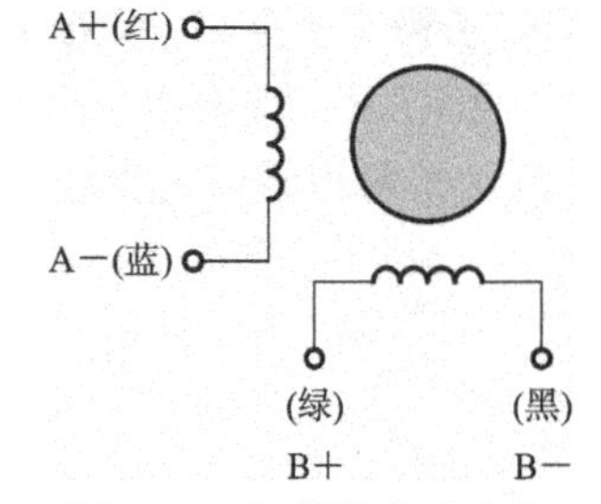

图 1-34 两相混合式步进电动机接线图

(2) 两相混合式步进电动机典型适配驱动器包括：SD-20403、SD-20404、SD-20406、SD-20506A 和 SE-20806R。

(3) 两相混合式步进电动机接线如图 1-34 所示。

4. SH-20403 两相混合式步进电动机驱动器

两相混合式步进电动机驱动器由环形脉冲分配器和功率放大器或细分驱动器组成。

1) 性能指标

两相混合式步进电动机的性能指标如表 1-2 所示。

表 1-2 两相混合式步进电动机电气性能(环境温度为 25 ℃时)

供电电源	12～40 V，容量，0.1 kV·A
驱动方式	恒相流 PWM 控制
励磁方式	整步，半步，4 细分，8 细分，16 细分，32 细分，64 细分
绝缘电阻	在常温常压下>100 MΩ
绝缘强度	在常温常压下 0.5 kV，1 min

2) 功能及使用

(1) 电源电压：驱动器内部的开关电源设计保证了可以适应较宽的电压范围，可根据各自的情况在直流 12～40 V 之间选择。

(2) 输出电流选择：本驱动器最大输出电流值为 3A/相(峰值)，通过驱动器面板上六位拨码开关的第 5、6、7 三位可组合出八种状态，对应八种输出电流，从 0.9～3 A(详见表 1-3)以配合不同的电机使用。

(3) 细分选择：本驱动器可提供整步、改善半步、4 细分、8 细分、16 细分、32 细分和 64 细分七种运行模式，如图 1-35 所示，利用驱动器面板上六位拨码开关的第 1、2、3 三位可组合出不同的状态(详见表 1-4)。

表 1-3 电流选择表

SW5	SW6	SW7	电流
OFF	OFF	OFF	0.5 A
ON	OFF	OFF	0.8 A
OFF	ON	OFF	1.2 A
ON	ON	OFF	1.5 A
OFF	OFF	ON	1.8 A
ON	OFF	ON	2.1 A
OFF	ON	ON	2.4 A
ON	ON	ON	2.6 A

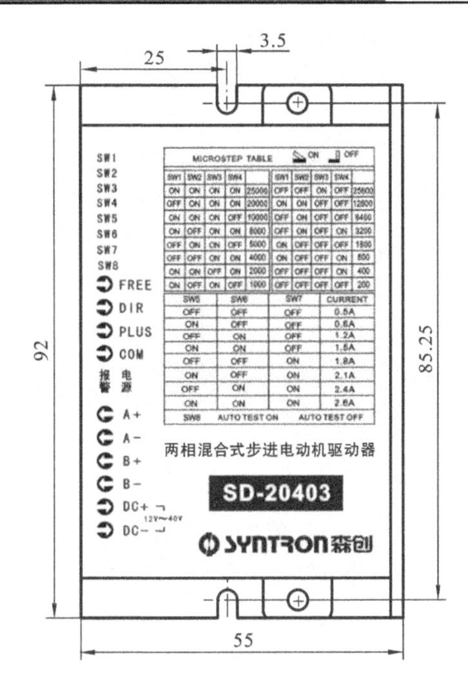

图 1-35 驱动器面板

表 1-4 细分模式选择表

SW1	SW2	SW3	SW4	每转步数	SW1	SW2	SW3	SW4	每转步数
ON	ON	ON	ON	25000	OFF	OFF	ON	OFF	25600
OFF	ON	ON	ON	20000	ON	ON	OFF	OFF	12800
ON	ON	ON	OFF	10000	OFF	ON	OFF	OFF	6400
ON	OFF	ON	ON	8000	OFF	ON	OFF	ON	3200
OFF	ON	ON	OFF	5000	ON	OFF	OFF	OFF	1600
OFF	OFF	ON	ON	4000	ON	OFF	OFF	ON	800
ON	ON	OFF	ON	2000	OFF	OFF	OFF	ON	400
ON	OFF	ON	OFF	1000	OFF	OFF	OFF	OFF	200

说明:面板丝印上的白色方块应为开关的实际位置。

3) 输入信号

(1) 公共端:本驱动器的输入信号采用共阳极接线方式,用户应将输入信号的电源正极连接到该端子上,将输入的控制信号连接到对应的信号端子上。控制信号低电平有效,此时对应的内部光耦导通,控制信号输入到驱动器中,如图 1-36 所示。

(2) 脉冲信号输入:共阳极时,该脉冲信号下降沿被驱动器解释为一个有效脉冲,并驱动电动机运行一步。为了确保脉冲信号的可靠响应,共阳极时,脉冲低电平的持续时间不应少于 10 μs。本驱动器的信号响应频率为 70 kHz,过高的输入频率将可能得不到正确响应。

(3) 方向信号输入:该信号的高电平和低电平控制电动机的两个转向。共阳极时,该端悬空被等效认为输入高电平。控制电动机转向时,应确保方向信号领先脉冲信号至少 10 μs 建立,这可避免驱动器对脉冲的错误响应。

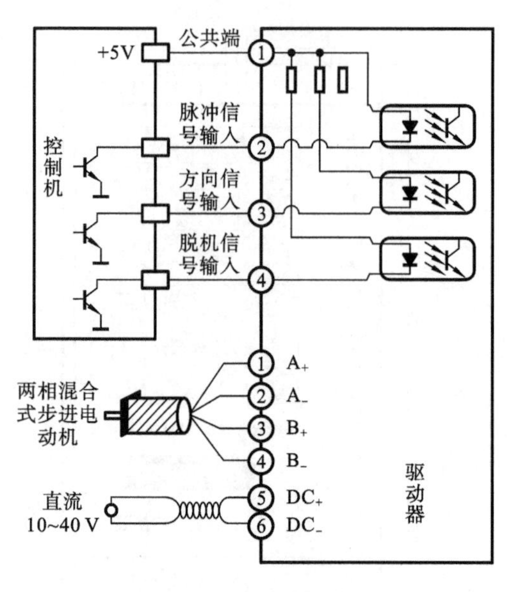

图 1-36 驱动器接线图

(4) 脱机信号输入:该端接受控制输出的高/低电平信号,共阳极且低电平时电动机相电流被切断,转子处于自由状态(脱机状态)。共阳极且高电平或悬空时,转子处于锁定状态。

注意:本驱动器可以通过修改程序实现对双脉冲工作方式的支持,当工作于双脉冲方式时,方向信号端输入的脉冲被解释为反转脉冲,脉冲信号端输入的脉冲为正转脉冲。另外,标准共阳驱动器也可以修改成共阴驱动器。

4) 典型接线图

驱动器 A+、A-端子对应接步进电动机 A+(红)、A-(蓝)驱动器;B+、B-端子对应接步进电动机 B+(绿)、B-(黑)。驱动器公共端、脉冲、方向、脱机端子接控制器对应信号。

注意:为了更好使用本驱动器,用户在系统接线时应遵循功率线(电动机相线,电源线)与弱电信号线分开的原则,以避免控制信号被干扰。在无法分别布线或有强干扰源(变频器、电磁阀等)存在的情况下,应使用屏蔽电缆传送控制信号;采用较高电平的控制信号对抵抗干扰也有一定的意义。

5) 输入接口

输入电路中带有光电耦合器,如图 1-37 所示。

注意:当控制信号不是 TTL 电平时,应根据信号电压大小分别在各输入信号端口(而非公共端)外串接限流电阻,如 24 V 时,外串接 2 kΩ 电阻。每路信号都要使用单独的限流电阻,而不要共用。

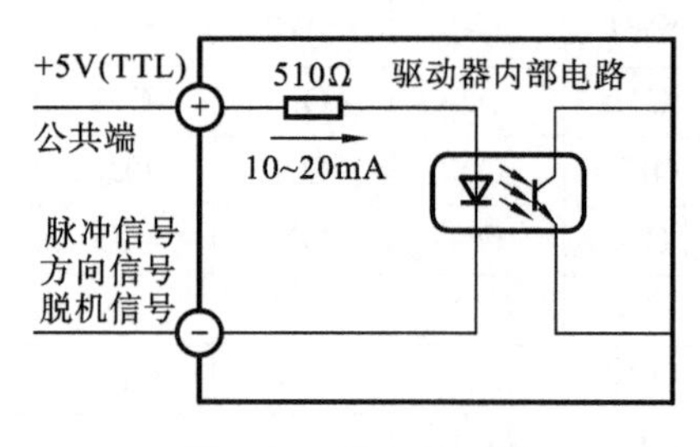

图 1-37 输入接口图

1.2.3 伺服电动机及驱动器

伺服电动机是指在伺服系统中控制机械元件运转的电动机,分为直流和交流伺服电动机两大类。

如图 1-38 所示,直流伺服电动机包括定子、转子铁芯、电动机转轴、伺服电动机绕组换向器、伺服电动机绕组、测速电动机绕组、测速电动机换向器,所述的转子铁芯由矽钢冲片叠压固定在电动机转轴上构成。

直流伺服电动机分为有刷电动机和无刷电动机。有刷电动机成本低、结构简单、起动转矩大、调速范围宽、控制容易,但需要维护,而且维护不方便(换电刷),容易产生电磁干扰,对环境有要求。

无刷电动机体积小、重量轻、出力大、响应快、速度高、惯量小、转动平滑、力矩稳定。但控制复杂,容易实现智能化,其电子换相方式灵活,可以方波换相或正弦波换相。电动机免维护、效

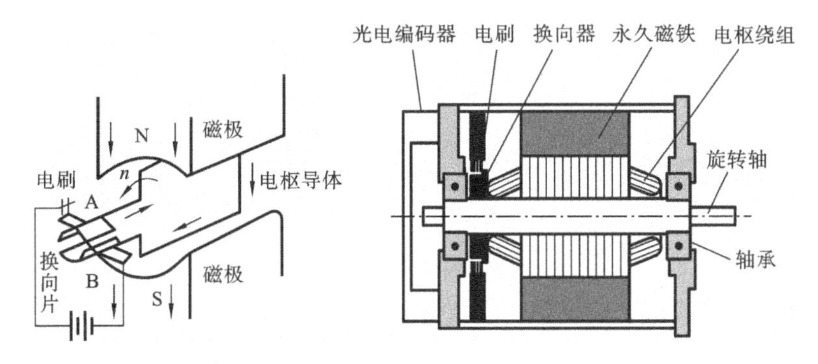

图 1-38 直流伺服电动机基本结构和永磁式直流伺服电动机

率很高,运行温度低、电磁辐射很小,而且使用寿命长。

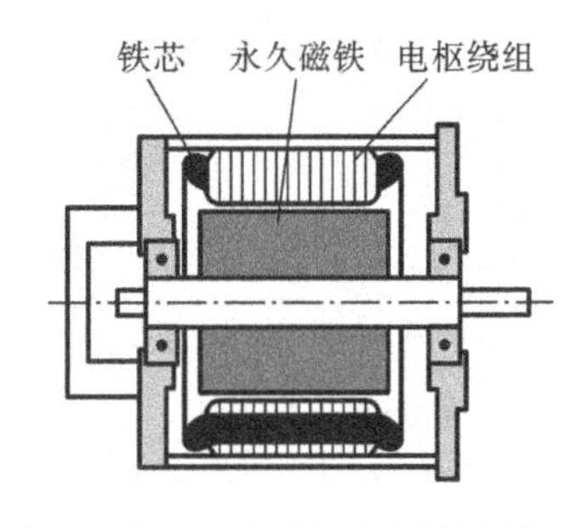

图 1-39 永磁式交流伺服电动机

永磁式直流伺服电动机如图 1-39 所示,其永久磁铁在外,而会发热的电枢绕组在内,因此散热较为困难,降低了功率体积比,在应用于直接驱动系统时,会因热传导而造成传动轴(如导螺杆)的热变形。但对交流伺服电动机而言,不论是永磁式或感应式,其造成旋转磁场的电枢绕组,均置于电动机的外层 ,因而散热较佳,有较高的功率体积比,且适用于直接驱动系统。

交流伺服电动机也是无刷电动机,分为同步电动机和异步电动机等两类,目前运动控制中一般都用同步电动机,它的功率范围大,可以做到很大的功率,大惯量,最高转动速度低,且随着功率增大而快速降低,因而适合做低速平稳运行的应用。

交流伺服电动机和无刷直流伺服电动机的区别:交流伺服电动机是正弦波控制,转矩脉动小;直流伺服电动机是梯形波控制,结构比较简单、便宜。

1.3 三相异步电动机控制系统

1.3.1 三相异步电动机起动、停止控制线路

三相鼠笼式感应电动机的起动、停止控制线路是应用最广泛的,也是最基本的控制线路。如图 1-40 所示,它由刀开关 QS、熔断器 FU_2、接触器 KM 的主触点、热继电器 FR 的热元件和电动机 M 构成主电路,由起动按钮 SB_2、停止按钮 SB_1、接触器 KM 的线圈及其常开辅助触点、热继电器 FR 的常闭触点和熔断器 FU_1 构成控制回路。

1. 线路的工作原理

起动时,合上 QS,引入三相电源。按下 SB_2,交流接触器 KM 的线圈通电,KM 的主触头闭合,电动机接通电源直接起动运转;同时,与 SB_2 并联的接触器 KM 的常开触头闭合,使接触器 KM 线圈经两条线路通电。这样,当手松开、SB_2 复位时,接触器 KM 的线圈仍可通过其常开触头的闭合而继续通电,从而保持电动机连续运行。这种依靠接触器自身辅助触头

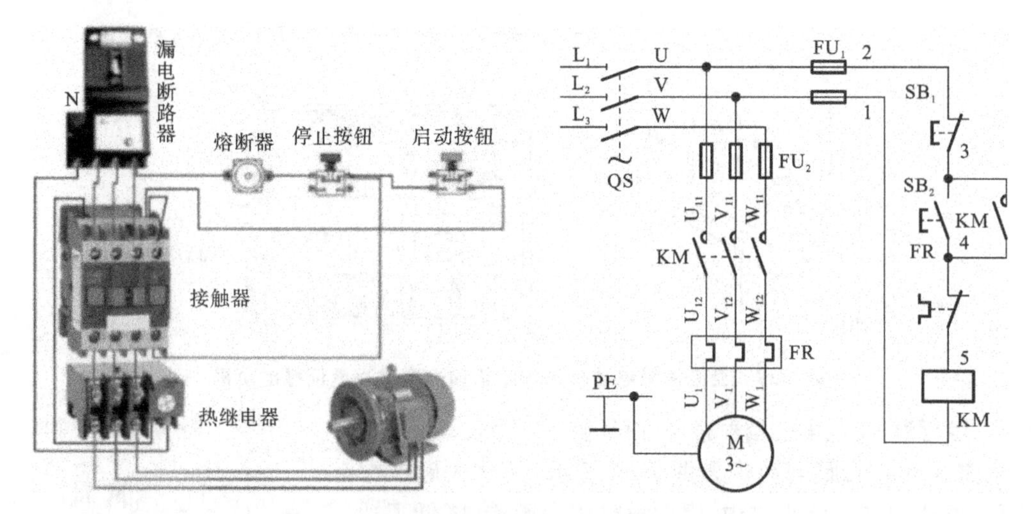

图 1-40　三相异步电动机起动、停止控制线路

使其线圈保持通电的现象称为“自锁”。这一对起自锁作用的辅助触头称为自锁触头。

2. 电路保护

(1) 短路保护:熔断器作为电路短路保护电器,达不到过载保护的目的。这是因为一方面熔断器的规格要根据电动机起动电流大小适当选择,另一方面还要考虑熔断器的反时限特性和分散性。所谓分散性,是指各种规格的熔断器的特性曲线差异较大,即使是同一种规格的熔断器,其特性曲线也往往很不相同。

(2) 过载保护:热继电器具有过载保护作用。由于热继电器热惯性比较大,即使热元件流过几倍额定电流,热继电器也不会立即动作。因此在电动机起动时间不太长的情况下,热继电器是经得起电动机起动电流的冲击而不动作的。只有电动机长时间过载下热继电器才动作,断开控制电路,使接触器线圈断电释放,其主触点断开主电路,电动机停止运转,实现过载保护。

(3) 欠压保护和失压保护:它是依靠接触器自身的电磁机构来实现的,条件是主电路与控制电路共用同一电源。当电源电压由于某种原因而严重欠压或失压时,接触器的电磁吸力就不够了,其衔铁自行释放,其常开主触点断开主电路,电动机停止运转,常开辅助触点断开自锁。当电源电压恢复正常时,接触器线圈也不能自动通电,必须重新按下起动按钮,电动机才能重新起动。欠压保护和失压保护又分别称为零压保护或失压保护。

1.3.2　点动控制线路

在生产实践中,某些生产机械常要求既能正常起动,又能实现用于调整的点动控制操作。图 1-41 所示的是实现点动控制的几种电气控制线路。

图 1-41(a)所示的是最基本的点动控制线路。起动按钮 SB 没有并联接触器 KM 的自锁触点,按下 SB,KM 线圈通电,电动机起动;手松开按钮 SB 时,接触器 KM 线圈又断电,其主触点断开,电动机停止运转。

图 1-41(b)所示的是带手动开关 SA 的点动控制线路。当需要点动控制时,只要把开关

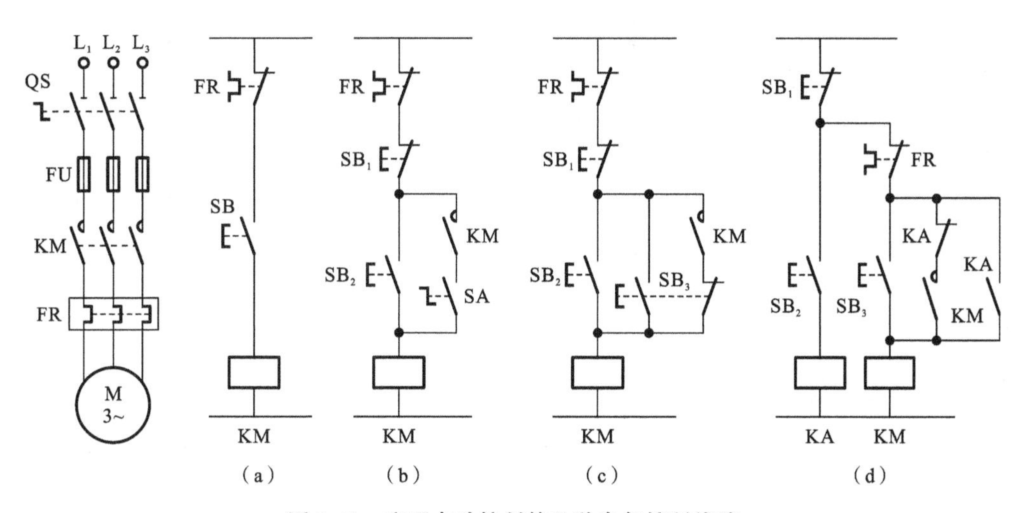

图 1-41　实现点动控制的几种电气控制线路

SA 断开，由按钮 SB_2 来进行点动控制。当需要正常运行时，只要把开关 SA 合上，将 KM 的自锁触点接入，即可实现连续控制。

图 1-41(c)所示的是增加了一个复合按钮 SB_3 来实现点动控制的线路。需要点动控制时，按下点动按钮 SB_3，其常闭触点先断开自锁电路，常开触点后闭合，接通起动控制电路，KM 线圈通电，接触器衔铁被吸合，主触点闭合，接通三相电源，电动机起动旋转。当松开点动按钮 SB_3 时，KM 线圈断电，KM 主触点断开，电动机停止运转。电动机连续运转，由按钮 SB_1 和 SB_2 控制。图 1-41(d)所示的是利用中间继电器实现点动的控制线路。利用点动按钮 SB_2 控制中间继电器 KA，KA 的常开触点并联在按钮 SB_3 两端以控制接触器 KM，再由 KM 去控制电动机实现点动；而连续控制则由按钮 SB_2 和 SB_1 实现。

1.3.3 多地控制线路

为使操作人员在不同方位均能进行起、停大型生产设备，常常要求组成多地控制线路。多地控制线路只需多用几个起动按钮和停止按钮，无需增加其他电器元件。起动按钮应并联，停止按钮应串联，分别装在几个地方，如图 1-42 所示。

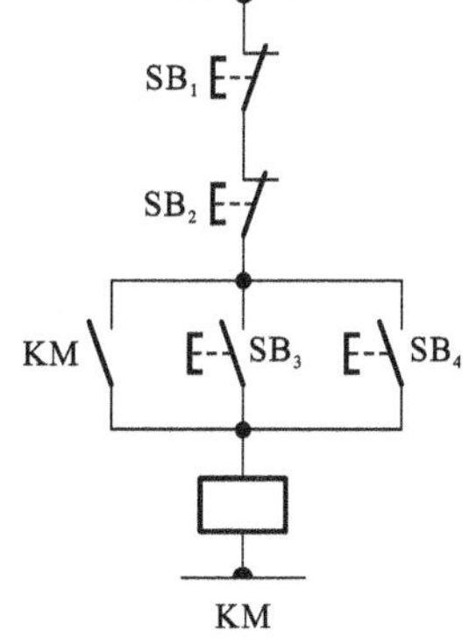

图 1-42　多地控制线路

通过上述分析，可得出普通性结论：若几个电器都能控制接触器通电，则几个电器的常开触点应并联接到接触器的线圈电路中，即逻辑“或”的关系；若几个电器都能控制接触器断电，则几个电器的常闭触点应串联接到接触器的线圈电路中，即逻辑“与”的关系。

1.3.4 可逆控制线路

1. 正、反转控制线路

各种生产机械常常要求具有上下、左右、前后等相反方向的运动，这就要求电动机能够实现可逆运行。三相交流电动机可借助正、反向接触器改变定子绕组相序来实现。

异步电动机由正转到反转，或由反转到正转切换时，只要使用两个接触器 KM_1、KM_2 去切换三相电源中的任何两相即可。在设计控制电路时，必须防止由于电源换相引起的短路事故。例如，由正向运转切换到反向运转，当发出使 KM_1 断电的指令时，断开的主回路触点由于短时间内产生电弧，这个触点仍处于接通状态，如果这时立即使 KM_2 通电，KM_2 触点闭合，就会造成电源故障，必须在完全没有电弧时再使 KM_2 接通。为避免正、反向接触器同时通电造成电源相间短路故障，正、反向接触器之间需要有一种制约关系——互锁。图 1-43 所示的是两种可逆控制线路。

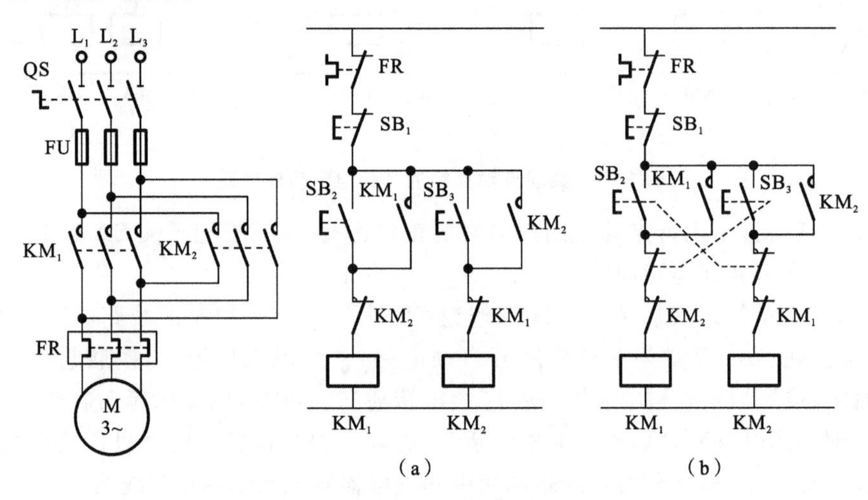

图 1-43 正、反转控制线路

图 1-43(a)所示的是电动机“正—停—反”可逆控制线路，利用两个接触器的常闭触点 KM_1 和 KM_2 相互制约，即当一个接触器通电时，利用其串联在对方接触器的线圈电路中的常闭触点的断开来锁住对方线圈电路。这种利用两个接触器的常闭辅助触点互相控制的方法称为互锁；起互锁作用的两对触点称为互锁触点。图 1-43(a)所示的这种只有接触器互锁的可逆控制线路在正转运行时，要想反转必先停车，否则不能反转，因此只要两只复合按钮，就可实现正、反转控制。

图 1-43(b)所示的是电动机“正—反—停”控制线路，采用两只联锁按钮实现。在这个线路中，正转起动按钮 SB_2 的常开触点用来使正转接触器 KM_1 的线圈瞬时通电，其常闭触点则串联在反转接触器 KM_2 线圈的电路中，用来锁住 KM_2。反转起动按钮 SB_3 也与 SB_2 的道理相同，当按下 SB_2 和 SB_3 时，首先是常闭触点断开，然后才是常开触点闭合。这样在需要改变电动机运动方向时，就不必按 SB_1 停止按钮了，可直接操作正反转按钮即能实现电动机可逆运转。这个线路既有接触器互锁，又有按钮联锁。

2. 自动往复循环控制

行程控制取行程为变化参量，行程开关是行程原则控制的基本电器。行程开关装在所需地点，当装在运动部件上的撞块碰到行程开关时，行程开关的触点动作，从而实现电路的切换。行程控制主要用于机床进给速度的自动换接、自动工作循环、自动定位，以及运动部件的限位保护等。

图 1-44(a)所示的是行程控制的限位线路。

图 1-44(b)所示的是行程控制中自动往复循环控制线路，行程开关的常开触点和常闭触点全要用上。

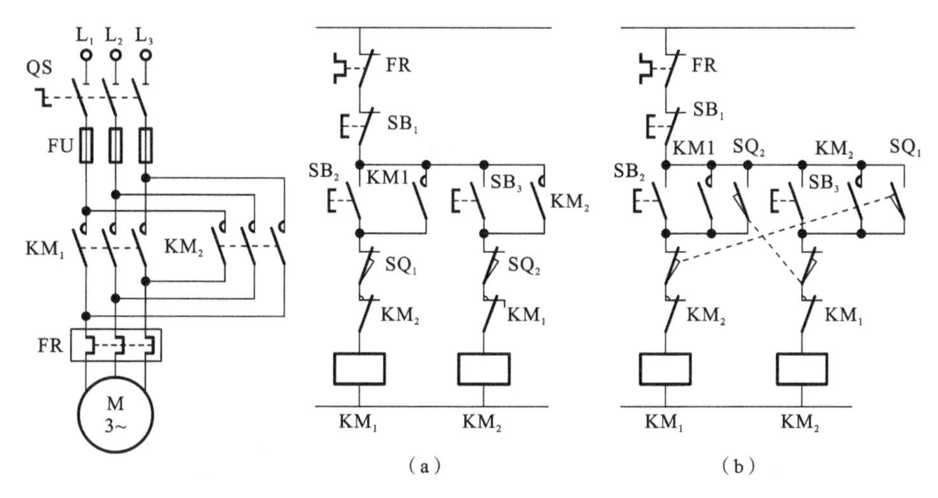

图 1-44 自动往复循环控制线路

1.3.5 三相电动机的起动

一般情况下，对于额定功率大于 10 kW 的三相鼠笼式电动机，考虑到起动电流对电网上其他用电设备的影响，都要求降压起动。常用的降压起动有定子串联电阻降压起动、自耦变压器降压起动、Y-△降压起动，以及延边三角形降压起动等起动方式。

1. 定子串联电阻降压起动控制线路

定子串联电阻降压起动是电动机起动时在三相定子电路串接电阻，使得加在定子绕组上的电压降低，起动结束后再将电阻短接，电动机在额定电压下正常运行的起动方法。

图 1-45 所示的是定子串联电阻降压起动控制线路。该线路根据起动过程中时间的变化，利用时间继电器来控制降压电阻的切除。

在图 1-45(a)所示的线路中，电动机起动后，接触器 KM_1 和时间继电器 KT 的线圈仍一直通电，需要改进。图 1-45(b)所示的线路中，接触器 KM_2 得电后，用其常闭触点将 KM_1 及 KT 的线圈电路断电，同时 KM_2 自锁，这样在电动机起动后，只有 KM_2 得电，使之正常运行。

2. 自耦变压器(补偿器)降压起动控制线路

补偿器降压起动是利用自耦变压器来降低起动电压，达到限制起动电流的起动方法，常用于大容量鼠笼式感应电动机的起动控制。电动机起动的时候，定子绕组得到的电压是自耦变压器的二次电压，一旦起动完毕，切断自耦变压器电路，把额定电压直接加在电动机的定子绕组上，电动机进入全压正常运行。如图 1-46 所示的自耦变压器降压起动控制线路是根据起动过程中时间的变化，利用时间继电器来控制自耦变压器的切除的。

自耦变压器绕组一般具有多个抽头以获得不同的变化。在获得同样大小的起动转矩的

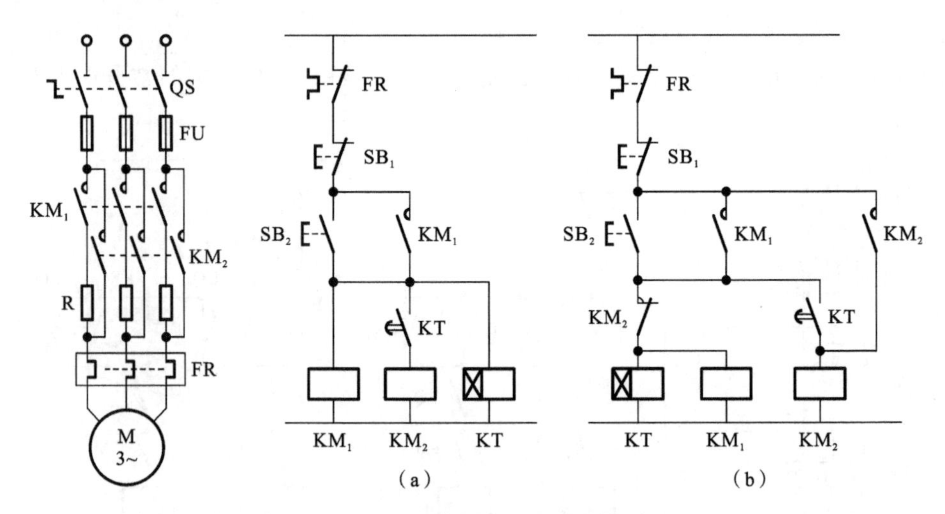

图 1-45　定子串联电阻降压起动控制线路

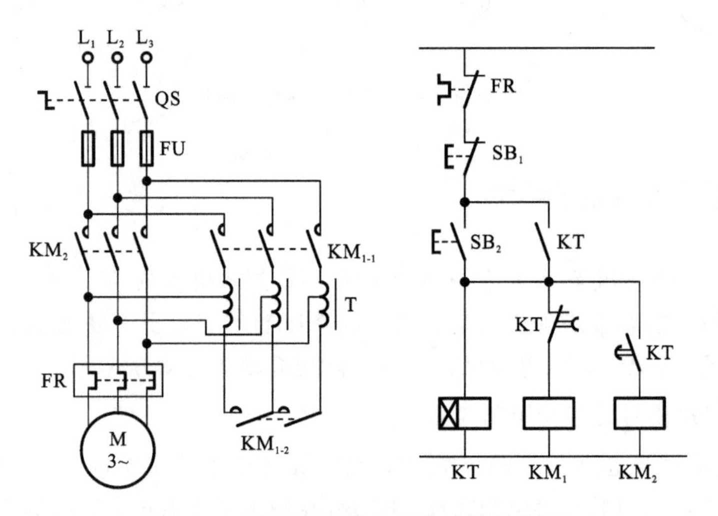

图 1-46　自耦变压器降压起动控制线路

前提下，自耦变压器降压起动从电网索取的电流要比定子串电阻降压起动的电流小得多；或者说，如果二者要从电网索取同样大小的起动电流，则采用自耦变压器降压起动的转矩大。其缺点是自耦变压器价格较贵，而且不允许频繁起动。

3. Y-△ 降压起动控制线路

正常运行时，定子绕组接成△形的三相鼠笼式感应电动机可采用 Y-△形的降压起动方法达到限制起动电流的目的。起动时，定子绕组首先接成 Y 形，待转速上升到接近额定转速时，再将定子绕组的接线换接成△形，电动机便进入全电压正常运行状态。因功率在 4 kW 以上的三相鼠笼式感应电动机均为△形接法，故都可以采用 Y-△形起动方法起动。如图 1-47所示的是 13 kW 以上的电动机所用的三个接触器换接的 Y-△降压起动控制线路，它是根据起动过程中时间的变化，利用时间继电器来控制 Y-△的换接的。

与其他降压起动相比，Y-△降压起动投资小，线路简单，但起动转矩小。这种起动方法只适用于空载或轻载状态下。

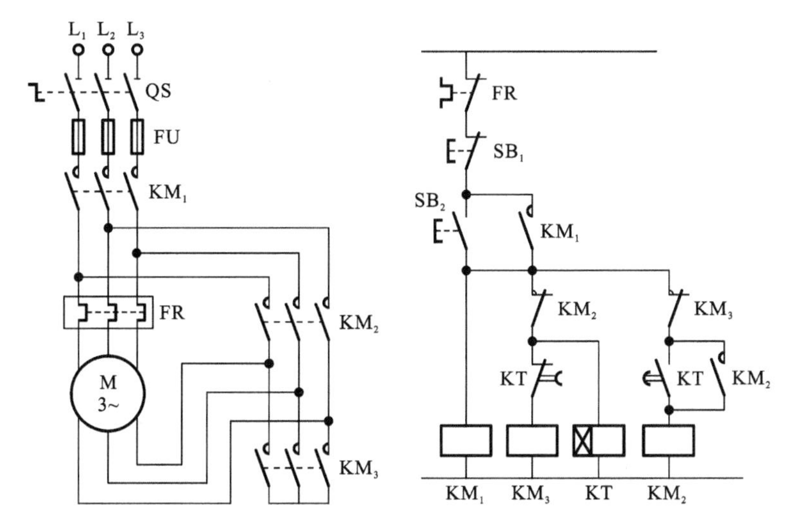

图 1-47 Y-△降压起动控制线路

1.3.6 三相电动机的制动

1. 三相电动机能耗制动控制线路

电动机的电磁转矩与旋转方向相反的运行状态是电气控制状态。电动机的制动常采用能耗制动，就是在电动机脱离三相交流电源之后，向定子绕组内通入直流电流，利用转子感应电流与静止磁场的作用产生制动的电磁转矩，达到制动的目的。

在制动过程中，电流、转速和时间三个参量都在变化，原则上可以任取其中一个参量作为控制信号。

1）时间原则控制

取时间作为变化参量的控制线路，称为时间原则控制，由于其控制线路简单、成本较低，故实际应用较多。

图 1-48 所示的是时间原则控制的单向能耗制动控制线路。设电动机已经正常运行，运行时 KM_1 线圈得电。要想停止制动，需按停止按钮 SB_1。

图 1-48 所示的自锁回路中 KT 是常开触点，其作用是在时间继电器 KT 线圈断线或发生机械卡住故障时，断开接触器 KM_2 的线圈通路，使电动机定子绕组不致长期接入直流电源。

图 1-49 所示的是电动机按时间原则控制的可逆运行能耗制动控制线路。设电动机正在正向运转，需要停车制动时，按下停止按钮 SB_1，KM_1 断电，KM_3 和 KT 线圈通电并自锁，KM_3的主触点闭合，将直流电源接入电动机定子绕组，进行能耗制动。经过一段时间，KT 的延时断开的常闭触点断开，接触器 KM_3 断电，切断通往电动机的直流电源，时间继电器 KT 也随之断电，电动机能耗制动结束。

2）速度原则控制

速度原则控制是取转速为参量的控制线路。速度继电器是检测转速和转向的自动电器，也是速度控制的基本电器。利用速度原则可以实现电动机反接制动和能耗制动的自动

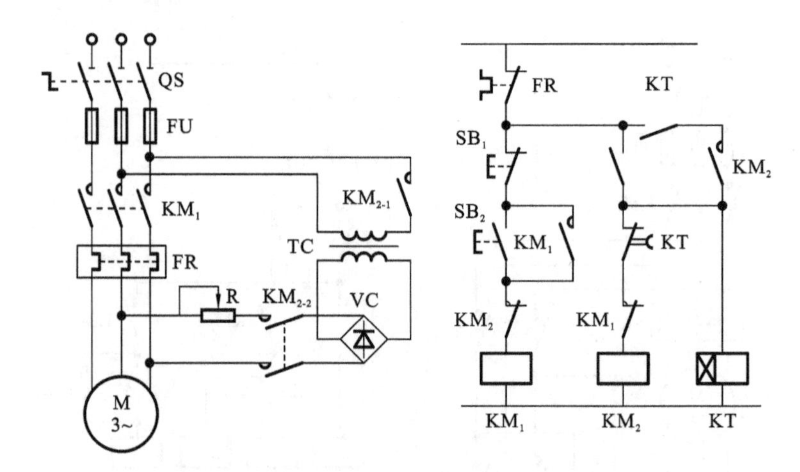

图 1-48　时间原则控制的单向能耗制动控制线路

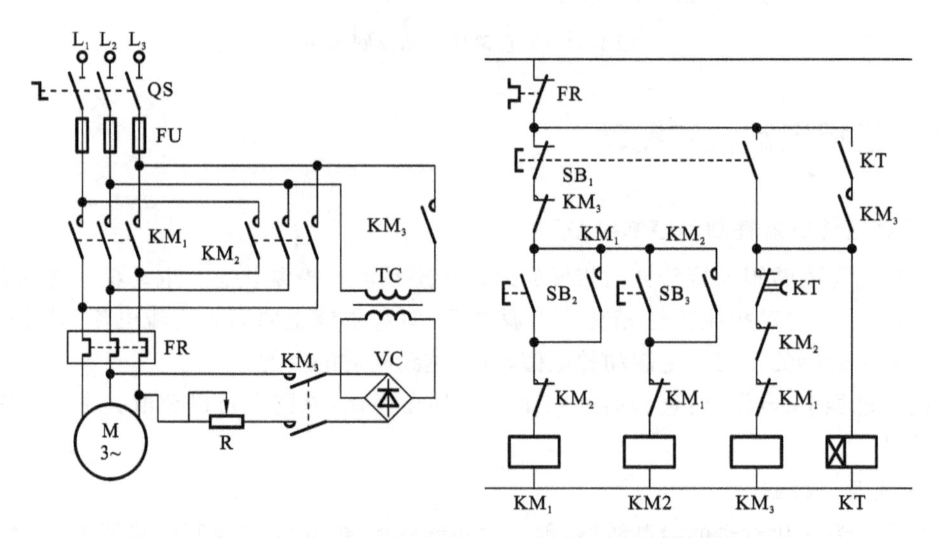

图 1-49　时间原则控制的可逆运行能耗制动控制线路

控制，以及电动机的低速脉动控制等。

图 1-50 所示的是速度原则控制的单向能耗制动控制线路。速度继电器用来检测电动机的速度变化，在 120～3000 r/min 范围内速度继电器触点动作，当转速低于 100 r/min 时，其触点复位，速度继电器要与电动机同轴旋转。

图 1-50 所示的线路的制动过程为：电动机正常运行，速度继电器的常开触点 KS 闭合，为制动做准备，当要停车制动时，按下复合按钮 SB_1，接触器 KM_1 线圈断电，其三个主触点断开，切断通往电动机的交流电源，同时接触器 KM_2 线圈通电，其三个主触点闭合，给电动机通直流电，进入能耗制动。当电动机的转速下降至接近零时，KS 的常开触点断开，使 KM_2 线圈断电，其常开触点断开，切除直流电源，能耗制动结束。

2. 反接制动控制线路

反接制动是改变电动机电源的相序，使定子绕组产生相反方向的旋转磁场，因而产生制动转矩的制动方法。反接制动常采用转速为参量进行控制。

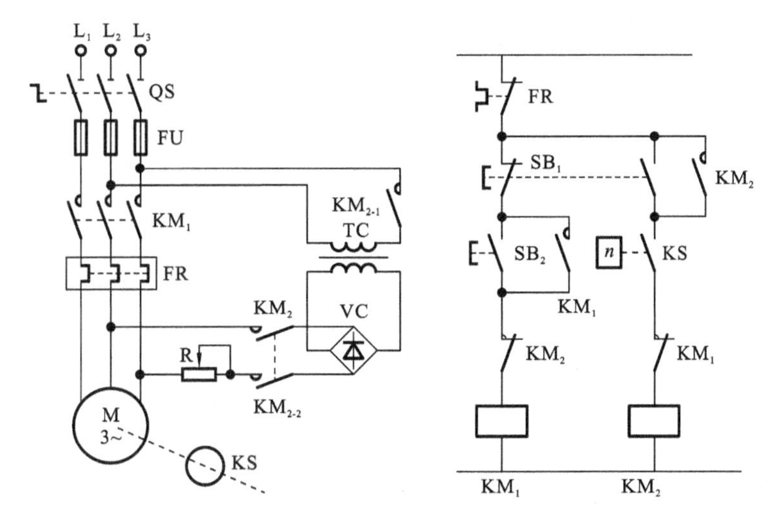

图 1-50 速度原则控制的单向能耗制动控制线路

由于反接制动时，转子与旋转磁场的相对速度接近于 2 倍的同步转速，所以定子绕组中流过的反接制动电流相当于全电压直流起动时电流的 2 倍。反接制动特点之一是制动迅速、效果好、冲击大，通常仅适于 10 kW 以下的小容量电动机。为了减小冲击电流，通常要求在电动机主电路中串接限流电阻。

图 1-51 所示的是电动机单向反接制动控制线路。电动机正常运行时，KM_1 通电，速度继电器常开触点 KS 已闭合(为制动做准备)。

图 1-52 所示的是电动机可逆运行的反接制动控制线路。

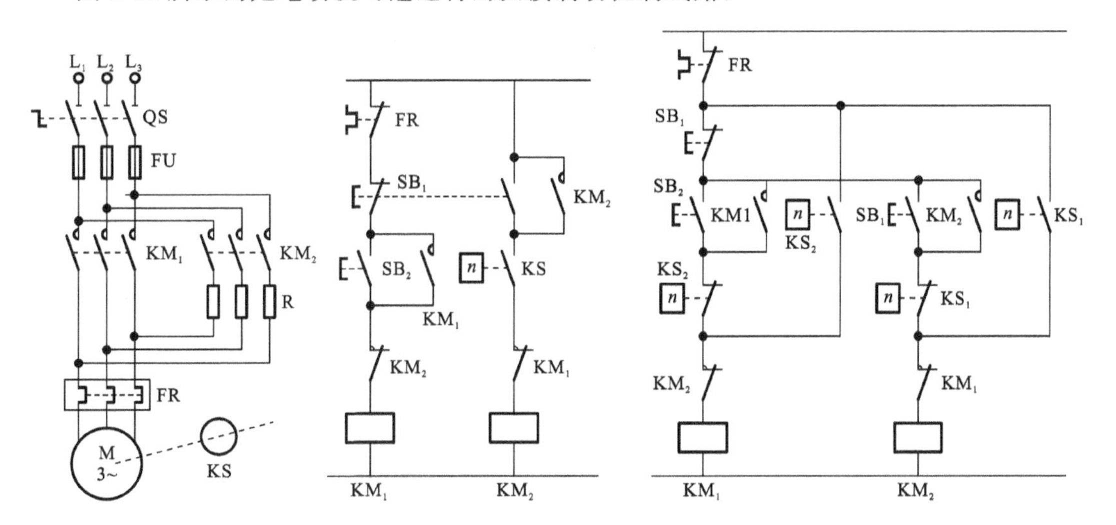

图 1-51 电动机单向反接制动控制线路

图 1-52 电动机可逆运行的反接制动控制线路

1.3.7 三相感应电动机的断相与相序保护控制

(1) 三相感应电动机单向运行断相与相序保护控制电路如图 1-53 所示。

（2）三相感应电动机双向运行断相与相序保护控制电路如图 1-54 所示。

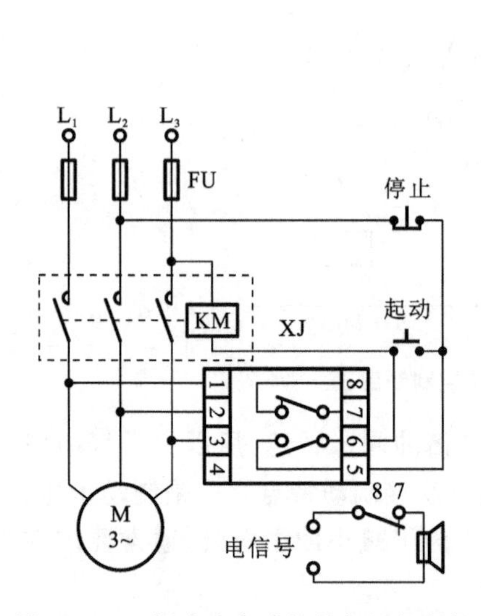

图 1-53 三相感应电动机单向运行断相与相序保护控制电路

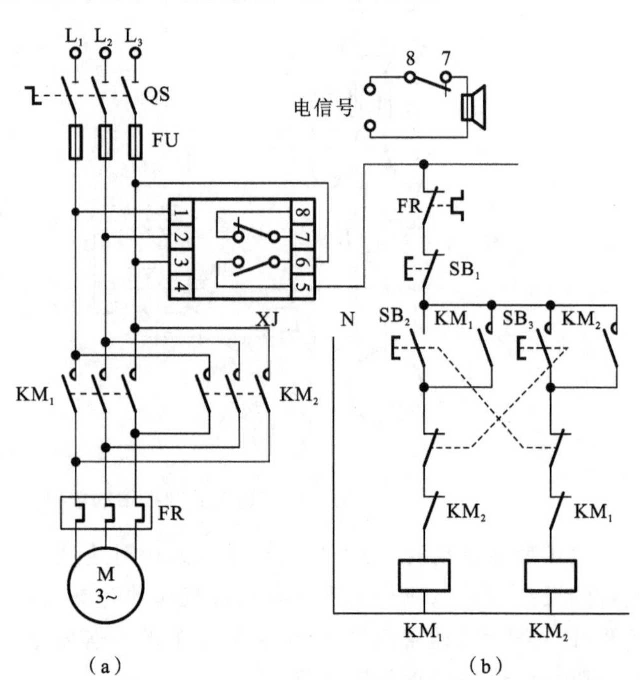

图 1-54 三相感应电动机双向运行断相与相序保护控制电路

1.4 伺服控制系统

1.4.1 步进电动机开环伺服系统

1. 步进电动机的选用

在选用步进电动机时，首先步进电动机的输出转矩应大于负载所需的转矩，即先计算机械系统的负载转矩，并使所选电动机的输出转矩有一定余量，以保证可靠运行。

其次，步进电动机的步距角 θ_S 应与机械系统相匹配，以得到机床所需的脉冲当量。

最后，电动机能与机械系统的负载惯量及机床要求的起动频率相匹配，并有一定余量，还应使其最高工作频率能满足机床运动部件快速移动的要求。

2. 工作台位移量的计算与控制

如图 1-55 所示，数控装置发出 N 个脉冲，经驱动器放大后，使步进电动机定子绕组通电状态变化 N 次，如果一个脉冲使步进电动机转过的角度为 θ_S，则步进电动机转过的角位移量 $\phi=N\theta_S$，再经减速齿轮、丝杠、螺母之后转变为工作台的位移量 L，即进给脉冲数决定了工作台的直线位移量 L。

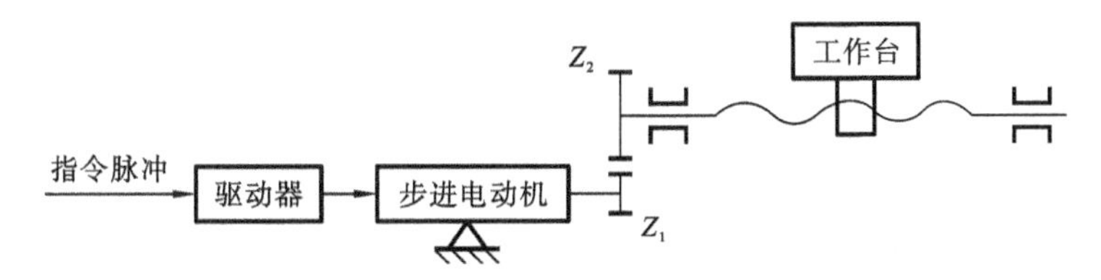

图 1-55 齿轮、滚珠丝杠传动机构

工作台位移长度脉冲当量$\{\delta\}_{mm/p}$：步进电动机每接受一个脉冲时，工作台走过的位移，即

$$\delta=\frac{\theta_S p}{360i} \tag{1-6}$$

式中：θ_S 为步距角；p 为滚珠丝杠导程；i 为齿轮传动比（等于齿数比，$i=Z_2/Z_1=n_1/n_2$），减速齿轮的传动比大于1，增速齿轮的传动比小于1。

角脉冲当量$\{\delta_\theta\}_{(°)/p}$：当通过中间传动装置时，角脉冲当量为

$$\delta_\theta=\frac{\theta_S}{i} \tag{1-7}$$

例 1-2 使用角脉冲当量 δ_θ 计算工作台位移的长度当量 δ；驱动器选用 64 细分的驱动器。步进电动机每一驱动脉冲的角度当量 $\delta_\theta=1.8°/64$，滚珠丝杠导程 $l=4$ mm。求长度脉冲当量 δ。

解 $\delta=\frac{l}{360°/\delta_\theta}=\frac{l\times\delta_\theta}{360°}=\frac{4\ \text{mm}\times 1.8°}{360°\times 64}=\frac{20}{64}\ \mu\text{m/p}=0.3125\ \mu\text{m/p}$

有了长度当量 δ 和脉冲数 N，工作台直线位移量为 $L=N*\delta$。

例 1-3 已知齿轮减速器的传动比 $i=8$，步进电动机步距角 $\theta_S=1.5°$，细分数为 4 细分；滚珠丝杠的导程 $l=4$ mm。问角脉冲当量和长度脉冲当量是多少？

解 (1) $\delta_\theta=\frac{\theta_S}{i}=\frac{\frac{1.5}{4}}{8}=0.46875\ (°)/p$

(2) $\delta=\frac{\theta_S l}{360i}=\frac{\frac{1.5}{4}\times 4}{360\times 8}=0.00052\ \text{mm/p}$

根据系统的精度要求确定，对于开环伺服系统，一般选取原则为：

$$\delta=\begin{cases}0.001\sim0.0025\ \text{mm/p} & \text{精密设备}\\ 0.005\sim0.01\ \text{mm/p} & \text{数控设备}\\ 0.1\sim0.15\ \text{mm/p} & \text{一般设备}\end{cases}$$

3. 工作台运动方向的控制

改变步进电动机输入脉冲信号的循环顺序，就可改变定子绕组中电流的通断循环顺序，从而使步进电动机实现正转或反转，工作台进给方向相应地被改变。

4. 步进电动机开环伺服机械系统案例

(1) 确定脉冲当量。

(2) 初选步进电动机：选择步进电动机的类型和步距角。

设计时，先根据运动的精度选定 δ，再根据负载确定步进电动机的参数 θ_S，并选定滚珠丝

杠的导程 l，计算出传动比 i，最后设计传动齿轮的各参数。

(3) 确定减速传动比 i，计算公式为

$$i=\frac{\theta_S l}{360\delta} \quad (\text{参数 } \theta_S \text{ 的单位为}(^\circ)) \tag{1-8}$$

若计算出的传动比较小时，则采用一级齿轮传动或者同步带传动；若传动比较大时，采用多级齿轮传动。

① 齿轮传动级数增加，会使齿隙和静摩擦增加，传动效率降低，故传动级数一般不超过3级。

② 传动级数的分配原则：传动比逐级增加，即采用前小后大原则，使输出轴转角误差最小。

1.4.2 伺服电动机闭环伺服系统

1. 机械传动系统

在光机电一体化系统中，机械系统通常是伺服控制系统的有机组成部分，不仅要求有良好的力学性能、较高的定位精度，还要求有最佳的动态响应性能。光机电一体化的机械系统包括传动机构、导向支承机构和执行机构等。传动机构主要功能是传递转矩和转速，导向机构的作用是支承和限制运动部件按给定的运动要求和规定的运动方向运动，执行机构根据操作指令的要求在动力源的带动下完成预定的操作。

(1) 传动机构：传动机构是伺服系统的重要组成部分，它将伺服电动机的旋转运动传递到运动机械上，完成转速和方向的变换。传动机构不仅要求高的传动精度，还要求有轻巧、高速、低噪声和可靠的特点。

光机电一体化系统所用的传动机构主要类型有齿轮齿条传动机构、滚珠丝杠传动机构、同步带传动机构等。

(2) 导向支承机构：导向支承机构的作用是支承和限制运动的部件，使机械运动部件按给定的要求运动和规定的方向运动，并承受机械运动部件上的载荷。光机电一体化系统所用的导向支承机构主要有导轨、轴系及床身。

(3) 执行机构：执行机构根据控制器的操作命令，完成预定的操作任务。

2. 机械转动惯量的计算

1) 圆柱体的等效转动惯量计算

齿轮、联轴器、丝杠、轴等传动机构均可视为圆柱体，圆柱体的转动惯量为：

$$J=\frac{1}{2}mr^2=\frac{1}{8}md^2=\frac{\pi\rho d^4 L}{32} \tag{1-9}$$

式中：m 为圆柱体的质量(kg)；r 为圆柱体的半径(cm)；d 为圆柱体的直径(cm)；ρ 为材料密度($\text{kg}\cdot\text{cm}^{-3}$)；$L$ 为圆柱体的高度(cm)。

2) 直线运动机械物体的转动惯量计算

如图 1-56(a)所示，当电动机通过导程 P_h(cm)为滚珠丝杠作旋转运动时，其工作台(质量 m_r)就带动工件(质量 m_ω)作直线运动。其等效转动惯量是将质量为 m(kg)、直线运动速

度为 u(m/min)的工作台和工件负载，折算到丝杠上的转动惯量 $J_{T\omega}$。图 1-56(b)所示的是齿轮齿条传动副驱动工作台带动工件作直线运动，其等效转动惯量是将质量为 m(kg)、直线运动速度为 u(m/min)的工作台和工件负载，折算到小齿轮上的转动惯量 $J_{T\omega}$。

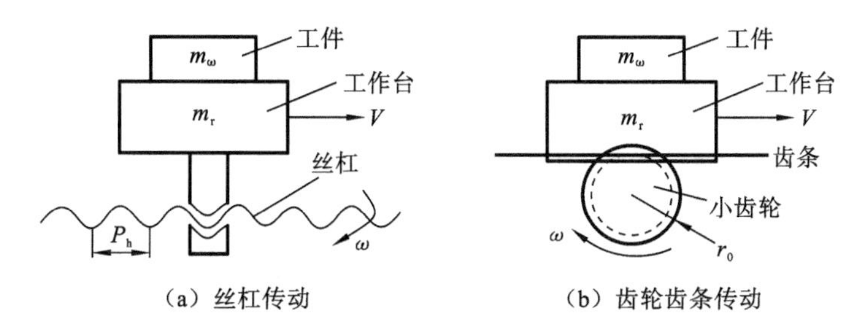

图 1-56 直线运动物体的转动惯量

如图 1-56(a)所示，丝杠驱动工作台和工件作直线往复运动，其折算到丝杠上的转动惯量为：

$$J_{T\omega}=(m_r+m_\omega)\left(\frac{P_h}{2\pi}\right)^2 \tag{1-10}$$

式中：P_h 为丝杠的导程(cm)；m_r 为工作台质量(kg)；m_ω 为工件质量(kg)。

如图 1-56(b)所示，齿轮齿条驱动工作台和工件作直线往复运动，其折算到小齿轮上的转动惯量为：

$$J_{T\omega}=(m_r+m_\omega)r_0^2 \tag{1-11}$$

式中：r_0 为小齿轮节圆半径(cm)；m_r 为工作台质量(kg)；m_ω 为工件质量(kg)。

3) 减速机折算到电动机轴上的等效转动惯量

电动机带动一对齿轮传动丝杠的等效转动惯量，如图 1-57 所示，小齿轮装在电动机轴上，其转动惯量 J_1 不用折算。大齿轮的转动惯量 J_2 折算到电动机轴上的转动惯量为：

$$J_{2c}=\frac{J_2}{i_{12}}=\frac{J_2}{\left(\frac{Z_2}{Z_1}\right)^2}=J_2\left(\frac{Z_1}{Z_2}\right)^2 \tag{1-12}$$

式中：Z_1 为小齿轮齿数；Z_2 为大齿轮齿数；i_{12} 为传动比。

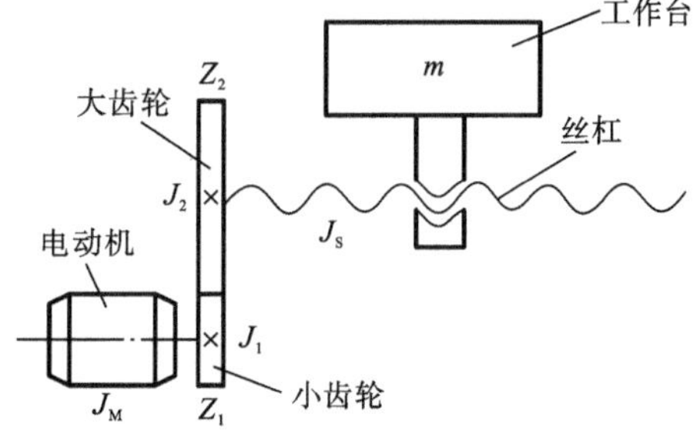

图 1-57 电动机带动一对齿轮减速图

电动机带动两对齿轮传动丝杠的等效转动惯量，如图 1-58 所示，两对齿轮总传动比 $i=i_1i_2$，两级传动比分别为 $i_1=Z_2/Z_1$ 和 $i_2=Z_4/Z_3$。齿轮 1 装在电动机轴上，其转动惯量 J_1 不用折算；齿轮 2 和齿轮 3 装在中间轴上，其转动惯量 J_2、J_3 折算到电动机轴上的转动惯量分别为 J_{2c}、J_{3c}；齿轮 4 的转动惯量 J_4 要进行两次折算，其到电动机轴上的转动惯量为 J_{4c}，则有：

$$J_{2c}=\frac{J_2}{i_1^2};\quad J_{3c}=\frac{J_3}{i_1^2}$$

$$J_{4c}=\frac{J_4}{i^2}=\frac{J_4}{i_1^2i_2^2}=J_4\left(\frac{Z_1}{Z_2}\right)^2\left(\frac{Z_3}{Z_4}\right)^2 \tag{1-13}$$

4) 机械传动系统折算到电动机轴上的总转动惯量计算

传动机构连同工作平台的总负载转动惯量(包括丝杠、齿轮、工作台、工件等转动惯量)

折算到电动机轴上，整个传动系统折算到电动机轴上的总等效转动惯量为：

$$J_{\Sigma}=J_{M}+J_{L} \tag{1-14}$$

式中：J_{Σ} 为传动系统总等效转动惯量；J_{M} 为电动机转子转动惯量；J_{L} 为负载转动惯量，$J_{L}=$ 旋转部分转动惯量＋直线运动部分转动惯量。

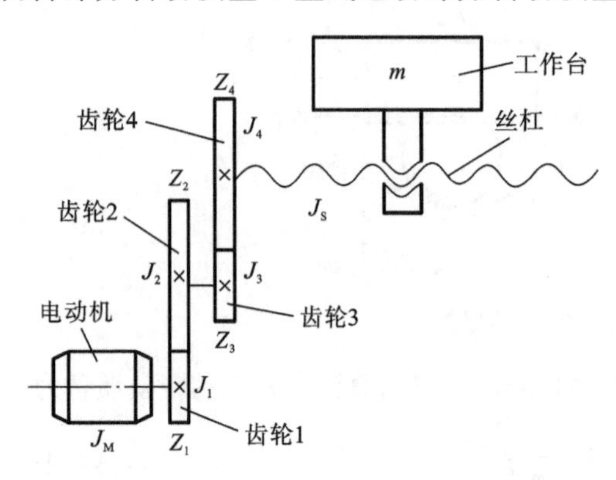

图 1-58　电动机带动两对齿轮减速图

旋转部分为丝杠、联轴器等，直线运动部分为工作台与工作台上工件、夹具等。图 1-57 中电动机带一对齿轮丝杠传动平台系统，折算到电动机轴上的总等效转动惯量为：

$$J_{\Sigma}=J_{M}+J_{1}+\left[J_{2}+J_{S}+\left(\frac{P_{h}}{2\pi}\right)^{2}m\right]\left(\frac{Z_{1}}{Z_{2}}\right)^{2} \tag{1-15}$$

式中：J_{Σ} 为传动系统总等效转动惯量；J_{M} 为电动机转子转动惯量；J_{S} 为丝杠转动惯量。图 1-58中，电动机带两对齿轮丝杠传动平台系统，折算到电动机轴上的总等效转动惯量为：

$$J_{\Sigma}=J_{M}+J_{1}+[J_{2}+J_{3}]\left(\frac{Z_{1}}{Z_{2}}\right)^{2}+\left[J_{4}+J_{S}+\left(\frac{P_{h}}{2\pi}\right)^{2}m\right]\left(\frac{Z_{1}Z_{3}}{Z_{2}Z_{4}}\right)^{2} \tag{1-16}$$

式中：J_{Σ} 为传动系统总等效转动惯量；J_{M} 为电动机转子转动惯量；J_{S} 为丝杠转动惯量。

3. 常用三种传动机构负载惯性转矩计算

1）齿轮减速机构负载惯性转矩的折算

齿轮传动减速机构如图 1-59 所示。电动机转矩为：

$$T_{M}=\left(J_{M}+\frac{J_{L}}{i^{2}}\right)\frac{d^{2}\theta_{M}}{dt^{2}} \tag{1-17}$$

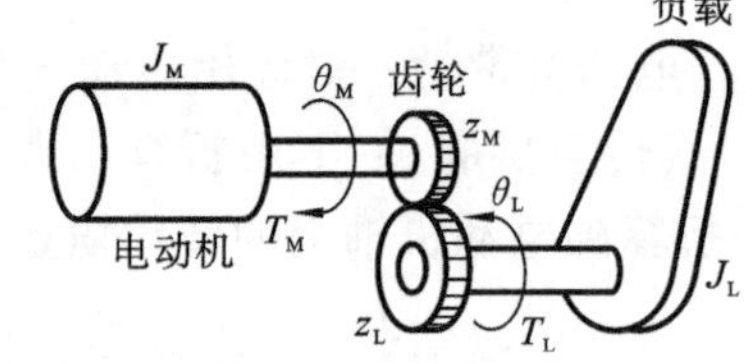

图 1-59　齿轮传动减速机构图

式中：J_{M} 为电动机系统转动惯量；J_{L} 为负载转动惯量；i 为减速比（等于齿数比，$i=z_{L}/z_{M}$）；θ_{M} 为电动机的旋转角度。J_{L}/i^{2} 为负载转动惯量向电动机轴转化的分量。

电动机驱动转矩＝电动机惯性转矩＋负载惯性转矩。

电动机惯性转矩为电动机转动惯量与角加速度 $d^{2}\theta_{M}/d^{2}t$ 的乘积；负载惯性转矩为负载转动惯量与角加速度 $d^{2}\theta_{M}/d^{2}t$ 的乘积。

2）同步带传动副负载惯性转矩的折算

电动机通过带传动机构驱动滑板（平台），实现直线运动，若忽略摩擦可得

$$T_{M}=(J_{M}+R\cdot M)\frac{d^{2}\theta_{M}}{dt^{2}} \tag{1-18}$$

设 $i=\frac{1}{R}$，则式（1-18）与式（1-17）形式相同，$\frac{1}{R}$为滑板（平台）位移 x 向电动机转角 θ_{M} 作惯性转矩变换的变换系数。

3）滚珠丝杠传动机构负载惯性转矩的折算

电动机通过滚珠丝杠带动滑板（平台）运动，若忽略摩擦可得

$$T_{\mathrm{M}}=\left(J_{\mathrm{M}}+\frac{L_0}{2\pi}M\right)\frac{\mathrm{d}^2\theta_{\mathrm{M}}}{\mathrm{d}t^2} \tag{1-19}$$

式中：L_0 为滚珠丝杠螺距。设 $i=\frac{2\pi}{L_0}$，则式(1-11)与式(1-17)形式相同，$\frac{2\pi}{L_0}$为滑板(平台)位移 x 向电动机转角 θ_{M} 作惯性转矩变换的系数。

4. 伺服电机选择与计算

表 1-5 给出了安川伺服电动机常用参数。设计者在选择好机械传动方案以后，对负载进行系统的计算，计算结果与电动机参数逐一比较，对伺服电动机的型号和大小进行选择和确认。

表 1-5 安川伺服电动机常用参数

电压		200 V						
伺服电动机型号 SGMJV-□□□		A5A	01A	C2A	02A	04A	06A	08A
额定输出 *1	W	50	100	150	200	400	600	750
额定转矩 *1, *2	N·m	0.159	0.318	0.477	0.637	1.27	1.91	2.39
瞬时最大转矩 *1	N·m	0.557	1.11	1.67	2.23	4.46	6.69	8.36
额定电流 *1	Arms	0.61	0.84	1.6	1.6	2.7	4.2	4.7
瞬时最大电流 *1	Arms	2.1	2.9	5.7	5.8	9.3	14.9	16.9
额定转速 *1	min^{-1}	3000						
最高转速 *1	min^{-1}	6000						
转矩常数	N·m/Arms	0.285	0.413	0.327	0.435	0.512	0.505	0.544
转子转动惯量	$\times 10^{-4}$ kg·m^2	0.0414 (0.0561)	0.0665 (0.0812)	0.0883 (0.103)	0.259 (0.323)	0.442 (0.506)	0.667 (0.744)	1.57 (1.74)
额定功率变化率 *1	kW/s	6.11	15.2	25.8	15.7	36.5	54.7	36.3
额定角加速度 *1	rad/s^2	38400	47800	54100	24600	28800	28600	15200
配套伺服单元	SGDV-□□□□	R70□	R90□	1R6A, 2R1F	1R6A, 2R1F	2R8□	5R5A	5R5A

选型计算包括以下几项：

(1) 惯量匹配计算($J_{\mathrm{L}}/J_{\mathrm{M}}$)；

(2) 回转速度计算(负载端转速，伺服电动机端转速)；

(3) 负载扭矩计算(连续负载工作扭矩，加速时扭矩)。

伺服电动机驱动器对伺服电动机的响应控制，最佳值为负载惯量与电动机转子惯量之比为 1，比值最大不可超过 5。通过机械传动装置的设计，可以使负载惯量与电动机转子惯量之比接近 1 或较小。当负载惯量确实很大，机械设计不可能使负载惯量与电动机转子惯量之比小于 5 时，则可使用转子惯量较大的电动机，即所谓的大惯量电动机。使用大惯量的电动机，要达到一定的响应，驱动器的容量应大一些。

惯量比小于 2 时，设备处于轻载，可进行高速切割。

惯量比大于 2 小于 3 时，设备处于中载，高速切割时精度有所损失，需适当降低加工速度和低通滤波频率。

惯量比大于 3 小于 5 时，设备处于重载，无法实现高速切割。

惯量比大于 5 时，存在严重的设计缺陷，伺服很难在短时间内完成整定。

一般情况下选择伺服电动机，计算结果与电动机参数比较需满足下列情况：

(1) 系统所需之最高移动转速小于伺服电动机最大转速。

(2) 伺服电动机的转子惯量与负载惯量相匹配。

(3) 连续负载工作扭矩小于或等于伺服电动机额定扭矩。

(4) 系统所需最大扭矩(加速时扭力)小于电动机最大输出扭矩。

5. 惯量比与闭环控制伺服参数关系

选定机械传动系统后，计算得到机械传动系统换算到伺服电动机轴上的转动惯量，再根据机械的实际动作要求及加工件质量要求来具体选择具有合适转动惯量值的伺服电动机；在调试时，正确设定转动惯量比参数是充分发挥机械及伺服系统最佳效能的前提，高速高精度系统更是要求机械传动系统与伺服电动机转动惯量匹配。

根据牛顿第二定律，进给系统所需力矩 T = 系统转动惯量 J × 角加速度 θ。角加速度 θ 影响系统的动态特性，θ 越小，则由控制器发出指令到系统执行完毕的时间越长，系统反应越慢。如果 θ 变化，则系统反应将忽快忽慢，影响加工精度。由于电动机选定后最大输出 T 值不变，如果希望 θ 的变化小，则 J 应该尽量小。

进给轴的总转动惯量 J = 伺服电动机的转动惯量 J_M + 电动机轴换算的负载惯性动量 J_L。

负载转动惯量 J_L 由工作台及上面装的夹具和工件、螺杆、联轴器等直线和旋转运动件的惯量折合到伺服电动机轴上的转动惯量组成。

J_M 为伺服电动机转子转动惯量，伺服电动机选定后，此值就为定值，而 J_L 则随工件等负载改变而变化。

转动惯量比
$$K=\frac{J_L+J_M}{J_M}\times 100\% \tag{1-20}$$

如果希望 J 变化率小些，则最好使 J_L 所占比例小些，或者说转动惯量比小些。这就是通俗意义上的“惯量匹配”。

例 1-4 已知滚珠丝杠导程 $l_h=10$ mm，负载直线运动速度 $u_L=15$ m/min，齿轮减速机的传动比 $i=1/2$；求伺服电动机的转速。

解 滚珠丝杠的转速 $n_L=\frac{u_L}{l_h}=\frac{15\times10^3\ \text{mm/min}}{10\ \text{mm}}=1500\ \text{r/min}$

伺服电动机的转速 $n_M=\frac{n_L}{i}=\frac{1500}{1/2}\ \text{r/min}=3000\ \text{r/min}$

例 1-5 已知滚珠丝杠导程 $l_h=10$ mm，工作台＋工件的质量 $m=250$ kg，摩擦因数 $\mu=0.2$，机械效率 $\eta=0.9(90\%)$，齿轮减速机的传动比 $i=1/2$；求负载转矩。

解 $T_L=\frac{9.8\mu m l_h}{2\pi\cdot\eta}\cdot i=\frac{9.8\times0.2\times250\times0.01}{2\times3.14\times0.9}\cdot\frac{1}{2}\ \text{N}\cdot\text{m}=0.43\ \text{N}\cdot\text{m}$

例 1-6 已知齿轮＋联轴器的转动惯量 $J_G=0.40\ \text{kg}\cdot\text{cm}^2$，工作台＋工件的质量 $m=$

250 kg,滚珠丝杠导程 $l_h=10$ mm,长度 $l=1.0$ m,直径 $d=20$ mm,滚珠丝杠材质密度 $\rho=7.87\times10^3$ kg·m³;齿轮减速机的传动比 $i=1/2$;电机转子的转动惯量 $J_M=0.259$ kg·cm²。求该系统的转动惯量比。

解 滚珠丝杠的转动惯量为:

$$J_B=\frac{\pi}{32}\times\rho\times d^4\times L\times i^2=\frac{3.14}{32}\times7.87\times10^3\ \text{kg/m}^3\times(20\times10^{-3}\text{mm}^4)\times1000\ \text{mm}\times\left(\frac{1}{2}\right)^2$$

$$=0.3089\ \text{kg}\cdot\text{cm}^2$$

工作台+工件的转动惯量为:

$$J_{T\omega}=m\left(\frac{l_h}{2\pi}\right)^2\times i^2=250\ \text{kg}\left(\frac{0.01\text{m}}{2\times3.14}\right)^2\left(\frac{1}{2}\right)^2=1.58475\times10^{-4}\ \text{kg}\cdot\text{m}^2$$

负载总转动惯量为:

$$J_L=J_G+J_B+J_{T\omega}=(0.4+0.3089+1.58475)\ \text{kg}\cdot\text{cm}^2=2.29365\ \text{kg}\cdot\text{cm}^2$$

$$\text{系统的转动惯量比}=\frac{J_L+J_M}{J_M}=\frac{2.29365+0.259}{0.259}\times100\%=9.8558\times100\%=985.58\%$$

6. 惯量比和闭环控制伺服参数计算机辅助设计

为了计算转动惯量比和设计闭环控制伺服参数,可以利用 ServoToos 软件推算激光切割机的伺服系统各轴的转动惯量比和电动机的伺服参数。ServoToos 软件支持滚珠丝杠和齿轮齿条传动机构,以及安川、松下、台达和三洋等多厂家的伺服电动机,伺服系统各轴可以是龙门单轴和双轴驱动及 Z 轴驱动。

图 1-60 所示的是 ServoToos 软件界面,输入传动机构、减速机和伺服电动机的参数,就可以计算出机械性能指标和电动机伺服参数。

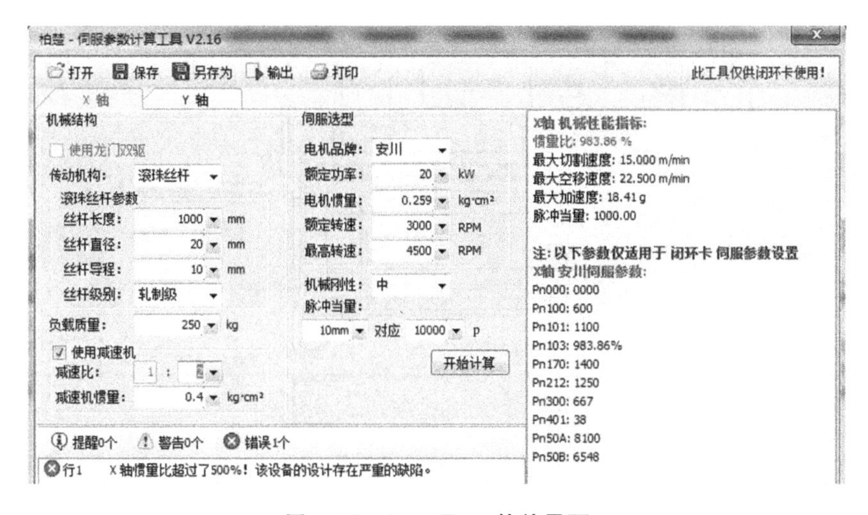

图 1-60 ServoToos 软件界面

例 1-7 根据例 1-5 的数据,输入 ServoToos 软件,完成机械性能指标和电动机伺服参数计算。

解 减速机惯量处输入(齿轮+联轴器)的转动惯量 $J_G=0.40$ kg·cm²;减速比处输入 2。

丝杆长度处输入 1000 mm；丝杆直径处输入 20 mm；丝杆导程处输入 10 mm。

负载质量处输入 250 kg。

额定功率处输入 20 kW；电动机惯量处输入 0.259 kg・cm^2；额定转速处输入 3000 RPM，最高转速处输入 4500 RPM。

脉冲当量处分别输入 10 p 和 10000 p。

最后点击“开始计算”，得惯量比为 983.86%，与计算 985.58%相近，并给出安川伺服电动机参数。

1.5 大型激光切割机交换工作台控制

1.5.1 大型激光切割机交换式工作平台

如图 1-61 所示，交换工作台安装在切割机底座上，底座上有轨道、传动链条。交换工作台分为两部分，由交换装置和 A、B 两个可移动的切割工作台组成；电气是由 PLC 控制器、变频器、接触器、熔断器、继电器、接近开关、电动机和制动电动机组成。交换装置固定在床身的后面两侧，主要完成两工作台的上下交换，工件在工作台 A 切割时，另一切割工作台 B 可以上下料，可提高切割机的工作效率；A、B 两个可移动的切割工作台，由焊接框架构成，上面有支撑工件的支撑栅。

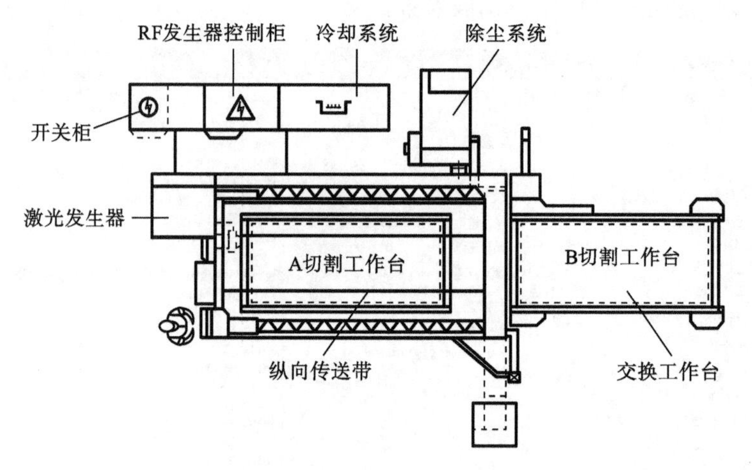

图 1-61 交换式工作平台

1.5.2 交换式工作台控制的功能

工作台的控制任务主要是控制 A、B 两个切割工作台上下交换和前后往返。交换式工作台控制的功能如下。

(1) LEFT：工作台进入加工位。

(2) RIGHT:工作台移出加工位。

(3) UP:工作台上移。

(4) DOWN:工作台下移。

(5) START:选择移动方向后,按下该按钮工作台将自动运行。

(6) STOP:自动运行时,停止工作台的移动。

1.6 激光冷却设备控制

1.6.1 激光设备制冷系统工作原理

为了使激光设备工作稳定,很多激光设备配有专用的冷却系统(冷水机),能够有效维持温控精度。

激光设备冷水机工作原理:通过循环水泵向负载输送冷却水、带走负载的热量,再回到水箱。制冷系统内制冷剂被压缩机吸入并压缩成高温高压蒸气后经过冷凝器冷却,成为中温高压液体,再经过节流阀节流减压后喷入蒸发器中,气化为低压的气体,并带走循环水的热量。水循环系统在蒸发器中与制冷剂进行热交换,从而达到降温的目的。

图 1-62 激光设备冷水机外观图

激光设备冷水机系统由三个相互关联的系统组成:制冷管道循环系统、水循环系统、冷水机自动控制系统。激光设备冷水机外观如图 1-62 所示。

1.6.2 激光冷却设备控制系统

为了保证负载所需要的温度和设备的管理及保护控制,设备必须有电路控制。目前冷水机自动控制系统主要有两种控制方式:一种是采用单片机作为控制单元的控制系统;另一种是采用 PLC 作为控制单元的控制系统。

1. NA3539 智能数显温控器

激光设备制冷系统控制的核心是 NA3539 温控器,其接线端子如图 1-63 所示。其中,Y4、Y5 是温控器内部输出,用于控制压缩机工作。Y6、Y7 是温控器内部流量开关输出,用于控制外部激光电源。Y8、Y9 是温控器内部超温开关输出,用于控制外部激光电源。通常把流量开关和超温开关串接后输出。

2. 激光设备制冷系统控制原理

JL 系列普通精度冷水机电气控制原理如图 1-64 所示,图中 K 为空气开关,KM 为压缩机交流接触器,KA_1 为中间继电器,C 为电容,FH_1 为流量开关,YB 为 NA3539 温度控制器。

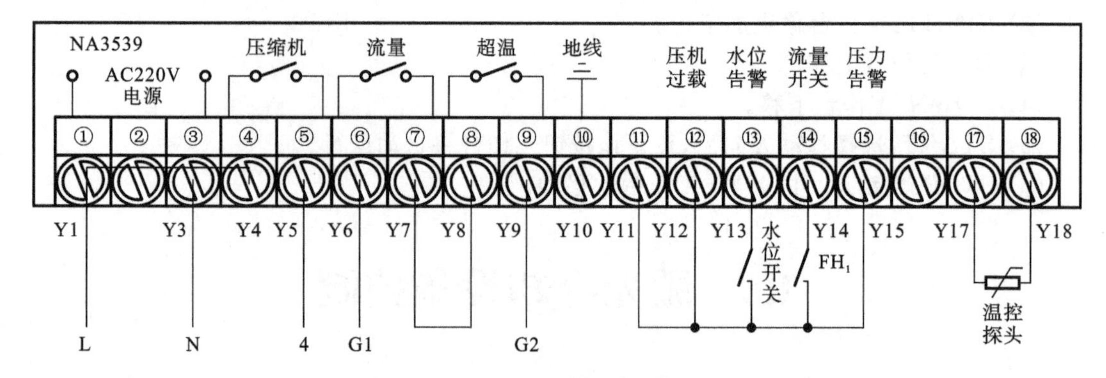

图 1-63 NA3539 温控器接线端子图

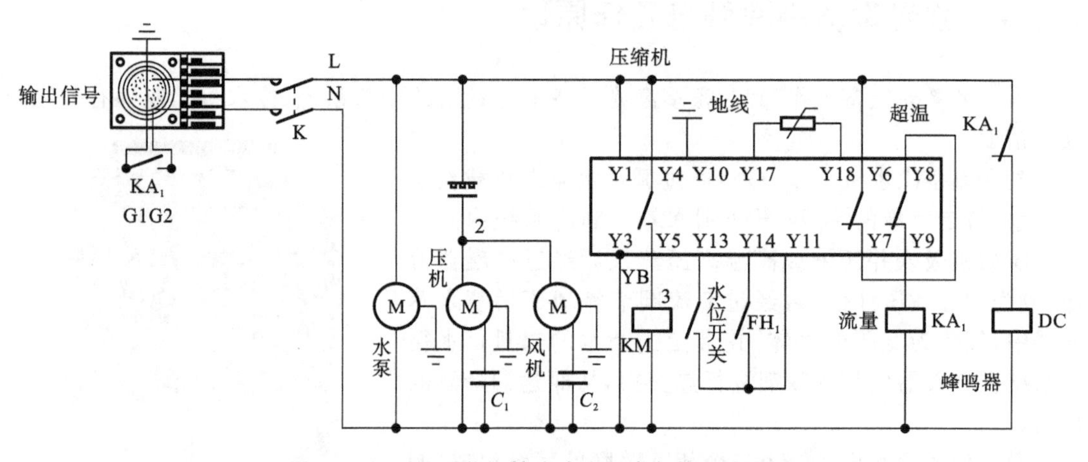

图 1-64 JL 系列普通精度冷水机电气控制原理图

1）温度控制器工作原理

（1）温度控制器是根据“设定温度”和“温差”两个参数进行温度控制的，例如“设定温度”为 23 ℃，“温差”为 4 ℃，则当温控探头上感知到的温度高于 27 ℃时启动制冷，一直到温度低于 23 ℃时停止制冷，将温度控制在 23～27 ℃之间。

温度控制器还设置了最高报警温度，当水箱内水的温度高于设定最高报警温度时，温度控制器超温开关动作，这种情况一般是制冷机出现故障导致制冷效果不好时发生。

（2）电源接通后，首先给温度控制器（电源①、③端子）、循环水泵同时上电工作，温度控制器⑦、⑧端子短接，电源通过端子⑥串联流量开关、超温开关后从端子⑨给中间继电器 KA_1 上电。中间继电器 KA_1 的一对常闭触点用来控制蜂鸣器，另一对常开触点用于对外部激光设备进行保护。正常情况下中间继电器 KA_1 线圈得电，在流量或超温出现情况后 KA_1 线圈失电，蜂鸣器鸣叫，同时外部激光设备断电。

（3）开机延时 3 min（设备第一次开机和压缩机停机都有 3 min 延时保护）后，温度控制器根据安装在水箱内的温度传感器检测到的温度控制压缩机制冷工作。当水箱内水的温度高于设定温度时，温度控制器控制压缩机④、⑤开关闭合，压缩机交流接触器得电吸合，压缩机工作，进行制冷，冷凝风扇和压缩机同步工作。当水箱内水的温度低于设定温度时，温度控制器控制压缩机④、⑤开关断开，压缩机交流接触器失电断开，压缩机和冷凝风扇停止工作。

(4) 外部保护：温度控制器提供流量和超温两对无源开关点，可以与外部的热负载设备联动，防止冷水机给热负载供水流量不足和水温超高或者超低，从而保护激光设备。

2) 故障告警

故障告警有以下几种方式。

压机过载：压机过载常闭触点接④、⑤端子，过载时断开。检测原因后复位。

水位告警：水箱内水位低于浮球开关 10 s 后水位告警灯亮，蜂鸣器发出告警声，此时压缩机不停；加水至水位开关以上后，水位开关闭合，水位告警灯灭，蜂鸣器停止告警。

流量告警：安装在循环管路上，流量开关没有闭合时告警。

氟压告警：冷水机氟系统高压控制器与低压控制器串联⑧、⑨端子，触点接通正常，设备散热不好时高压会过高，超过压力控制器设定值，即高压保护显示氟压故障(维修需人工复位)。如设备制冷剂泄漏，压机工作时氟系统低压低于设定值，同样会显示氟压故障(查到漏点加氟正常)。

1.7 典型控制系统电气分析

1. CY6140 型车床控制电路元件

CY6140 型车床控制电路元件的符号、名称、用途如表 1-6 所示。

表 1-6 CY6140 型车床控制电路元件

序号	元件	名称	用途	序号	元件	名称	用途
1	M_1	主轴电动机	主传动	14	SB_5	冷却泵电动机起动按钮	起动 M_2
2	M_2	冷却泵电动机	输送切削液	15	SB_6	冷却泵电动机停止按钮	停止 M_2
3	M_3	快速移动电动机	滑板快速移动	16	SB_7	快速移动电动机按钮	起动 M_3
4	KM_1	交流接触器	控制 M_1	17	EL_1	工作照明灯	工作照明
5	KM_2	交流接触器	控制 M_2	18	EL_2	刻度照明灯	刻度照明
6	KM_3	交流接触器	控制 M_3	19	FU_1	熔断器	M2、M3 短路保护
7	FR_1	热继电器	M_1 过载保护	20	FU_2	熔断器	
8	FR_2	热继电器	M_2 过载保护	21	FU_3	熔断器	照明短路保护
9	QS	电源开关	电源引入	22	FU_4	熔断器	
10	SB_1	急停按钮	切断动力线路	23	TC	控制变压器	控制电源
11	SB_2	主轴电动机起动按钮	起动 M_1	23	SQ_1	位置开关	断电保护
12	SB_3	主轴电动机起动按钮	起动 M_1	25	FU	熔断器	M_1 短路保护
13	SB_4	主轴电动机停止按钮	停止 M_1				

2. CY6140 型车床控制电路工作原理

CY6140 型车床控制电路如图 1-65 所示。首先闭合传动带护罩，压合 SQ_1，然后按下列步骤操作。

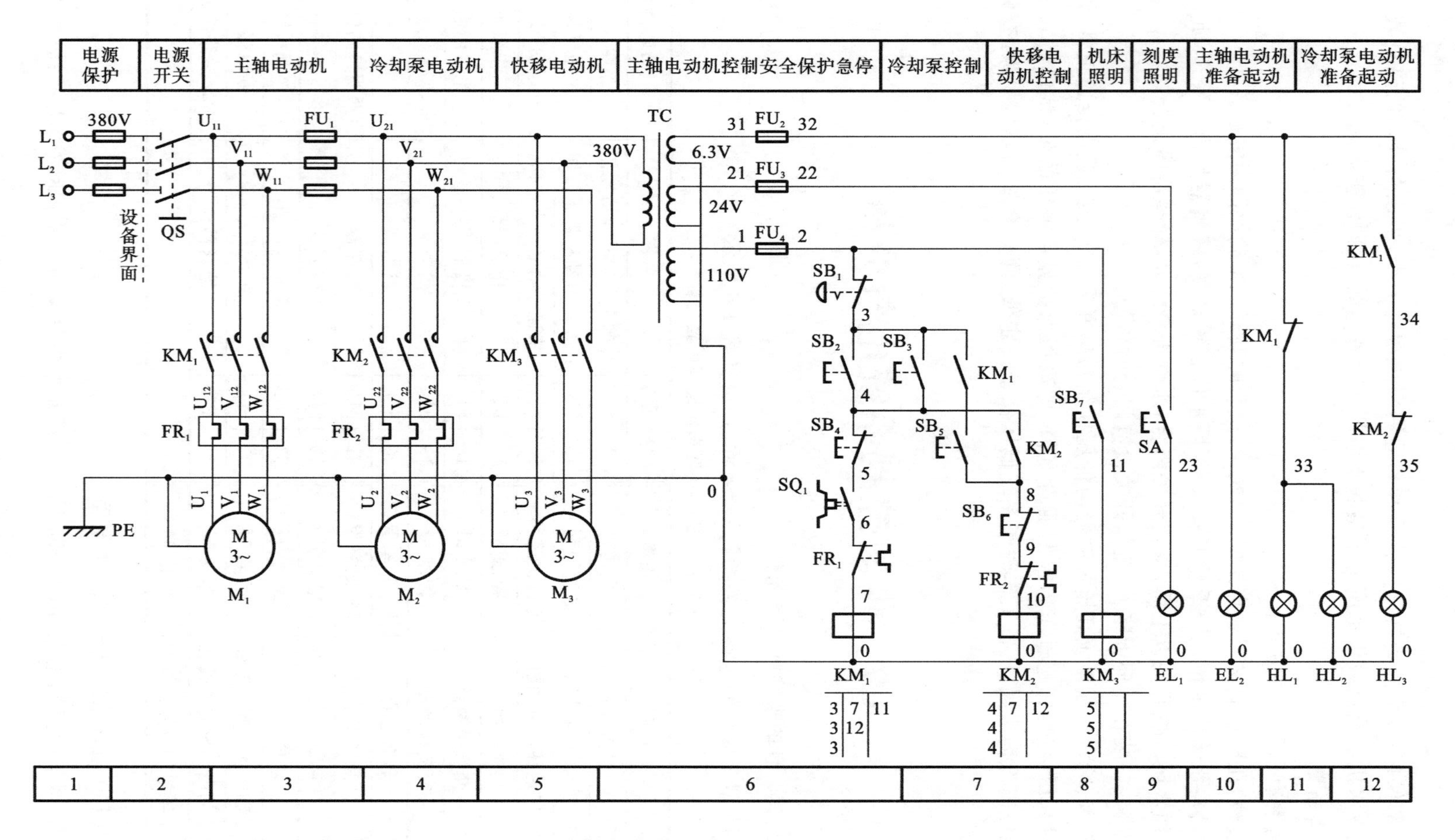

图1-65 CY6140型车床控制电路

(1) 闭合电源开关 QS。

① 主轴电动机 M_1 的绿色起动按钮 SB_2、SB_3 内的指示灯 HL_1、HL_2 亮。

② 刻度照明灯 EL_2 亮。

(2) 车床接通电源，即 QS 闭合后，可利用车床工作照明灯 EL_1 上的开关 SA 通断照明灯。

(3) 按下主轴电动机起动按钮 SB_2 或 SB_3，指示灯 HL_1、HL_2 灭。冷却泵 M_2 的绿色起动按钮 SB_5 内的指示灯 HL_3 亮，表示起动指令完成，主轴电动机已起动。

(4) 按下起动按钮 SB_5，指示灯 HL_3 灭，表示冷却泵电动机起动，对加工件冷却。如需要关闭冷却泵，则只需要按下冷却泵停止按钮 SB_6 关闭冷却泵；当主轴电动机停止时，冷却泵电动机随之停止。

(5) 按下停止按钮 SB_4，主轴电动机停止，主轴电动机的绿色起动按钮 SB_2、SB_3 内的指示灯 HL_1、HL_2 恢复亮。

(6) 车床接通电源，即 QS 闭合后，可利用快速移动电动机按钮 SB_7 控制刀架快速移动电动机 M_3。

(7) 加工完毕，断开电源开关 QS。在出现紧急情况时，按下红色急停按钮 SB_1，断开所有动力线路，使整个车床停止工作。故障排除后，将急停按钮沿箭头指示方向旋转 30°复位，即可重新开动车床。在车床传动带护罩内装有安全开关 SQ_1，当打开皮带护罩时主轴电动机不能起动。

习 题

1-1 线圈电压为 220 V 的交流接触器，误接入 380 V 交流电源上会发生什么问题？为什么？

1-2 交流接触器在运行中，有时在线圈断电后，衔铁仍掉不下来，电动机不能停止，这时应如何处理？故障原因在哪里？应如何排除？

1-3 电动机的起动电流很大，当电动机起动时，热继电器会不会动作？为什么？

1-4 既然在电动机的主电路中装有熔断器，为什么还要装热继电器？装有热继电器是否就可以不装熔断器？为什么？

1-5 三相感应电动机为什么要进行降压起动？降压起动的方法有哪几种？分别应用在什么场合？

1-6 什么是能耗制动？应用于什么场合？

1-7 什么是反接制动，应用于什么场合？

1-8 实现控制要求：电动机 M_1 起动后，电动机 M_2 才能起动，M_1、M_2 可分别停机，设计出单向运行的主电路和控制电气图。

1-9 实现控制要求：电动机 M_1 起动后，延时 5 s，电动机 M_2 自动起动，M_1、M_2 要求同时停机，设计出单向运行的主电路和控制电气图。

1-10 实现控制要求：电动机 M_1 起动后，延时 10 s，电动机 M_2 自动起动，同时 M_1 停机，M_2 手动停机，设计出单向运行的主电路和控制电气图。

1-11 当按一下起动按钮 SB_1 后，电动机 M 马上起动；按一下停止按钮 SB_2 后，电动机 M 延时 5 s 后停机，试设计双向运行的主电路和控制电气图。

1-12 题 1-12 图是行车运动示意图，行车的两头终点处有行程限位控制，行车可前进或后退，试设计行车运动主电路和控制电路。

1-13 设计一个控制线路，要求第一台电动机起动 10 s 后，第二台电动机自动起动，运行 5 s 后，第一台

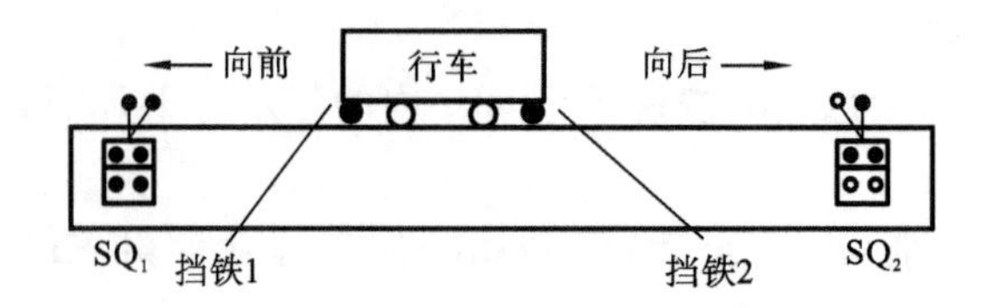

题 1-12 图

电动机停止并同时使第三台电动机自行起动，再运行 15 s 后，电动机全部停止。

1-14 有一台三级皮带运输机，分别由 M_1、M_2、M_3 共 3 台电动机拖动，其动作顺序如下：

(1) 起动时要求按 M_1—M_2—M_3 顺序起动；

(2) 停车时要求按 M_3—M_2—M_1 顺序停车；

(3) 上述动作要求有一定时间间隔。

1-15 为两台电动机设计一个控制线路，其要求如下：

(1) 两台电动机互不影响地独立操作；

(2) 能同时控制两台电动机的起动与停止；

(3) 当一台电动机发生过载时，两台电动机均停止。

1-16 设计一小车运行的控制线路，小车由电动机拖动，其动作程序如下：

(1) 小车由原位开始前进，到终端后自动停止；

(2) 在终端停留 2 min 后自动返回原位停止；

(3) 在前进或后退途中任意位置都能停止或起动。

1-17 控制系统电气图绘制练习。要求：

(1) 在 $1^{\#}$ 图纸上手工绘制图 1-62 和图 1-63 所示线路。

(2) 使用 AutoCAD 绘制图 1-62 和图 1-63 所示线路。

1-18 某五相步进电动机转子有 48 个齿，试计算五相五拍和五相十拍的步距角 θ_S。

1-19 如何控制步进电动机的转速及输出转角？

1-20 设某步进电动机转子有 48 个齿，采用三相六拍驱动方式，与滚珠丝杠直接连接驱动工作台作直线运动，滚珠丝杠导程(螺距)为 5 mm，工作台最大进给速度为 1440 mm/min，求：(1) 步进电动机步距角 θ_S，(2) 此开环系统的脉冲当量 δ，(3) 步进电动机最高工作频率 f。

1-21 驱动器选用 64 细分的驱动器。已知步进电动机步距角 $\theta_S=1.8°$，滚珠丝杆螺距 $l=3$ mm。求：

(1) 步进电动机每一驱动脉冲的角度当量 β；

(2) 步进电动机一个脉冲，工作台轴向移动的长度当量 ΔL(mm/脉冲)；

(3) 给定脉冲数 $N=150$ 时，工作台直线位移量 L；

(4) 要求工作台直线走 30 mm，求需加给步进电动机的脉冲总数 N。

1-22 交流伺服电动机的调速方法有几种？

1-23 某伺服电动机最高转速为 1200 r/min，通过丝杠螺母副传动带动机床进给运动，丝杠螺距为 6 mm，求最大进给速率。

1-24 已知齿轮减速器的传动比 $i=16$，步进电动机步距角 $\theta_S=1.5°$，细分数为 4 细分；滚珠丝杠的导程 $p=4$ mm。问脉冲当量是多少？

2

激光加工设备典型控制系统

2.1 关于激光加工设备控制系统的集成开发

控制系统集成是按照一定的技术原理或功能目的，将两个或两个以上的单项技术或者产品通过重组，整合资源，将各个分离子系统连接成为一个完整、可靠、经济和有效的整体，并使之能彼此协调工作，而获得具有统一整体功能的新技术。控制系统集成，一般可分解为软件集成、硬件集成和网络系统集成等三类。控制系统集成实现的关键在于解决系统之间的互联和互操作性问题，它是一个多厂商、多协议和面向各种应用的体系结构，这需要解决各类设备、子系统间的接口、协议、系统平台、应用软件等问题。

激光加工设备控制系统由低压电气控制、制冷机电气控制、激光电源电气控制、数控系统电气控制、PLC 控制、计算机数控等子系统构成。激光加工设备控制系统开发需要综合运用控制理论、电子设备、仪器仪表、计算机软硬件技术，以及其他技术。运用控制系统集成技术可以优选自动化制造商提供的产品，优化连接，资源共享。例如，采用中央控制器，将各子控制系统整合在一起，协调整个激光加工设备工作，控制激光加工过程。本章介绍激光加工设备典型子控制系统，为激光加工设备控制系统开发提供基础。

2.2 激光加工设备工作台运动控制系统

按有无位置检测、反馈，以及不同的检测装置，伺服控制系统可分为以下三种。

1. 开环伺服控制系统

开环伺服控制系统只采用步进电动机作为驱动元件，它没有任何反馈回路，因此设备投资少，调试维修方便，但精度较低，高速转矩小。它由驱动电路、步进电动机和进给机械传动机构组成，如图 2-1 所示。

开环伺服控制系统将数字脉冲转换为角位移，靠驱动装置本身定位。步进电动机转过

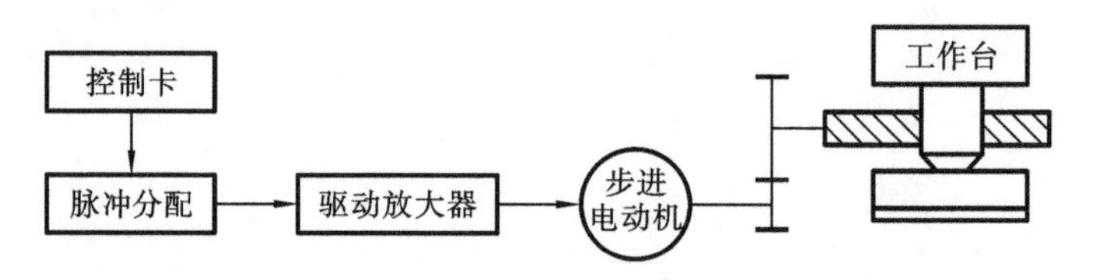

图 2-1 开环伺服控制系统

的角度与指令脉冲个数成正比，转速与脉冲频率成正比，转向取决于电动机绕组通电顺序。

2. 半闭环伺服控制系统

半闭环伺服控制系统是在开环控制系统的伺服机构中装上角位移检测装置，通过检测伺服机构的滚珠丝杠转角，间接检测移动部件的位移，然后反馈到数控装置的比较器中，与输入原指令位移值进行比较，用比较后的差值进行控制，使移动部件补充位移，直到差值消除为止的控制系统。由于半闭环伺服控制系统将移动部件的传动丝杠螺母不包括在环内，所以传动丝杠螺母机构的误差仍会影响移动部件的位移精度。由于半闭环伺服控制系统调试维修方便，稳定性好，目前应用比较广泛。半闭环伺服控制系统的伺服机构所能达到的精度、速度和动态特性优于开环伺服机构的。其工作原理如图 2-2 所示。

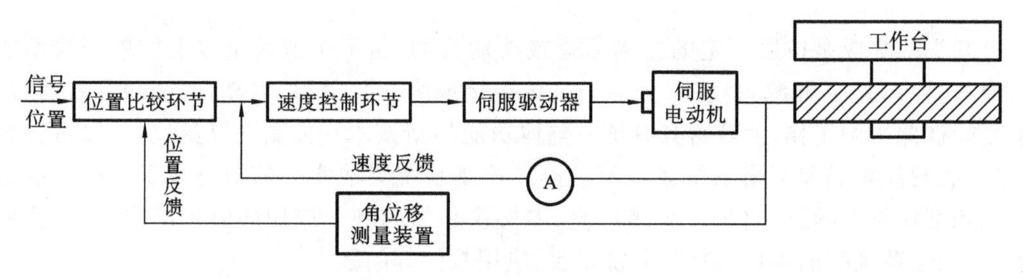

图 2-2 半闭环伺服控制系统

3. 全闭环伺服控制系统

全闭环伺服控制系统将直线位移检测装置安装在工作台上，检测装置测出的实际位移量或者实际所处的位置反馈给位移控制装置，并与指令值进行比较，求得差值，实现位置控制，如图 2-3 所示。全闭环伺服控制系统为双闭环控制系统，内环为速度环，外环为位置环。速度环由速度控制单元、速度检测装置等构成。全闭环伺服控制系统从外部看，是一个以位置指令为输入和位置控制为输出的位置闭环控制系统。从内部的实际工作来看，它是先将位置控制指令转换成相应的速度信号后，通过调速系统驱动电动机才实现位置控制的。

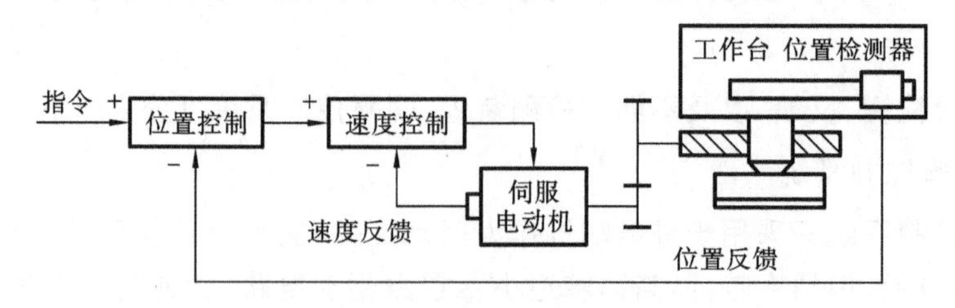

图 2-3 全闭环伺服控制系统

在中小型激光焊接机中，工作台运动为由 X、Y 轴运动构成，如图 2-4 所示。X、Y 轴运动由 X 轴和 Y 轴控制系统所控制，这两个轴控制系统相同且联动，工作台轴控制系统是典型的伺服控制系统，如图 2-5 所示。

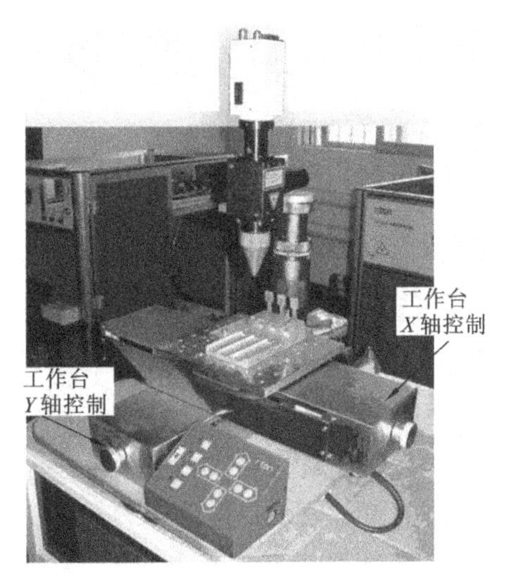

图 2-4 激光焊接机工作台

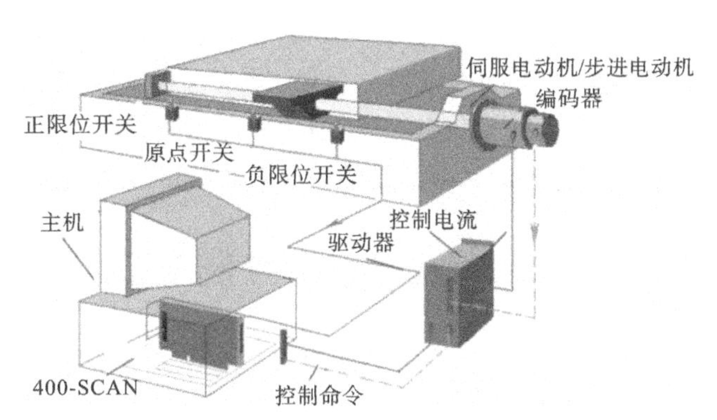

图 2-5 工作台伺服控制系统

2.3 激光功率(能量)控制系统

2.3.1 激光功率(能量)控制概述

激光器输出功率是激光加工重要工艺参数，激光功率的稳定性和测量精度对激光加工质量产生直接的影响，对激光器输出功率检测并加以控制，可使激光器的性能得到大幅提高。根据操作者设定的速度/功率函数关系曲线，激光功率控制系统可精确地调整激光功率的大小，从而保证机床在加减速时在不同速度的情况下仍然能获得相应最佳的激光切割功率。

激光器输出功率控制可以有调 Q 控制法、激励信号控制法等多种方法。

(1) 调 Q 控制法：在激光器的谐振腔内加入了开关调制器件，使其输出的激光以高能量脉冲的方式输出。调 Q 控制虽然也是对激光能量控制，但是对激光脉冲峰值进行控制，故单独列为一类控制系统。

(2) 激光电源的激励信号控制法：激励信号可以是直流电压或脉宽调制(PWM)信号。改变激光器输出功率所对应的控制信号可以控制激光电源的输出。

PWM 脉宽调制是靠改变脉冲宽度来控制输出电压的技术，它通过改变周期来控制其输出频率，即将控制信号加在直流电压上，按一个一定的频率来接通与断开直流电压，并根据需要改变一个周期内的“接通”和“断开”时间的长短，从而改变平均电压。

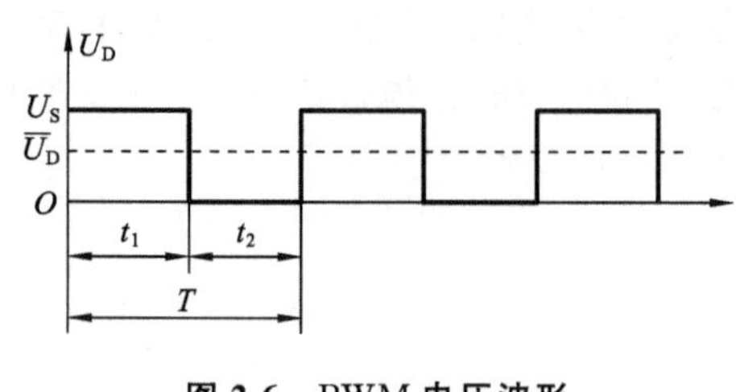

图 2-6　PWM 电压波形

设周期为 T,“接通”时间为 t_1,“断开”时间为 t_2,$T=t_1+t_2$,占空比 $\sigma= t_1/T$。占空比表示平均电压大小,占空比变化表示平均电压变化。调节占空比就可控制平均电压大小。PWM 电压波形如图 2-6 所示,U_S 表示被调制的直流电压,$\overline{U}_D$ 是平均电压。$\overline{U}_D$ 可表示为:

$$\overline{U}_D=\frac{t_1}{T}U_S=\sigma U_S$$

在射频(RF)激励激光器中,功率控制大多采用 PWM 方式。目前在小功率(低于 100 W)射频激励的 CO_2激光器,包括进口的激光器中,功率控制大多采用 PWM 方式,通过频率及占空比可调的脉冲信号控制激光器的输出功率。

2.3.2　激光设备的功率控制接口

激光设备的功率控制接口可以在激光电源上,也可以在激光器上。一般来说,固体和气体激光器的电源是独立的,功率控制接口在激光电源上;光纤激光器的电源是一体化的,功率控制接口在激光器上。激光设备厂家在其生产产品上提供给用户的功率控制接口也不尽相同,激光设备的控制器厂家也随之提供多种功率控制接口,以供用户根据不同激光器选用。

1. CO_2 激光器功率控制接口

(1) HY-HVCO_2 激光电源前后面板接口如图 2-7 所示。

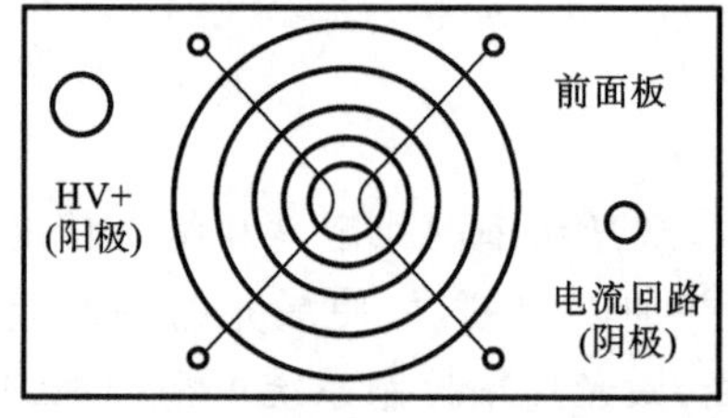

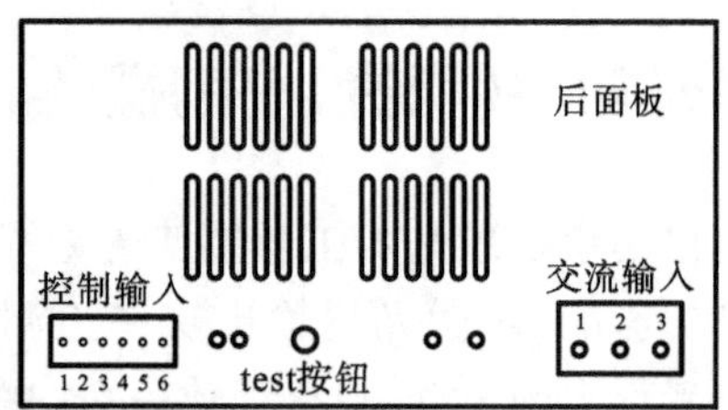

图 2-7　激光电源前后面板接口

(2) HY-HVCO_2 激光电源功率控制接口如图 2-8 所示。激光器电源构成功率控制系统有如下三组接口。

① 功率输出端子:电源输出线,即 VH+线为带高压的正极,起辉电压 19 kV;电流回路线为负极。

② 电源线接线端子:电源输入,1 脚 FG 接地,2、3 脚接交流 220 V、50 Hz、10 A (10 A 为接线要求,不是实际功耗)。

③ 控制输入端子:如图 2-8 所示,各端口功能如表 2-1 所示。

接控制板卡时,若要求高电平出光,则出光信号接 1 脚,若要求低电平出光,则出光信号接 2 脚。地线接 4 脚。5 脚接功率控制模拟信号;也可以用 PWM,但要求脉冲峰-峰值达 5 V,频率大于 20 kHz。电流表(mA)串接在负极线上。

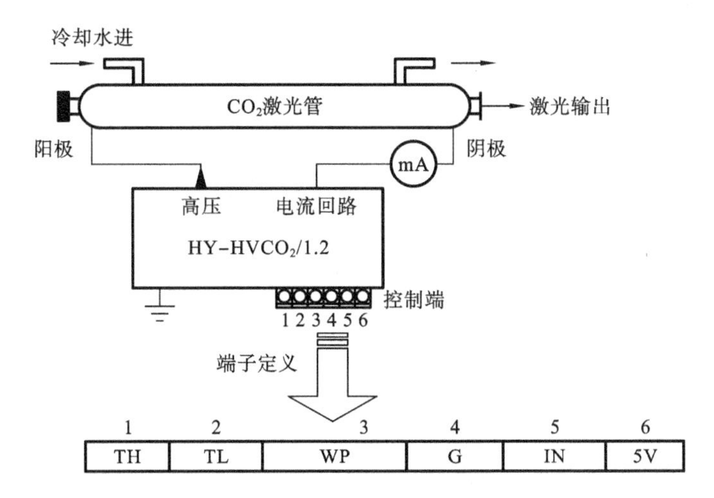

图 2-8 激光电源功率控制接口

表 2-1 控制输入端口功能

脚号	端口	名称	功能
1	TH	输入信号	开关光控制，高电平(≥3 V)时出光，低电平(≤0.3 V)时不出光
2	TL	输入信号	开关光控制，高电平(≥3 V)时不出光，低电平(≤0.3 V)时出光
3	WP	输入信号	开关光控制，高电平(≥3 V)时不出光，低电平(≤0.3 V)时出光
4	G	信号地	此脚必须和激光机的机壳、控制板卡的地良好相连
5	IN	输入信号	激光功率控制端，可用 0～5 V 模拟信号控制，也可用 5 V 为幅值的 PWM 信号控制
6	5V	输出电源	5 V 输出，其最大输出电流为 20 mA

WP 输入端可作为通水开关或风机开关的检测端，WP 脚和 G 脚之间连接如图 2-9 所示，开关节点或光耦合为冷水机或风机提供。

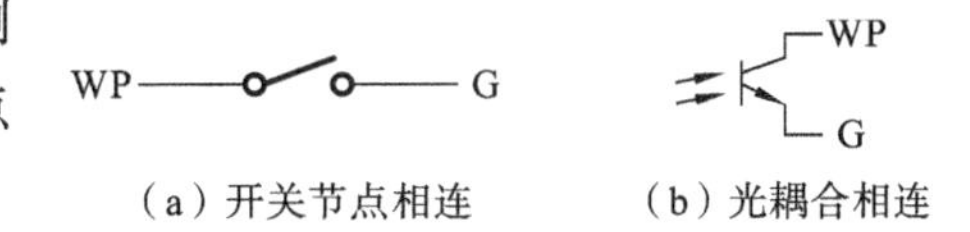

(a) 开关节点相连　(b) 光耦合相连

图 2-9 WP 脚和 G 脚连接

控制输出端口信号组合如表 2-2 所示。

(3) 激光管的连接：如图 2-8 所示，HY-HVCO_2/1.2 电源的高压(HV+)必须与 CO_2 激光管的阳极(全反射端)相连；HY-HVCO_2/1.2 电源的电流回路，通过一个电流表(或直接)与 CO_2 激光管的阴极(激光输出端)相连。

(4) 激光电源接线：该电源带有 PWM 功率调节接口；激光器的输出功率由电源控制，电源可由图 2-10 和图 2-11 所示的直接电压控制，也可由图 2-12 所示的 PWM 控制板卡控制。

2. 光纤激光器功率控制接口

1) SPI 光纤激光器功率控制接口

SPI 光纤激光器功率控制接口如图 2-13 所示，序号 6 的接口为 RS-232 通信接口，是激光器功率控制接口，激光器功率控制原理为二进制串行数字功率控制；序号 3 的接口为 PWM 波的 BNC 激光器功率控制接口。序号 8 的接口为网络接口。

表 2-2 控制输出端口信号组合

TH	TL	WP	IN	激光输出
悬空	低(≤0.3 V)	低(≤0.3 V)	0～5 V 或 PWM	出光,功率为 $P_{\min}\sim P_{\max}$
	低(≤0.3 V)		悬空	约有 40%的激光输出
	高(≥3 V)		无论为何值	不出光
高(≥3 V)	悬空		0～5 V 或 PWM	出光 $P_{\min}\sim P_{\max}$
低(≤0.3 V)			悬空	约有 40%的激光输出
低(≤0.3 V)			无论为何值	不出光
无论为何值	无论为何值	高(≥3 V)		不出光

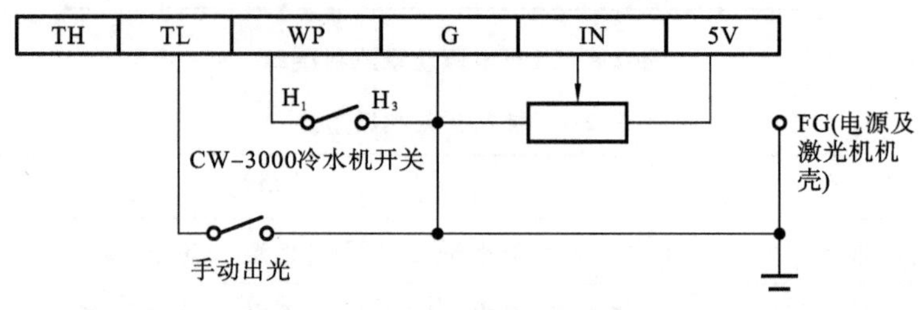

图 2-10 手动低电平出光采用直接电压控制功率输出方式

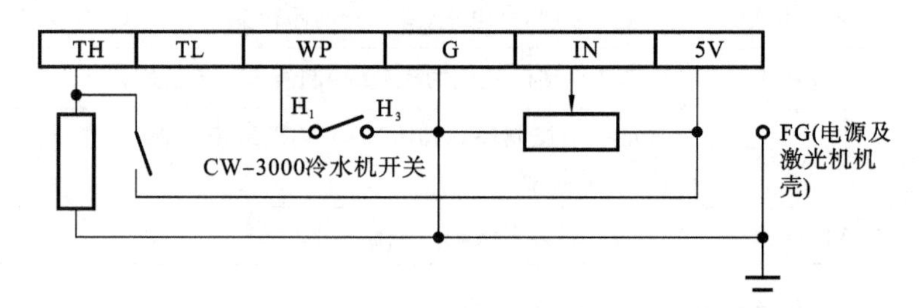

图 2-11 手动高电平出光采用直接电压控制功率输出方式

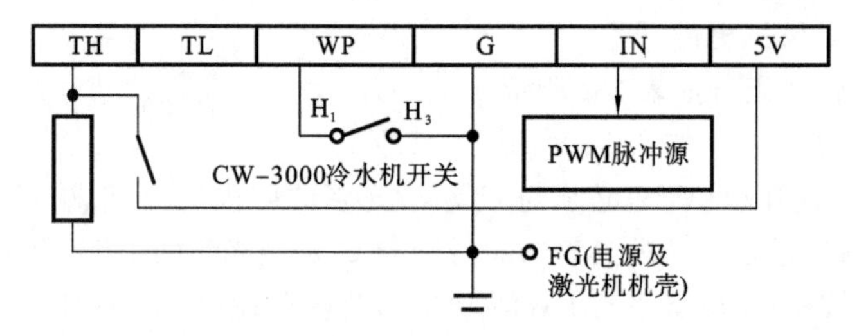

图 2-12 手动高电平出光采用 PWM 控制功率输出方式

2) IPG-YLP 光纤激光器功率控制接口

IPG-YLP 光纤激光器采用二进制并行数字功率控制接口,功率控制接口如图 2-14 所示,脚 1～脚 8 为用于设定功率的 8 位总线。脚 1 为 LSB,脚 8 为 MSB。输入范围为 0～255,对应输出 0～100%的标称功率值。脚 9 为 Latch 控制脚,用于将功率设定值(脚 1～脚 8)存储到激光器内。

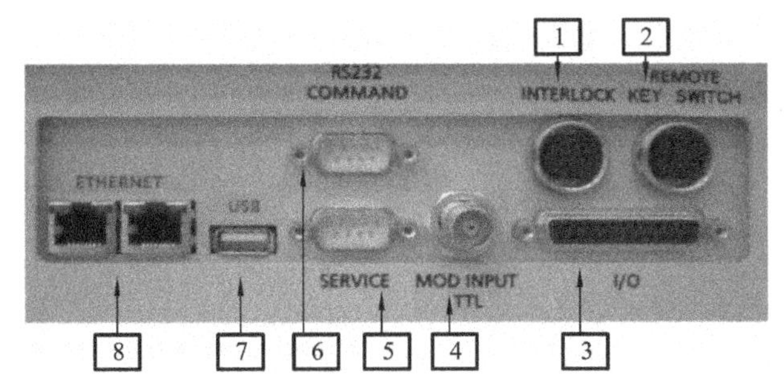

图 2-13 SPI 连续光纤激光器背板接口

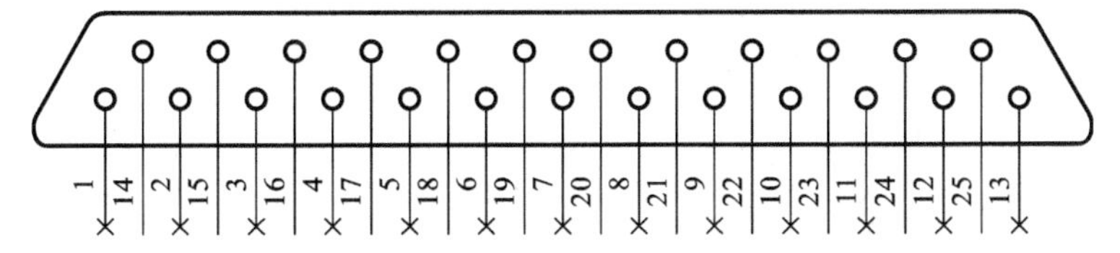

图 2-14 IPG-YLP 光纤激光器功率控制接口

二进制串并行数字功率控制接口功率转换原理，以 IPG-YLP 8 位总线为例进行说明如下。

	脚 8	脚 7	脚 6	脚 5	脚 4	脚 3	脚 2	脚 1	P(%)
	D_7	D_6	D_5	D_4	D_3	D_2	D_1	D_0	
0=	0	0	0	0	0	0	0	0	0
1=	0	0	0	0	0	0	0	1	1/255
……									
255=	1	1	1	1	1	1	1	1	1

转换公式为：

$$P=\frac{1}{255}\times d\times P_{\mathrm{MAX}} \tag{2-1}$$

式中：d 为 8 位二进制数据对应的十进制数据；P 为输出功率。

例 2-1 IPG-YLP 光纤激光器功率控制接口，脚 1～脚 8 为用于设定功率的 8 位总线，输入范围为 0～255，对应输出 0～100%的标称功率值。若标称功率值为 10 W，求：

(1) 当控制器发给脚 1～脚 8 的二进制数据为 10001101B 时，IPG-YLP 光纤激光器输出功率值？

(2) IPG-YLP 光纤激光器输出功率值为 9W 时，控制器发给脚 1～脚 8 的二进制数据？

解 (1) 控制器发给脚 1～脚 8 的二进制数据 10001101B 对应的十进制为 141，IPG-YLP 光纤激光器输出功率值为：

$$P=\frac{1}{255}\times 141\times 10\ \mathrm{W}=5.53\ \mathrm{W}$$

(2) IPG-YLP 光纤激光器输出功率值为 9 W 时，控制器发给脚 1～脚 8 的十进制数据为：

$$d=\frac{255}{10}\times 9=229$$

十进制数据转换为二进制数据为：

$$D=229=11101111\mathrm{B}$$

LMC2010 FIBER 专用打标控制卡提供了 CON_2：IPG-YLP 系列光纤激光器的 DB25 控制接口。

3）IPG-YLR 系列 500 W 光纤激光器控制线路

（1）IPG-YLR 系列 500W 光纤激光器如图 2-15 所示。前面板如图 2-16 所示，前面板功能如表 2-3 所示。后面板如图 2-17 所示，后面板功能如表 2-4 所示。

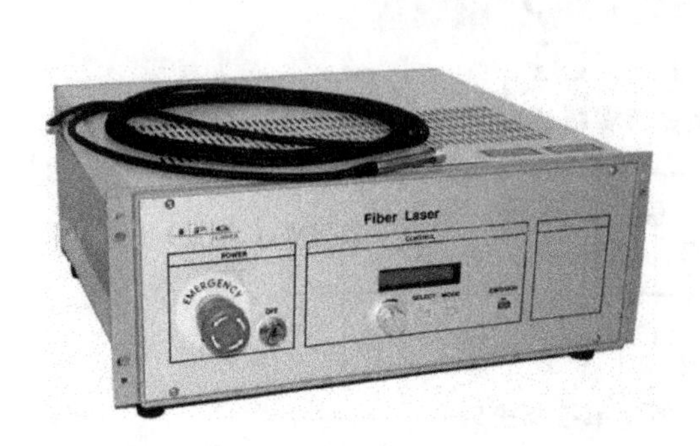

图 2-15 IPG-YLR 系列 500 W 光纤激光器

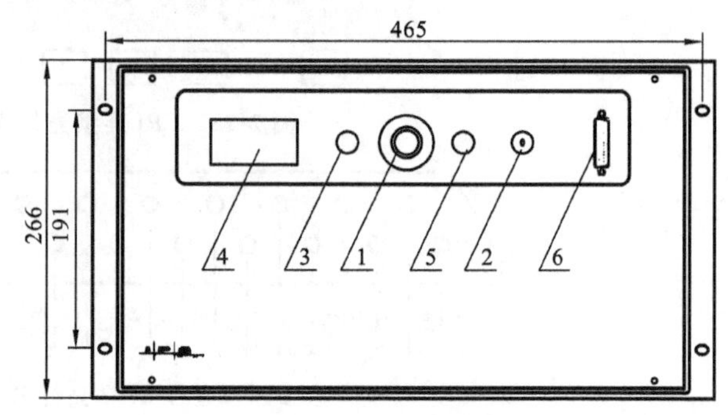

图 2-16 控制前面板

表 2-3 前面板功能

序号	名称	功能描述
1	E-STOP 按钮	仅仅停止（急停）。紧急情况下，按下此按钮可直接关闭内部的主电源
2	POWER 开关	钥匙开关。用于开启或关闭内部控制电路的电源。由 3 个挡位：-OFF（中间位置）为关闭状态；-ON（顺时针旋转）为本地控制；-REM（逆时针旋转）为远程控制
3	START 按钮	内部主电源启动按钮。在本地控制时（钥匙开关在 ON 位置），按此按钮可启动内部主电源，同时按钮内的绿色指示灯会亮
4	显示屏	显示功率和报警信息
5	EMISSION 指示灯	“激光发射”状态指示灯（红色）
6	TERMINAL 接口	用于连接外部操作手柄。当不使用操作手柄时，可连接随机附送的操作手柄屏蔽插头

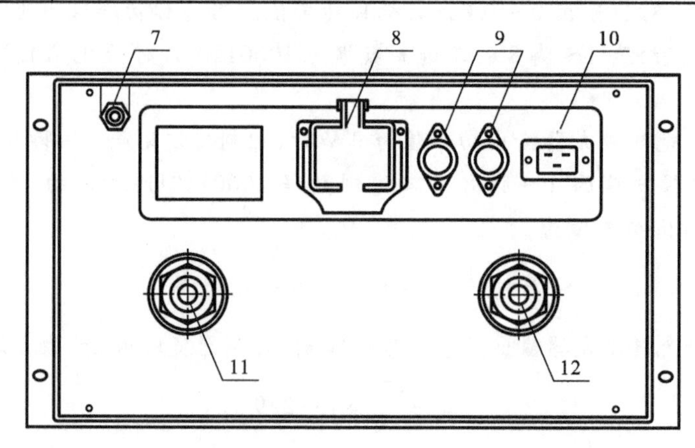

图 2-17 后面板

(2) IPG-YLR 系列 500 W 光纤激光器控制接口如图 2-18 所示，接口功能如表 2-5 所示。

表 2-4 后面板功能

序号	名称	功能描述
7	光纤缆线出口	带光纤端头的激光输出光纤缆线的出口
8	控制接口	Harting Han24DD 型接口，用于连接来自外部控制设备的控制信号输入，及产品状态信号输出
9	FU_1、FU_2	交流电源相线与零线主回路的保险管(15 A)
10	AC LINE INPUT	交流电源输入插座，交流 220～240 V，50/60 Hz
11	INLET 入口	外部冷却水输入、输出接口，用于冷却产品内部激光模块。最小水流量为 3.5 L/min，水温 21～23 ℃
12	OUTLET 出口	

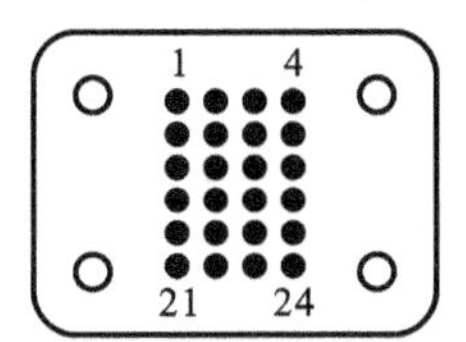

图 2-18 光纤激光器控制接口

表 2-5 光纤激光器控制接口功能

管脚	名称	类别	功能描述
1	安全互锁通道 1	输入	安全标准：IEC EN951-1 cat. 3 通过无源触点的闭合，实现直流 24 V 通路，线径需大于或等于 0.5 mm
2	安全互锁通道 2		
3	安全互锁通道 2		
4	安全互锁通道 1		
5	RS-232-TX	输入	RS-232 通信端口： -Tx：数据发送 -Rx：数据接收
6	RS-232-RX	输出	
7	RS-232 公共地		
8	远程钥匙开关	输入	内部控制电路远程启动控制输入，通过无源触点的闭合与开路，即可实现主板上电操作。线径需大于或等于 0.5 mm
9	远程钥匙开关		
10	远程启动	输入	远程 START 按钮控制输入，通过无源触点的闭合与开路，即可实现主电源启动操作。线径需大于或等于 0.5 mm
11	远程启动		
12	模拟电压	输入	用于控制泵浦二极管的电流，范围直流 1～10 V； 1 V 对应于 10%电流；10 V 对应于 100%电流
14	模拟地	A_{GND}	12 脚模拟电压输入信号的接地端
15	激光调制＋	输入	直流 24 V 调制控制输入，最大频率 50 kHz： 输入＋内部为光耦阳极；输入－内部为光耦阴极
16	激光调制－		
17	引导红光	输入	直流 24 V 控制输入。当设置菜单中“外部红光控制开启”时，用于从此接口控制引导红光

续表

管脚	名称	类别	功能描述
18	激光使能	输入	直流 24 V 控制输入，远程控制下(REMOTE)使用，用来激活激光控制
20	公共地	GND	17、18、23 和 24 脚等数字信号的公共地
23	主电源状态	输出	直流 24 V、100 mA 输出。如果内部的主电源已开启，则输出高电平
24	激光使能状态	输出	直流 24 V、100 mA 输出，远程控制下(钥匙开关在 REM 位置)，如果"激光使能"信号已开启，则输出高电平
13/19 21/22	保留	—	不要连接任何外部信号，也不要与其他管脚连接

(3) RS-232 串口控制 IPG-YLR 系列 500 W 光纤激光器的连接。

RS-232 是由 EIA 所制定的异步传输标准接口。计算机上的通信接口之一，通常 RS-232 接口以 9 个引脚 (DB9) 或 25 个引脚 (DB25) 的形态出现，一般计算机上会有两组 RS-232 接口，分别称为 COM1 和 COM2。

用 RS-232 接口的连接线将 IPG-YLR 系列光纤激光器与带有 RS-232 接口的计算机(或其他控制设备)连接，即可以用 RS-232 命令对 IPG-YLR 系列光纤激光器进行控制。

RS-232 连接线的一端有 DB9 插座，另一端有 Harting 接口专用插针。其连接方法如图 2-19 所示。

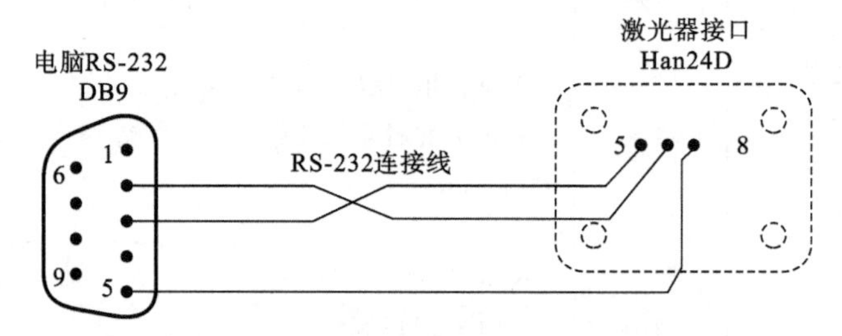

图 2-19 RS-232 与 IPG-YLR 系列 500 W 光纤激光器连接

在 RS-232 串口控制程序中对 RS-232 串口设置为：传输速率＝57600、数据位＝8、停止位＝1、奇偶校验位＝无。

BMC1204/1205/1214 控制卡、BCL3762/3764/3724 端子板提供了 PWM 控制接口，RS-232 串口和 PWM 控制接口以协同方式参与对 IPG-YLR 系列光纤激光器控制。

2.3.3 激光功率(能量)开环控制

开环控制的特点是，没有激光器输出功率检测，计算机通过控制板卡对激光器输出功率进行控制。控制方式有：直接电压控制和 PWM 控制。PWM 控制板卡激光功率(能量)开环控制原理如图 2-20 所示。

将 PWM 控制板卡的控制信号线按要求分别可靠接入 HY-HVCO_2/1.2 电源的控制端，并保证 PWM 控制板卡的地、激光电源的机壳、激光机的机壳及计算机的机壳可靠连接在一

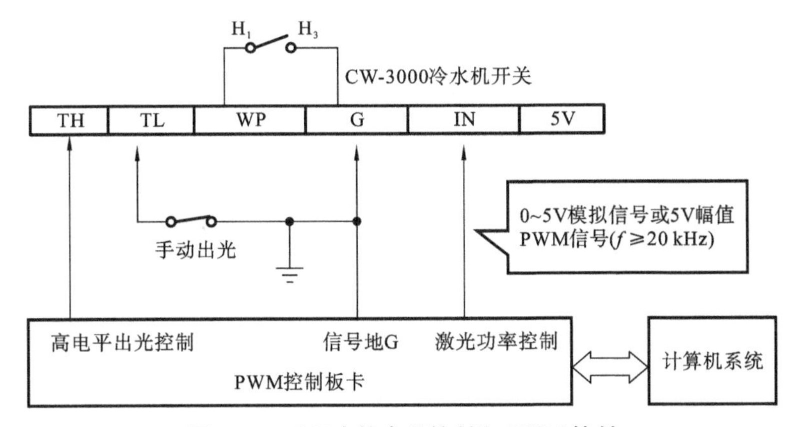

图 2-20 开环直接电压控制和 PWM 控制

起。开机时,如果出光不正确,应检查控制信号是否正确(包括电压值和逻辑),若用 PWM 进行功率控制,应保证 PWM 的频率 $f \geqslant 20$ kHz,幅值(峰一峰值)不大于 5 V,并检查保护开关 WP 的连接是否正确。

2.3.4 激光功率(能量)闭环反馈控制

激光功率(能量)闭环反馈控制可以实现激光脉冲能量高的稳定性和一致性。反馈控制可对激光器激光输出能量进行实时检测,并将检测的激光能量反馈给激光电源,电源根据激光能量对输出的电流进行控制,以达到能量的稳定,实现用户激光器的能量负反馈控制,使激光脉冲能量的不稳定度控制在±2%以内。

能量负反馈的工作原理是,在激光器增加一个能量检测装置,用来检测输出激光能量的大小,并将该信号实时反馈到控制端,与理论设定的能量进行比较,形成一个闭环控制系统,以达到准确控制激光能量输出的目的,如图 2-21 所示。

激光器增加了能量负反馈环节后,可对激光脉冲输出能量进行实时在线监测;将激光脉冲输出能量的不稳定度控制在±2%以内。新一代的能量负反馈控制系统真正实现了在每个激光脉冲宽度时间内,对此脉冲能量的实时负反馈调节,保证同等参数下的每次输出的激光能量稳定,有效减小了产品的不良率。

1. 激光能量反馈检测装置

"JS-E2000"在线能量检测探头如图 2-22 所示,利用全反射镜极小的一部分漏光来激发检测器中的光电二极管,光电二极管将激光能量信号转化为与之成比例的电信号来检测激光器输出能量的波形及大小,可对激光脉冲输出能量进行实时在线监测。JS 系列脉冲激光电源的基础上,配套此能量探头,可实现激光能量的负反馈控制,将激光脉冲输出能量的不稳定度控制在±2%以内。

2. 激光能量反馈检测方式

检测方式有两种:一种是直接在输出激光回路分离出微小比例的激光进行检测;另外一种是激光能量反馈探头安装于用户激光器全反镜后面,使用采集"尾光"的方式。尾光检测方式不改变输出激光回路,对激光器影响较小。

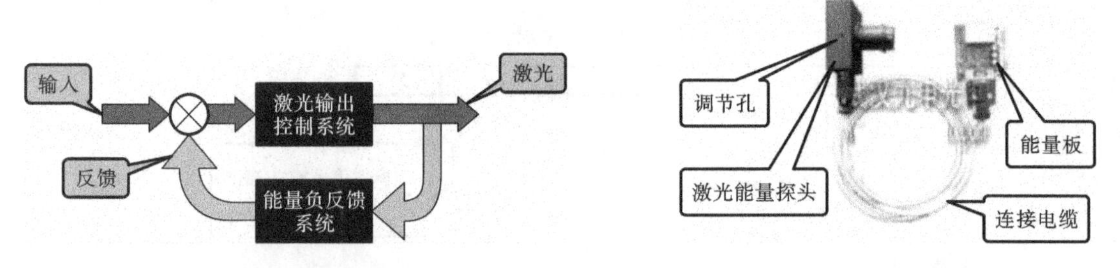

图 2-21 激光反馈控制框图

图 2-22 激光能量反馈探头

尾光检测在激光谐振腔的尾镜采用低透射率的介质膜全反射镜，反射率为 99.9%，利用该尾镜的微弱透光进行能量检测。图 2-23 所示的是尾光检测实例。

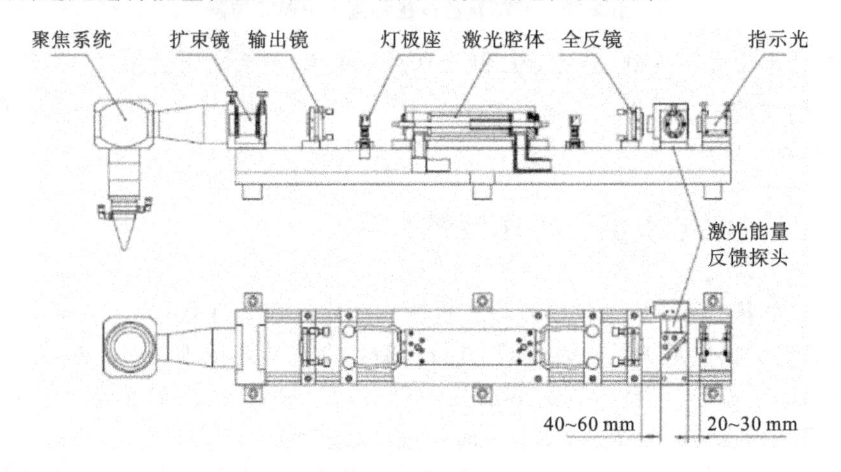

图 2-23 尾光检测方式

JS 系列脉冲激光电源原理如图 2-24 所示。

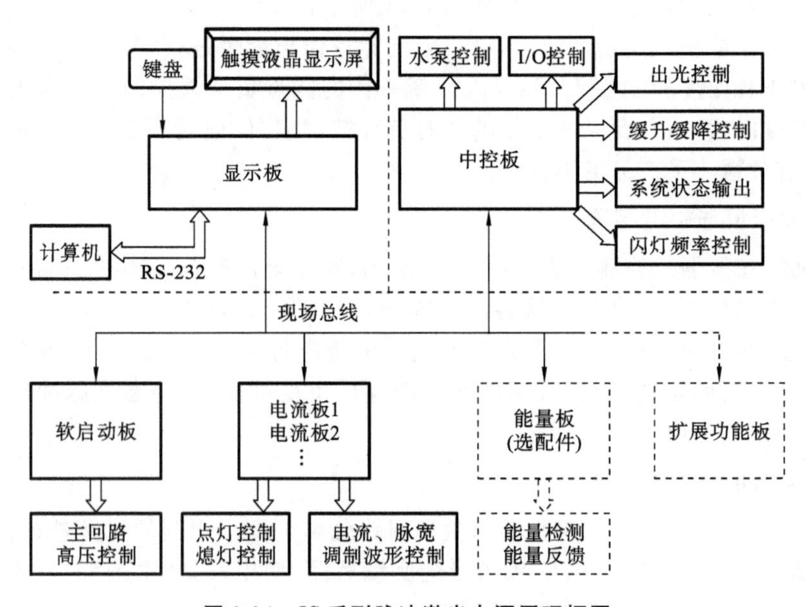

图 2-24 JS 系列脉冲激光电源原理框图

2.4 激光加工设备振镜控制系统

2.4.1 激光振镜及驱动器

激光振镜是一种专门用于激光加工领域的特殊执行器件，它靠两个振镜反射激光，使激光光斑在目标平面内按确定的轨迹做扫描运动。

1. 激光振镜工作原理

激光振镜扫描器简称激光振镜，激光振镜原理如图 2-25 所示；其由 X、Y 两轴全反射振镜和 X、Y 轴伺服系统组成。X、Y 轴伺服系统是一个高速摆动电动机与伺服驱动板组成的一个高精度、高速度控制系统，控制器（打标控制板卡）提供的信号通过 X、Y 轴伺服系统驱动光学扫描头，从而在 X-Y 平面控制激光束的偏转。

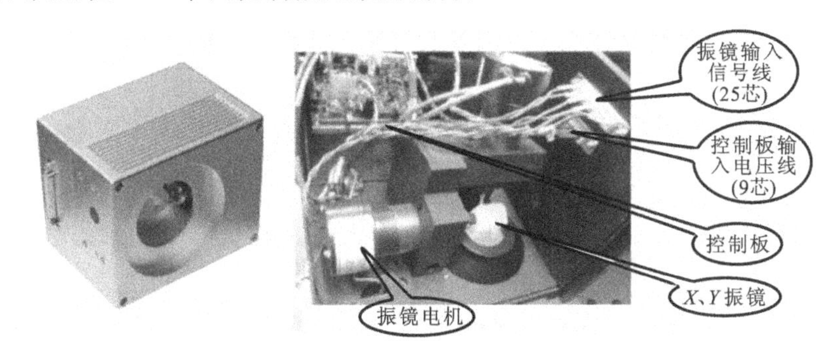

图 2-25 振镜外观及内部结构

从 X、Y 轴伺服系统接收到控制器（打标控制板卡）的信号，到发出指令信号，X、Y 轴振镜能分别绕 A 轴和 B 轴做出快速精确偏转。从而根据待扫描图形的轮廓要求，在控制器指令的控制下，两个振镜镜片配合运动，控制投射到工作台面上的激光束在 X-Y 平面上进行快速扫描，加工出图形的轮廓。

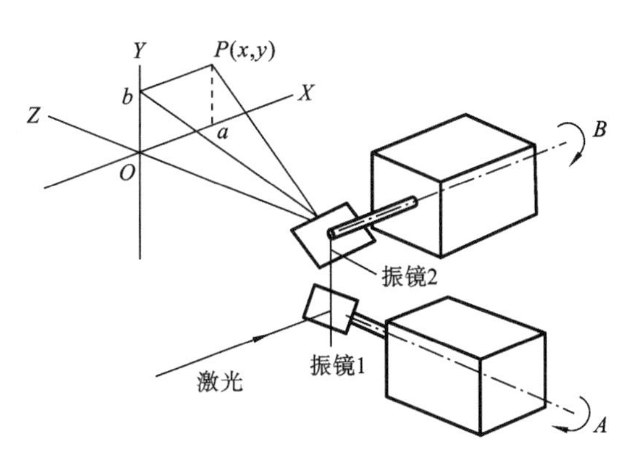

图 2-26 二维振镜原理图

如图 2-26 所示，激光束以一定的入射角照射到振镜 1 上，经振镜 1 反射到振镜 2 上，然后经振镜 2 反射，投射到工作台面上的某一点 $p(x,y)$ 上，设 ω_x 为 X 轴反射镜的偏转角，ω_y 为 Y 轴反射镜的偏转角。

（1）当 ω_x、ω_y 均为 0 时，光斑会投射在工作平面的原点位置（0,0）上。

（2）当 ω_y 为 0 时，光斑会投射在工作平面（a,0）位置上。

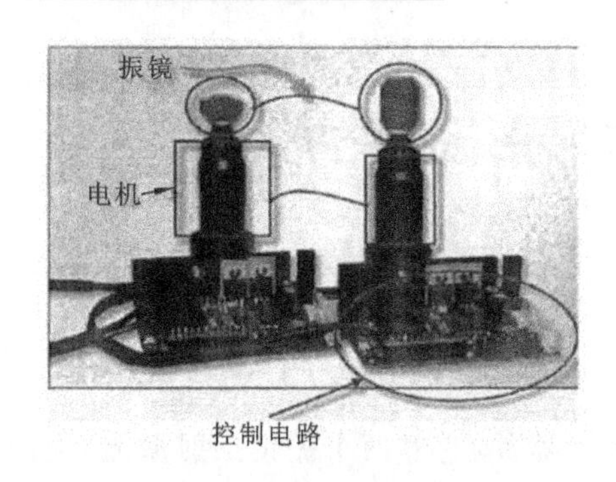

图 2-27 振镜结构图

(3) 当 ω_x 为 0 时，光斑会投射在工作平面(0,b)位置上。

(4) 光斑投射在工作平面上任意一点 $p(x,y)$ 时，所对应的 X、Y 轴振镜转角分别为 ω_x 和 ω_y。

从激光器发出的、经过扩束的入射激光束射到 X、Y 轴振镜上；控制器根据打标内容和打标速度使 X、Y 轴振镜偏转一定的角度，激光束通过振镜发生偏转，如图 2-26 所示，同时通过 Q 开关驱动器控制激光的开关和功率大小；经过振镜反射后的激光束的焦点在待打标的材料上留下永久的标记。振镜结构如图 2-27 所示。

2. 激光振镜扫描聚焦

入射激光束经振镜反射后，还要经 f-θ 透镜聚焦、扫描到工作面上。f-θ 透镜也称聚焦镜、场镜，f-θ 透镜聚焦面为平面，激光束的聚焦光点大小基本一致，如图 2-28 所示。一般透镜的 $y=f\times\tan\theta$，y 与 θ 呈非线性关系，f-θ 透镜严格满足线性关系，其扫描幅面的大小 S 由透镜焦距 f 和激光束与透镜轴线夹角 θ 决定：$S=(2\times f\times\theta)^2$。

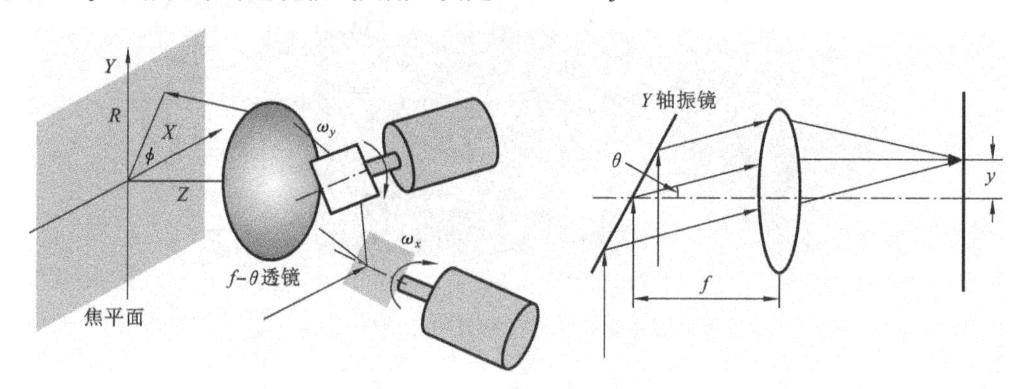

图 2-28 f-θ 透镜聚焦扫描图

3. 模拟式振镜和数字式振镜

模拟式振镜是指振镜驱动板接收的信号是模拟方式的信号。比如，常用的模拟振镜信号是直流电压-5V～$+5$V 变化的信号，对应的是电动机摆动的角度，比如-5 V 到$+5$ V 对应$-20°$～$+20°$的电动机摆动角度。模拟振镜信号要求在传输过程中要屏蔽，因为这个模拟信号像正弦波一样，容易向外面传播，也就容易减弱，也很容易受到外界强电场、磁场、射频、光电子等能量的影响。最直接的影响结果就是：电动机会发生啸叫、抖动、发热，导致烧坏电动机，打标出现波浪状，电动机失控等问题。

数字振镜是指振镜驱动板接收的信号是数字方式的信号。数字振镜一般都是 8 线制(8 位)，这种信号在传输过程中抗干扰能力很强。给振镜驱动卡信号的是打标卡，而打标卡到振镜驱动卡一般都有很长一段距离(一般是 2 m 左右)，这 2 m 距离的传输如果是模拟信号受干扰的可能性就高很多；而且，对于高速电动机而言，哪怕是细微干扰，对振镜精度和速度都会是致命的。所谓数字振镜，只是在振镜驱动卡控制上做了改进，把原来在打标卡控制板卡上的 D/A 转换卡(数字转模拟),转换、集成后放在振镜驱动卡里了。也就是说,从打标卡振镜信号出来到振镜驱动卡的这段距离内,信号是以数字信号的方式在进行传输的,这样做的好处是,传输距离可以更加远、抗干扰能力更加强,同时控制精度也更加准确。

数字振镜还是原来的振镜(电动机还是原来的电动机),只是驱动卡里加了一个原本是打标卡的 D/A 转换芯片罢了。目前,国内有很多号称是数字振镜的,其实就是在模拟振镜的基础上加了一块 D/A 转换板。国外有美国 GSI 振镜、剑桥振镜,德国 SCANLAB 振镜、瑞镭振镜、NTI 振镜,以及国产高性价比振镜、SGS 振镜等数字振镜。

4. 振镜接口说明

25 针数字振镜的接口说明如表 2-6 所示。

表 2-6 25 针数字振镜接口说明

25 引脚 D 型头

引脚	信号	引脚	信号
1	I −SENDCLOCK	14	I +SENDCLOCK
2	I −SYNC	15	I +SYNC
3	I −X-DAC CHANNEL	16	I +X-DAC CHANNE
4	I −Y-DAC CHANNEL	17	I +Y-DAC CHANNE
5	NC	18	NC
6	O −HEAD-STAYUS	19	O +HEAD-STAYUS
7	NC	20	NC
8	NC	21	NC
9	NC[1] +VCC[1]	22	NC[1] +VCC[1]
10	NC[1] +VCC[1]	23	NC[1] +VCC[1]
11	GND INPUT	24	GND INPUT
12	NC[1] −VCC[1]	25	NC[1] −VCC[1]
13	NC[1] −VCC[1]		

注:I 为差动输入;NC 为空脚没有连接;O 为差动输出。

2.4.2 激光振镜控制系统工作原理

1. 激光振镜控制系统的基本组成

如图 2-29 所示,激光振镜控制系统由激光振镜及振镜驱动器、激光振镜控制器或控制卡、电动机驱动器及步进或伺服电动机组成。

图中,①为计算机控制接口板卡或 USB 独立控制接口板卡,②为振镜数字接口板,③为数字或模拟伺服放大板。

2. 激光振镜控制系统工作原理

激光振镜在控制器或控制卡控制下,按程序输出两路模拟量或两路数字量,控制 X、Y 方向的振镜协调运动快速摆动,使激光在 X、Y 两维方向扫描,激光束经过“f-θ”透镜在加工物体表面形成细微的、能量密度高的光斑。该系列脉冲高能光斑能使物体表面烧蚀,并溅射出细小的斑坑。

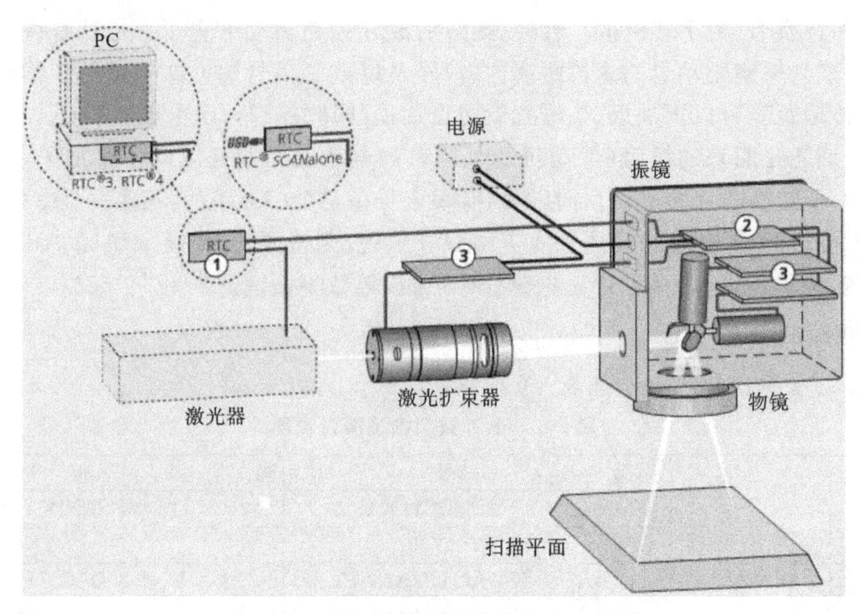

图 2-29 激光振镜控制系统组成示意图

2.5 激光飞行打标控制系统

2.5.1 激光飞行打标器件

1. 飞行打标分页机

飞行打标分页机由机架、输送皮带、动力电动机、电动机调速器组成，如图 2-30 所示。

2. 旋转编码器

旋转编码器是一种光电式旋转测量装置，用来测量转速，如图 2-31 所示。编码器通过光电转换，可将输出轴的角位移、角速度等机械量转换成相应的电脉冲，以数字量输出。

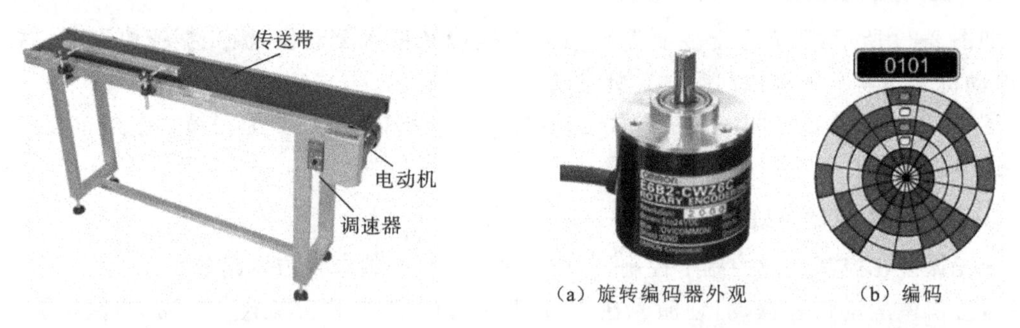

图 2-30 飞行打标分页机

图 2-31 旋转编码器外观和编码原理

旋转编码器按照信号原理可分为增量式编码器、绝对式编码器等两种。

增量式编码器将位移转换成周期性的电信号，再把这个电信号转变成计数脉冲，用脉冲的个数表示位移的大小。绝对式编码器的每一个位置对应一个确定的数字码，因此它的示值只与测量的起始和终止位置有关，而与测量的中间过程无关。

不同型号的旋转编码器，其输出脉冲的相数也不同，有的旋转编码器输出 A、B、Z 三相脉冲，有的只有 A、B 两相，最简单的只有 A 相。

单相输出是指旋转编码器的输出是一组脉冲的技术，而双相输出是指旋转编码器输出两组脉冲（A/B 相位差 90°的脉冲），通过这两组脉冲不仅可以测量转速，还可以判断旋转的方向的技术。

1）工作原理

图 2-31 和图 2-32 所示的可用于说明透射式旋转光电编码器的原理，在与被测轴同心的码盘上刻制了按一定编码规则形成的遮光和透光部分的环形刻线，遮光代表 0，透光代表 1，图 2-30(b)所示的为二进制 0101。在码盘的一边是发光二极管或白炽灯光源，另一边则是接收光线的光电器件。码盘随着被测轴的转动使得透过码盘的光束产生间断，经光电器件的接收和电子线路的处理，产生特定电信号的输出，再经过数字处理可计算出位置和速度信息。

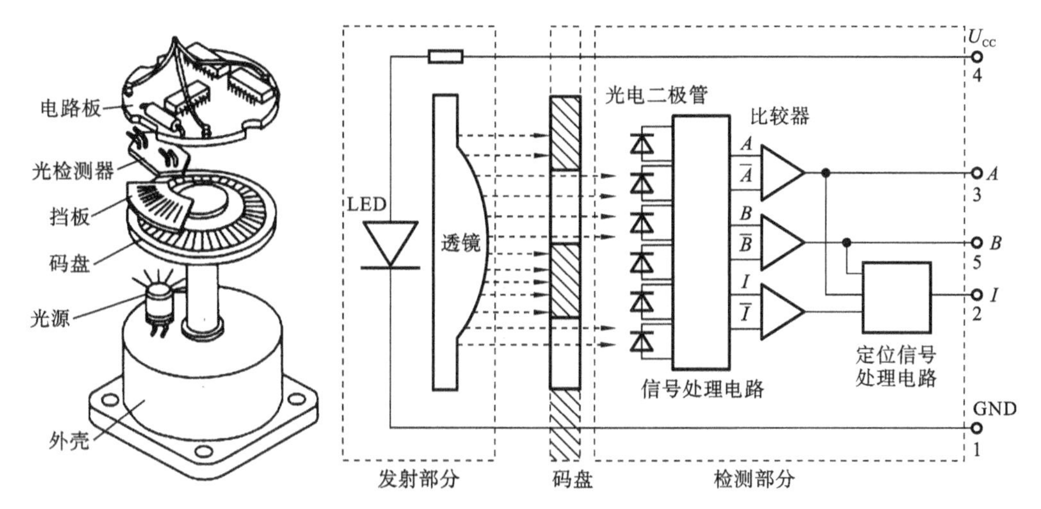

图 2-32 透射式旋转光电编码器原理

分辨率：编码器以每旋转 360°提供多少通或暗刻线作为分辨率，也称为解析分度或直接称多少线，一般在每转分度 5～10000 线。

由于 A、B 两相相差 90°，可通过比较 A 相在前、还是 B 相在前，以判别编码器的正转与反转；如图 2-33 所示，A 相在前、B 相在后表示正转。每转输出一个 Z 相脉冲以代表零位参考位，通过零位脉冲，可获得编码器的零位参考位。如图 2-33 所示的是具有 90°相位差的 A 相、B 相两信号与 Z 信号，从轴端看、顺时针旋转（CW）时的波形图。

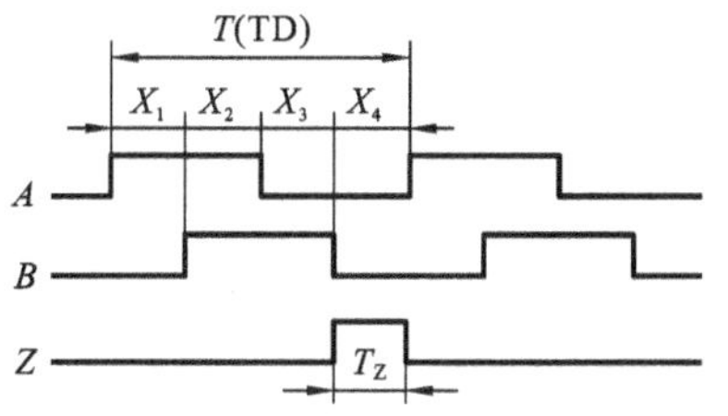

图 2-33 编码器波形图

2）信号输出

信号输出方波（TTL、HTL）、集电极开路（PNP、NPN）、长线差分驱动（对称 A,A-；B,B-；Z,Z-）、编码器

的信号接收设备接口应与编码器信号输出对应。

对于TTL的带有对称负信号输出的编码器,信号传输距离可达150 m。

对于HTL的带有对称负信号输出的编码器,信号传输距离可达300 m。

欧姆龙(Omron) E6B2-CWZIX的端口如表2-7所示,参数为:增量型,分辨率1000个/r,ϕ40 mm,直流±5 V,线性驱动输出(对称A、A-、B、B-、Z、Z-)。

表2-7 E6B2-CWZIX端口信息

线色	端口名称	线色	端口名称
棕	电源(+5 V)	黑/红镶红边	输出$\overline{A}$相
黑	输出A相	白/红镶红边	输出$\overline{B}$相
白	输出B相	橙/红镶红边	输出$\overline{Z}$相
橙	输出Z相	蓝	0 V

例2-2 如图2-31(b)所示的编码器的分辨率是多少线?写出箭头所指处的二进制编码?每变化一个二进制编码对应变化的角度是多少?如果编码器同轴滚轮的半径为20 mm,当编码器由二进制编码0001变化到1011时,计算传送带移动的距离(设滚轮与传送带之间无滑动)?

解 (1) 编码器的分辨率是4线,对应4位二进制编码器

(2) 由于变化角度360°,对应二进制变化16个。所以,每变化一个二进制编码对应变化的角度是$\frac{360°}{16}=22.5°$

(3) 编码器同轴滚轮的半径为20 mm,当编码器由二进制编码0001变化到1011时,二进制编码对应变化的角度是

$$\theta=(1011-0001)\mathrm{B}\times 22.5°=1010\mathrm{B}\times 22.5°$$

$$=10\times 22.5°=225°=225°\times\frac{\pi}{360°}=1.96\ \mathrm{rad}$$

传送带移动的距离 $l=r\times\theta=20\ \mathrm{mm}\times 1.96=39.2\ \mathrm{mm}$

3. 光电开关(光电传感器)

光电开关是光电接近开关的简称,分为NPN型和PNP型等两种,它是利用被检测物对光束的遮挡或反射,由同步回路选通电路,从而检测物体有无。

光电开关的工作原理:如图2-34所示,投光器发出的光束被物体阻断或部分反射,受光器最终据此作出判断。利用被检测物体对光束的遮光或反射,由同步回路选通被检测物体的有无(物体不限于金属,对所有能反射光线的物体均可检测)。光电开关将输入电流在发射器上转换为光信号射出,接收器再根据接收到的光线的强弱或有无对目标物体进行探测。

光电开关有如下几种。

漫反射式光电开关:适用于被检测物体表面光亮或者反光率极高的物体检测。

镜反射式光电开关:被测物体必须完全阻断光线。

对射式光电开关:针对于不透明物体的检测。

槽式光电开关:比较适合高速运动的工件的检测。

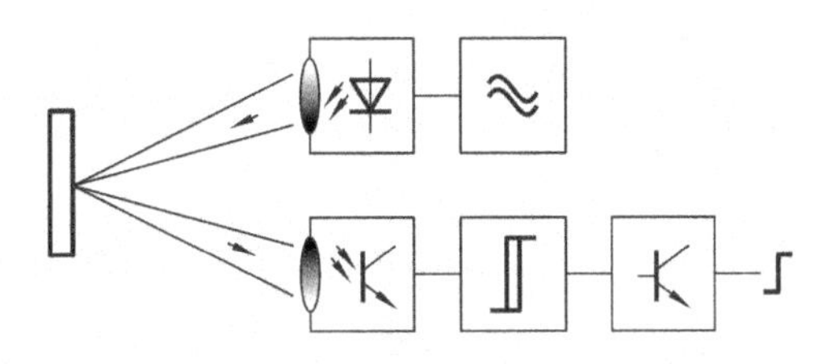

图 2-34 反射光电开关工作原理

光纤式光电开关：比较适合距离相对较远的检测物的检测。

光电开关主要用于激光飞行标刻中检测打标对象是否传送到需要打标的范围内，并送出打标触发信号(START 信号)给控制器，控制器控制激光器出光，执行相关的打标作业。

控制器的控制主要与光电开关的响应时间参数有关，光电开关应尽量选择响应时间短的。

2.5.2 编码器和光电开关在飞行打标中的应用

飞行标刻是区别于静态打标的一种标刻方式，该方式是在与流水线同步的情况下，通过硬件自动调整所要打标的图形，在运动的流水线上实现动态打标的一种打标方式。

旋转编码器：主要用于激光飞行标刻中流水线速度检测，它可以获取打标物体的运动速度，从而使激光振镜的动作跟随运动中打标物体的速度改变而改变，以保持打标图形的正确。

光电开关：主要用于激光飞行标刻中流水线上打标物体的检测，它利用被检测物对光束的遮挡或反射，由同步回路选通电路检测物体有无，从而控制激光器出光。

编码器旋转一周的脉冲数是影响动态飞行打标品质的关键要素，脉冲数越大，其打标精度越高。编码器旋转一周的脉冲数有 3600 个，这个数据应可被 360°整除，没有余数，长时间计算没有累计误差，不会造成错误。

编码器比值：编码器滚轮每脉冲数运行的距离，编码器比值与编码器滚轮的直径、编码器的脉冲数有关。编码器的比值计算公式为：

编码器的比值＝滚轮周长/脉冲数

编码器的脉冲数：编码器滚轮旋转一周时编码器的输出脉冲数。

例 2-3 如图 2-35 所示，编码器滚轮的直径 $d=50$ mm，编码器的脉冲数为 3600 p 时，求编码器比值。当接收到 48000p 时，求流水线运行的距离。

解 (1) 编码器滚轮旋转一周，则实际运行的距离为滚轮的周长(πd)，即

$$\text{编码器比值}=\pi d/3600=(3.14159\times 50/3600)\ \text{mm/p}$$
$$=0.04363\ \text{mm/p}$$

(2) 流水线运行的距离＝编码器比值×脉冲数＝0.04363 mm/p×48000 p＝2094.24 mm

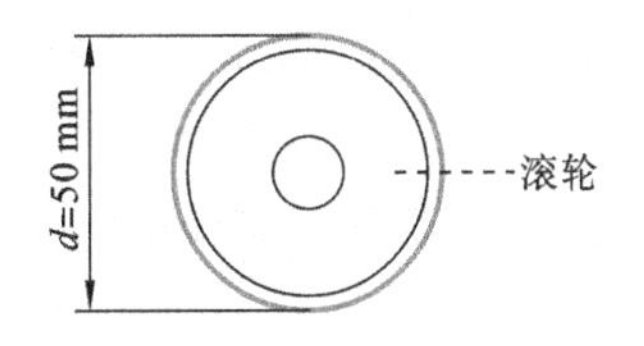

图 2-35 例 2-3 图

例 2-4 编码器滚轮的直径 $d=50$ mm，编码器比值为 0.04363 mm/p，光电开关每 5 s 检测到打标物体，同时接收到 1200 p，求相邻两个打标物体在流水线上的距离。

解 5 s即为相邻两个打标物体的时间距离，相邻两个打标物体在流水线上的距离为流水线运行的距离，即

流水线运行的距离＝编码器比值×脉冲数＝0.04363mm/p×1200p＝52.356mm

编码器接入流水线的方式有两种：摩擦滚动式、嵌入转动式。

(1) 摩擦滚动式：这种方式直接将编码器滚轮安装接入流水线的输送带边缘与之摩擦滚动，编码器运动一圈产生 3600 p，图 2-36 所示的滚轮周长 20π，那么编码器的理论比值为实际滚轮周长/脉冲数，比值与理论比值有一定误差。

(2) 嵌入转动式：这种方式是将编码器滚轮嵌入安装在流水线的连轴器上，连轴器转动时，嵌入安装的编码器滚轮也同时转动。图 2-37 所示的是编码器旋转一圈物体移动的距离，则编码器的比值为：编码器旋转一圈(＝物体移动的距离)/脉冲数。

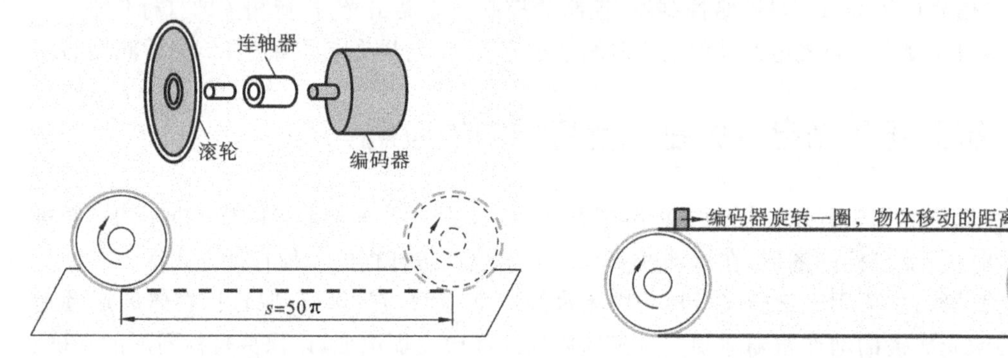

图 2-36 摩擦滚动式

图 2-37 嵌入转动式

激光飞行打标可分为使能硬件飞行打标和使能硬件模拟打标两种模式。

使能硬件飞行模式是指使用旋转编码器来自动跟踪线体速度，通过编码器反馈给板卡的脉冲数来使板卡计算流水线的速度，对流水线进行实时监控来调整打标图形，从而实现动态打标。该种方法主要针对非匀速运动的流水线。使能硬件模拟模式是指假定流水线始终是匀速运动的，那么在不使用编码器实时监控流水线的情况下，用模拟编码器的方式来补偿流水线速度，从而实现动态打标，该种方法仅能在匀速流水线上进行打标操作。

2.5.3 动态飞行打标控制系统组成及工作原理

1. 飞行打标控制系统组成

激光动态飞行打标控制系统由激光控制卡、激光振镜、激光打标软件、激光机、可选外围器件(光电开关、编码器等)、滚轮、流水线组成，如图 2-38 所示。其组成在静态打标控制系统的基础上增加了流水线和运动检测装置。

2. 动态飞行打标控制系统工作原理

(1) 打标软件编辑图形或字符，将编辑好的图形或字符信息送入激光打标控制器中；

(2) 激光打标旋转编码器与流水线滚轮同轴，根据运行中的流水线，获取流水线的运动状态并以脉冲信号的方式输入到控制器中；

(3) 控制器根据预先确定的编码器比值(理论比值由编码器额定脉冲数和滚轮直径决定)

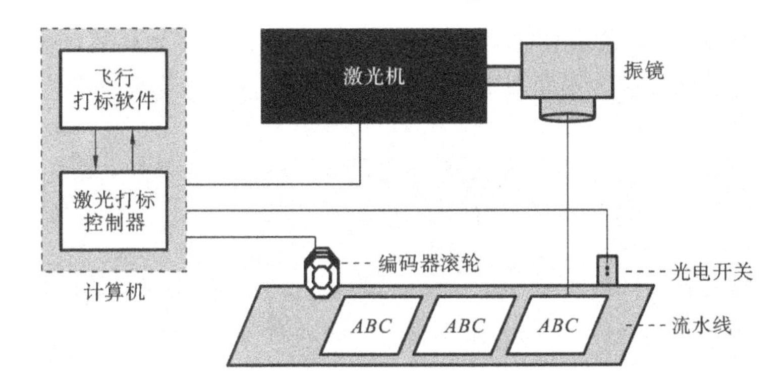

图 2-38 激光动态飞行打标控制系统组成示意图

和接收到的脉冲信号来得到流水线瞬时运行速度，控制器通过内部计算，送出信号给激光机；

（4）当光电开关被感应，送出打标信号（START 信号）给控制器，控制器用来控制激光机出光和振镜打标。

3. 关于激光飞行打标控制系统需要考虑的问题

（1）打标速度和跳转速度。打标速度是振镜标刻速度，跳转速度是在激光器没有出光的情况下振镜的移动速度。

（2）在保证打标效果满意的情况下，打标时间应尽量最短。打标速度和跳转速度一定要远远大于流水线速度，否则会出现流水线上的工件已经超出打标范围，而打标操作仍没有完成的问题；假如振镜速度没有流水线速度快，则会产生流水线上的工件已经过去了，但是打标还没有完成的现象，从而导致打标变形。

（3）流水线速度、流水线上相邻打标物体的距离和时间间隔与脉冲数关系分别为：

流水线上相邻打标物体的距离＝流水线速度×时间间隔

脉冲数＝编码器比值×流水线上相邻打标物体的距离

编码器比值＝编码器每转一圈流水线移动的距离 / 编码器每转脉冲数

（4）飞行打标校正：飞行打标流水线以一定速度运动，在打标时，打标物体随流水线运动而非静止，打标图案上各点相对于振镜位置随时间变化而变化，需要对打标图案上各点进行坐标校正才能保证打标图案不发生畸变。如图 2-39 所示，飞行打标存在如下两个坐标系。

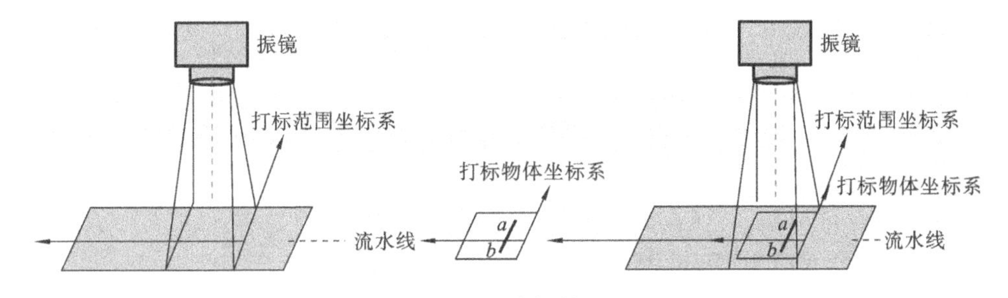

图 2-39 坐标校正

打标范围坐标系：指建立在振镜扫描范围内的坐标系，流水线以一定速度运动，该坐标系静止。

打标物体坐标系：指建立在打标对象上的坐标系，直线 ab 以打标物体坐标系为定位。在静止打标时，这两个坐标系是重合的。在飞行打标时，打标物体坐标系随流水线运动而运动。若仍以打标物体坐标系为定位则会发生畸变，b 点 X 方向的坐标须校正，这个校正应当由飞行打标软件来完成。

如图 2-39 所示，流水线静止，打标物体静止，打标直线 ab 无畸变，无须校正。流水线运动，打标物体运动，打标直线 ab 的 b 点右移，直线 ab 畸变，须校正。给 b 点坐标加一个校正值，该校正值由流水线速度确定，等效于流水线静止，打标物体静止，b 点右移。校正值补偿了因流水线运动而引起的打标范围坐标系与打标物体坐标系的差异。流水线可分为恒速流水线和变速流水线等两类，对于不同的流水线应采用不同的飞行打标校正技术。

2.6 激光设备调 Q 控制系统

2.6.1 激光调 Q 原理

激光调 Q 技术是将一般输出的连续激光能量压缩到宽度极窄的脉冲发射，从而使激光的峰值功率提高几个数量级的一种技术。激光调 Q 原理如图 2-40 所示。

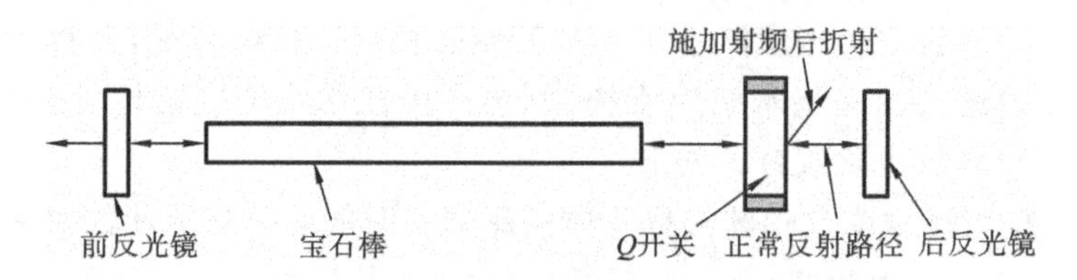

图 2-40 激光设备调 Q 原理

其原理是，光泵脉冲开始后相当长一段时间内，有意降低共振腔的 Q 值而不产生激光振荡，则工作物质内的粒子数反转程度会不断通过光泵积累而增大；然后在某一特殊选定的时刻，突然快速增大共振腔的 Q 值，使腔内迅速发生激光振荡，积累到较高程度的反转粒子数能量会集中在很短的时间间隔内快速释放出来，从而可获得脉冲宽度很窄和峰值功率很高的激光输出。为实现以上控制目的，最常用的方法是在共振腔内引入一个快速光开关（Q 开关），它在光泵脉冲开始后的一段时间内处于“关闭”或“低 Q”状态，此时腔内不能形成振荡而粒子数反转不断得到增强；在粒子数反转程度达到最大时，腔内 Q 开关突然处于“接通”或“高 Q”状态，从而在腔内形成瞬时的强激光振荡，并产生所谓的调 Q 激光脉冲输出到腔外。

2.6.2 Q 开关及 Q 驱动器

1. Q 开关及 Q 驱动器概述

利用某些压电晶体（如 KDP、LiNbO3 等）的线性电光效应而制成 Q 开关元件，使得其只有在瞬时施加（或去掉）外界控制电场情况才处于接通状态，从而可起到 Q 开关作用。Q 开关有电光Q开关和声光Q开关等两类;电光Q开关的优点是开关速度快、控制精度高。如图2-41所示,声光Q开关及Q驱动器组合为脉冲激光功率控制执行组件。

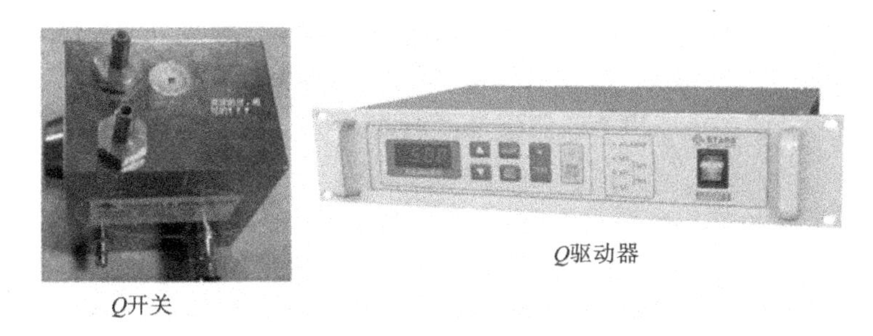

图 2-41 声光 Q 开关及 Q 驱动器实物图

2. Q 开关及 Q 驱动器使用

Q驱动器前后面板如图2-42所示。

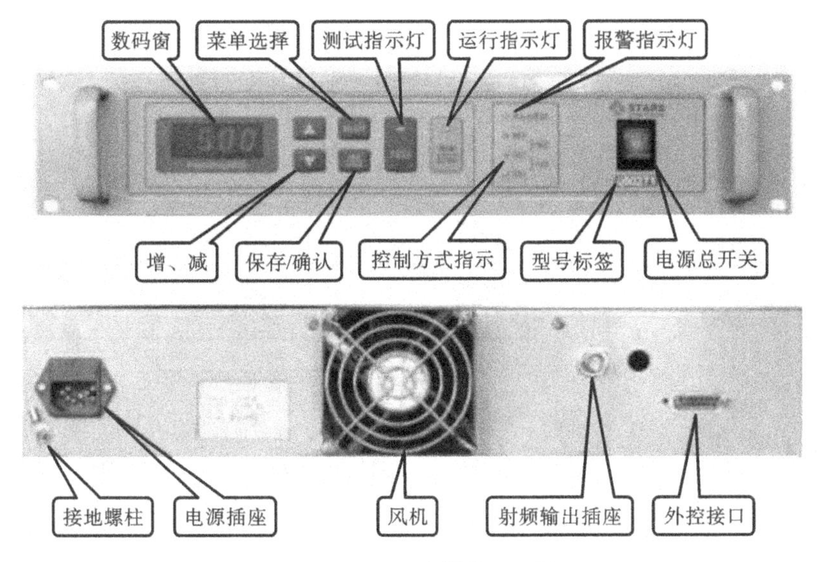

图 2-42 Q 驱动器前后面板

1) Q 开关及 Q 驱动器接口

Q开关接口有两个:来自冷却机的循环冷却接口;来自Q驱动器的射频信号接口。

Q驱动器接口有两个:输出给Q开关射频信号接口;Q驱动器与计算机控制器接口。

2) Q 驱动器与计算机控制器接口

接口为15芯D型插座,接收外部输入信号并向外部输出保护信号,如图2-43所示。Q驱动器与计算机控制器接口引脚定义如下。

8脚外控允许+、15脚外控允许-:8、15脚短接时,驱动器正常工作;8、15脚断开时,驱动器工作在保护状态,无射频输出。

7脚ALARM报警输出信号:正常时,7脚输出TTL高电平;报警时,7脚输出TTL低电平。

1脚外调制信号+、9脚外调制信号-:外部调制脉冲输入,需要外调制脉冲时使用,输入电平为 TTL 电平(出光时间为 G7 的导通时间),用短路片短接主控板上的 JP3 插针,JP5 插针的 2、3 脚(靠近 JP6 的一侧)方可。

3 脚模拟设定－、10 脚模拟设定＋:模拟调制脉冲频率外设输入,信号幅值为 0.1～5.0 V,对应频率为 1.0～50.0 kHz。可以从 3、10 脚输入电压(不推荐使用此设定)。

14 脚出光信号:计算机的出光控制信号可由 14 脚、6 脚接入,14 脚接正,6 脚接负,输入为 TTL 电平。

4、11 脚为 5 V 输出外部电源,13、6 脚为公共端,最大输出电流不允许超过 150 mA。

5 脚为同步信号、12 脚为数据信号:同步信号 SYN、数据信号 DATA 可用于与上位机通信,具体通信协议及使用方法可参考相关资料。

3) 控制信号、射频信号对激光输出的控制

如图 2-44 所示,控制器发出控制信号给 Q 驱动器,Q 驱动器输出相应的射频信号给 Q 开关,控制激光输出。

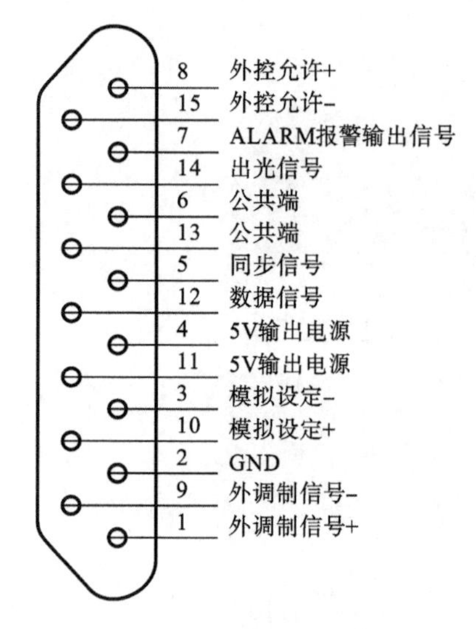

图 2-43 Q 驱动器与计算机控制器接口

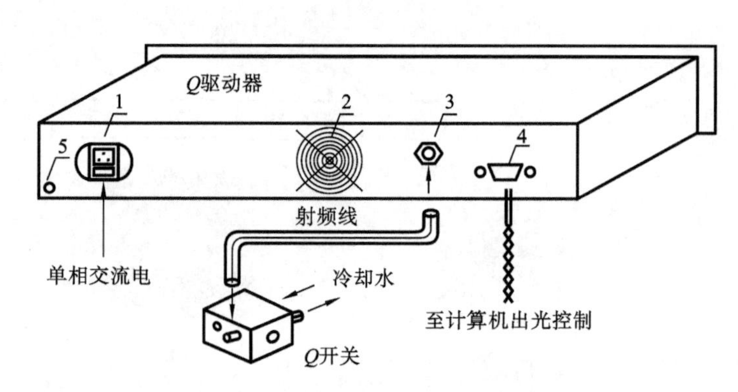

图 2-44 激光设备调 Q 控制系统原理图

2.6.3 激光设备调 Q 控制系统

激光设备调 Q 控制系统如图 2-44 所示,调 Q 控制原理如下。

控制信号由控制器发出给 Q 驱动器,Q 驱动器根据控制器发出的控制信号将相应的一系列射频信号施加到 Q 开关元件上,周期性地释放和关断激光,将输出的连续激光能量压缩到宽度极窄的脉冲中发射,从而使光源的峰值功率提高几个数量级,获得窄脉宽、高峰值功率激光脉冲,完成对激光器的控制。

如图 2-45 所示,调制的控制信号随出激光时间和关激光时间的变化实现对输出激光的能量控制,关激光时间越长,输出激光的峰值越大。

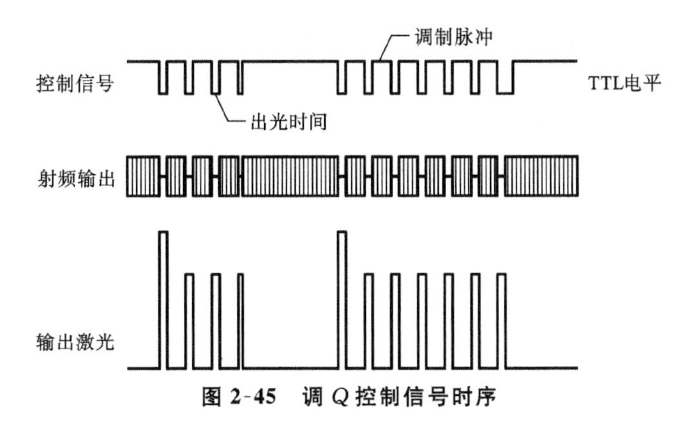

图 2-45 调 Q 控制信号时序

2.7 激光切割机 X、Y 轴控制系统

2.7.1 激光切割机 X、Y 轴伺服系统概述

1. 激光切割机 X、Y 轴伺服系统原理

数控激光切割机常采用的结构形式有龙门式、悬臂式、中间倒挂横梁式等。龙门式结构以其独特的结构优势，成为目前世界上的主流结构，也是品牌激光切割机所采用的结构形式。

激光切割机机床的 X、Y、Z 三维运动功能如图 2-45 所示，X、Y 轴联动实现平面切割进给，Z 轴浮动跟踪工件表面。

加工时，龙门移动实现 Y 轴运动；龙门上的激光头作为机床的另一轴参与运动，实现 X 轴运动；切割头自身作 Z 轴运动。X、Y 轴运动控制激光头在切割板材平面上的定位，Z 轴运动控制激光头喷嘴和切割板材的间距，切割头的 X、Y、Z 轴运动分别由 X、Y、Z 轴伺服控制系统来控制。

2. Y 轴伺服控制系统实现方式

(1) 龙门单边驱动伺服控制系统：齿轮齿条传动时伺服电动机安装在龙门横梁的一端，再通过一根长轴将驱动力传递到另一端，实现双齿轮齿条传动，由单伺服电动机驱动。单边驱动会使得横梁受力不对称，影响同步精度，降低机床的动态性能。伺服控制系统为 Y 轴单边伺服控制系统。

(2) 龙门双边驱动伺服控制系统：龙门横梁的两边对称安装有齿轮齿条和伺服电动机，实现双齿轮齿条传动、双伺服电动机驱动。双边驱动保证横梁受力平衡，横梁运行同步。伺服控制系统为 Y 轴的 Y_1 和 Y_2 双边伺服控制系统，如图 2-46 所示。

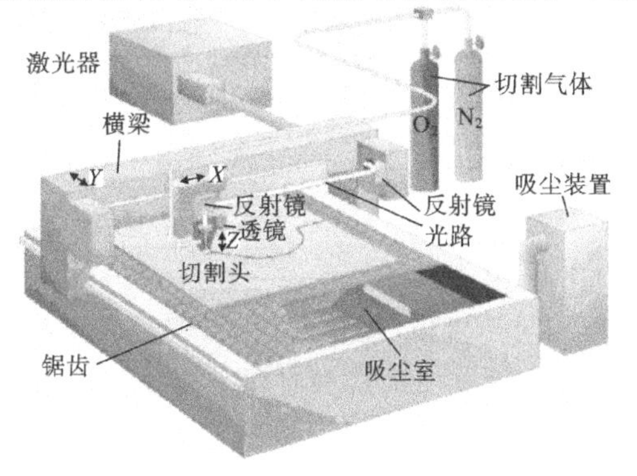

图 2-46 龙门式飞行光路激光切割机

系统内核具有专门的同步控制功能，双边

伺服电动机都有精确的零点位置，同时回参考点后，以双零点位置作为同步的起点，精度更高。双伺服电动机在位置控制循环周期内完成速度和位置的同步控制，没有主从之分，是完全同步、无差异化的控制。

（3）悬臂结构驱动伺服控制系统：如图 2-47 所示，悬臂结构在加工时悬臂通过两导轨定向和丝杠传动及伺服电动机驱动。丝杠传动时悬臂梁安装对称双边导轨和丝杠传动，由单伺服电动机驱动。

横梁倒挂式数控激光切割机结构开放性较好，刚度介于龙门式和悬臂式之间，但是机架结构尺寸较大，设备的安装调试不如龙门式和悬臂式的方便。

3. X 轴伺服控制系统实现方式

X 轴驱动时，伺服电动机带动丝杠驱动激光切割头沿导轨 X 轴移动，如图 2-48 所示。

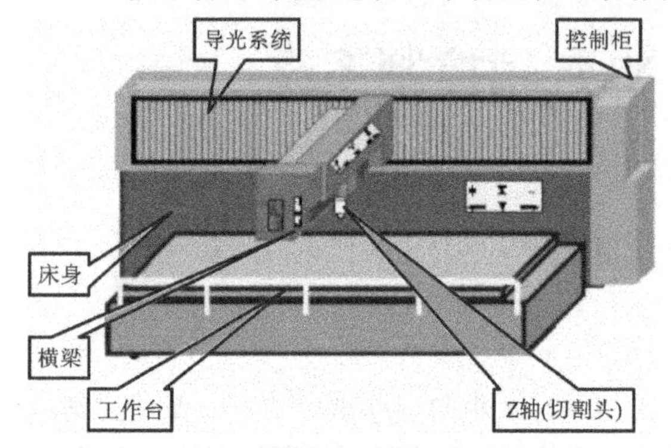

图 2-47 悬臂结构驱动伺服控制激光切割机

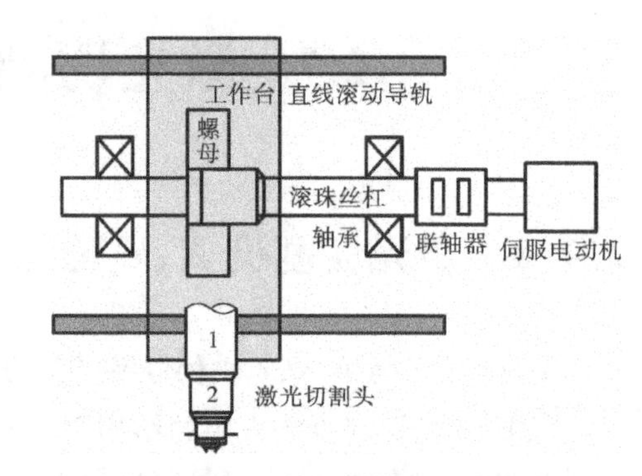

图 2-48 X 轴伺服控制系统实现

2.7.2 激光切割机的 X、Y 轴传动机构

激光切割机常用的几种直线轴传动方式有滚珠丝杠、齿轮齿条、直线电动机。

（1）滚珠丝杠传动常用于中低速、小行程的数控机床，如图 2-49 所示。

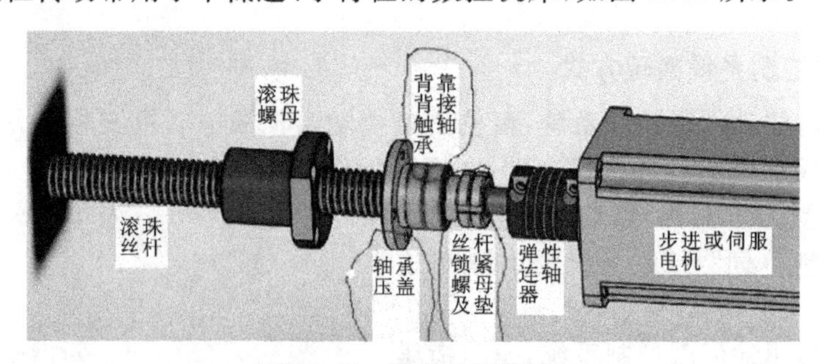

图 2-49 滚珠丝杠传动

（2）齿轮齿条传动应用广泛，可实现高速度、大行程；齿轮齿条又分为直齿和斜齿两种。斜齿相对于直齿，啮合面积大，齿轮和齿条间的传动更平稳，如图 2-50 所示。

（3）直线电动机多应用于高速度、高加速度、有特殊结构的数控机床。

直线电动机是一种将电能直接转换成机械能做直线运动，而不需要任何中间转换机构的传动装置。它可以看成一台旋转电动机按径向剖开，并展成平面而成，如图 2-51 所示。

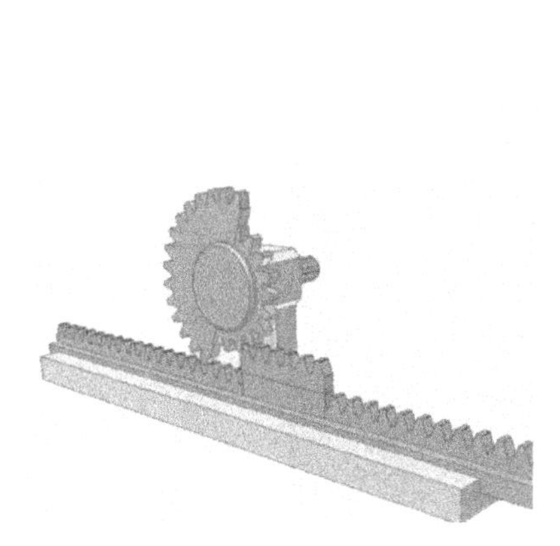

图 2-50 齿轮齿条传动

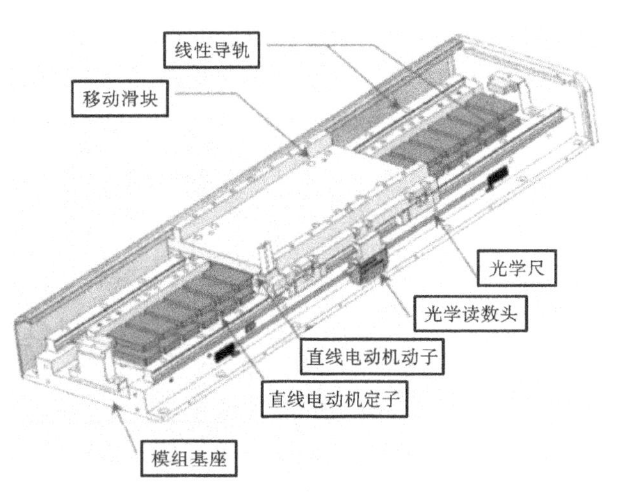

图 2-51 直线电动机传动

2.7.3 切割头的 X、Y 轴伺服控制系统

(1)滚珠丝杠传动伺服控制系统：由精密直线导轨、滚珠丝杠、伺服电动机(要驱动器)和运动控制卡(轴控卡)组成。

(2) 齿轮齿条传动伺服控制系统：如图 2-52 所示，由精密直线导轨、齿轮齿条、伺服电动机(要驱动器)和运动控制卡(轴控卡)组成。

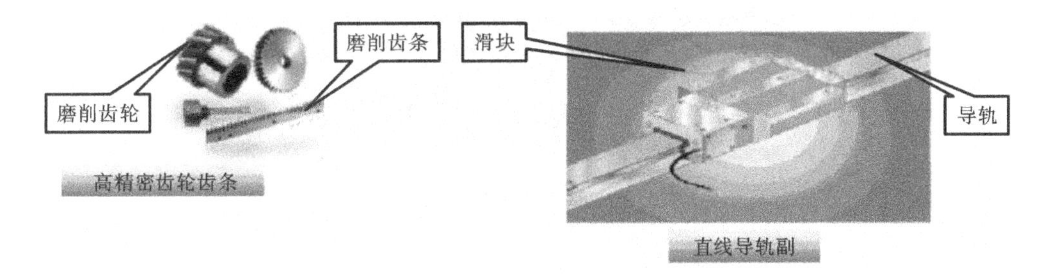

图 2-52 齿轮齿条传动的组件

(3) 直线电动机伺服控制系统：由精密直线导轨、直线电动机、直线电动机(驱动器)、光学尺、运动控制卡(轴控卡)组成。

2.8 激光切割机 Z 轴控制系统

2.8.1 激光切割机 Z 轴机构

Z 轴直线传动方式一般采用滚珠丝杠传动。激光切割机 Z 轴机构包括反射镜、聚焦镜、导光管等组成的导光系统，伺服电动机、同步带轮、丝杠、导轨等组成的传动系统，以及行程开关、冷却水系统、气路等组成的辅助系统。Z 轴机构示意图如图 2-53 所示。

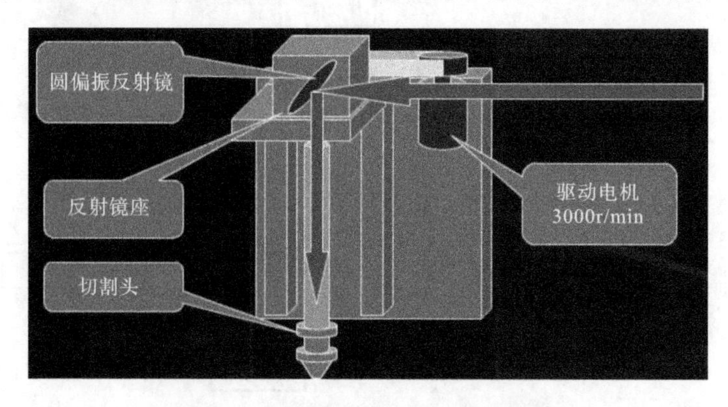

图 2-53　激光切割机 Z 轴机构原理

Z 轴机构功能：如图 2-54 所示，激光切割系统在切割钢板的时候，要保持切割头和钢板表面的距离恒定。有时候钢板表面有突起不平，若有自动调高功能，就能在遇到突起的地方，切割头会自动抬起，始终保持距离恒定，并获得稳定的切割质量，自动调高功能需要有焦点位置检测组件才能实现。

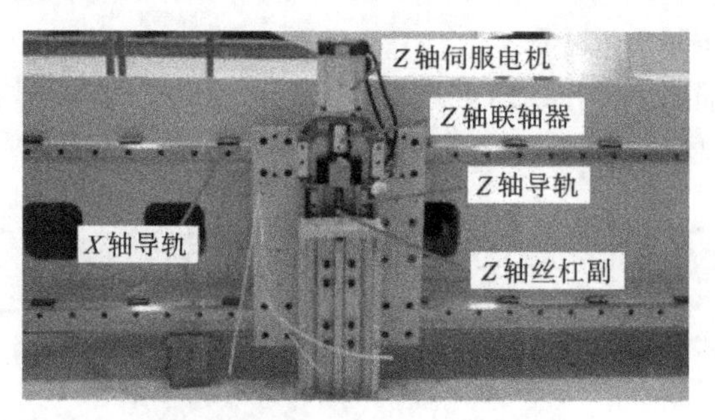

图 2-54　激光切割机 Z 轴机构

2.8.2　Z 轴伺服控制系统工作原理

1. Z 轴伺服控制系统

Z 轴伺服控制系统又称为切割头位置检测与调高反馈控制系统。Z 轴伺服控制系统原理如下。

切割头位置检测与自动调高系统如图 2-55 所示，系统分为位置检测和伺服控制两部分。在切割过程中，随时检测切割表面的不平度，对切割头设定高度和实际高度进行比较，并将比较值反馈给控制器。控制器根椐比较值控制伺服电动机上下运动而导致喷嘴和板材的距离趋近设定值。对不同厚度的加工对象，使用不同的参数，喷嘴同时应调整相应的高度。

2. Z 轴伺服控制系统的总成

图 2-56 所示的是激光切割机切割头位置检测与自动调高系统的总成。

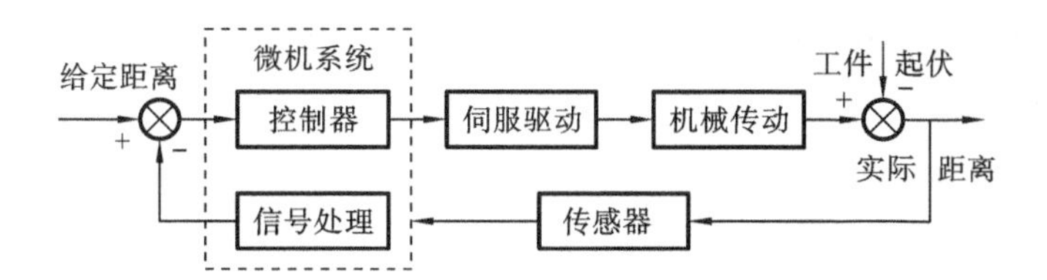

图 2-55 Z 轴伺服控制系统原理方框图

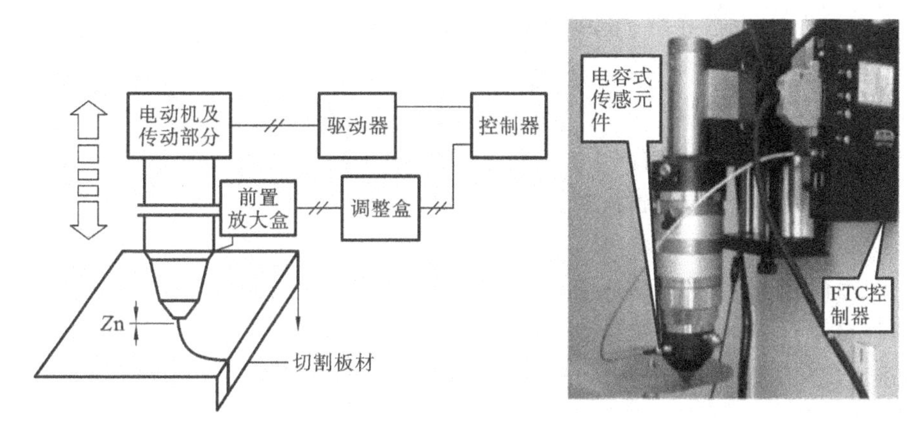

图 2-56 Z 轴控制系统的总成

3. 激光切割加工焦点位置检测组件

焦点位置检测组件感应切割头和板材之间的距离,并把这个距离转换成可以传输的电信号,反馈到控制系统,控制系统控制伺服电动机的运动从而实现高度的调节。

焦点位置检测组件与切割头(见图 2-54 和图 2-55)一体化组合,焦点位置检测组件有接触式和非接触式等两类,接触式常用于非金属切割检测,非接触式常用于金属切割检测。

1) 电容式

电容式位置检测组件又称非接触式跟踪系统,如图 2-57 所示,切割头与切割金属件表面形成电容的正负极,切割金属表面起伏变化,会引起电容传感器中的电容量发生改变,从而检测出两极间距。

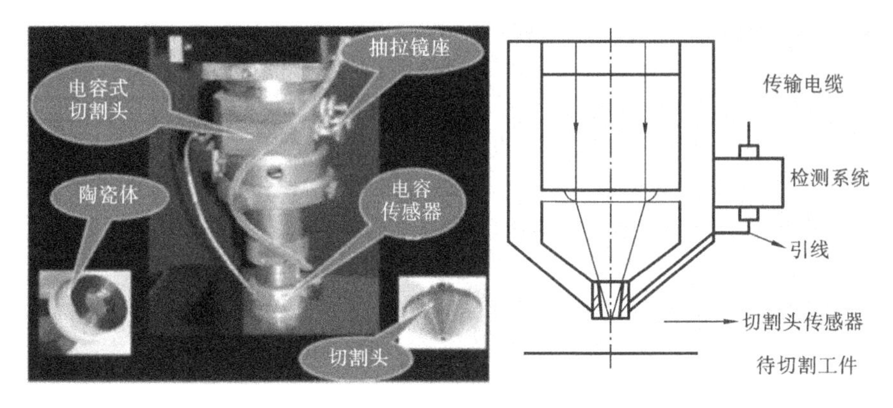

图 2-57 切割头与电容式焦点位置检测组件一体化结构

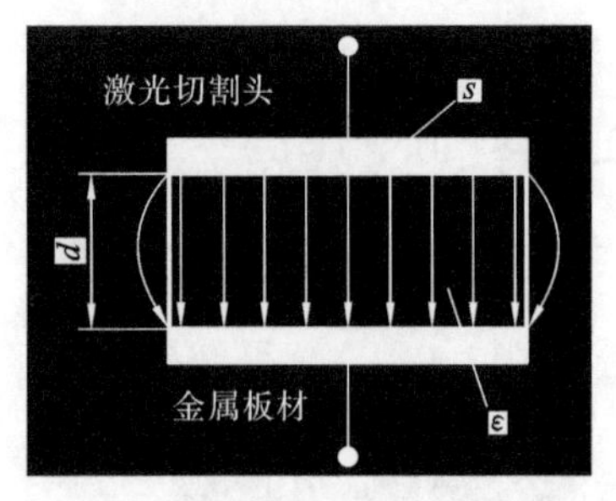

图 2-58 激光切割头和金属板材之间构成电容传感器

电容传感器原理：电容计算公式为：

$$C=\frac{\varepsilon s}{d} \tag{2-2}$$

可得

$$d=\frac{\varepsilon s}{C} \tag{2-3}$$

式中：C 为电容值；s 为激光切割喷嘴和金属板材正对面积；ε 为切割头和板材之间的介电常数，又称电容率，$\varepsilon=\varepsilon_r\varepsilon_0$，$\varepsilon_0$ 为真空绝对介电常数，$\varepsilon_0=8.854\times10^{-12}$ F/m；ε_r 为相对介电常数。

激光切割头和金属板材之间的距离 d 与电容值成反比关系，检测出电容值即可算出切割头和板材之间的距离 d。在激光切割系统中，图 2-58 所示电容的两极分别为切割头和金属板材。

2）电感式

电感式位置检测组件又称接触式跟踪系统，如图 2-59 所示，探脚始终与切割工件表面接触，切割工件表面起伏变化，探脚随之变化，探脚与拉簧形成杠杆，杠杆两端的升降使电感传感器中的磁通量发生改变，从而检测出喷嘴与切割工件表面间距。

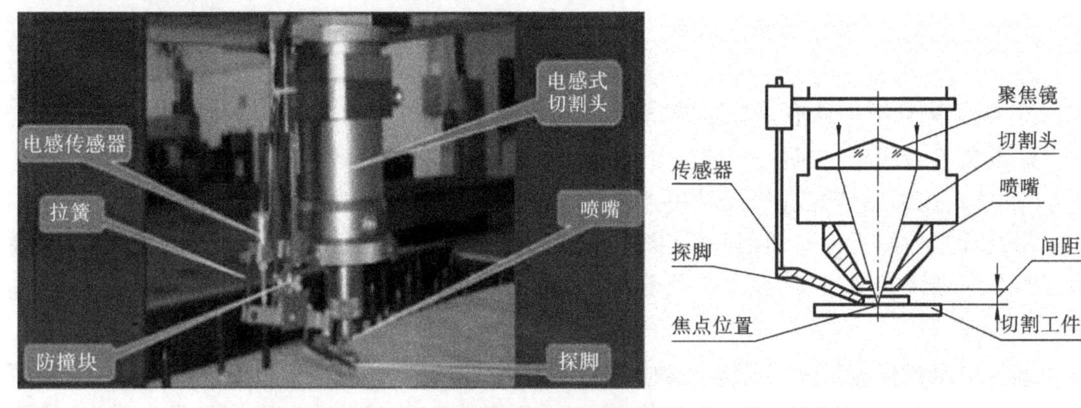

图 2-59 切割头与电感式焦点位置检测组件一体化结构

电感传感器原理：螺线管式电感传感器，将被测物理量的位移转化为自感 L、互感 M 的变化，并通过测量电感量的变化确定位移量。

如图 2-60 所示，螺线管式电感传感器由螺线管和衔铁组成，衔铁在线圈中伸入长度变化将引起螺线管自感量变化。为了提高灵敏度和减小测量误差，常常采用差动式电感传感器，两个完全相同的线圈共用一根活动衔铁。当衔铁偏离中间位置时，两个线圈的电感量一个增加，一个减小，形成差动变化。自感量变化 ΔL 在几毫米范围内与衔铁偏离平衡位置 d 成正比。测量转换电路将电感量的变化 ΔL 转换为电压或电流的变化，来实现对位移量 d 测量。

在差动式结构中，当铁芯处于中央对称位置时，两线圈电感相等，即

$$L_{10}=L_{20}=\frac{\mu_0 W^2}{\frac{l}{2}}\left(\frac{l}{2}r^2+\mu_a\frac{r_a^2\frac{x}{2}}{2}\right)$$

铁芯移动 d 时，有

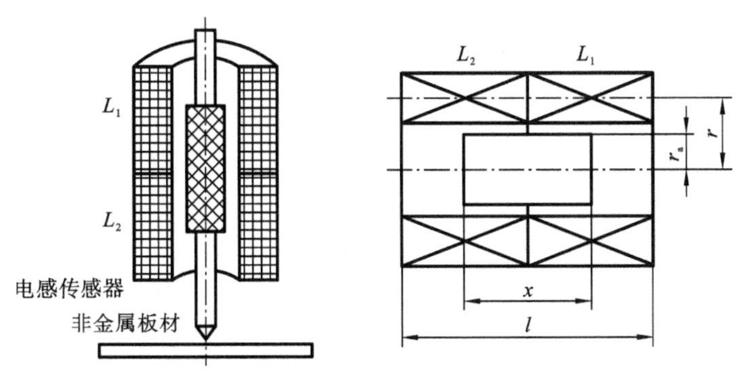

图 2-60 螺线管式差动电感传感器原理

$$\Delta L=2\frac{\mu_0 W^2}{l}\mu_a r_a^2 d \tag{2-4}$$

式中:W 为 L_1、L_2 的线圈匝数;μ_0、μ_a 分别为气隙和铁芯的有效磁导率。

例 2-5 一个用于位移测量的电容传感器,两个极板是边长为 5 cm 的正方形,间距为 1 mm,两个极板之间的相对介电常数 $\varepsilon_r=4$,试计算当两个极板间距离分别变化为 0 和 0.5 mm 时,该传感器输出的电容值各为多少。

解 根据电容计算公式 $C=\frac{\varepsilon s}{d}$,两个极板间距离变化为 0 时,有

$$C=\frac{\varepsilon s}{d}=\frac{\varepsilon_r\varepsilon_0 s}{d}=\frac{4\times 8.854\times 10^{-12}\,\text{F/m}\times 0.05^2\ m^2}{(1+0)\times 10^{-3}\ m}$$
$$=8.854\times 10^{-5}\ \mu\text{F}$$

两个极板间距离变化 0.5 mm 时,有

$$C=\frac{\varepsilon s}{d}=\frac{\varepsilon_r\varepsilon_0 s}{d}=\frac{4\times 8.854\times 10^{-12}\,\text{F/m}\times 0.05^2\ \text{m}^2}{(1+0.5)\times 10^{-3}\ \text{m}}=5.903\times 10^{-5}\ \mu\text{F}$$

例 2-6 一个用于位移测量的电容传感器,两个极板是边长为 5 cm 的正方形,间距为 1 mm,两个极板之间的相对介电常数 $\varepsilon_r=4$,该传感器输出的电容值变化 $-2.951\times 10^{-5}\ \mu\text{F}$,试计算激光器基模输出离焦量的变化。

解 根据电容计算公式 $C=\frac{\varepsilon s}{d}$,两个极板间距离为 1 mm 时,有

$$C_1=\frac{\varepsilon s}{d}=\frac{\varepsilon_r\varepsilon_0 s}{d}=\frac{4\times 8.854\times 10^{-12}\ \text{F/m}\times 0.05^2}{10^{-3}}=8.854\times 10^{-5}\ \mu\text{F}$$

传感器输出的电容值变化 $-2.951\times 10^{-5}\ \mu\text{F}$ 时,有

$$C_2=C_1+\Delta C=8.854\times 10^{-5}\ \mu\text{F}-2.951\times 10^{-5}\ \mu\text{F}=5.903\times 10^{-5}\ \mu\text{F}$$

$$d_2=\frac{\varepsilon s}{C_2}=\frac{\varepsilon_r\varepsilon_0 s}{C_2}=\frac{4\times 8.854\times 10^{-5}\ \text{F/m}\times 0.05^2\ \text{m}^2}{5.903\times 10^{-5}\ \mu\text{F}}\approx 1.5\ \text{mm}$$

离焦量的变化为(1.5-1) mm=0.5 mm。

4. 激光切割机 Z 轴控制系统集成

1) 控制系统设备集成原理

控制系统组成如图 2-61 所示,主要由电容式传感组件和控制器构成。外围辅助配套设

备有:AC/DC电源模块、电动机和电动机驱动器以及传动机构。用电容感应原理实时检测并调整激光切割头与工件之间的距离,使聚光焦点始终保持在切割板材最佳位置。

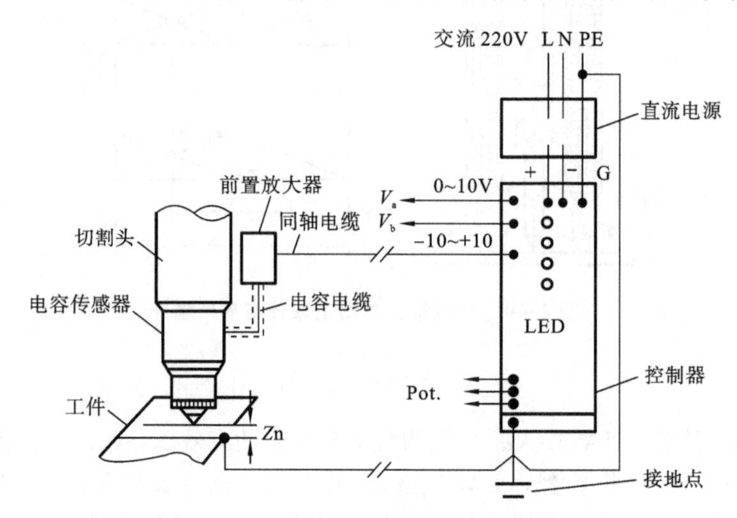

图 2-61 电容式焦点位置检测组件连接图

2) 电容调高控制系统集成案例

电容调高控制系统以BCS100独立式电容调高器为核心,由BCS100控制器、前置放大器、激光切割头、电缆、伺服电动机驱动器及伺服电动机、CypCut激光切割软件等部分组成,如图2-62所示。

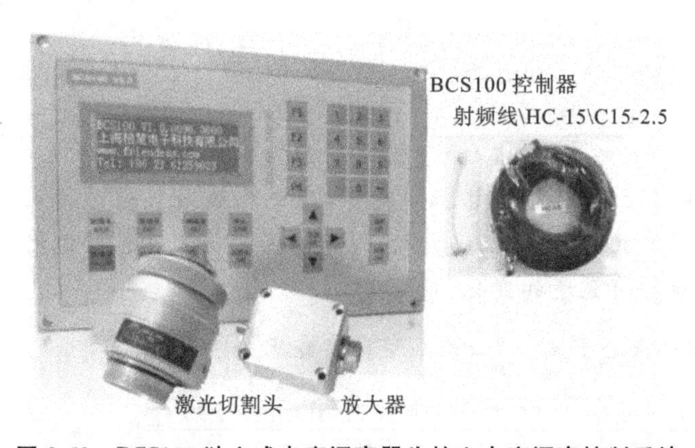

图 2-62 BCS100独立式电容调高器为核心电容调高控制系统

系统采用全闭环控制方法控制激光切割电容随动头,BCS100还提供独有的Ethernet网络通信接口,配合CypCut激光切割软件能轻易实现高度自动跟踪、分段穿孔、渐进穿孔、寻边切割、蛙跳上抬、切割头上抬高度任意设置和飞行光路补偿等功能。在伺服控制方面BCS100采用了速度位置双闭环算法。

3) 控制系统装机

如图2-63所示,BCS100调高控制系统的装机主要与计算机网络连接,与放大器、伺服电动机驱动器及伺服电动机、位置传感器、限位开关等连接。

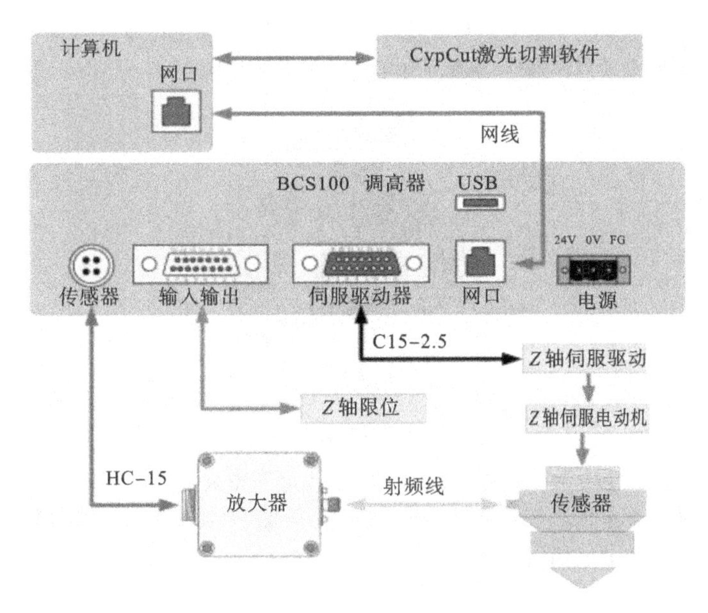

图 2-63 激光切割头位置检测与调高控制系统组成

习 题

2-1 在 PWM 激光功率控制中，设周期为 T，“接通”时间为 t_1，“断开”时间为 t_2，占空比 σ=(　　)。

A. t_1/T　　B. t_2/T　　C. t_1/t_2　　D. $(t_1+t_2)/T$

2-2 占空比表示 PWM 激光功率控制的平均电压大小，占空比变化表示平均电压变化。调节占空比大小从而控制激光功率大小。直流电压 U_S，平均电压 $\overline{U_D}$=(　　)。

A. $\frac{t_1}{T}U_S$　　B. $\frac{t_2}{T}U_S$　　C. $\frac{t_1}{t_2}U_S$　　D. $\frac{t_1+t_2}{T}U_S$

2-3 激光飞行打标可分为模拟飞行打标和______飞行打标两种模式。

2-4 在下面的激光振镜控制系统的基本组成中，(　　)实现激光束的扫描。

A. 激光振镜及振镜驱动器　　B. 激光振镜控制器或控制卡

C. 电动机驱动器及步进或伺服电动机　　D. 驱动器电源

2-5 简述激光切割头位置检测与调高控制系统组成。

2-6 在激光切割头位置检测与调高控制系统中，控制对象是(　　)。

A. 电容式传感组件　　B. 控制器

C. 电动机和电动机驱动器　　D. AC/DC 电源模块

2-7 在激光切割头位置检测与调高控制系统组成中，检测切割头位置的是(　　)。

A. 电容式传感组件　　B. 控制器

C. 电动机和电动机驱动器　　D. AC/DC 电源模块

2-8 简述激光动态飞行打标控制系统组成。

2-9 在激光动态飞行打标控制系统中，检测流水线速度的装置是(　　)。

A. 旋转编码器　　B. 光电开关　　C. 激光控制卡　　D. 滚轮

2-10 在激光动态飞行打标控制系统中，检测流水线被打标物体的装置是(　　)。

A. 旋转编码器　　B. 光电开关　　C. 激光控制卡　　D. 滚轮

2-11 如题 2-11 图所示的编码器的分辨率是多少线？写出箭头所指处的二进制编码？每变化一个二

进制编码对应变化的角度是多少？如果编码器同轴滚轮的半径为 20 mm，当编码器由二进制编码 0001 变化到 1011 时，计算传送带移动的距离（设滚轮与传送带之间无滑动）。

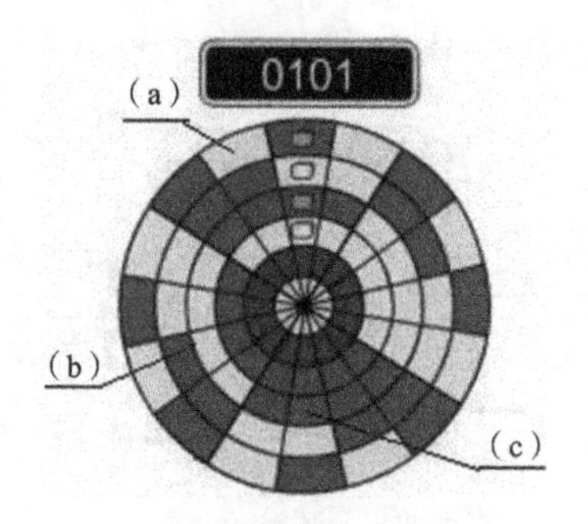

题 2-11 图

2-12 激光切割头的电容位移测量传感器，喷嘴和板材之间形成电容两个极板的等效，是边长为 4 cm 的正方形，间距为 1 mm，两个极板之间的相对介电常数 $\varepsilon_r=4$。当该传感器输出的电容值变化 $-2.951\times10^{-5}\ \mu F$ 时，试计算激光器基模输出离焦量的变化。（$\varepsilon_0=8.854\times10^{-12}$ F/m）

3

激光设备 PLC 控制系统

FX2N 系列 PLC(可编程序控制器)控制系统包括基本单元、扩展单元、扩展模块和特殊功能单元。本章以三菱 FX2N 系列 PLC 控制系统的基本单元、特殊功能单元、FX2N-20GM 定位单元为例介绍 PLC 控制系统的基本特征及使用方法,为 PLC 控制系统的应用打下基础。

3.1 PLC 控制系统基本控制单元

1. PLC 控制系统基本控制单元外观与内部结构

三菱 FX2N 系列 PLC 控制系统的基本单元如图 3-1 所示,其内部结构如图 3-2 所示。

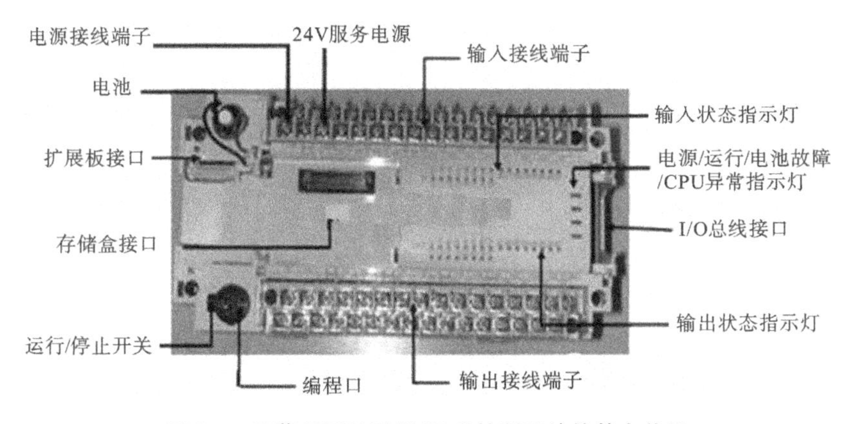

图 3-1　三菱 FX2N 系列 PLC 控制系统的基本单元

2. 编程元件

(1) 输入继电器:X000,X001,…,与 PLC 输入端子 X000,X001,…对应,与 PLC 编程变量 X000,X001,…对应。

(2) 输出继电器:Y000,Y001,…,与 PLC 输出端子 Y000,Y001,…对应,与 PLC 编程变量 Y000,Y001,…对应。

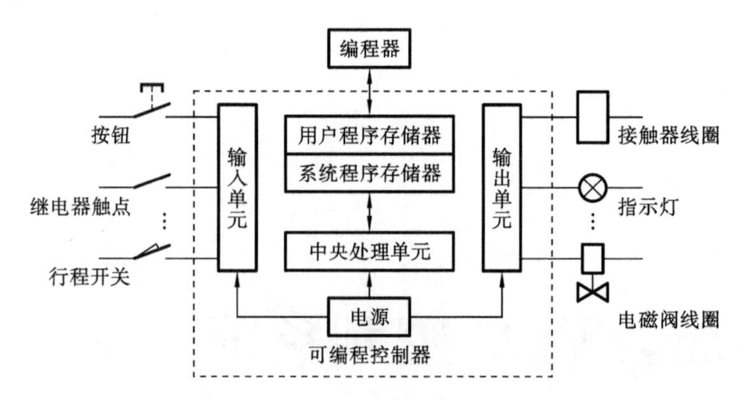

图 3-2　三菱 FX2N 系列 PLC 控制系统的内部结构

(3) 辅助继电器:包括通用型辅助继电器,具有掉电保持的通用型辅助继电器和特殊辅助继电器。

(4) 定时器:包括 100 ms 定时器 T0～T199,10 ms 定时器 T200～T245,1 ms 积算式定时器 T246～T249 和 100 ms 积算式定时器 T250～T255。

(5) 计数器:包括 16 位二进制增计数器,有通用的 C0～C99(100 点)和掉电保持用的 C100～C199(100 点)两种。

32 位二进制增减计数器,有通用的 C200～C219(20 点)和掉电保持用的 C200～C219(15 点)两种。

3. 输入设备和输出设备与输入继电器和输出继电器对应关系

三菱 FX2N 系列 PLC 控制系统的输入设备和输出设备如图 3-3 所示。

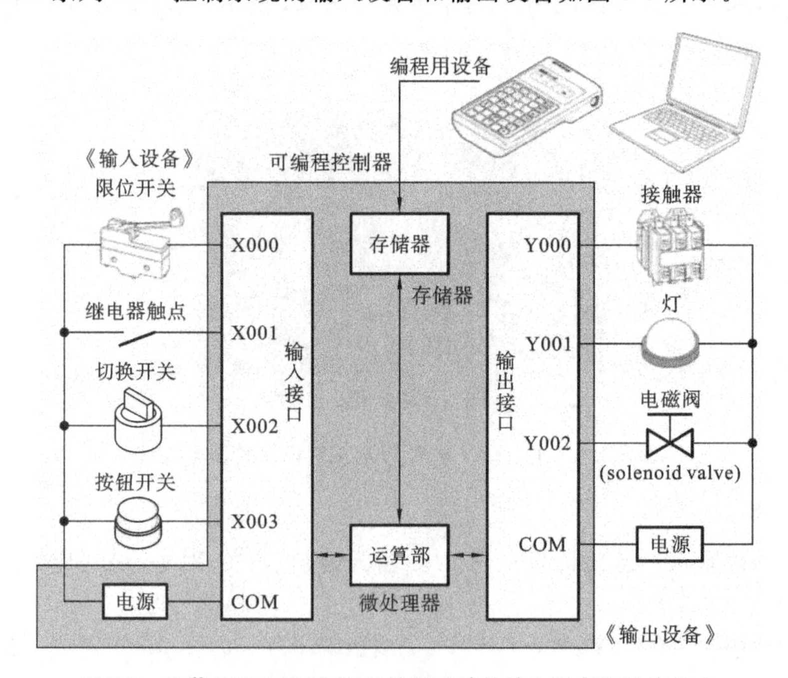

图 3-3　三菱 FX2N 系列 PLC 控制系统的输入设备和输出设备

3.2 PLC基本指令及编程

3.2.1 PLC指令表编程语言或梯形图编程语言

PLC指令表编程语言类似于计算机的助记符汇编语言，是用一个或几个容易记忆的字符来代表PLC的某种操作功能。例如，LD X001是PLC最基础的编程语言。具体指令的功能将在后面的相关内容中做详细的介绍。

梯形图编程语言如图3-4所示，梯形图编程语言沿袭了继电器控制电路的形式，梯形图是在常用的继电器与接触器逻辑控制基础上简化了符号演变而来的，具有形象、直观、实用等特点。

梯形图两侧的垂直公共线称为母线，左边的为左母线，右边的为右母线，右母线可以不画出。母线之间有若干行，每行的左边是触点组合，表示驱动逻辑线圈的条件，而表示结果的逻辑线圈只能接在右边的母线上。可以想象左右两侧母线之间有一个左正右负的直流电源电压，母线之间有"能流"从左向右流动，只有触点组合满足一定条件，"能流"才有可能到达右边的线圈。

用编程软件可以将语句表与梯形图相互转换。

1）PLC编程变量

（1）输入变量：X000，X001，…，与PLC输入端子X000，X001，…对应。

（2）输出变量：Y000，Y001，…，与PLC输出端子Y000，Y001，…对应。

（3）存储变量。

2）梯形图与PLC变量关系（见图3-4）

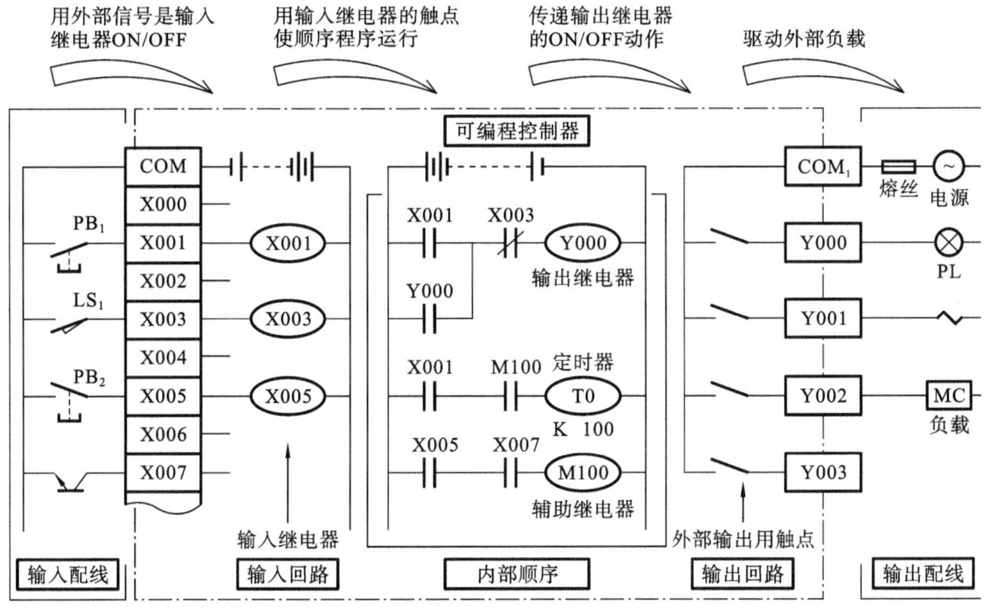

图3-4 梯形图与PLC变量关系

3.2.2 触点类指令

在梯形图中。触点或者触点的组合(触点块)用来表示事件发生(输出)的条件。触点及触点在梯形图中与其他触点及其他梯形图符号间的相互关联,是组成梯形图的最主要的内容。继电接触器系统中,基本触点分为动合触点及动断触点,PLC 根据脉冲功能需要又衍生出上升沿脉冲触点及下降沿脉冲触点。根据触点与梯形图母线及与其他梯形图符号间的关联,触点指令可以分为以下几类。

1. 表达与左母线直接相连接触点的指令

如图 3-5 所示,从母线直接取用动合指令为 LD、从母线直接取用动断指令为 LDI、从母线直接取用上升沿脉冲指令为 LDP、从母线直接取用下降沿脉冲指令为 LDF。这 4 种指令均为有操作数指令(助记符后接有地址),它们分别是 X000,X001,X010,X003。

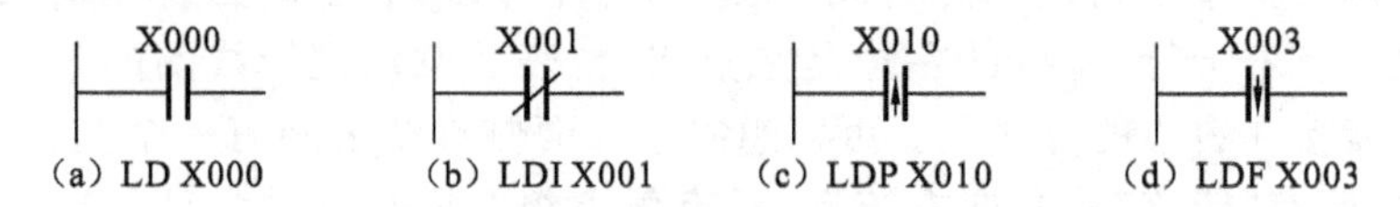

图 3-5 与左母线直接相连接触点的指令与梯形图关系

当动合触点的存储单元置 **1**、动断触点的存储单元置 **0** 时,有能流经母线通过触点。上升沿触点指令的功能是:指令元件置 **1** 的时刻有能流通过一个扫描周期。下降沿触点指令的功能是:指令元件置 **0** 的时刻有能流通过一个扫描周期。

2. 表达单个触点与梯形图其他区域相连接的指令

单个触点与梯形图其他区域连接有串联及并联两种情形,加上触点有动合、动断、上升沿、下降沿等 4 类,该类指令共计有 8 条。这 8 条指令也为有操作数指令,其功能可以从能流通过的角度理解。

(1) 串联情形。

串联动合触点指令为 AND、串联动断触点指令为 ANI、串联上升沿触点指令为 ANDP、串联下降沿触点指令为 ANDF,如图 3-6 所示。

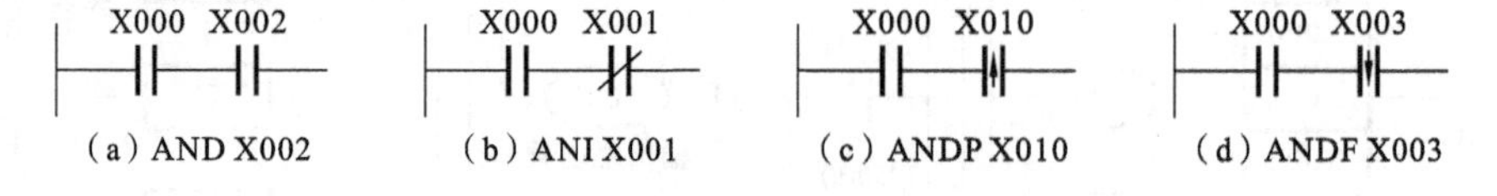

图 3-6 串联指令与梯形图关系

(2) 并联情形。

并联动合触点指令为 OR、并联动断触点指令为 ORI、并联上升沿触点指令为 ORP、并联下降沿触点指令为 ORF,如图 3-7 所示。

图 3-8 所示的为一段含有单个触点指令的梯形图,图中标出了以上相关指令的使用方法。图中 M100 及 Y002 两个触点,虽然也是与母线直接相连,但由于不是该梯形图支路的第一个符号,因而被看作并联在前列符号上的触点。图 3-8 还给出了该梯形图的语句表。

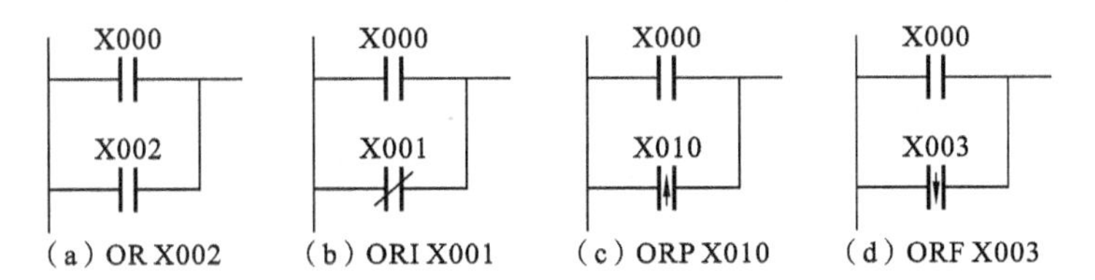

(a) OR X002 (b) ORI X001 (c) ORP X010 (d) ORF X003

图 3-7 并联指令与梯形图关系

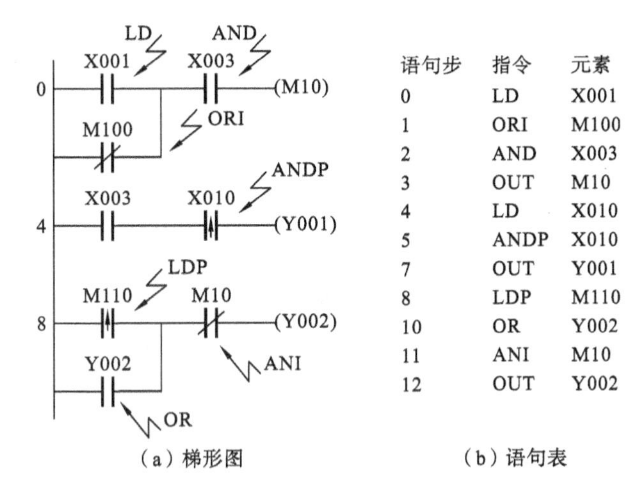

语句步	指令	元素
0	LD	X001
1	ORI	M100
2	AND	X003
3	OUT	M10
4	LD	X010
5	ANDP	X010
7	OUT	Y001
8	LDP	M110
10	OR	Y002
11	ANI	M10
12	OUT	Y002

(a) 梯形图 (b) 语句表

图 3-8 单触点指令说明

3. 表达多个触点与梯形图其他区域相连接的指令

在逻辑关系较复杂的梯形图中，常见触点串并联混合的连接，或存在触点及触点块后连接多个输出分支的情况，这需要用到以下各种指令。

(1) 触点块的连接指令。

并联触点块的串联指令 ANB 及串联触点块的并联指令 ORB 用来表示多触点组合与前边梯形图的关系。图 3-9 给出了这两条指令的应用实例。图 3-9 中存在着 X000、X001 组成的触点块与 X002、X003、X004、X005、X006 组成触点块的串联连接及 X002、X003 组成的触点块与 X004、X005 组成的触点块的并联连接，需使用 ANB、ORB 指令。在使用这两条指令时，语句的叙述总是先说明触点块的构成，再说明触点块与前边触点区域的关系，图 3-9 中还给出的梯形图对应的语句表。ANB、ORB 指令为无操作数指令。

(2) 栈操作指令。

MPS(进栈)、MRD(读栈)、MPP(出栈)为栈操作指令，用于梯形图某节点后存在分支支路的情况。图 3-10 给出了栈操作指令的应用情况，当分支仅有两个支路时用不到读栈指令，有三个及以上分支时才在进栈与出栈指令中间使用读栈指令。栈指令要求成对使用，也就是说，用了进栈指令就应该用出栈指令。此外，栈指令可嵌套使用，即进了一层栈后，其后的梯形图分支上又可有分支存在。

注意：图 3-10 中第一个支路与第四个支路的逻辑关系完全相同，但所使用的指令却不一样，这是缘于 FX 系列 PLC 指令规则的规定，和线圈并联的线圈或触点与线圈组合不看作梯形图分支对待，不需要使用栈指令。栈指令为无操作数指令。

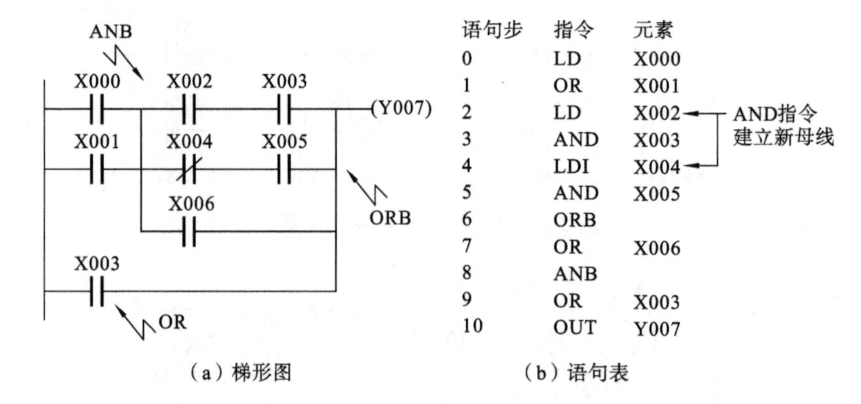

(a) 梯形图

语句步	指令	元素
0	LD	X000
1	OR	X001
2	LD	X002
3	AND	X003
4	LDI	X004
5	AND	X005
6	ORB	
7	OR	X006
8	ANB	
9	OR	X003
10	OUT	Y007

(b) 语句表

图 3-9 ANB ORB **指令说明**

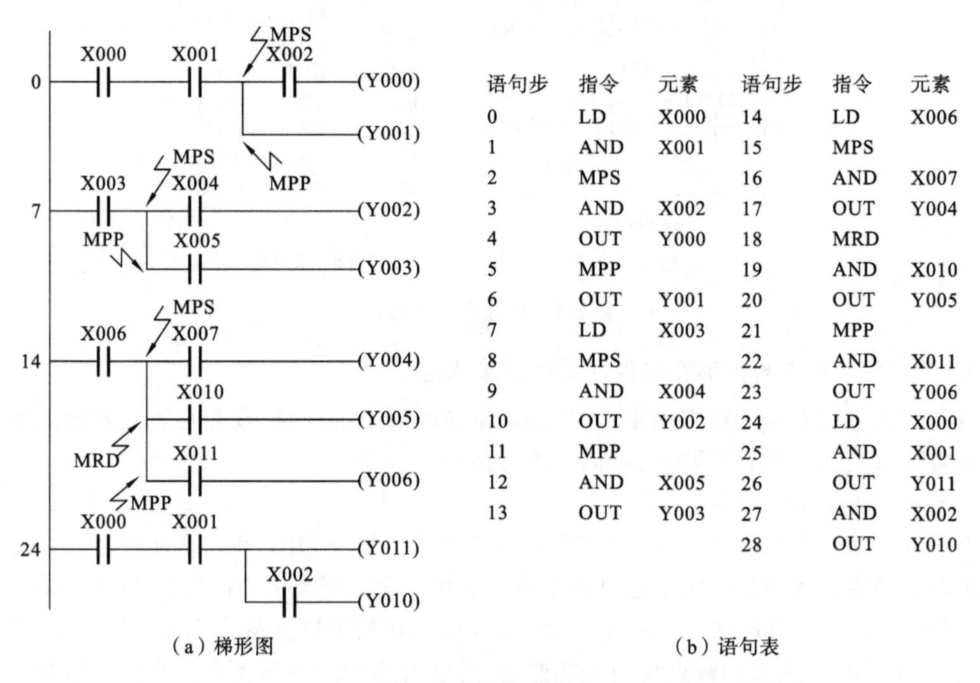

(a) 梯形图

语句步	指令	元素	语句步	指令	元素
0	LD	X000	14	LD	X006
1	AND	X001	15	MPS	
2	MPS		16	AND	X007
3	AND	X002	17	OUT	Y004
4	OUT	Y000	18	MRD	
5	MPP		19	AND	X010
6	OUT	Y001	20	OUT	Y005
7	LD	X003	21	MPP	
8	MPS		22	AND	X011
9	AND	X004	23	OUT	Y006
10	OUT	Y002	24	LD	X000
11	MPP		25	AND	X001
12	AND	X005	26	OUT	Y011
13	OUT	Y003	27	AND	X002
			28	OUT	Y010

(b) 语句表

图 3-10 栈指令说明

图 3-11 所示的是二层堆栈的例子，FX2N 系列 PLC 机的堆栈最多可有 11 层。

(a) 梯形图

语句步	指令	元素	语句步	指令	元素
0	LD	X000	9	MPP	
1	MPS		10	AND	X001
2	AND	X001	11	MPS	
3	MPS		12	AND	X002
4	AND	X004	13	OUT	Y000
5	OUT	Y002	14	MPP	
6	MPP		15	AND	X003
7	AND	X005	16	OUT	Y001
8	OUT	Y003			

(b) 语句表

图 3-11 二层堆栈示例

(3) 主控触点指令。

主控触点指令含主控触点接合指令(MC)及主控触点复位指(MCR)两条指令。它们的功能与栈指令有许多相似之处,都是一个触点实现对一片梯形图区域的控制。不同之处在于栈指令是用“栈”建立一个分支节点(梯形图支路的分支点),而主控触点指令则用增绘一个实际的触点建立一个由这个触点隔离的区域。图3-12所示的为主控触点的说明,图中M100为主控触点,该触点是“能流”到达触点后梯形图区域的“关卡”,因而称为“主控”。MC、MCR指令需要成对使用,MC指令建立新母线,MCR指令则回复到原母线。MC指令可以嵌套8层。MC指令中的“N0”为主控触点的嵌套编号(0~7)。当不嵌套时,编号可以都使用N0,N0的使用次数没有限制。

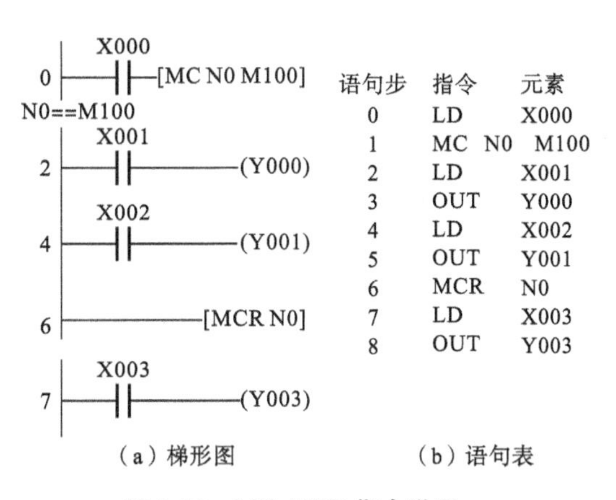

(a) 梯形图　　(b) 语句表

图3-12　MC、MCR指令说明

4. 线圈输出类指令

线圈用来表示梯形图支路的输出,同样功能的梯形图符号是功能框。在梯形图中,如果说触点区域是某种事件的条件,那么线圈及功能框则表达的是事件的操作内容。线圈输出指令可分为以下三类。

(1) 线圈输出指令。

线圈输出指令,即OUT指令,是有操作数指令,当能流到达线圈时,OUT指令使线圈的存储单元置**1**,能流失去时置**0**。线圈输出指令的操作数可以是输出继电器,也可以是其他位元件。当元件是输出继电器时,OUT指令的执行,意味着对应的输出口置**1**,该口上所连接的执行器件动作;而当元件为其他位元件时,仅有相应存储单元的状态发生变化。另外需说明的是在一个程序中,针对某个线圈的输出指令应只有一条(当有工作条件不同的两个输出线圈指令时,PLC仅执行排在后边的那一条)。

例3-1　将图3-13所示的电气控制图用梯形图表示。

解　(1) 设SB_1=X1,SB_2=X2,FR=X3,KM=Y0。

(2) 梯形图如图3-13(b)题解图所示。

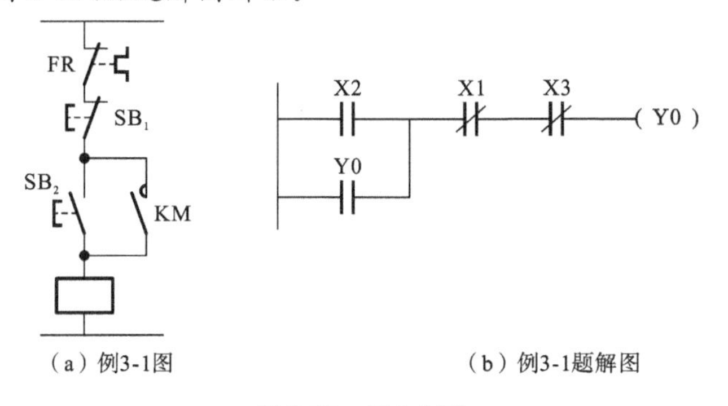

(a) 例3-1图　　(b) 例3-1题解图

图3-13　例3-1图

(2) 置位、复位指令。

SET 指令和 RST 指令分别为置位指令和复位指令。这是一种特殊的线圈输出指令，它们和线圈指令的不同点在于，当有能流到达置位指令时，指令操作数所对应的存储单元置 **1**，而当能流失去时，该存储器仍保持置 **1**，必须有能流到达该操作数的复位指令时，才复位置 **0**。

(3) 上升沿检出指令及下降沿检出指令。

上升沿检出指令 PLS 及下降沿检出指令 PLF 用于检出信号的变化成分。当有能流到达 PLS 指令时，PLS 指令操作数所对应的存储单元接通一个扫描周期。当能流失去时，PLF 指令使它的操作元件对应的存储单元接通一个扫描周期。

图 3-14 所示的为线圈输出、置位、复位，及上升沿、下降沿检出指令的说明，可结合信号时序图自行分析。

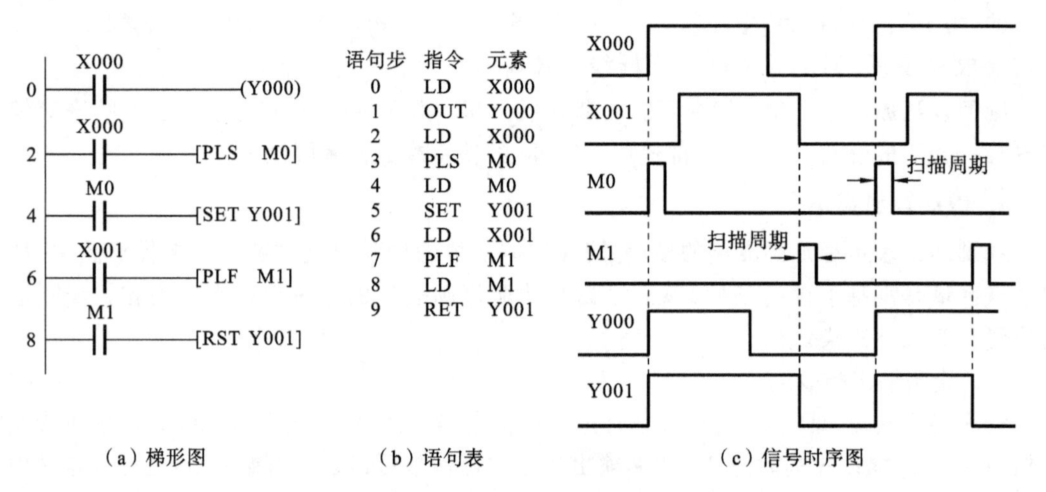

(a) 梯形图　　(b) 语句表　　(c) 信号时序图

图 3-14　PLS、PLF、复置位，及线圈输出指令说明

例 3-2　根据图 3-15(a)所示梯形图，试：

(1) 写出梯形图对应的语句表；

(2) X000 和 X001 的波形图如图 3-15(b)所示，画出 M0、M1 和 Y000 的波形图。

解　(1) 语句表如图 3-15(c)所示。

(2) 波形图如图 3-15(d)所示。

(4) 定时器计数器输出指令。

FX2N 系列 PLC 定时器、计数器没有专用的指令，定时器、计数器的输出仍使用 OUT 指令。但是定时器、计数器输出指令在 OUT 指令后除了应带有定时器、计数器的编号(地址)外，还需要标明定时或计数的设定值。设定值为整数，可直接指定也可以间接指定(给出存储设定值的存储器地址)。在定时器中，设定值是定时器分辨率的倍数，设定最大值为 16 位二进制数对应的十进制数值。在计数器中，设定值为计数值；最大值为 16 位或 32 位二进制数对应的十进制数值。

① 定时器输出指令。FX2N 系列 PLC 定时器均为接通延时定时器，即当能流条件满足时，定时器开始计时，计时时间达到设定值时，定时器的动合触点接通、动断触点断开。

定时器有积算式的和非积算式的两类，由定时器的编号区别，积算式定时器的编号为

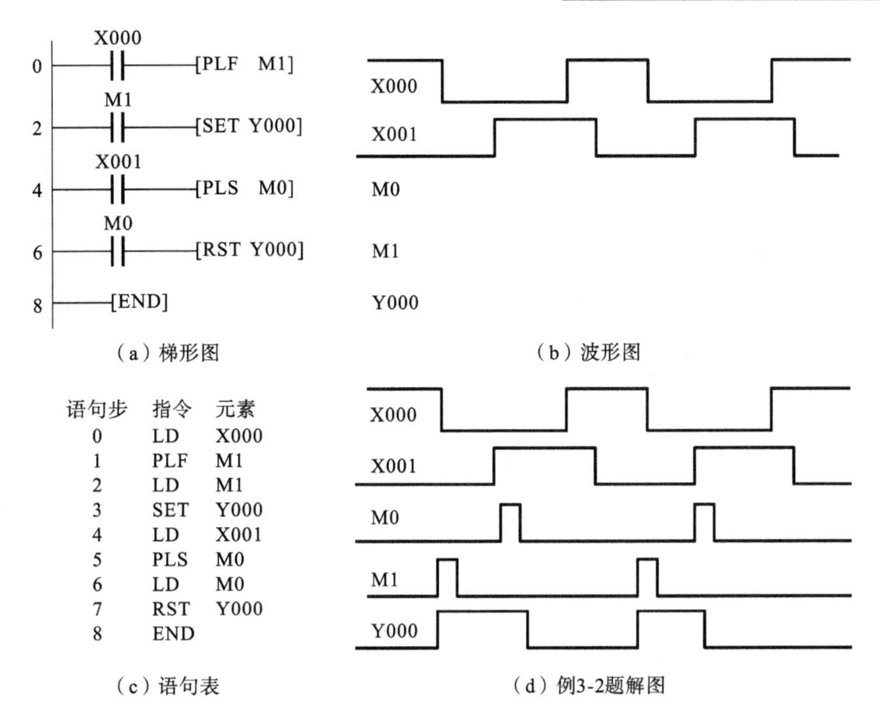

（a）梯形图 （b）波形图

（c）语句表 （d）例3-2题解图

图 3-15 例 3-2 图

T0～T199，非积算式定时器的编号为 T200～T255。积算式定时器可以累积能流到达定时器线圈的时间；而非积算式定时器在能流接通时间短于设定时间消失时，对前边的时间不予记录。非积算式定时器计时时间到触点动作之后能流消失，则自己复位，而积算式定时器不论是触点的复位还是累计的定时时间的消除都需借助复位指令。图 3-16 为定时器应用的梯形图例。大家习惯将定时器的分辨率、设定值、工作条件、复位条件、控制对象作为定时器的使用要素。

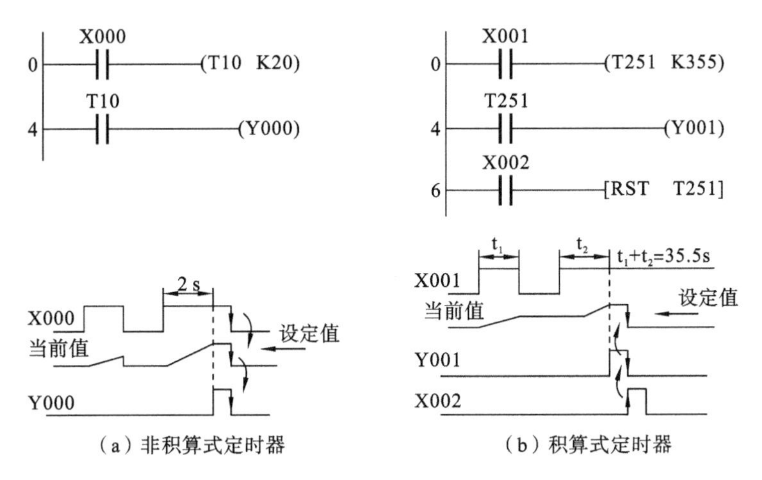

（a）非积算式定时器 （b）积算式定时器

图 3-16 定时器输出指令说明

② 计数器输出指令。计数器指令的使用较定时器指令的使用要复杂些。这是由于计数器有 16 位的，还有 32 位的，而且 32 位计数器为增减计数器，可以增计数又可以减计数，所以

程序中就多了增或减计数方向因素。更重要的是16位增计数器与32位增减计数器的工作状态也不尽相同。

16位增计数器，在达到计数设定值时计数器位置**1**，计数值不再变化，在复位条件满足时复位（计数器位及计数当前值均复**0**）。32位双向计数器，在增计数时达到设定值时计数器位置**1**，在减计数时达到设定值时计数器位置**0**，在复位条件满足时复位。还有一点是32位计数器为环形计数器，在到达计数设定值时计数当前值仍随计数脉冲变化而变化，且在达到正的最大值（＋2147483647）后再加**1**，计数当前值将变为负的最大值（－2147483648）；同理，当计数值为负的最大值时再减**1**则变为正的最大值。

图3-17为16位增计数器的工作过程图。图中X001为16位增计数器的计数信号输入元件，即它每接通、断开一次，计数器加**1**。X000为计数器复位控制触点。

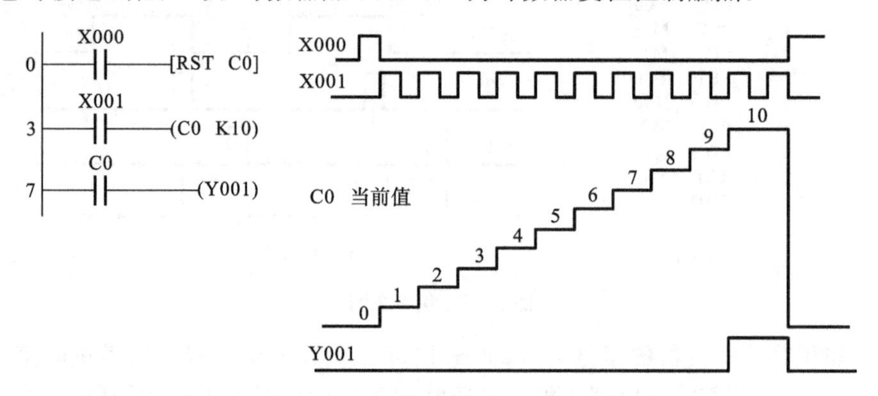

图3-17　16位增计数器的工作过程

图3-18为32位增减计数器的工作过程图。32位增减计数器计数方向控制使用默认的特殊辅助继电器。图3-18所示指钟，M8200用于确定32位增减计数器的增减性，当M8200置**0**时，计数器C200为增计数；M8200置**1**时为减计数。图3-18所示X014为计数器的计数信号输入元件，即它们每接通、断开一次，计数器计数**1**。计数器的计数信号输入元件与定时器计时工作输入元件工作状态的区别，就在于计时是连续信号而计数为断续信号。因而计数的复位必须有复位指令，如RST C200。32位计数器的设定值也可以采用间接设定（双字）。

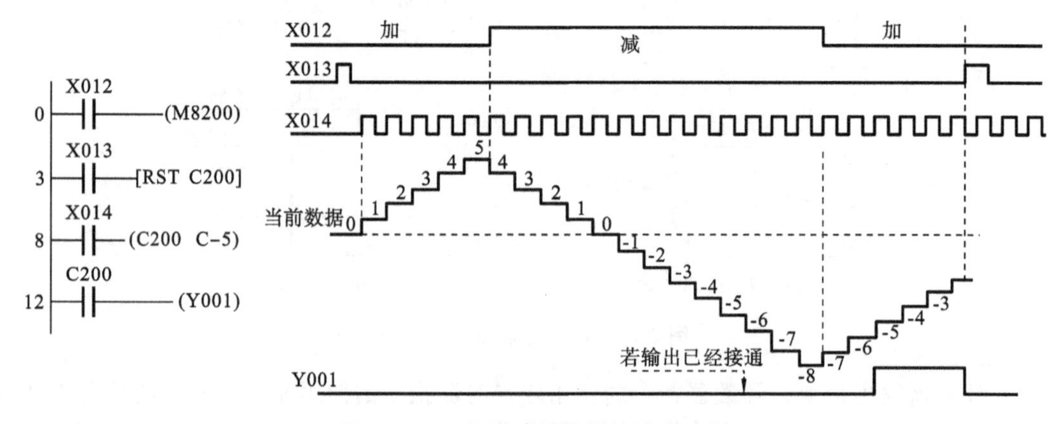

图3-18　32位增减计数器的动作过程

5. 其他基本指令

除了以上介绍的指令外，基本指令还包括INV(取反)指令、NOP(空操作)指令及END(程序结束)指令。取反指令用于将指令前的运算结果取反，该指令可以在AND指令或ANI指令，ANDP指令或ANDF指令的位置后编程，也可以在ORB指令、ANB指令回路中编程，但不能像OR指令、ORI指令、ORP指令、ORF指令那样单独使用，也不能像LD指令、LDI指令、LDP指令、LDF指令那样单独与母线连接。图3-19、图3-20给出了取反指令应用的情形，图中梯形图能流线上的斜线即表示INV指令。

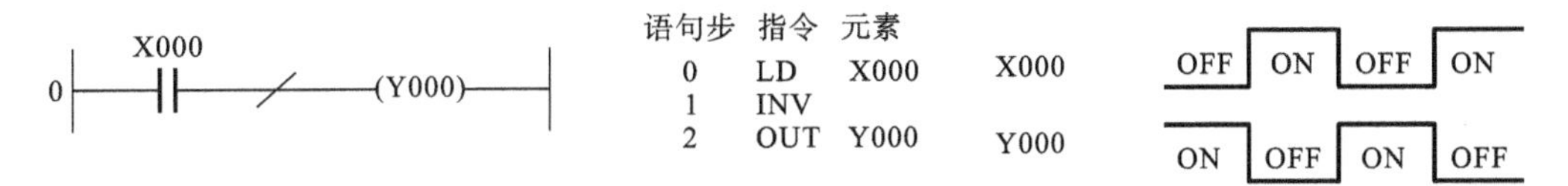

图3-19 取反INV指令的说明

空操作指令可以理解为语句表中预留的“空档”，可作为调试时增补指令使用。从指令本身的意义来说，空操作即是没有操作。

程序结束指令表示指令的结尾。在程序的分段调试时，可在长程序中加入END指令，从而调试END指令前边的程序部分。

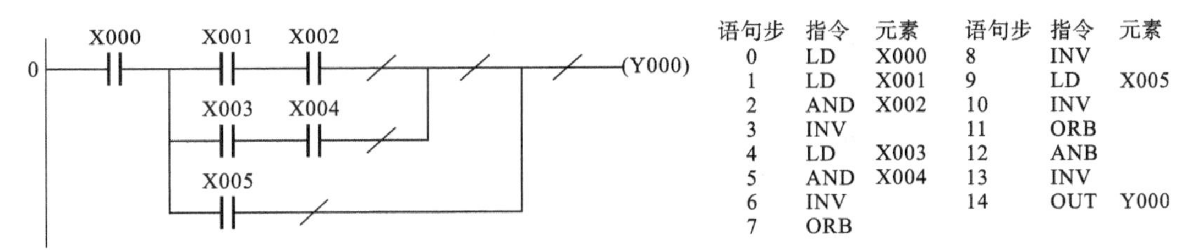

图3-20 INV指令在ORB指令、ANB指令的复杂回路中的编程

例3-3 已知波形如图3-21(a)所示，求出相应的梯形图和语句表。

解 梯形图和语句表如图3-21(b)所示。

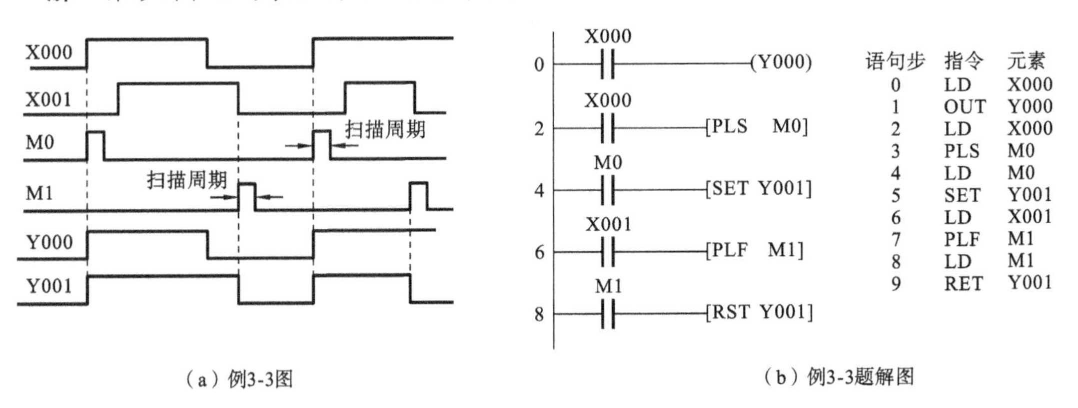

图3-21 例3-3图

例3-4 用PLC的内部定时器设计一个延时电路，实现图3-22(a)所示的波形图，求其梯形图和语句表。

解　梯形图和指令表如图 3-22(b)、(c)所示。

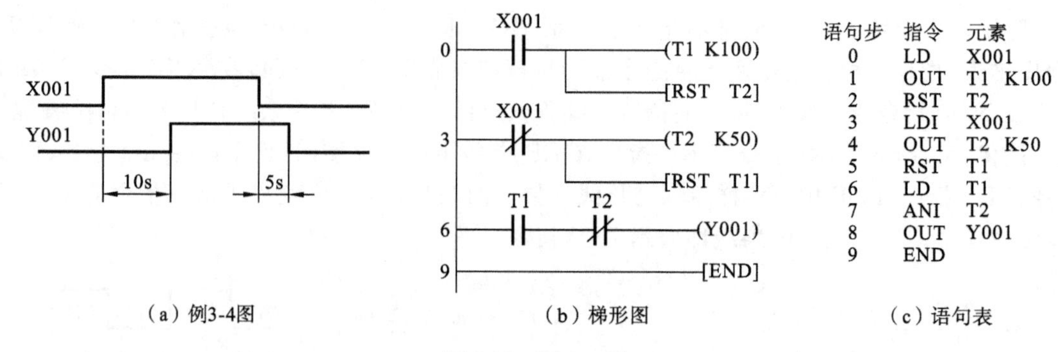

语句步	指令	元素
0	LD	X001
1	OUT	T1 K100
2	RST	T2
3	LDI	X001
4	OUT	T2 K50
5	RST	T1
6	LD	T1
7	ANI	T2
8	OUT	Y001
9	END	

(a) 例3-4图　(b) 梯形图　(c) 语句表

图 3-22　例 3-4 图

例 3-5　已知两台电动机顺序起动运行控制的主电路和控制电路如图 3-23(a)、(b)所示，将控制电路转化为梯形图并写出相应的语句表。

解　(1) 令 SB_1＝X001，SB_2＝X002，SB_3＝X030，SB_4＝X004，FR_1＝X005，FR_2＝X006，KM_1＝Y001，KM_2＝Y002。

(2) 梯形图和语句表如图 3-23(c)、(d)所示。

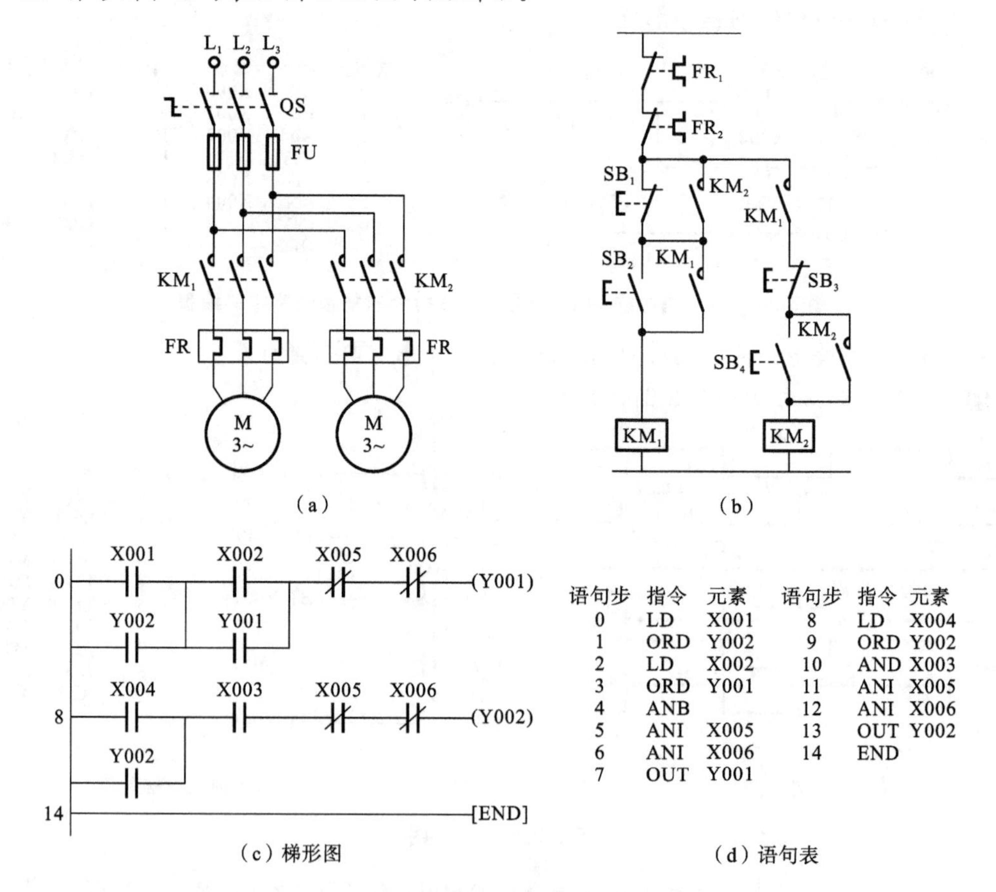

语句步	指令	元素	语句步	指令	元素
0	LD	X001	8	LD	X004
1	ORD	Y002	9	ORD	Y002
2	LD	X002	10	AND	X003
3	ORD	Y001	11	ANI	X005
4	ANB		12	ANI	X006
5	ANI	X005	13	OUT	Y002
6	ANI	X006	14	END	
7	OUT	Y001			

(a)　(b)

(c) 梯形图　(d) 语句表

图 3-23　例 3-5 图

例 3-6 图 3-24(a)为某小车往返运动示意图。小车在初始位置时,压下行程开关 SQ_1,按下起动按钮 SB_1,小车按箭头所示的顺序运动,最后返回并停在初始位置。设热保护器为 FR,交流接触器为 KM_1、KM_2,存储器变量为 M_1、M_2、M_3。为小车运行设计一个控制梯形图。

解 令 FR=X000,SB_1=X001,SQ_1=X002,SQ_2=X003,SQ_3=X004,KM_1=Y001(右行),KM_2=Y002(左行)。M1=A→B,M2=C→A,M0=A→B 的准备阶段。梯形图如图 3-24(b)所示。

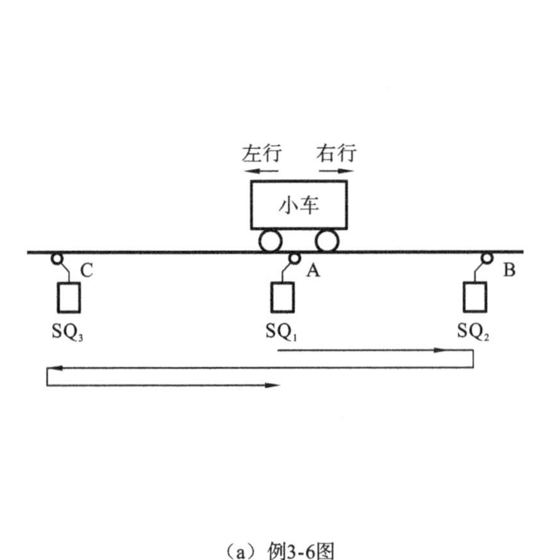

(a) 例3-6图

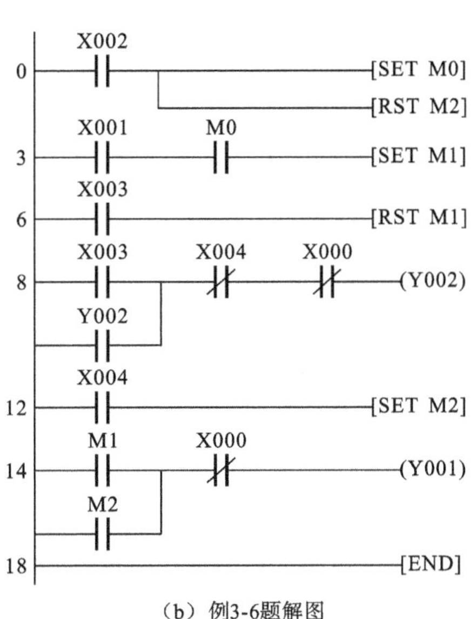

(b) 例3-6题解图

图 3-24 例 3-6 图

例 3-7 电动机 M_1 起动后,延时 5 s,电动机 M_2 自动起动,同时 M_1 停机,M_2 手动停机,用 PLC 实现电动机单向运行控制要求,设计梯形图。

解 令 SB_1=X001 为电动机 M_1 起动按钮;SB_2=X002 为电动机 M_2 停止按钮;T1 为延时 5 s 定时器;KM_1=Y001 为电动机 M_1 控制接触器;KM_2=Y002 为电动机 M_2 控制接触器。梯形图如图 3-25 所示。

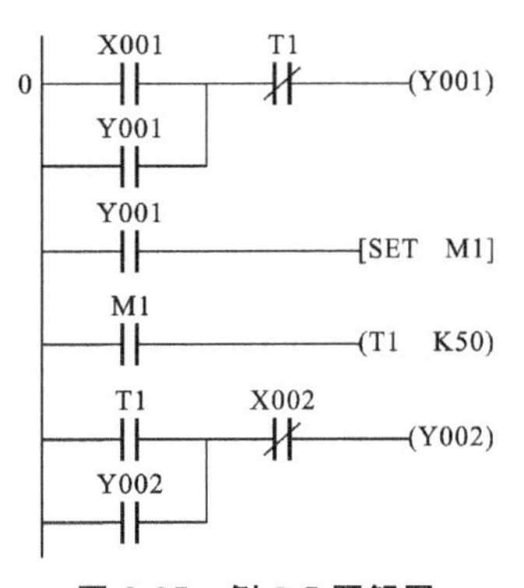

图 3-25 例 3-7 题解图

3.3 交流电动机 PLC 控制

1. 电动机的正反转控制

三相异步电动机的正反转控制线路如第 1 章所述,其主电路不变,PLC 控制仅改变控制电路;原电路中各元件也不变。

与机械动作的继电器控制电路不同，在其内部处理中，触点的切换几乎没有时间延时，因此必须采用防止电源短路的方法，例如使用定时器来设计切换的时间滞后。图 3-26(a)所示的为 PLC 控制的电动机可逆运行外部电路，图 3-26(b)所示的为相应的梯形图。梯形图中 M101、M102 为内部继电器；T1、T2 为内部定时器，分别设置对正转指令和反转指令的延迟时间。

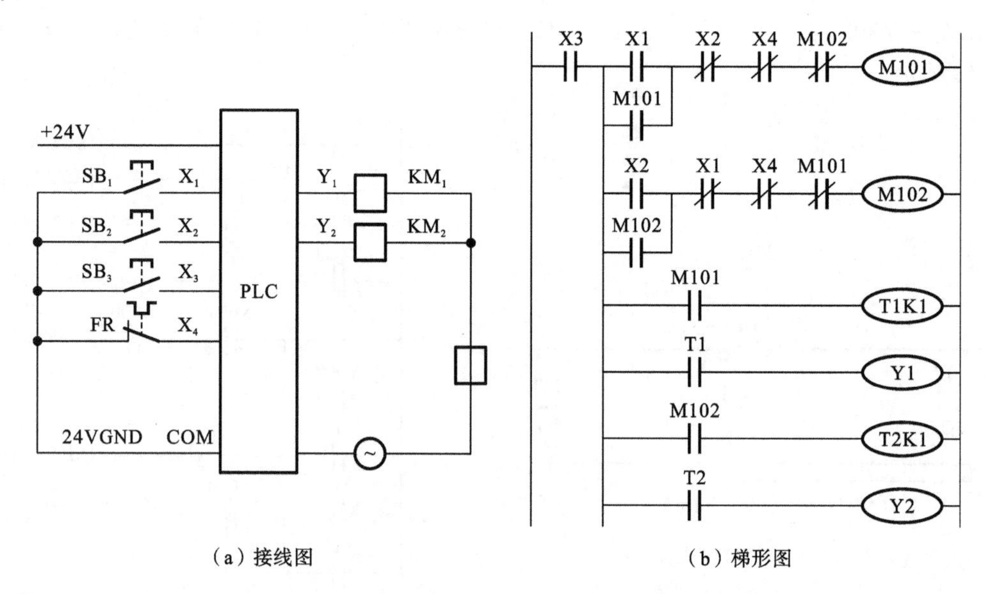

(a) 接线图 (b) 梯形图

图 3-26 PLC 控制的电动机可逆运行外部电路接线图与梯形图

2. 电动机的 Y-△起动电路

将电动机三相绕组接成 Y 形起动时，起动电流是直接起动电流的 1/3，在达到规定转速后，再切换为△形运转。这种减小电流的起动方法适合于容量大、起动时间长的电动机，或者是受容量限制，为避免起动时造成电源电压下降的电动机。图 3-27(a)为电动机主电路，接触器 KM_1、KM_2 同时接通时，电动机工作为 Y 形起动状态；而当接触器 KM_2、KM_3 同时接通时，电动机转为△形接法正常工作状态。

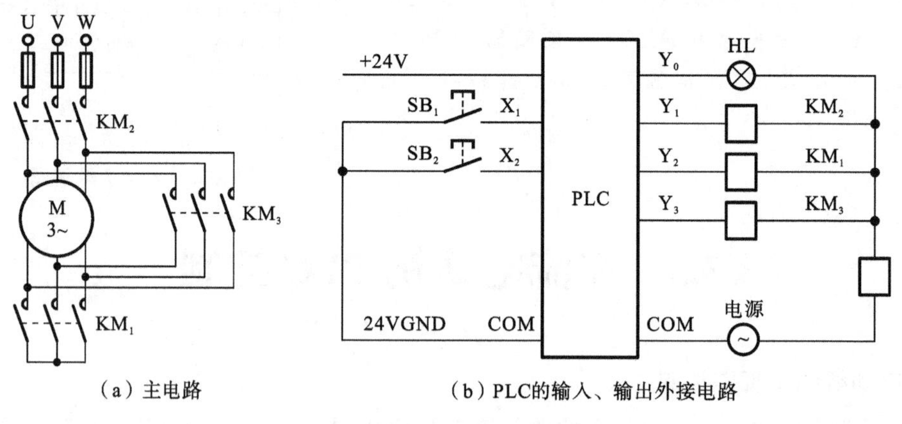

(a) 主电路 (b) PLC的输入、输出外接电路

图 3-27 电动机 Y-△起动电路

图3-27(b)是PLC的输入、输出外接电路，其中X_1接起动按钮SB_1，X_2接停止按钮SB_2，HL为电动机运行状态指示灯。此外，在输出回路中KM_1、KM_3利用辅助触点实现互锁。

电动机的Y-△起动电路梯形图如图3-28(a)所示。定时器T1确定起动时间，其预置值(TS)应与电动机相配。当电动机绕组由Y形切换到△形时，在继电器控制电路中，利用常闭点断开在先而常开点的闭合在后这种机械动作的延时，保证KM_1完全断开后，KM_3再接通，从而达到防止短路的目的。但PLC内部切换时间很短，为了达到上述效果，在KM_1断开和KM_3接通之间必须有一个锁定时间TA，这靠定时器T2来实现。图3-28(b)为工作时序图。

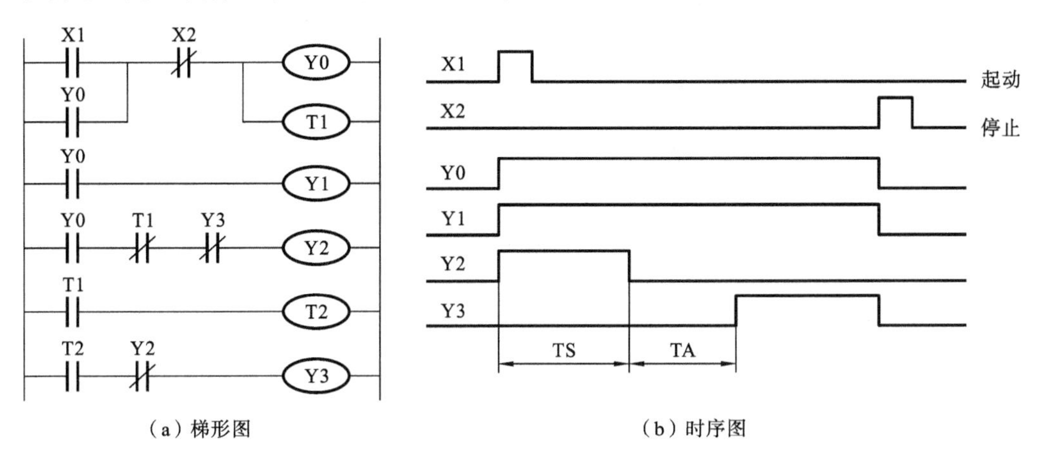

(a) 梯形图　　(b) 时序图

图3-28　Y-△起动电路梯形图和时序图

3. 加热反应炉自动控制系统

图3-29为加热反应炉结构示意图。加热反应的工艺过程分为以下三个阶段。

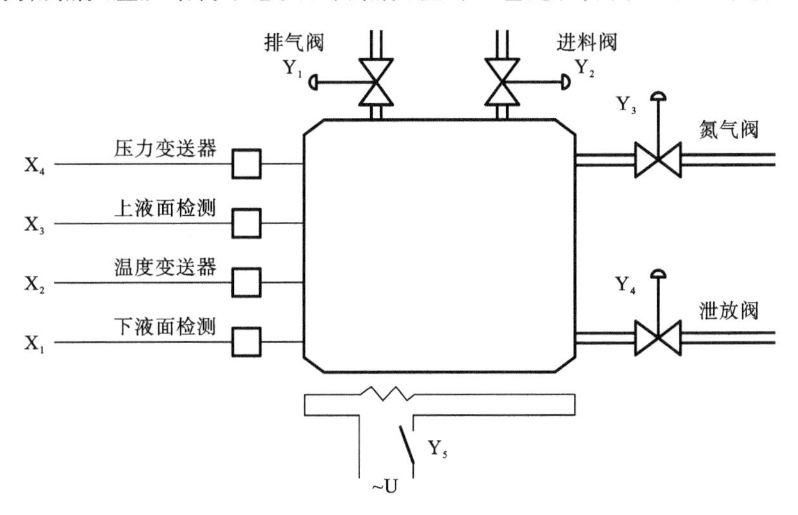

图3-29　加热反应炉结构图

1) 进料控制阶段

(1) 检测下液面(X_1)、炉温(X_2)、炉内压力(X_4)是否都小于给定值(均为逻辑**0**)，即PLC输入点X_1、X_2、X_4是否都处于断开状态。

(2) 若是，则开启排气阀Y_1和进料阀Y_2。

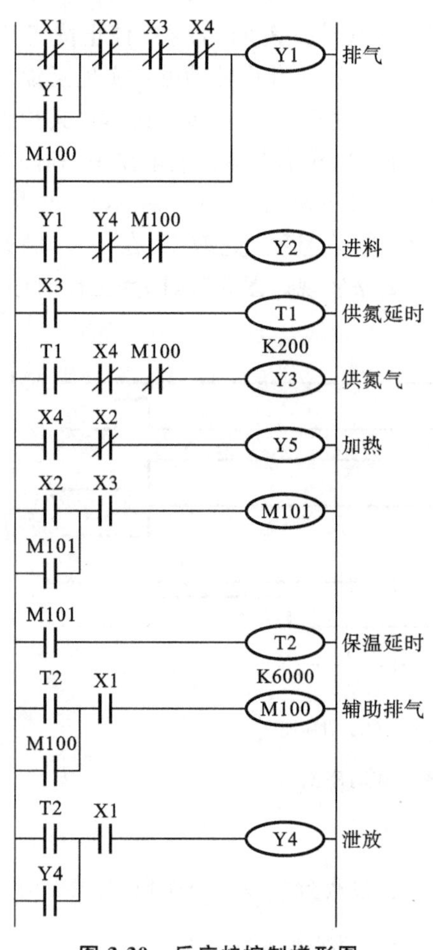

图 3-30 反应炉控制梯形图

(3) 当液面上升到位使 X_3 闭合时，关闭排气阀 Y_1 和进料阀 Y_2。

(4) 延时 20 s，开启氮气阀 Y_3，使氮气进入炉内，提高炉内压力。

(5) 当压力上升到给定值($X_4=\mathbf{1}$)时，关断氮气阀 Y_3，进料过程结束。

2) 加热反应控制阶段

(1) 此时温度低于要求值($X_2=\mathbf{0}$)，应接通加热炉电源 Y_5。

(2) 在温度达到要求值($X_2=\mathbf{1}$)后，切断加热电源。

(3) 加温到要求值后，维持保温 10 min，在此时间内炉温实现通断控制，保持 $X_2=\mathbf{1}$。

3) 泄放控制阶段

(1) 保温时间达到 10 min 时，打开排气阀 Y_1，使炉内压力逐渐降到起始值($X_4=\mathbf{0}$)。

(2) 维持排气阀打开，并打开泄放阀 Y_4；当炉内液面下降到下液面以下时($X_1=\mathbf{0}$)，关闭泄放阀 Y_4 和排气阀 Y_1，系统恢复到初始状态，重新进入下一循环。

根据上述工艺规律设计 PLC 梯形图，如图 3-30 所示。

3.4 PLC 定位单元

如图 3-31 所示，定位单元指 FX2N-10GM 和 FX2N-20GM 的统称，它们是输出脉冲序列的专用单元，模块的输出脉冲数、脉冲频率可调。定位单元允许用户使用步进电动机或伺服电动机并通过驱动单元来控制定位。

控制轴数目表示控制电动机的个数。FX2N-10GM 能控制一根轴，而 FX2N-20GM 能控

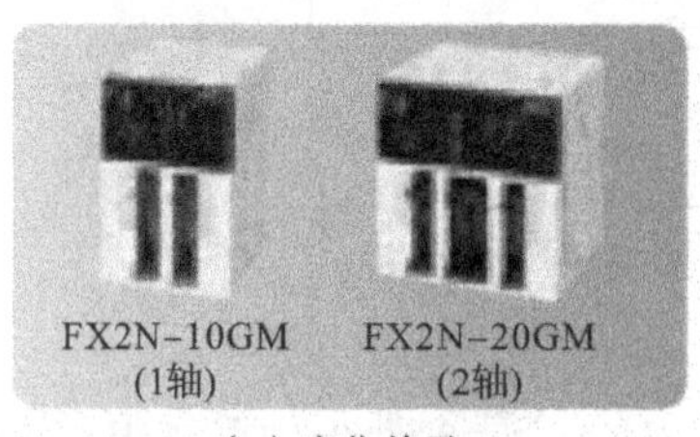

(a) 定位单元

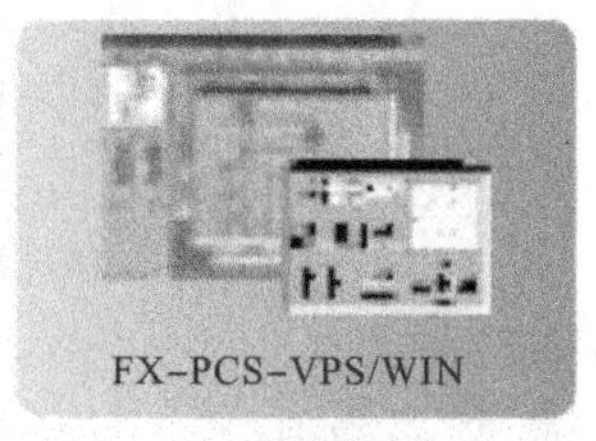

(b) 定位软件

图 3-31 FX2-10GM 和 FX-20GM 及软件

制两根轴。FX2N-20GM 具有线性/圆弧插补功能。这里主要介绍 FX2N-20GM。

1. 定位单元面板

FX2N-20GM 定位单元面板如图 3-32 所示。

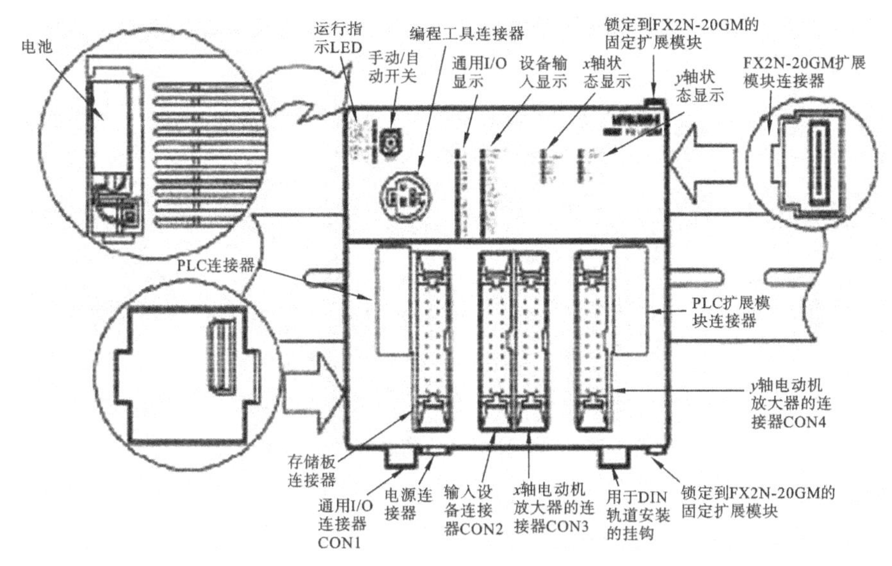

图 3-32 FX2N-20GM 定位单元面板

2. 手动/自动开关

手动/自动开关如图 3-33 所示，手动操作时此开关设置到 MANU，自动操作时则设置到 AUTO；写程序或设定参数时，选择手动 MANU 模式。在 MANU 模式下，定位程序和子任务程序停止；在自动操作状态下，当开关从 AUTO 切换到 MANU 时，定位单元执行当前定位操作，然后等待结束指令 END。

图 3-33 手动/自动开关

3. PLC 单元连接

用 PLC 连接电缆（FX2N-GM-5EC 作为附件提供）或 FX2N-GM-65EC（单独出售）来连接 PLC 主单元和定位单元，如图3-34所示。

当连接定位单元到 FX2NC 系列 PLC 时，需要 FX-CNV-IF 接口；当连接定位单元到 FX2N 系列 PLC 时，不需要 FX-CNV-IF 接口。

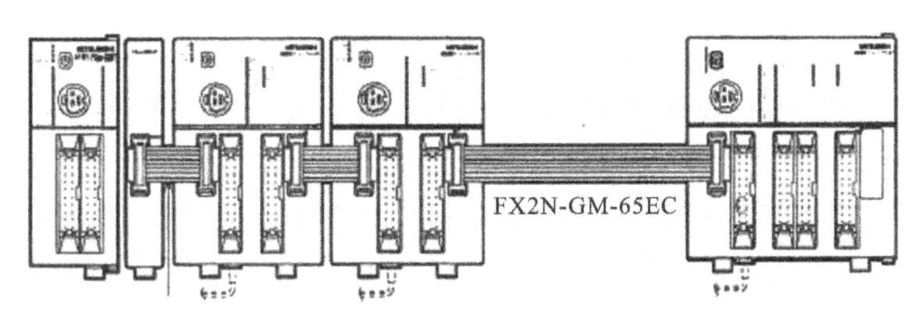

图 3-34 FX 系列 PLC 定位单元连接

连接到如图 3-34 所示连接器上的扩展模块、扩展单元、专用模块或专用单元，被看作 PLC 主单元的扩展单元。

4. FX2N-20GM **连接器**

如图 3-35 所示，所有具有相同名称的端子是内部连通的。如 COM1-COM1、VIN-VIN 等，“·”为空端子。

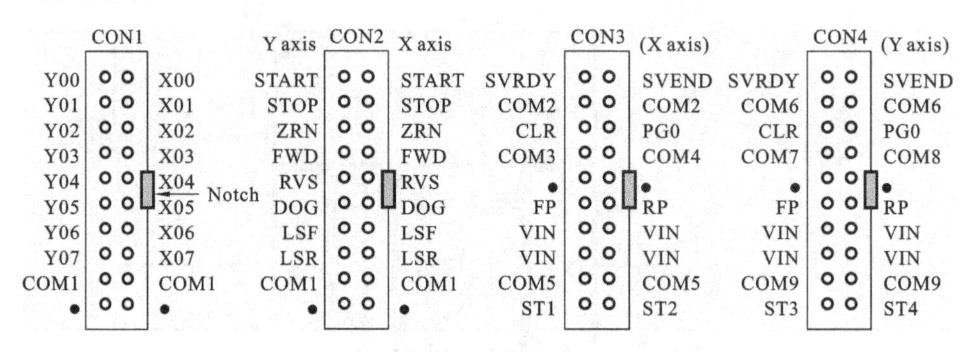

图 3-35 FX2N-20GM **定位单元连接器**

1) CON1

X00～X07 为通用输入端子、Y00～Y07 为通用输出端子，COM1 为通用输入、输出端子的公共端子。

2) CON2

1(Y)脚、2(X)脚 START：自动操作开始输入。

3(Y)脚、4(X)脚 STOP：自动操作停止输入。

5(Y)脚、6(X)脚 ZRN：机械回零输入(手动)，低电平有效；当 ZRN 信号变成 **0** 时，回零命令被设置，机器开始回到零位。当回零结束或发出停止命令时，定位单元发出一个最小命令单元的前向脉冲。当 FWD 信号保持 **0** 状态 0.1 s 以上时，ZRN 信号被复位。

7(Y)脚、8(X)脚 FWD：正向旋转输入(手动)，低电平有效；当 FWD 信号变成 **0** 时，定位单元发出一个最小命令单元的前向脉冲。当 FWD 信号保持 **0** 状态 0.1 s 以上时，定位单元发出持续的前向脉冲。

9(Y)脚、10(X)脚 RVS：反向旋转输入(手动)，低电平有效；当 RVS 信号变成 **0** 时，定位单元发出一个最小命令单元的反向脉冲。当 RVS 信号保持 **0** 状态 0.1 s 以上时，定位单元发出持续的反向脉冲。

11(Y)脚、12(X)脚 DOG：DOG 近点信号输入。

13(Y)脚、14(X)脚 LSF：正向旋转行程结束。对于步进电动机，该信号关闭时，正向旋转脉冲(FP)的输入停止，用 RVS 操作输入时，可能发生回避。对于伺服电动机，该信号关闭时，驱动单元中的正向脉冲停止，可以接受反向脉冲。

15(Y)脚、16(X)脚 LSR：反向旋转行程结束。对于步进电动机，该信号关闭时，反向旋转脉冲(RP)的输入停止，用 PWD 运行输入时，可能发生回避。对于伺服电动机，该信号关闭时，驱动单元中的反向脉冲停止，可以接受正向脉冲。

LSF 和 LSR 信号分别接正向限位开关和反向限位开关。

3）CON3（X 轴）

1 脚 SVRDY：从伺服放大器接收 READY 信号，表明操作准备已经完成。

2 脚 SVEND：从伺服放大器接收 INP（定位完成）信号。

3 脚、4 脚 COM2：STRDY 和 SVEND 信号（X 轴）公共端。

5 脚 CLR：输出偏差计数器清除信号。

6 脚 PG0：接收零点信号。

7 脚 COM3：CLR 信号（X 轴）公共端。

8 脚 COM4：PG0（X 轴）公共端。

11 脚 FP：正向脉冲。

12 脚 RP：反向脉冲。

13 脚、14 脚、15 脚和 16 脚 VIN：FP 和 RP 电源输入（5 V/24 V）。

17 脚、18 脚 COM5：FP 和 RP（X 轴）信号公共端。

4）CON4（Y 轴）

1 脚 SVRDY：从伺服放大器接收 READY 信号，表明操作准备已经完成。

2 脚 SVEND：从伺服放大器接收 INP（定位完成）信号。

3 脚、4 脚 COM6：STRDY 和 SVEND 信号（Y 轴）公共端。

5 脚 CLR：输出偏差计数器清除信号。

6 脚 PG0：接收零点信号。

7 脚 COM7：CLR 信号（Y 轴）公共端。

8 脚 COM8：PG0（Y 轴）公共端。

11 脚 FP：正向脉冲。

12 脚：RP 反向脉冲。

13 脚、14 脚、15 脚和 16 脚 VIN：FP 和 RP 电源输入（5 V/24 V）。

17 脚、18 脚 COM9：FP 和 RP（Y 轴）信号公共端。

5. FX2N-20GM 手工编程器使用

1）连接

PLC 与手工编程器或者上位计算机连接如图 3-36 所示。

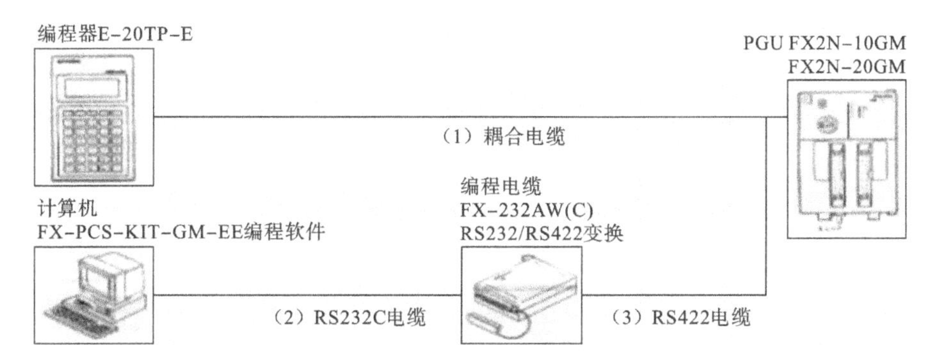

图 3-36　PLC 与手工编程器或者上位计算机连接

2）手工编程器操作指南

（1）手工编程器键盘如图 3-37 所示。

（2）联机/脱机方式的选择以及功能选择如图 3-38 所示，手工编程器在线读/写模式如图 3-39 所示。

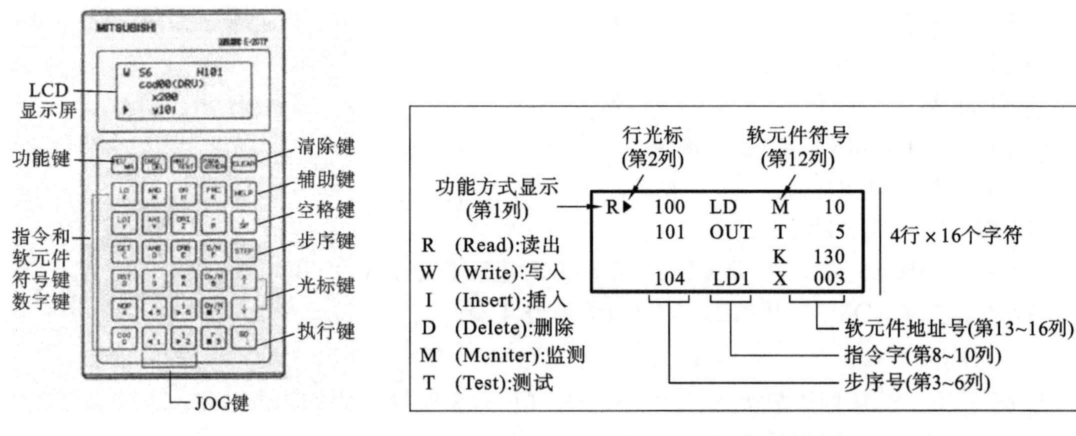

图 3-37　手工编程器键盘　　　　图 3-38　手工编程器显示屏

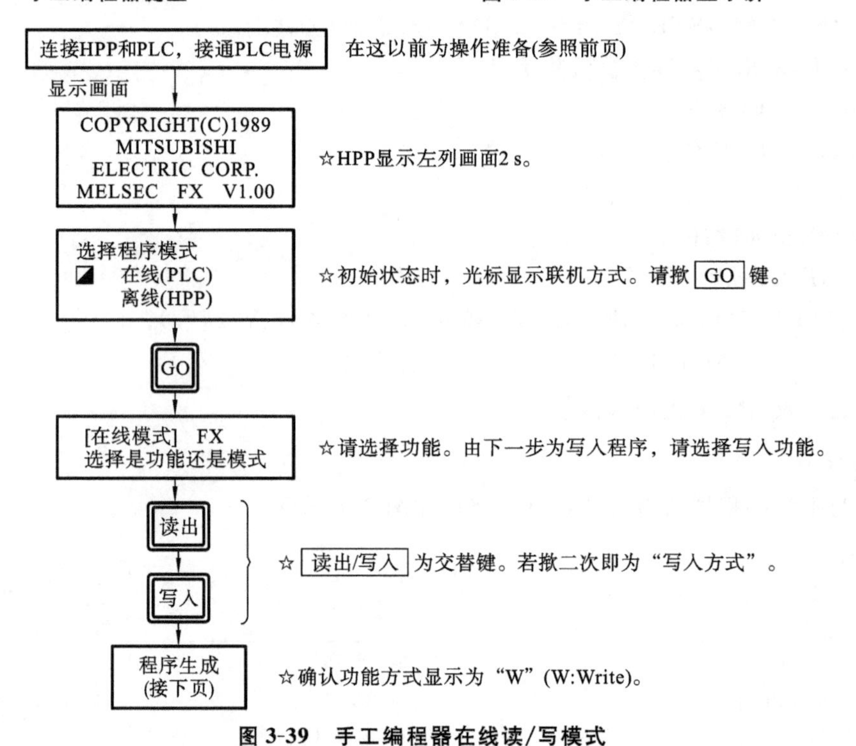

图 3-39　手工编程器在线读/写模式

（3）程序的输入步骤如下。

① 清除的输入：程序输入前，首先将 NOP 指令成批写入 PLC 内部的 RAM 中，即抹去全部程序，然后通过键盘操作将新程序写入。如图 3-40 所示，通过键盘将 PLC 内部的 RAM 成批的清除。

② 基本指令的输入如图 3-41 所示。

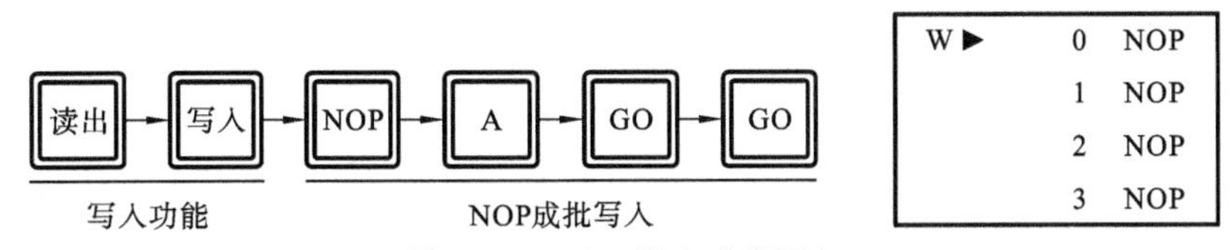

图 3-40 NOP 指令成批写入

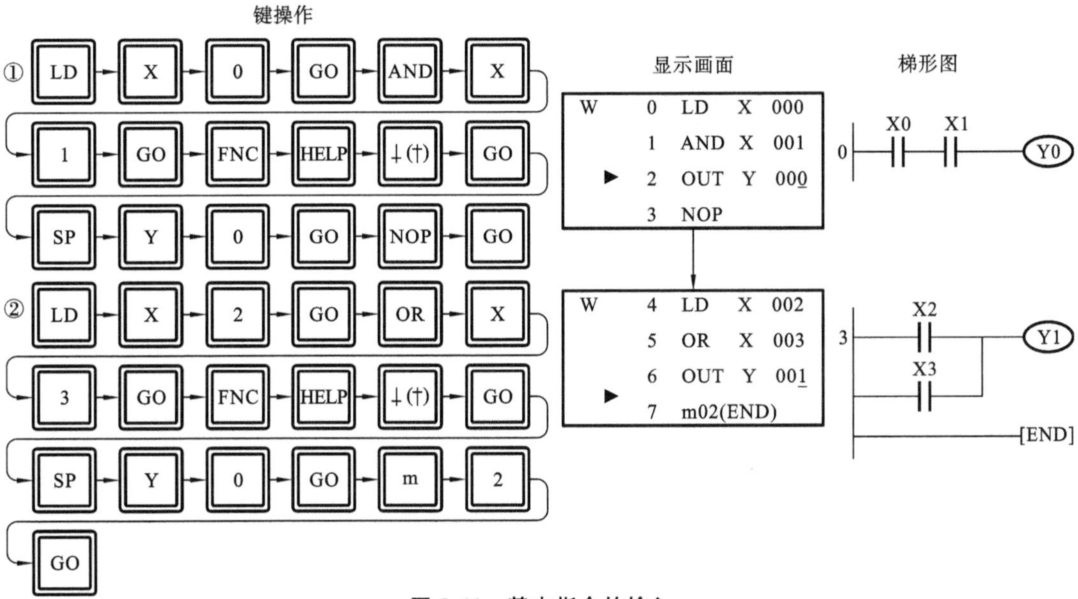

图 3-41 基本指令的输入

③ 定位指令的输入如图 3-42 所示。

COD 02(CW) x100 y100 i25 j25 f50

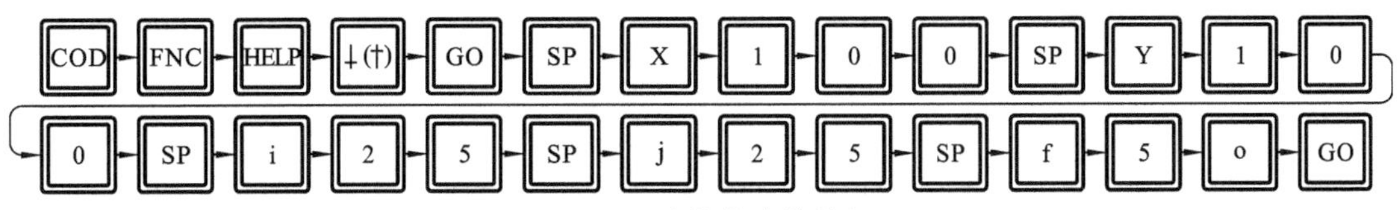

图 3-42 定位指令的输入

6. FX2N-20GM 使用参数

FX2N-20GM 使用参数分定位参数、I/O 控制参数、系统参数等三类。定位参数设定使用的单位，许多参数设定了初值，可根据要求重设参数值。

(1) 参数 0：单位体系，设定所使用的位置和速度单位。

设置为“0”，表示机械体系的单位。根据 mm(毫米)、rad(弧度)、1/10in(英寸)等单位来控制位置。

设置为“1”，表示电动机体系的单位。根据 p(脉冲)来控制位置。

设置为“2”，表示综合体系的单位。根据机械体系的单位来控制位置，根据电动机体系的单位来控制速度。

(2) 参数 1：脉冲率(A)。设定加到驱动单元上的电动机每转的脉冲数[p(脉冲)/r(转)]。

(3) 参数 2：进给率(B)。设定电动机每转的行程，可以是 1～999,999 μm/r、1～999,999

rad/r、1～999,999×10^{-1} min/r。

(4) 参数 3:最小命令单位。设定由定位程序规定的行程单位,如表 3-1 所示。

表 3-1 行程单位

参数设定	参数 0 设定为"0","2"			参数 0 设定为"1"
	mm(毫米)	rad(弧度)	in(英寸)	p(脉冲)
"0"	10^0	10^0	10^{-1}	10^3
"1"	10^{-1}	10^{-1}	10^{-2}	10^2
"2"	10^{-2}	10^{-2}	10^{-3}	10^1
"3"	10^{-3}	10^{-3}	10^{-4}	10^0

例如,当参数 0 设定为 0,参数 3 设定为 2 时,COD01(LIN)X1000 Y2000 的情况下,X 为 10 mm,Y 为 20 mm。

例如,当参数 0 设定为 1,参数 3 设定为 2 时,COD01(LIN)X1000 Y2000 的情况下,X 为 10000 p,Y 为 20000 p。

(5) 参数 11:脉冲输出类型。设定定位参数 11,控制脉冲信号 RP、FP 的功能。

参数 11=0,FP 为正向旋转脉冲,RP 为反向旋转脉冲;参数 11=1,FP 为旋转脉冲,RP 为方向规定信号,初值=0。

(6) 参数 12:旋转方向。设定电动机旋转方向。参数 12=0,当正向旋转脉冲(FP)是输出时,当前值增加。参数 12=1,当正向旋转脉冲(FP)是输出时,当前值减少。

3.5 PLC 定位单元指令及编程

FX2N-20GM 配有专门的定位语言指令和顺序语言指令(基本指令和应用指令)进行编制控制程序,能够同时控制两根坐标轴,并可实现线性/圆弧插补功能、位置控制功能。

1. 定位语言指令

(1) 高速定位语句。

```
COD00(DRV)   X___   F___   Y___   F___
```

指令根据独立的 X、Y 轴设定值来指定到目标坐标的位移,各轴的最大速度和加速度/减速度由参数设定;在 FX2N-20GM 中使用单轴驱动时,只需指定 X 轴或 Y 轴的目标位置。

(2) 绝对地址语句。

```
COD 90(ABS)/ 增量地址 COD 91 (INC)
```

目标位置是增量(离当前位置的距离),还是绝对(离零点的距离)由 COD91(INC)或者 COD 90(ABS)指令规定。

(3) 线性插补定位语句。

```
COD 01(LIN)X ___   Y ___   F ___
COD 91(INC)              (增量驱动)
COD 01(LIN) X1000 Y500 F2000
```

线性插补定位的程序的坐标设定如图 3-43 所示。

(4) 指定圆心的圆弧插补语句。

```
COD 02(CW)/COD03 (CCW) X___  Y___  I___  J___  F___
```

指令表示绕中点坐标以外围速度 F 移动到目标位置，当起点坐标等于终点坐标(目标位置)，或者未指定终点坐标时，移动轨迹是一个完整的圆。I、J 永远是相对值，后面的数值等于圆心坐标值减去起点坐标，如图 3-44 所示。

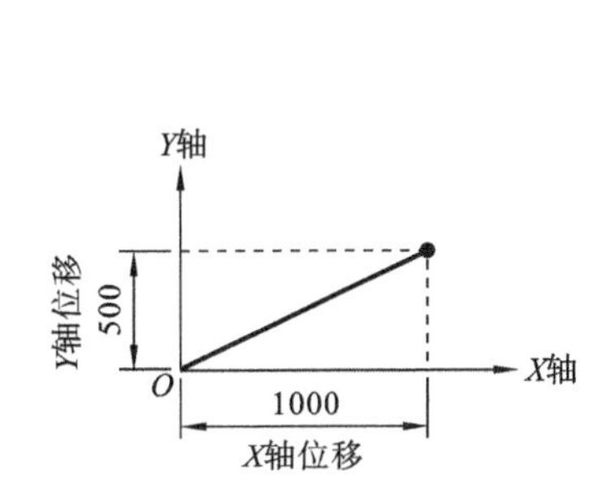

图 3-43 程序指令移动轨迹

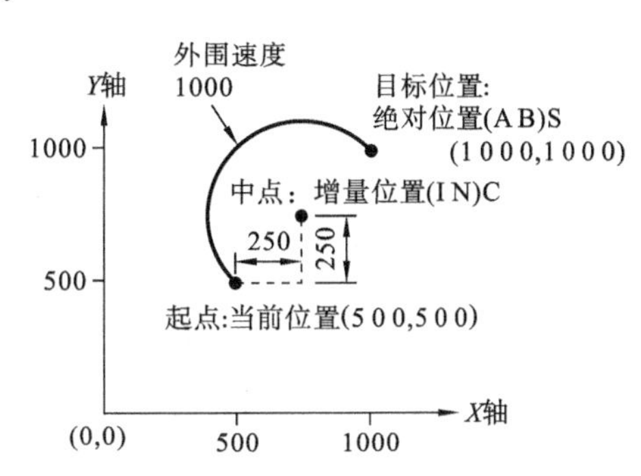

图 3-44 指定圆心的插补指令移动轨迹

插补语句如下。

```
COD 90(ABS)      (绝对驱动方法)
COD 02(CW) X1000 Y1000 I250 J250 F1000
COD 91(INC)      (增量驱动方法)
COD 02(CW) X750 Y750 I250 J250 F1000
```

(5) 延时时间指令。

```
COD 04(TIM) K___
```

指令来设定一条指令结束和另一条指令开始之间的等待时间。增量为 10 ms，“K100”表示 1 s 的延时。

例如， `COD 04(TIM)K100`

(6) 伺服结束检查指令。

```
COD 09(CHK)
```

(7) 返回机械零点指令。

```
COD 28(DRVZ)
```

当机器零点返回操作结束后，特殊继电器 M9057(X 轴)和 M9059(Y 轴)开启，一旦回零操作结束，程序就执行跳转指令。语句如下。

```
O0,N0
LD M9057
FNC 00(CJ)P0
COD 28(DRVZ)
P0
```

(8) 电气零点设定指令。

```
COD 29(SETR)
```

这条指令执行时,当前位置(设定到当前值寄存器中)被写入电气零点寄存器。一旦回零操作结束,程序就执行跳转指令。

(9) 电气回零指令。

```
COD 30(DRVR)
```

这条指令执行时,机器将会高速返回电气零点(设定在电气零点寄存器中),并且执行伺服结束检查。

(10) 中断停止(忽略剩余距离)指令。

```
COD 31(INT)
```

(11) 中断点动给(单步速度)指令。

```
COD 71(SINT)
```

(12) 中断点动给(双步速度)指令。

```
COD 72(DINT)
```

(13) 位移补偿指令。

```
COD 73(MDVC)
```

(14) 中点补偿指令。

```
COD 74(CNTC)
```

(15) 半径补偿指令。

```
COD 75(RANC)
```

(16) 补偿取消指令。

```
COD 76(CANC)
```

(17) 当前值变化指令。

```
COD 92(SET)X___ Y___
```

指令中,X ___为 X 轴的当前值,Y ___为 Y 轴的当前值。这条指令执行时,当前值寄存器中的值变成由该指令指定的值。因此,机械零点和电气零点都改变了。

如图 3-45 显示的是当前位置为(300,100)(绝对坐标)时,执行"COD 92(SET) X400 Y200 前后的新旧初始位置。

例 3-8 要求工作台走一个矩形(长为 20 mm,宽为 10 mm)的图形,如图 3-46 所示,(起点 a 点为中心,b 点离 a 点 3 mm,ab 重叠 3 mm,由顺时针旋转,最后回到起点)。

解 程序如下。

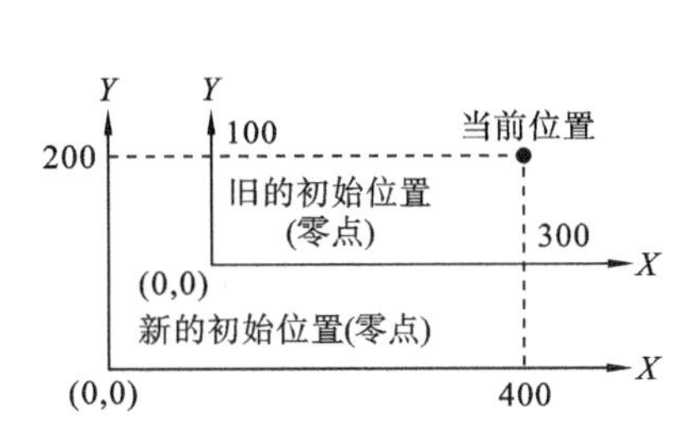

图 3-45 当前位置指令

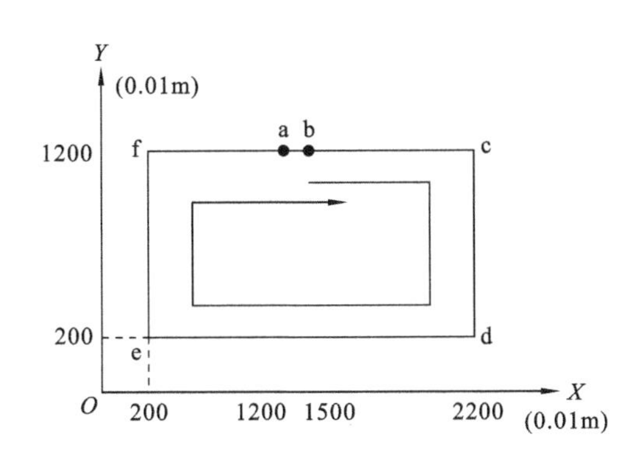

图 3-46 例 3-8 图

```
O0,N0
N1  COD 91(INC)
N8  COD 01(LIN) X1000 F5000
N9  COD 01(LIN) Y1000 F5000
N10  COD 01(LIN) X-2000 F5000
N11  COD 01(LIN) Y-1000 F5000
N12  COD 01(LIN) X1300 F5000
N17  M02(END)
```

例 3-9 加工一个外圆半径为 2 mm、内孔半径为 1.2 mm 圆环，起点为 a 点，顺时针旋转，如图3-47所示。编写二轴同步操作定位程序。要求采用相对坐标。

解 程序如下。

```
O0,N0
N0  COD 91(INC)
N1  COD 00(DRV) X120 Y0 F1000
N2  FNC 02(CW) X0 Y0 I120 J0 F1000
N3  COD 00(DRV) X-120 Y0 F1000
N4  FNC 02(CW) X0 Y0 I200 J0 F1000
N5  M02(END)
```

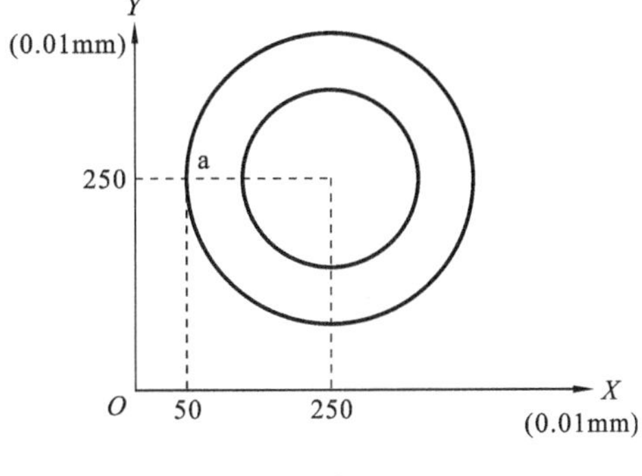

图 3-47 例 3-9 图

2. 顺序语言指令

FX2N-20GM 顺序语言指令分成基本指令和应用指令等两种类型，这两种类型指令的格式和 FX 系列 PLC 基本单元的相应指令格式相同。顺序语言指令和定位指令一起使用，用于控制协助定位操作的辅助单元。

1) FX2N -20GM 基本指令

FX2N -20GM 基本指令与基本单元的基本指令相同，有 LD、LDI、AND、ANI、OR、ORI、ANB、ORB、SET、RST、NOP 指令。

2) FX-20GM 应用指令

FX -20GM 应用指令由功能号 FNC 00～FNC 93 指定，每条指令都有自己的功能号；应用指令格式为：指令体部分＋操作数部分。

例如：FNC 10 (CMP) K100 D10 M0。其中，FNC 10 (CMP) 为指令体部分，K100 D10 M0 为操作数部分。操作数部分有源操作数 S，目的操作数 D 和常数。操作数指定了执行指令所需的条件和内容，按规定顺序指定操作数。

S 源：指令执行时内容不变的操作数称为源，用符号“S”标识。如果一个源操作数可以被索引，那么它后面会跟有“.”，显示为(S.)。当有两个以上的源时，显示为(S1.)、(S2.)等。

D 目的：指令执行时内容改变的操作数称为目的，用符号“D”标识。如果一个目的操作数可以被索引，那么它后面会跟有“.”，显示为(D.)。当有两个以上的目的时，显示为(D1.)、(D2.)等。

N 常量：只能指定为常量 K 或 H 的操作数用“n”表示。当有两个以上的常量时，表示为 n1、n2。

(1) 条件转移指令。

```
FNC 00 (CJ)
```

例如，`FNC 00 (CJ) P10`

可简写为 CJ P10；其中 P10 为指针，FX2N-20GM 指针有 P0～P255；如图 3-48 所示。

当 FNC 00 (CJ)被驱动时，程序跳转到有标签 P10 标记的那一行上执行，标签 P10 与该指令中指定的指针号相等。

FNC 00 指令跳过的那部分程序不会执行。

(2) 条件非转移指令。

```
FNC 01 (CJN)
```

例如，`FNC 01 (CJN) P30`

其中，P30 为指针；如图 3-49 所示。

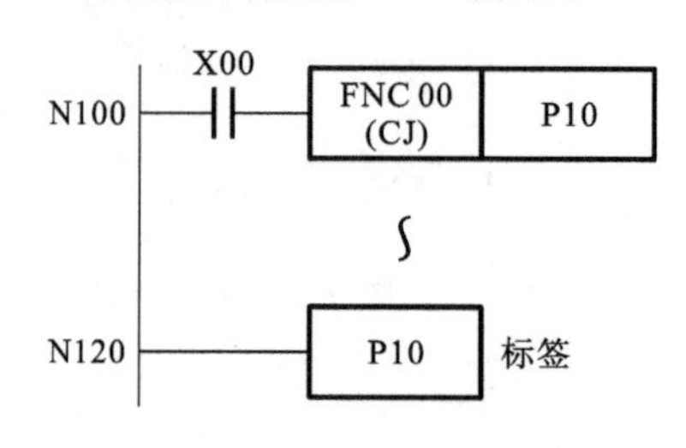

图 3-48 程序转移指令操作

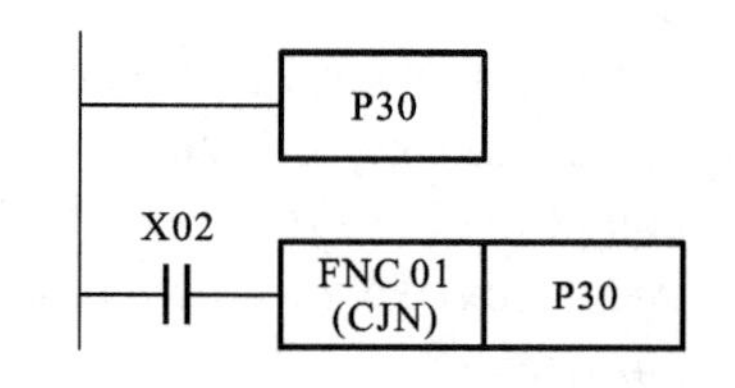

图 3-49 条件非转移指令操作

(3) 子程序调用/子程序返回指令。

```
FNC 02 (CALL)/FNC 03 (RET)
```

例如，`FNC 02 (CALL) P100`

`FNC 03 (RET)`

其中，P100 为指针，如图 3-50 所示。

当 FNC 02(CALL)被指令驱动时，程序跳转到有标签 P100(操作数②)所标记的那一行上执行。在 P100 处的子程序将被执行，然后程序在通过指令 FNC 03(RET)(操作①)返回到以前的编号. N300 上执行。

从 m02(m102 用于子任务)后面的标签(P)到 FNC 03 指令之间的程序被看作一段子程序。

(4) 非条件跳转指令。

```
FNC 04 (JMP)
```

例如,FNC 04 (JMP)　P40

其中,P40 为指针;如图 3-51 所示。

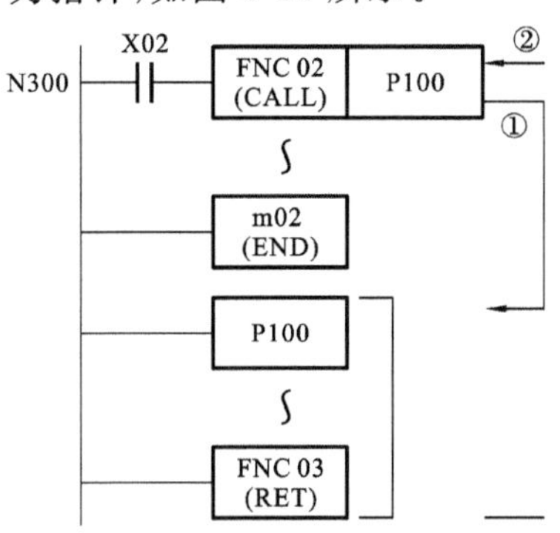

图 3-50　子程序调用指令操作

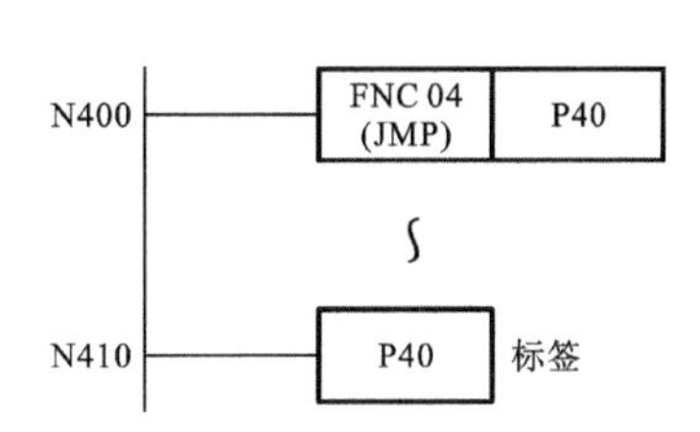

图 3-51　非条件跳转指令操作

当 FNC 04(JMP)被驱动时,程序无条件跳转到标签 P40 所标记的那一行上执行。

如果指令被其他跳转指令跳过,那么该指令将不会执行。

(5) 返回母线指令。

```
FNC 05(BRET)
```

如图 3-52 所示,线圈 Y10 和 Y11 通过接触器 X10 驱动,但是 Y12 驱动时却不用考虑 X10 的开关状态。如果程序中不包含 FNC 05 (返回母线)指令,则 Y12 也由 X10 驱动。Y13 在 X11 开启时驱动。

(6) 循环开始/循环结束指令。

```
FNC 08 (RPT)/FNC 09(RPE)
```

例如,FNC 08 (RPT) K4

```
FNC 09(RPE)
RPT KS          (程序按 S 指定的循环次数循环执行)
RPE             (循环结束)
```

如图 3-53 所示,从 FNC 08 到 FNC 09 那段程序被重复执行。

循环次数由 FNC 08 中的(S')指定。不要在以 RPT 指令开始的程序中嵌套 15 层以上的 RPT 指令。分配给(S')的值可以从 1～32767。当 S 设为"0"时,程序只执行一次。而当其设为负值时,程序不停止地连续执行。

例 3-10　如图 3-54 所示的激光焊接,要求循环焊接 100 次,写出激光焊接程序。

解　焊接程序如下。

```
00,N0
N100 COD28 (DRVZ)                              (到 A 点)
N101 COD90 (ABS)
```

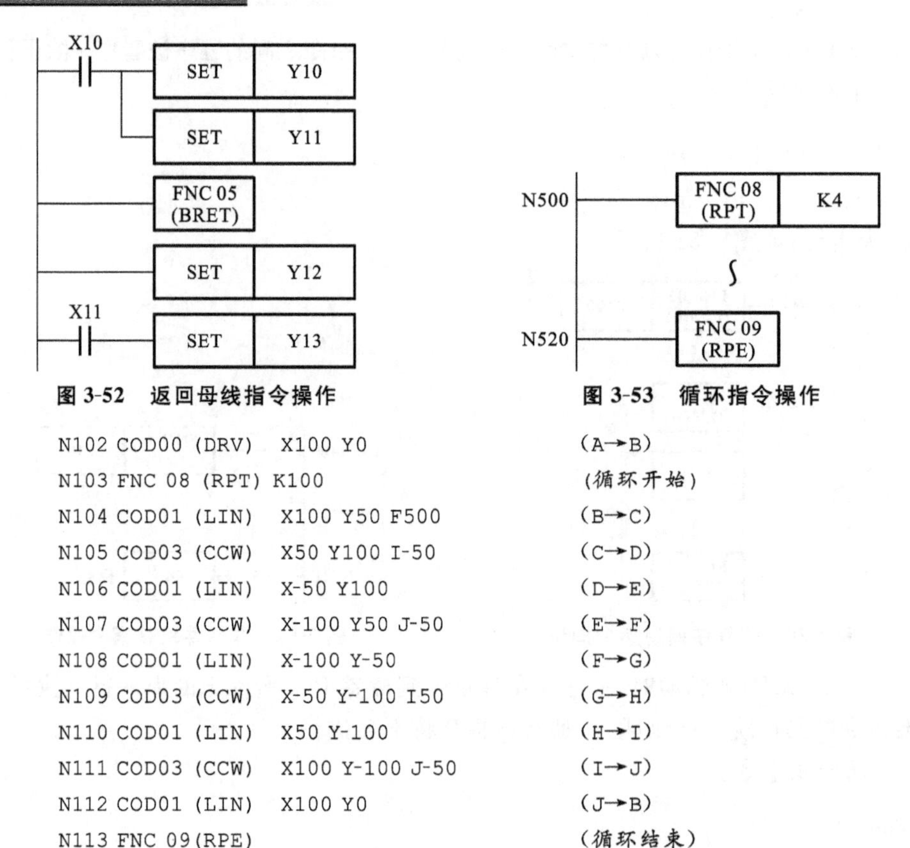

图 3-52 返回母线指令操作

图 3-53 循环指令操作

```
N102 COD00 (DRV)  X100 Y0           (A→B)
N103 FNC 08 (RPT) K100              (循环开始)
N104 COD01 (LIN)  X100 Y50 F500     (B→C)
N105 COD03 (CCW)  X50 Y100 I-50     (C→D)
N106 COD01 (LIN)  X-50 Y100         (D→E)
N107 COD03 (CCW)  X-100 Y50 J-50    (E→F)
N108 COD01 (LIN)  X-100 Y-50        (F→G)
N109 COD03 (CCW)  X-50 Y-100 I50    (G→H)
N110 COD01 (LIN)  X50 Y-100         (H→I)
N111 COD03 (CCW)  X100 Y-100 J-50   (I→J)
N112 COD01 (LIN)  X100 Y0           (J→B)
N113 FNC 09(RPE)                    (循环结束)
N114 M02 (END)
```

(7) 比较指令。

```
FNC 10 (CMP)
```

例如，FNC 10 (CMP) K100 D10 M0

对 K100 和 D10 的当前值进行算术比较(例如：−10<2)。为结果输出分配 3 个点，即使驱动接触器关闭且比较指令没被执行，这个结果输出仍保持以前的状态，如图 3-55 所示。

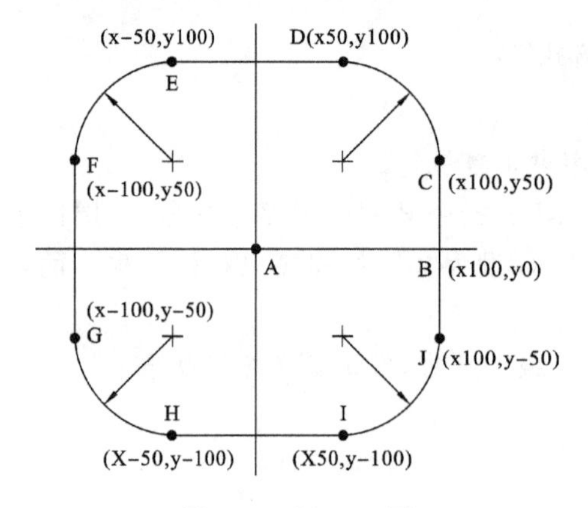

图 3-54 例 3-10 图

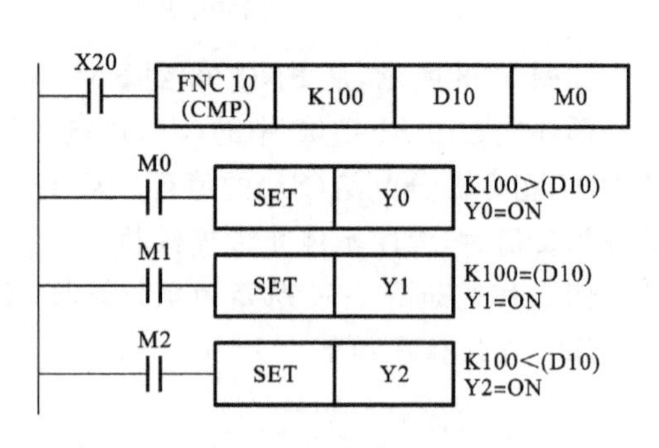

图 3-55 比较指令

（8）传送指令。

```
FNC 12 (MOV) K100 D11
```

如图 3-56 所示，当 X22 打开时，K100 传送到 D11。

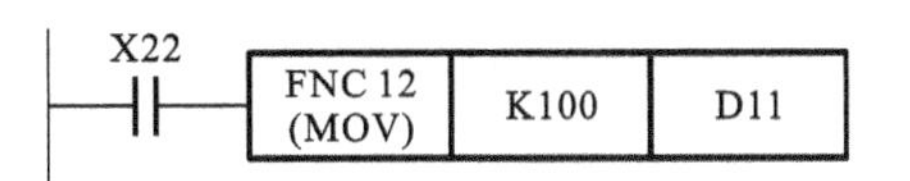

图 3-56 传送指令

3.6 PLC 在激光设备中应用实例

实例一 FX2N-20GM 定位器控制三相异步电动机应用实例

如图 3-57 所示的进给轴，使用定位器 PLC 功能控制三相异步电动机正反转运行。

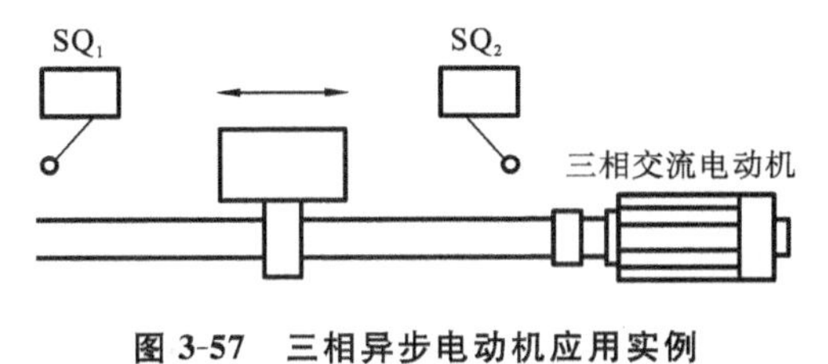

图 3-57 三相异步电动机应用实例

解 （1）控制要求。

如图 3-58 所示，按钮 K_1 或 K_2 控制程序起动与停止；按钮 SB_1 控制正转，按钮 SB_2 控制反转，按钮 SB_3 控制停转。FX2N-20GM 供电 +24 V，由于 FX2N-20GM 不能直接驱动 220 V 交流接触器，故增加 +24 V 中间继电器 KA_1、KA_2。用 KA_1、KA_2 触头间接控制 220 V 的交流接触器 KM_1、KM_2。

SQ_1、SQ_2 为进给轴设置正和负限位开关控制。

（2）电路如图 3-58 所示。

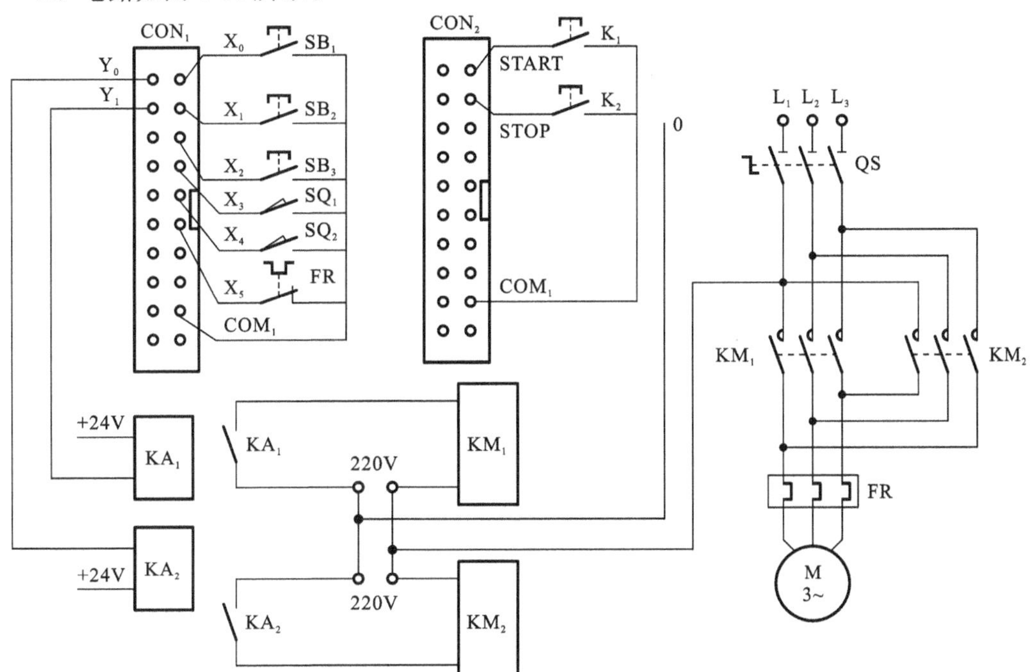

图 3-58 使用定位器的 PLC 功能控制进给轴三相异步电动机正反转运行

(3) 梯形图与程序如图 3-59 所示。

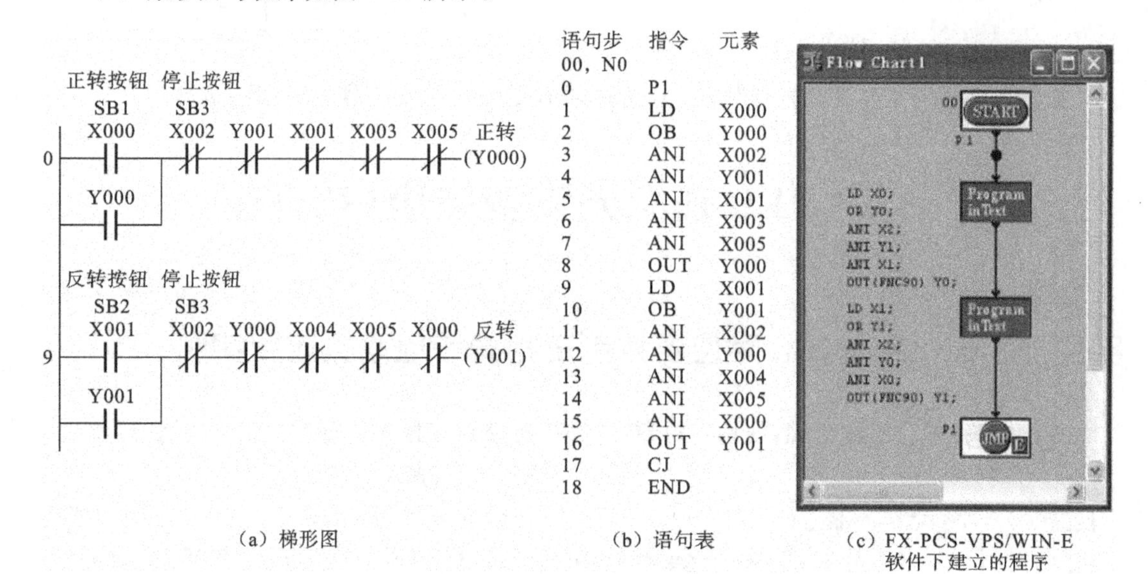

语句步	指令	元素
00, N0		
0	P1	
1	LD	X000
2	OB	Y000
3	ANI	X002
4	ANI	Y001
5	ANI	X001
6	ANI	X003
7	ANI	X005
8	OUT	Y000
9	LD	X001
10	OB	Y001
11	ANI	X002
12	ANI	Y000
13	ANI	X004
14	ANI	X005
15	ANI	X000
16	OUT	Y001
17	CJ	
18	END	

(a) 梯形图　(b) 语句表　(c) FX-PCS-VPS/WIN-E 软件下建立的程序

图 3-59 梯形图与程序

实例二 FX2N-20GM 定位器控制步进电动机应用实例

控制实图如图 3-60 所示，工作台传动机构为滚珠丝杠，驱动电动机为步进电动机；设置原点开关、正限位开关和负限位开关。

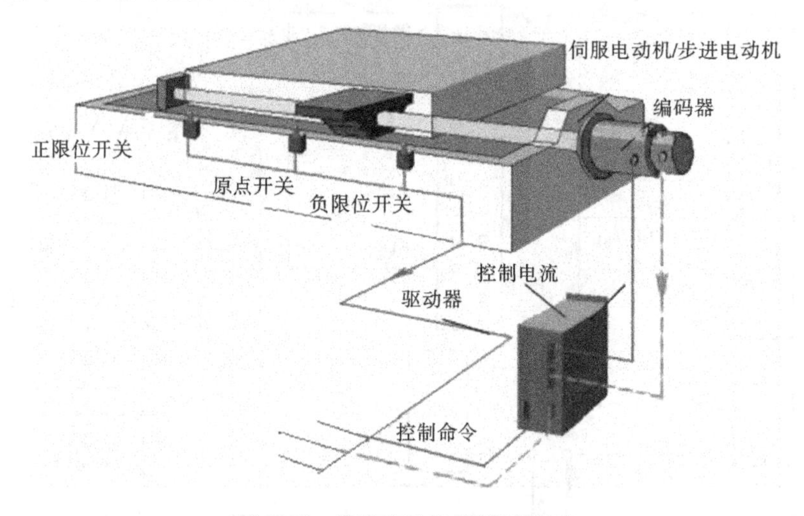

图 3-60 步进电动机控制要求图

解 (1) 电路原理如图 3-61 所示。

步进电动机控制选 FX2N-20GM 的 X 轴，按钮 K_1 或 K_2 控制程序起动与停止；按钮 SB_1 或 SB_2 控制步进电动机正转或反转，按钮 SB_3 控制步进电动机停止转动。连接器 CON_3 的 FP、RP 引脚输出由程序控制的脉冲信号，分别控制步进电动机转动和方向。SQ_1、SQ_2、SQ_3

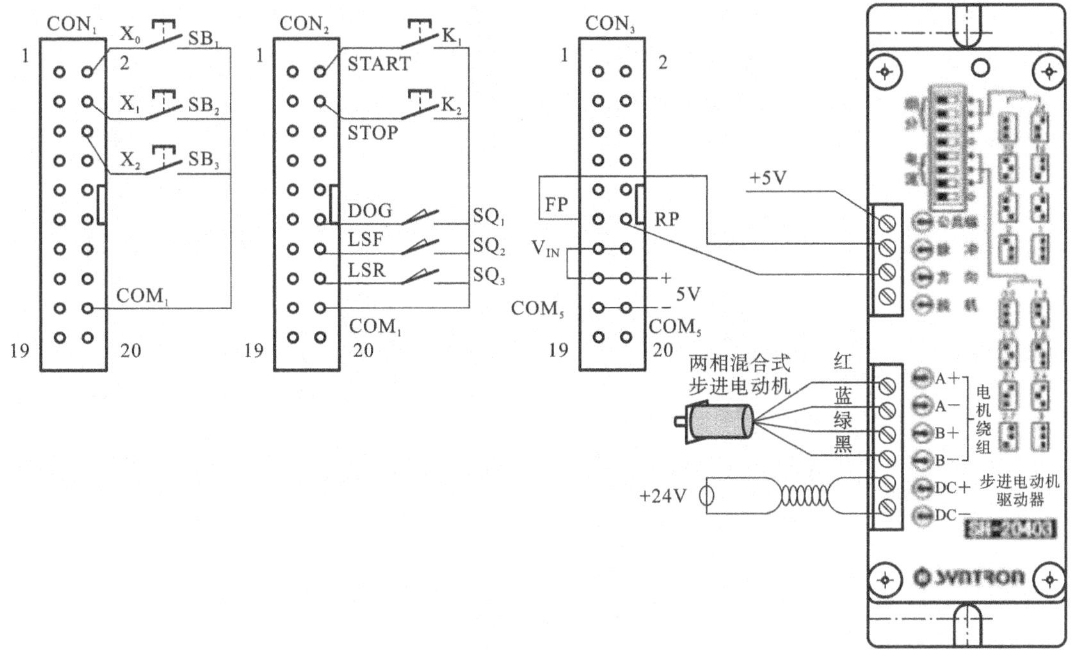

图 3-61　FX-20GM 定位器控制步进电动机接线图

分别为原点、正限位开关和负限位开关，接入连接器 CON_2 的 DOG、LSF 和 LSR 引脚。

驱动器 A+、A−端子对应接步进电动机 A+（红）、A−（蓝）驱动器；B+、B−端子对应接步进电动机 B+（绿）、B−（黑）。驱动器公共端、脉冲、方向、脱机端子接对应信号。

(2) FX2N-20GM 定位器的 JOG 控制如图 3-62 所示。

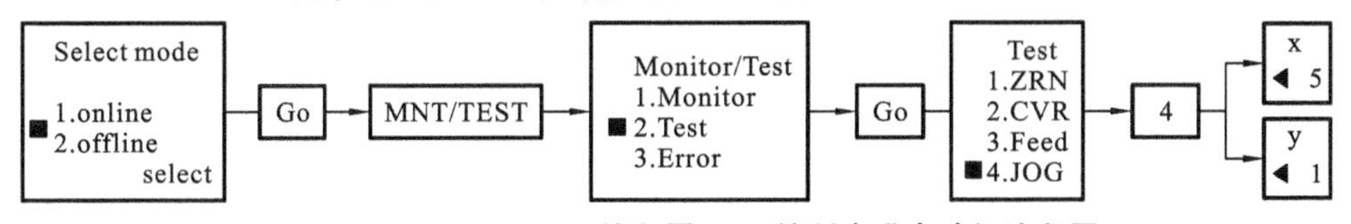

图 3-62　FX-20GM 手工编程器 JOG 控制步进电动机流程图

(3) 程序控制如图 3-63 所示。

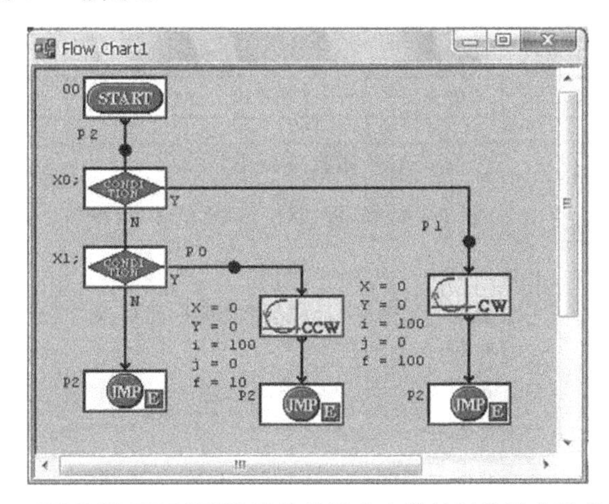

图 3-63　FX-PCS-VPS/WIN-E 软件下建立的控制步进电动机流程图

实例三　FX2N-20GM 定位器在激光焊接系统应用实例

焊接系统主要包括脉冲激光器、激光电源、冷却系统、PLC 控制系统、二维工作台、聚焦系统，整体结构如图 3-64 所示。

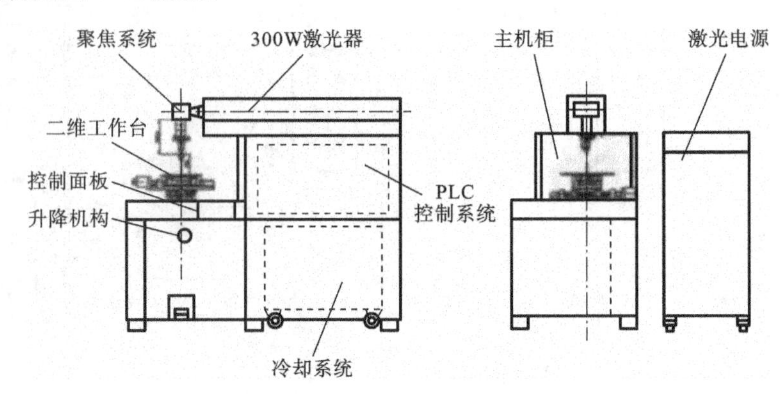

图 3-64　激光焊接系统

解　(1) 激光焊接系统控制要求如下。

① 焊缝控制：焊缝为直线，焊缝走两次。

② 二维工作台控制：焊接时，采用激光束不动、工件运动的方式。二维工作台由 2 台步进电动机驱动，X 轴工作台实现焊缝轨迹的位置移动，Y 轴工作台实现焊缝和激光束的对准调节。

二维工作台设置原点开关、正限位开关和负限位开关控制。

③ 激光器的激光输出控制：激光焊接过程中，激光器最初输出的激光是不稳定的，需要延时 2 s 才能稳定，一般通过机械光闸将不稳定的激光挡住。激光焊接过程还需要吹气保护，保护气体的输出通过吹气电磁阀控制。激光焊接过程中，PLC 除了控制二维工作台运动以外，通常还需要控制激光输出、吹气电磁阀、光闸等开关量。焊接工艺流程如图 3-65 所示。

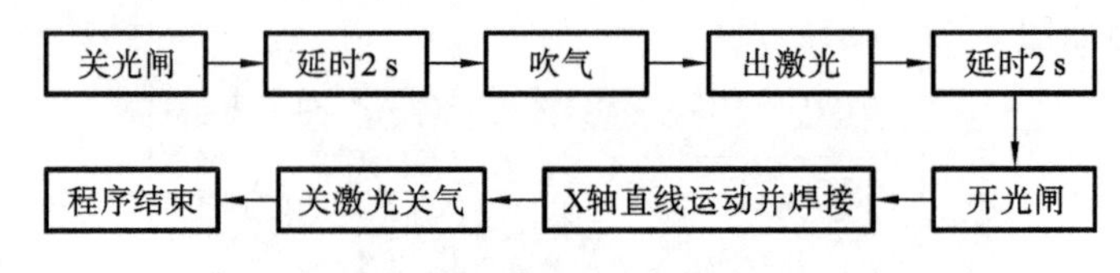

图 3-65　激光焊接工艺流程

系统输出端口 Y001、Y002、Y003 分别通过下述指令控制激光、光闸、气阀。

```
SET  Y001        (出激光)
SET  Y002        (光闸关断 (光闸正常情况下处于打开状态))
SET  Y003        (气阀打开)
RST  Y001        (关激光)
RST  Y002        (光闸打开)
RST  Y003        (气阀关断)
```

(2) 激光焊接控制系统电气原理图如图3-66所示,电气接线图如图3-67所示。

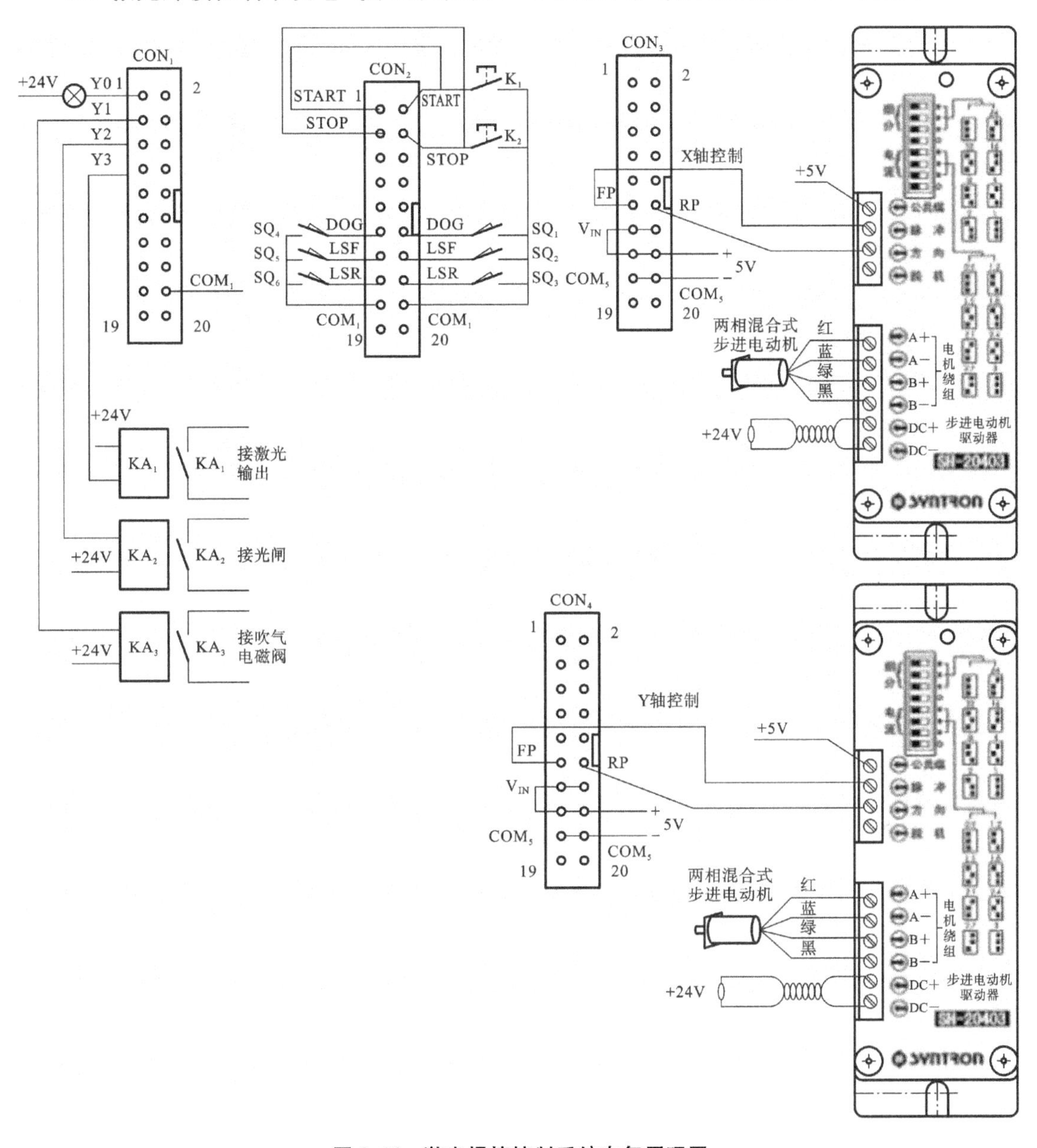

图 3-66 激光焊接控制系统电气原理图

(3) 激光焊接过程控制程序如下。

```
O0,N0
LD M9007
SET Y000                 (起动指示灯亮)
SET Y002                 (KA₂ 吸合,关闭光闸)
COD  04,K200             (延时等光闸定位)
SET Y001                 (KA₁ 吸合,吹保护气)
```

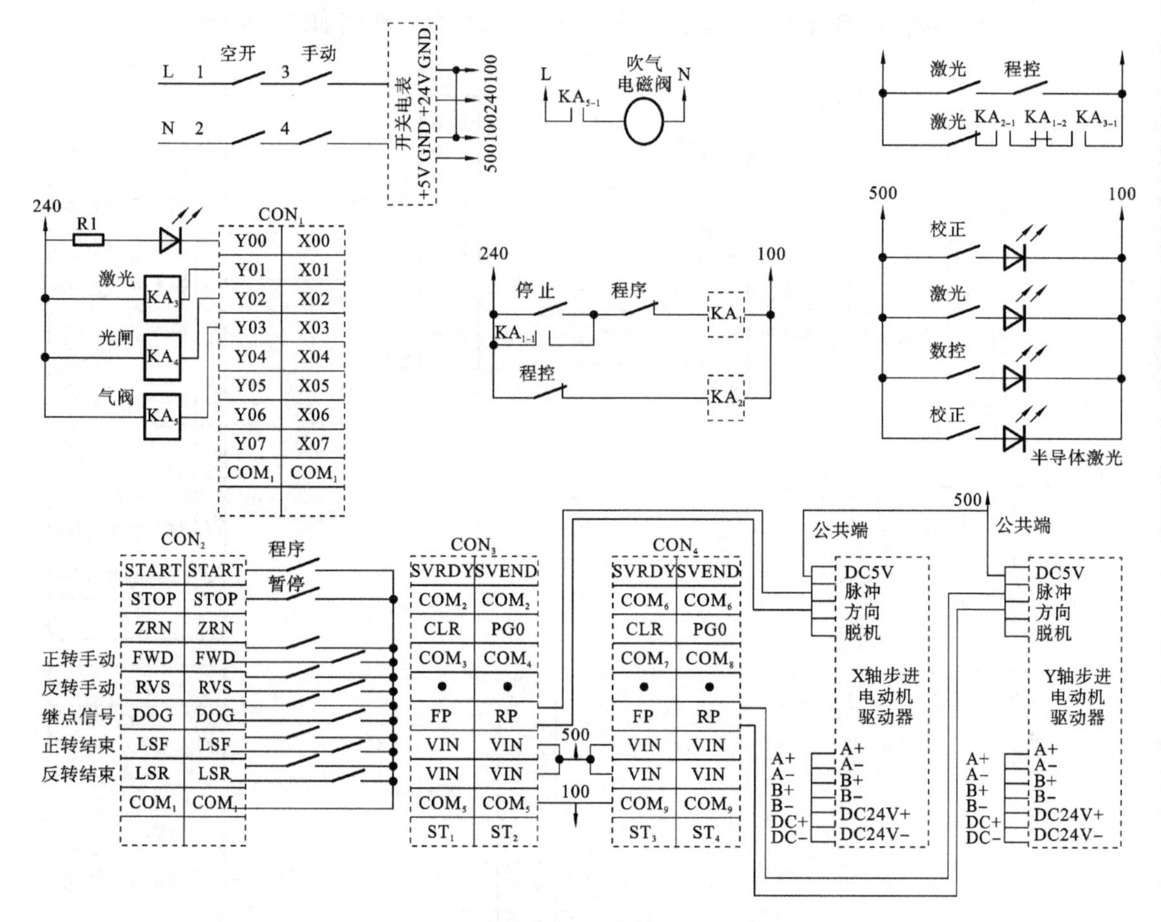

图 3-67　激光焊接控制系统电气接线图

```
SET Y003                  (KA3 吸合,出激光)
COD  04,K200              (暂停 2 s,等激光稳定)
COD 29                    (以当前坐标作为电气原点)
COD 91                    (以电气原点作为相对坐标)
RST Y002                  (KA2 释放,开启光闸)
RPT 08,K100               (循环开始, 设定循环次数 500 遍)
COD 01 X100,Y0,F100       (X 轴正向直线运动)
COD 01 X-100,Y,F100       (X 轴反向直线运动)
RPE 09                    (循环结束)
RST Y003                  (KA3 释放, 撤除激光)
RST Y001                  (KA1 释放,关保护气)
COD 30                    (返回电气原点)
RST Y001                  (关"起动"指示灯)
M02(END)                  (程序结束)
```

(4) 激光焊接过程控制流程程序如图 3-68 所示。

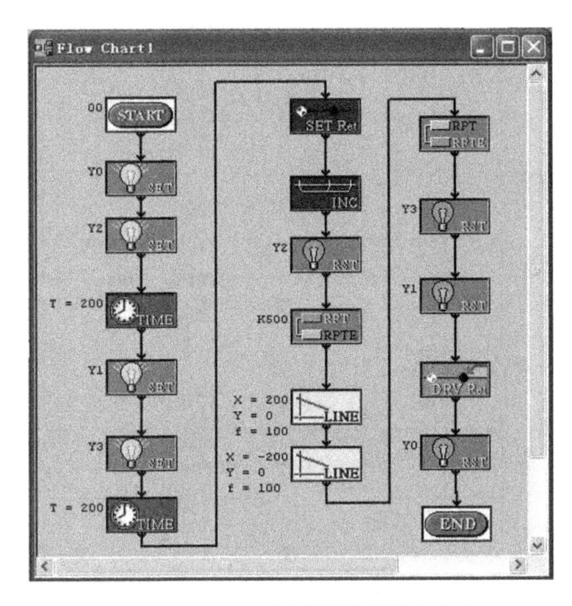

图 3-68 激光焊接过程控制流程程序

习 题

3-1 填空题

(1) 已知激光焊接是起点和终点均为(0,0)、半径为250的圆,FX2N-20GM的定位圆指令应为COD 03(CW) X __ Y __ I 0 J __。

(2) 已知激光焊接是起点为(1,2)和终点为(4,6)的直线,使用相对坐标,FX2N-20GM的指令应为COD 01(LIN) X __ Y __ F100。

(3) 已知激光焊接是起点为(1,2)和终点为(4,6)的直线,使用绝对坐标,FX2N-20GM的指令应为COD 01(LIN) X __ Y __ F100。

(4) 已知激光焊接是起点为(0,10)、半径为250的半圆,使用相对坐标,FX2N-20GM的定位圆指令应为COD 03(CCW) X __ Y __ I 0 J __ F100。

(5) 已知激光焊接是起点为(0,10)、半径为250的半圆,使用绝对坐标,FX2N-20GM的定位圆指令应为COD 03(CCW) X __ Y __ I 0 J __ F100。

(6) 已知激光焊接是起点和终点均为(0,0)、半径为250的圆,FX2N-20GM的定位圆指令应为COD 03(CCW) X __ Y __ I 0 J __ F100。

3-2 选择题

(1) 直接与左母线相连的PLC指令为(　　)。节点并联指令为(　　)。

A. LD　　B. OR　　C. ANI　　D. OUT

(2) 块并联的PLC指令为(　　)。进栈指令为(　　)。

A. ORB　　B. OR　　C. MC　　D. MPS

(3) 置位PLC指令为(　　),复位指令为(　　)。

A. PLS　　B. SET　　C. RST　　D. INV

(4) 梯形图(　　)中有指令为ORI Y00。

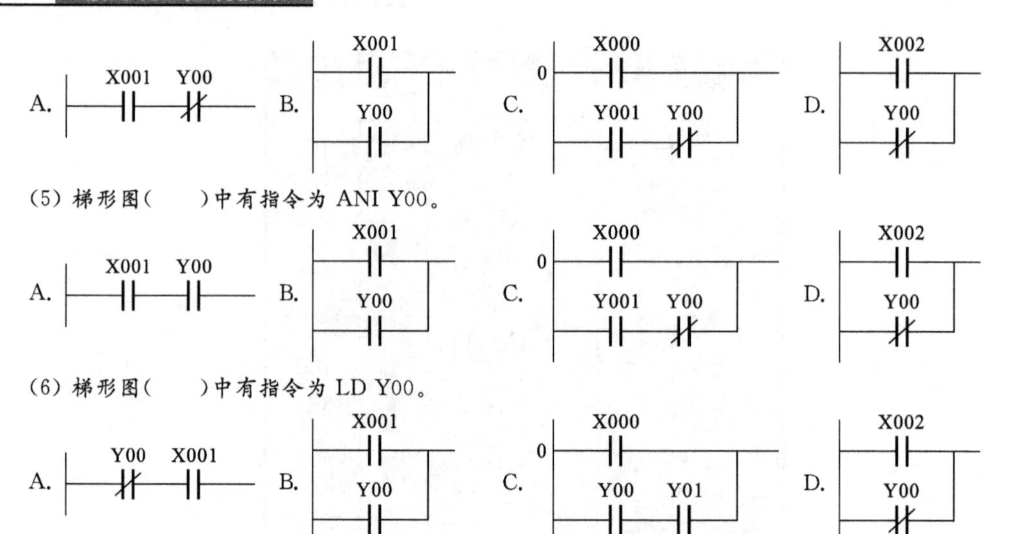

(5) 梯形图(　　)中有指令为 ANI Y00。

(6) 梯形图(　　)中有指令为 LD Y00。

(7) 已知激光切割是起点和终点均为(0,0)、半径为 20 的圆,COD 圆指令为 COD 02 X0 Y0 I0 J-20 F100,对应图形为(　　)。COD 圆指令为 COD 03 X0 Y0 I-20 J0 F100,对应图形为(　　)。

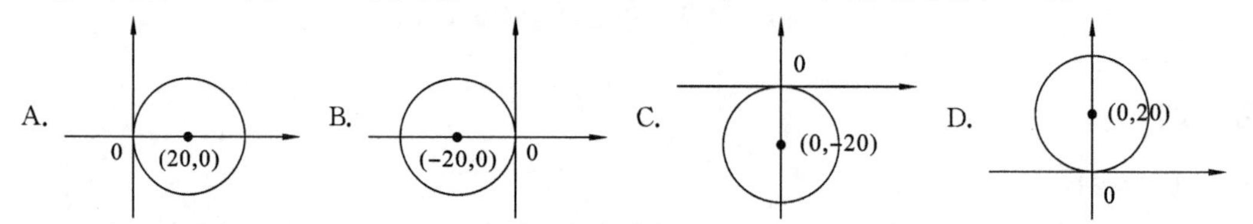

(8) 已知激光切割是起点为(0,0)和终点为(20,－20)、半径为 20 的圆弧,COD 圆指令为 COD 02 X20 Y-20 I0 J-20 F100,对应图形为(　　)。

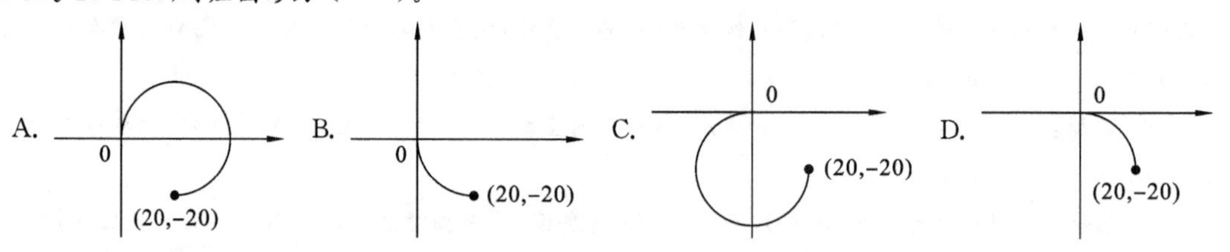

3-3　如题 3-3 图所示的 PLC 梯形图,写出相应的语句表。

3-4　已知波形图如题 3-4 图所示,求出相应的 PLC 梯形图和语句表。

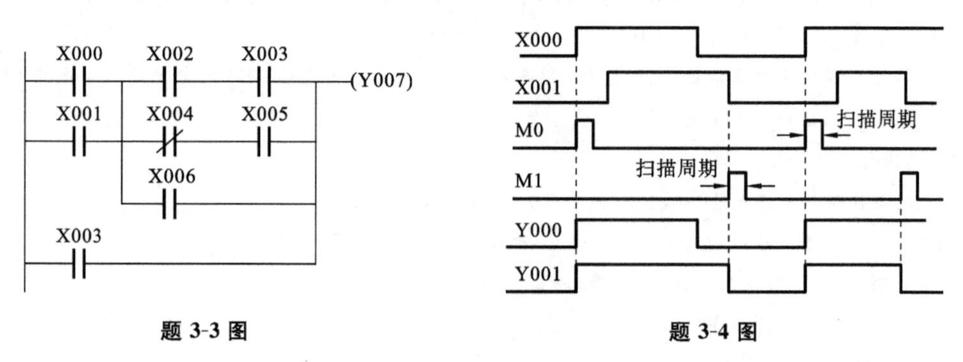

题 3-3 图　　　　**题 3-4 图**

3-5　两台电动机顺序起动运行控制的主电路和控制电路如题 3-5 图所示,将控制电路转化为梯形图并写出相应的语句表。

3-6　当按一下起动按钮 SB_1 后,输出线圈马上接通;按一下停止按钮 SB_2 后,输出线圈延时 5 s 断开,

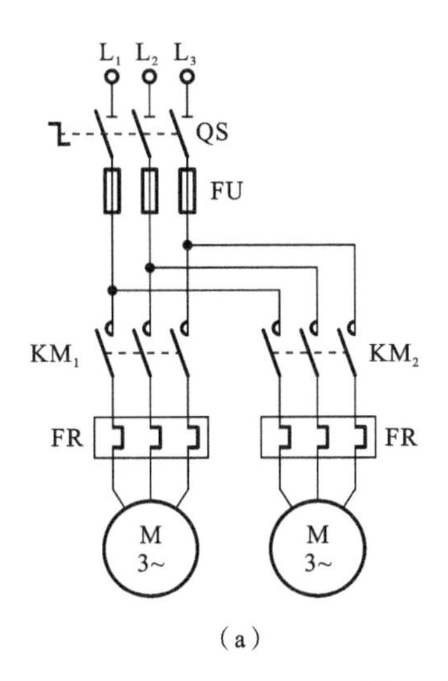

（a）

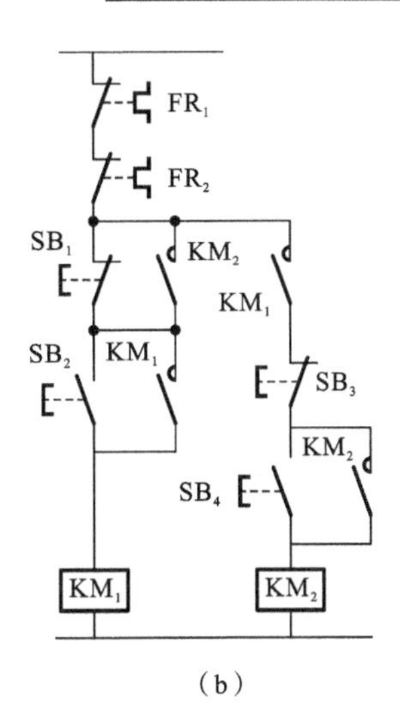

（b）

题 3-5 图

试设计梯形图程序。

3-7 用 PLC 实现下列控制要求，分别设计出梯形图。

（1）电动机 M_1 起动后，电动机 M_2 才能起动，M_1、M_2 可分别停机。

（2）电动机 M_1 起动后，延时 5 s，电动机 M_2 自动起动，并要求 M_1、M_2 同时停机。

（3）电动机 M_1 起动后，延时 10 s，电动机 M_2 自动起动，同时 M_1 停机，M_2 手动停机。

3-8 使用 COD 指令，编写题 3-8 图所示 2 轴同步操作定位程序激光数控加工程序，要求使用相对坐标。

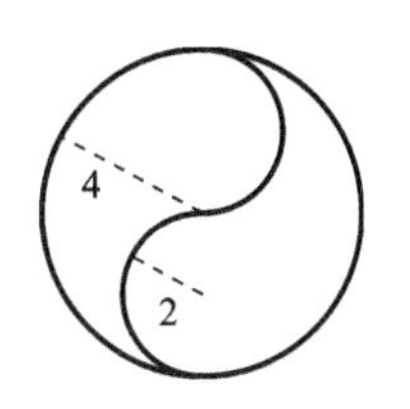

题 3-8 图

3-9 加工一个梅花图形，以 A 点为起点，连续加工四个半圆形后，使用 COD 指令，编写 2 轴同步操作激光加工定位程序，要求使用相对坐标。

3-10 使用 COD 指令，编写题 3-10 图所示 2 轴同步操作定位程序激光数控加工程序，要求使用相对坐标。

3-11 使用 COD 指令，编写题 3-11 图所示激光加工定位程序，要求分别使用绝对坐标和相对坐标。

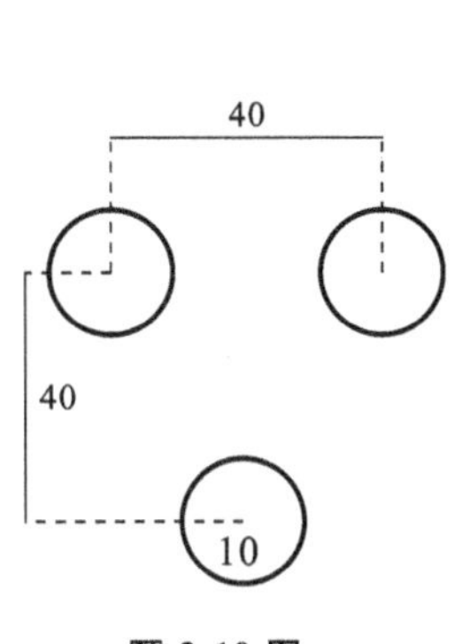

题 3-10 图

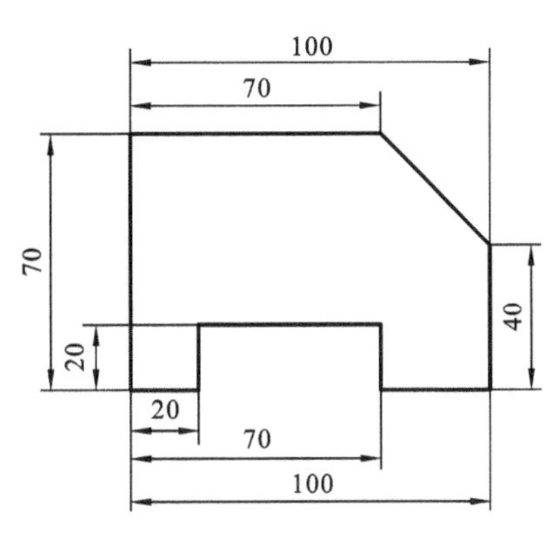

题 3-11 图

4

激光设备数控技术

4.1 计算机数控硬件系统

4.1.1 数控系统的基本概念

数字控制简称数控，是指利用数字化的代码构成的程序对控制对象的工作过程实现自动控制的一种方法。数控系统是指利用数字控制技术实现的自动控制系统。数控系统中的控制信息是数字量(0,1)，它与模拟控制相比具有许多优点，如可用不同的字长表示不同精度的信息，可对数字化信息进行逻辑运算、数学运算等复杂的信息处理工作，特别是可用软件来改变信息处理的方式或过程，具有很强的“柔性”。

数控设备则是采用数控系统实现控制的机械设备，其操作命令是用数字或数字代码的形式来描述的，工作过程是按照指定的程序自动进行的，装备了数控系统的机床称为数控机床。

数控系统的硬件基础是数字逻辑电路。最初的数控系统是由数字逻辑电路构成的，因而被称为硬件数控系统。随着微型计算机的发展，硬件数控系统已逐渐被淘汰，取而代之的是当前广泛使用的计算机数控(CNC)系统。CNC 系统是由计算机承担数控中的命令发生器和控制器的数控系统，它采用存储程序的方式实现部分或全部基本数控功能，从而具有真正的“柔性”，并可以处理硬件逻辑电路难以处理的复杂信息，使数控系统性能大大提高。

4.1.2 数控系统的组成及工作过程

CNC 系统由硬件和软件两部分构成，对 CNC 系统体系结构的认知应该从硬件和软件两个方面来进行，其核心是 CNC 装置。它通过系统控制软件配合系统硬件，合理地组织、管理数控系统的输入、数据处理、插补和输出信息，控制执行部件，使数控机床按照操作者的要求进行自动加工。CNC 系统采用了计算机作为控制部件，通常由常驻在其内部的数控系统软件实现部分或全部数控功能,从而对机床运动进行实时控制。只要改变 CNC 系统的控制软件就能实现一种全新的控制方式。

各种 CNC 系统一般包括以下几个部分:中央处理单元 CPU、存储器(ROM/RAM)、输入/输出(I/O)设备、操作面板、显示器和键盘、纸带穿孔机、PLC 等。

1. 数控系统硬件组成

数控系统硬件一般由输入/输出装置、数控装置、伺服驱动装置和辅助装置等四个部分组成,有些数控系统还配有位置检测装置,如图 4-1 所示。

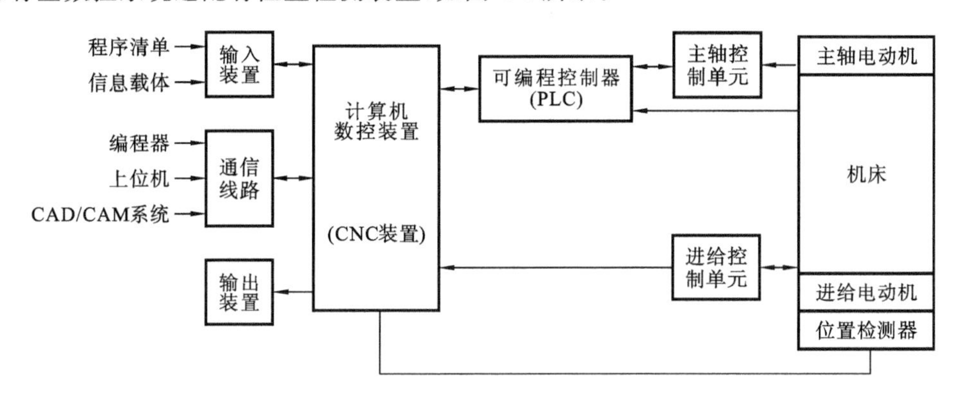

图 4-1　CNC 系统的组成

2. 数控系统硬件外形

数控系统硬件外形如图 4-2 所示。

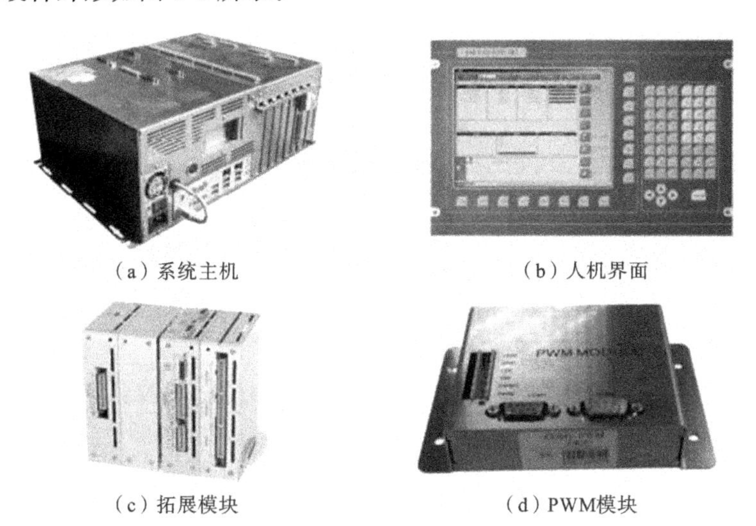

(a) 系统主机　(b) 人机界面

(c) 拓展模块　(d) PWM模块

图 4-2　数控系统硬件

4.1.3　数控软件系统

各轴运动路径的计算和一切指令及信号(开关光等)的发出等,都由数控软件系统进行处理，用来保证激光加工的正常运作。数控激光加工设备所使用的数控系统不同，所使用的加工程序也不同，但根据国际 ISO 标准，数控程序主体代码都是相同的，辅助代码是根据各公司的需要而编制的。所以学会一种数控编程，再学习其余的就会很简单。

PA 全功能数控系统 PA8000 系列是德国 Power Automation 公司开发的基于计算机的开放式数控软件系统，PA8000 NT CNC 编程指令基于 DIN66025 标准，内置高速软 PLC 可实现逻辑控制编程。PA 数控系统广泛应用于车、铣、钻、镗、磨，以及复合机床、激光切割等各种机械加工领域。

激光与机床控制软件 Smart Manager 是基于 Windows 平台的控制软件，操作员通过此程序操作数控系统，进而控制整个机床，由此发出指令并检查其自动切割工作。该软件与 CNC 系统实现全面对接。Smart Manager 可识别 ISO 格式的套料软件生成的文件，并执行切割作业任务，其主导切割作业的实施过程、保证良好的加工品质。

4.2 数控系统指令及编程简介

数控指令包括定位指令、几何指令、循环指令、参数编程指令及主轴控制指令，等等。

1. G 代码和 M 代码

G 代码指令如表 4-1 所示，M 代码指令如表 4-2 所示。

表 4-1 G 代码指令

G 代码	初始设定	组别	功能
G00		1	定位（快速进给）
G01	•	1	线性插补（程序给定速度）
G02		1	指定圆心的圆弧插补，CW（顺时针方向）
G03		1	指定圆心的圆弧插补，CW（逆时针方向）
G04			暂停时间
G07		1	切线圆弧插补
G08	•	7	提前读取 OFF（台前功能）
G09		7	提前读取 ON（台前功能）
G10			动态堆栈清零
G11			动态堆栈等候
G12		1	指定半径的圆弧插补，CW（顺时针方向）
G13		1	指定半径的圆弧插补，CW（逆时针方向）
G14		3	极坐标编程（绝对值）
G15		3	极坐标编程（增量值）
G16			重新定义零点

续表

G代码	初始设定	组别	功能
G17	•	12	选择 X-Y 平面
G18		12	选择 Z-X 平面
G19		12	选择 Y-Z 平面
G20		12	选择程序设定平面
G24			加工区域限制
G25			加工区域限制
G26		9	加工区域限制 OFF
G27		9	加工区域限制 ON
G33		1	恒间距螺纹切削
G34		1	变间距螺纹切削
G38		10	镜像功能 ON
G39	•	10	镜像功能 OFF
G40	•	4	刀具半径补偿
G41		4	刀具半径补偿左偏置
G42		4	刀具半径补偿右偏置
G43		4	带调整功能的刀具半径补偿左偏置
G44		4	带调整功能的刀具半径补偿右偏置
G50			比例缩放
G51			工件旋转(角度)
G52			工件旋转(半径)
G53			工件坐标系选择 OFF
G54～G59			工件坐标系选择 ON
G63			进给速度过渡 ON
G66			进给速度过渡 OFF
G70		2	英制
G71	•	2	公制
G72		6	精确定位插补 ON
G73		6	精确定位插补 OFF
G74			程序回原点
G78			二维路径的切线设置 ON
G79			二维路径的切线设置 OFF
G81			钻孔
G82			钻孔(可设定滞留时间)
G83			钻深孔
G84			攻丝

续表

G代码	初始设定	组别	功能
G85			扩孔
G86			钻孔
G87			扩孔
G88			钻孔
G89			钻孔
G90	•	3	绝对值编程
G91		3	增量值编程
G92			设定坐标系
G94	•	5	进给速度(mm/min)
G95		5	进给速度(mm/r)
G96		15	恒线速切割 ON
G97	•	15	恒线速切割 OFF
G270			车削循环停止
G271			车削循环径向切削
G272			车削循环轴向切削

表 4-2　M 代码指令

M指令	功　能	M指令	功　能
M00	无条件停止	M31	选择空气
M01	条件停止	M35	开随动
M02/M30	程序结束	M10	开机械光闸
M03	主轴正转	M11	关机械光闸
M04	主轴反转	M30	程序结束并返回程序头
M05	主轴停止	M06	关电子光闸
M19	主轴定位	M07	开电子光闸
M36	关随动	M14	关闭辅助气体

2. 辅助功能

辅助功能编程指令的功能是把相关信息从 CNC 转换并传送至 PLC。

在 PA8000 数控系统中，通常用 M、S、U 和 T 等 4 条指令来执行相关的辅助功能。PA 数控信号根据指令传送至 PLC，再根据相关的 PLC 程序及 BCD 码来执行各项辅助功能。表 4-2 所示的所有 M 指令功能已经被预定义。例如：

```
程序序号        指令              注释
P900002                          (程序名称)
N1010          (TONG  ZHOU)     (程序标注)
N1020          M10              (开机械光闸)
```

```
N1030        M21          (选择激光脉冲频率)
N1040        M15          (选择连续波模式)
N1040        G04  F30     (暂停 0.03 s)
N1050        G111  V100   (激光器功率)
N1060        U1           (确定功率)
N1070        M91          (取消激光打开限制)
N1080        M07          (开电子光闸)
N1090        G04 F10      (暂停 0.01 s)
N1100        M06          (关电子光闸)
N1110        U0           (取消设定功率)
N1120        M11          (关机械光闸)
N1130        M30          (程序结束并返回程序头)
```

3. 程序段跳步

借助斜杠“/”，PA8000NT 可以实现跳步功能。如果自动方式(按 ALT-A 键)→F3 程序执行 2→F1(/)跳步已经被选定，在数控程序执行过程中，带“/”的程序段就会不被执行；但是如果 F1(/)跳步未被选定，数控程序则按照普通数控程序执行。例如：

```
N10 G0 X0 Y0
/N20 G1 X2000 Y300  (跳步功能被选定时不执行)
N30 G1 X4000
```

注：如果程序段已经在程序段动态堆栈中处理，但还未被执行，此时若 F1(/)跳步被选中，则此程序段仍然会被执行。

4. 循环执行程序

循环执行程序的功能由与 M02 或 M30 同时使用的 L 指令实现。例如：

```
N…L5  M30,
```

此命令表示整个程序将被重复 5 次，即总共被执行 6 次。

5. 子程序

在 PA8000NT 中，调用子程序可以由 Q 指令后跟数控程序号来调用，而且子程序可以继续调用子程序，但对主程序最多可调用 4 层子程序，如图 4-3 所示。

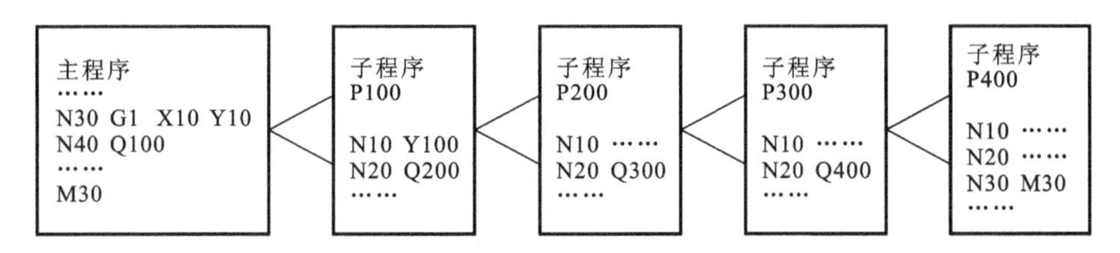

图 4-3　主程序对 4 层子程序的调用

如果用户需要循环调用子程序，则同样在 PA 数控系统中使用 L 指令即可实现。有一点需要指出的是，如果在所要调用的子程序中已经有 L 指令，那么这里的 L 指令是没有任何作用的。例如：

```
N…Q100  L5
```

程序 100 将被作为子程序调用，并且总共执行 6 次。作为一个程序而言，主程序和子程序实际上是没有分别的。

注意：如果在子程序中没有 M30 指令或 M02 指令，子程序将不能被调用；子程序不再以采用参数编程的程序段作为开始。

6. 数控程序中的注释

PA 数控系统中的数控程序段可以有相关的一些注释，它们可以被写在一个程序段的任何位置，但对程序段的执行没有任何影响，当然，注释的内容需要使用括号括起来。例如：

```
…
N20 G1 X0 Y0 Z0          (回到零点)
…
```

有两个专门的注释形式，可以使注释的内容显示在 PA8000NT 的报警信息栏上：

(1) (MSG,注释)…；

(2) (* MSG ,注释)…。

第一种情况使得注释内容仅在当前程序段执行时显示，在执行到下一程序段时，注释的信息将从报警信息栏自动删除。

第二种情况使得注释内容在执行该程序段时显示，直到整个主程序结束，注释信息才会从报警信息栏删除。

注：在参数编程方式下，"…/注释…"也可以使用，所有跟在斜杠后的内容均被认为是注释。

4.3 G指令介绍

4.3.1 普通定位指令

1. G00 快进直线插补指令

指令形式： G00 X___ Y___ Z___ F___

快速进给指令由 G00 指令激活，允许刀具在允许范围内以最大的速度快速移动至终点，X、Y 后跟终点坐标。

应用：G00 指令用于对刀具进行定位操作，一般用在刀具不进行切削时，如图 4-4 所示。例如：

```
N10  G90
N20  G00  X50  Y80  Z100    (快速移至 X50  Y80  Z100 然后到 Z20)
N30  Z20
```

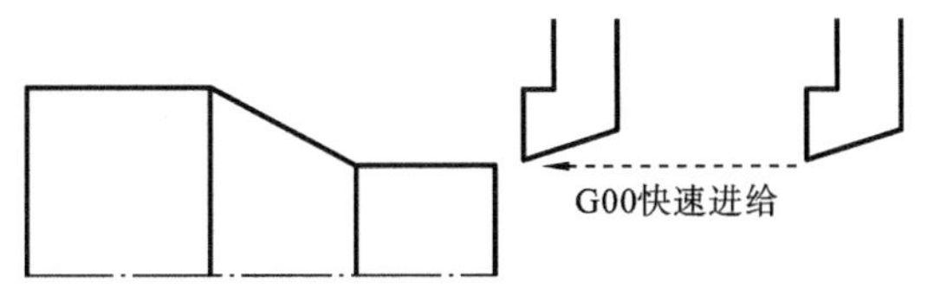

图 4-4 车床快速进给

2. G01 切削进给速度直线插补指令

指令形式： G01 X ___ Y ___ Z ___ F ___

切削进给速度直线插补指令由 G01 指令激活，允许刀具以 F 指令所指定的速度进行切削。例如：

```
N10  G90
N20  G01  X80  Y80  Z80    F200
                 ↑           ↑
            (终点坐标)   (进给速度 200 mm/min)
```

3. G02/G03 指定圆心的圆弧插补指令

指令形式：G02/G03 X ___ Y ___ I ___ J ___　　(G17 指令激活)

G02/G03 Z ___ X ___ K ___ I ___　　(G18 指令激活)

G02/G03 Y ___ Z ___ J ___ K ___　　(G19 指令激活)

圆弧插补指令由 G02/G03 指令激活，G02 指令代表顺时针方向插补，G03 指令代表逆时针方向插补，I、J、K 指定圆心坐标，如图 4-5 所示。执行圆弧插补指令所在的平面由 G17～G19 指令决定。例如：

```
(起点为 X=0,Y=50)
…
N30  G02      X60  Y30    I30  J-10    F200
                                  ↑       ↑
                 (圆心坐标相对于起点的位置)  (进给速度 200 mm/min)
```

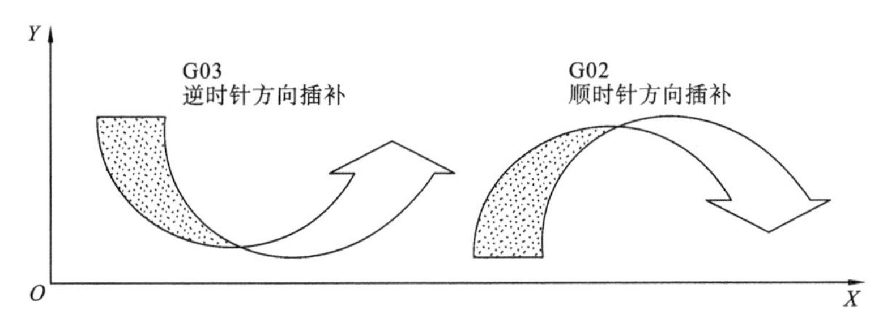

图 4-5 圆弧插补

I、J 后面的数值等于圆心坐标值减去起点坐标值，由此可以算出上例中圆弧的圆心为(30,40)。

4. G12/G13 指定半径的圆弧插补指令

指令形式： G12/G13 X ___ Y ___ Z ___ K ___ F ___

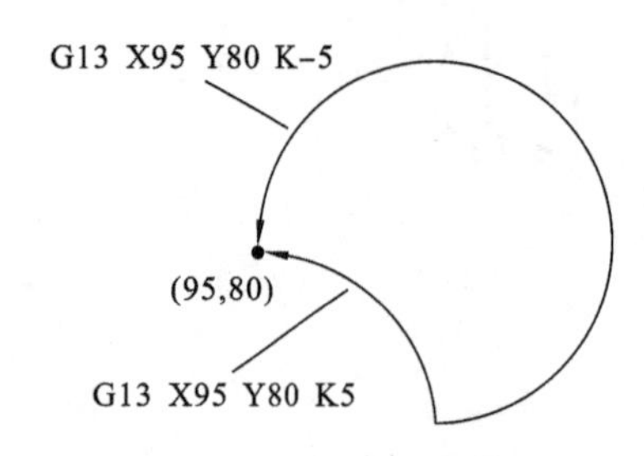

图 4-6　G13 指令原理

指定半径的圆弧插补由 G12/G13 指令激活，G12 指令代表顺时针圆弧插补，G13 指令代表逆时针圆弧插补，K 值代表半径大小。K 后面的符号表示圆弧角度的大小，"＋"表示圆弧小于 180°，"－"表示圆弧大于 180°。对于 180°的圆弧，正负号均可。如图 4-6 所示。

与 G02/G03 指令不同的是：G02/G03 指令圆弧插补的圆心由圆心与起点的相对坐标关系决定，而 G12/G13 指令圆弧插补的圆心由圆弧的半径决定。G12/G13 指令不能完成整个圆的圆弧插补。例如：

```
N10  G00  X0  Y0  F100
N20  G12  X0  Y0  K-10
```

如果执行上面的程序，PA 数控系统将停止执行，提出报警，因为 G12 指令将要执行的是整个圆弧。

例 4-1　加工尺寸如图 4-7 所示，编写加工程序。

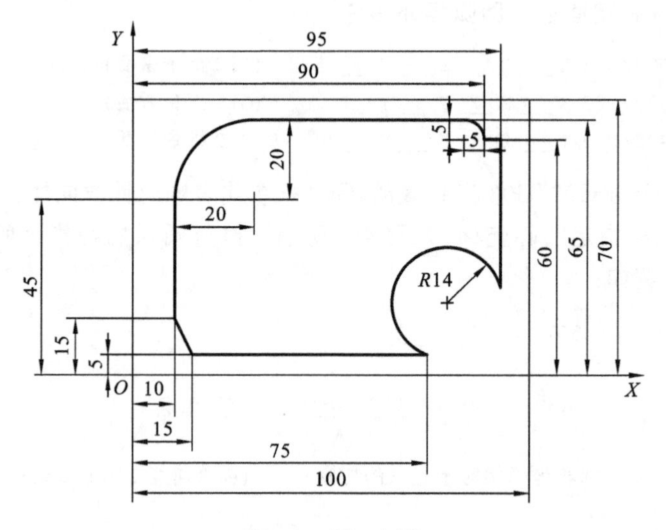

图 4-7　例 4-1 图

解

```
N40 G01 X15 Y5
N50 X10 Y15
N60 Y45
N70 G02 X30 Y65 I20
N80 G01 X85
N90 G12 X90 Y60 K5        (圆弧< 180° (K 为正))
N100 G01 X95
N110 Y15
N120 G13 X75 Y5 K-14      (圆弧> 180° (K 为负))
N130 G01 X15
```

5. G90/G91 绝对值/增量值编程指令

指令形式： G90 （绝对值方式编程）

G91 （增量值方式编程）

绝对坐标是指坐标轴相对于坐标系原点的坐标值，坐标值可以带符号。增量坐标是指当前点相对于前一点的坐标变化量，坐标值符号代表轴运动方向。默认值为 G90 指令绝对值方式编程，按 Ctrl+C 键复位后 G90 指令自动激活。

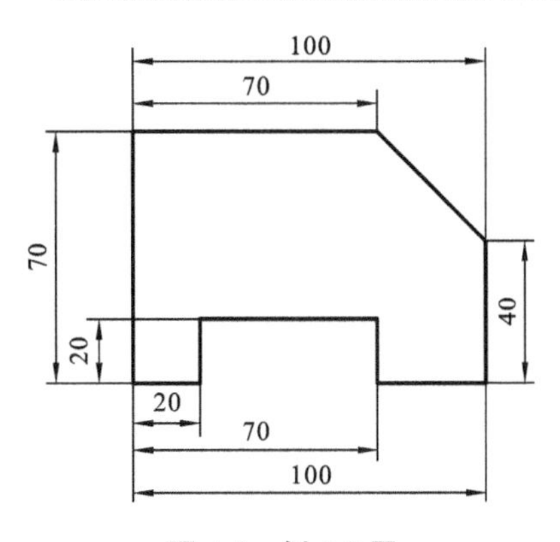

图 4-8 例 4-2 图

例 4-2 分别以绝对坐标和增量坐标，完成图 4-8 所示图形的激光加工数控程序。

解 ① 绝对坐标编程

```
N10 G00 X0 Y0 F500
N20 G90
N30 G01 X20 F500
N40 Y20
N50 X70
N60 Y0
N70 X100
N80 Y40
N90 X70 Y70
N100 X0
N110 Y0
N120 M30
```

② 增量坐标编程

```
N10 G00 X0 Y0
N20 G91
N30 G01 X20 F500
N40 Y20
N50 X50
N60 Y-20
N70 X30
N80 Y40
N90 X-30 Y30
N100 X-70
N110 Y-70
N120 M30
```

6. G74 回原点指令

指令形式： G74 X___ Y___

G74 指令可以让一根或几根轴回到原点位置。在 G74 指令后面需要指明哪些轴回原点，并且在每根轴地址后面必须赋一个数值，此数值必须不小于 1，但是实际上数值的大小对回原点并没有影响。例如：

```
…
N50  G74  X1  Y1          (X 轴和 Y 轴需要回原点)
…
```

注：不要连续用 G74 指令编程；G74 指令激活时，路径补偿不起作用；工件坐标系 G54～G59 指令对 G74 指令不起作用。

4.3.2 PA8000 NT 定位指令

1. G07 切线圆弧插补指令

指令形式： G07 X___ Y___ Z___

切线圆弧插补指令由 G07 指令激活，此命令表明从上一程序段的终点(对 G07 指令来讲则是起点)开始沿切线方向执行圆弧插补至 G07 指令所指向的终点。PA8000 NT 会自动计算出圆弧半径和起点。例如：

```
N10  G00  X10  Y10  F200  (快速直线插补至 X10,Y10)
N20  G01  X20  Y40        (以 F200 的进给速度直线插补至 X20,Y40)
N30  G07  X50             (沿前一程序段切线方向作切线圆弧插补至 X50,Y40)
N40  G01  X90  Y20        (半径为 15.811,圆心为 X35,Y35;见图 4-9,直线插补至 X90,Y20)
N50  M30
```

注：圆弧仅仅与前一程序段直线相切，与后一程序段并无关系。

2. G78/G79 二维路径的切线设置指令

指令形式：　G78(C…)　　(二维路径的切线设置 ON)

　　　　　　G79　　　　(二维路径的切线设置 OFF)

在平面移动运行过程中，二维切线设置功能使得旋转轴可以根据轨迹切线的方向按照预先设好的角度定位。

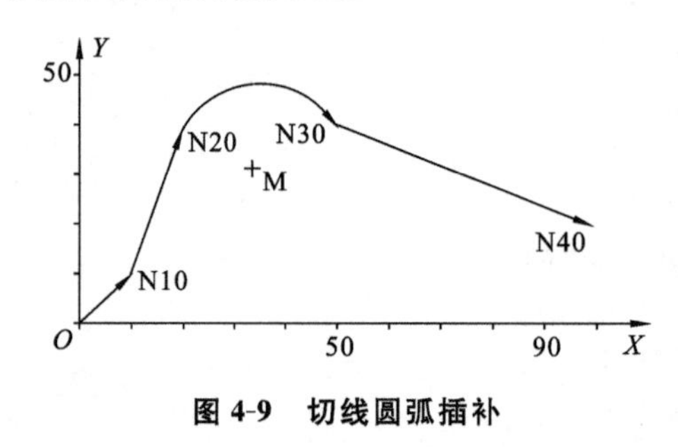

图 4-9　切线圆弧插补

应用一　锯床：想要锯出如图 4-9 中所示曲线的工件形状，锯条必须随着进给轴的移动沿工件轮廓切线方向旋转。

应用二　激光焊接：在源程序激光焊接过程中，材料的进给必须与激光束形成一定的角度，于是材料就需要不停的旋转来改变方向。

应用三　车床中的二维切线设置：在车削过程中，刀具 A 的刀尖需要一直与工件的轮廓相切，就需要工件不停的旋转，但是对刀具 B 而言，刀具首先需要转过一个固定的角度。

应用四　冲床/步冲机的二维切线设置：在冲床或步冲机上，冲头需要随着工件轮廓不停地旋转，如图 4-10 所示。

编程：二维切线设置功能由 G78 指令激活，由 G79 指令或复位操作来关闭。当 G78 指令后不跟角度偏置值时，采用默认值 0；如果想改变角度偏置值，则需要利用 G78 指令重新设置。

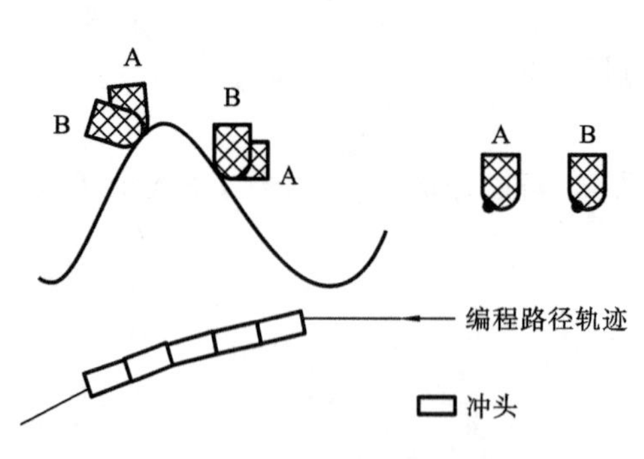

图 4-10　随轨迹二维切线设置的示意

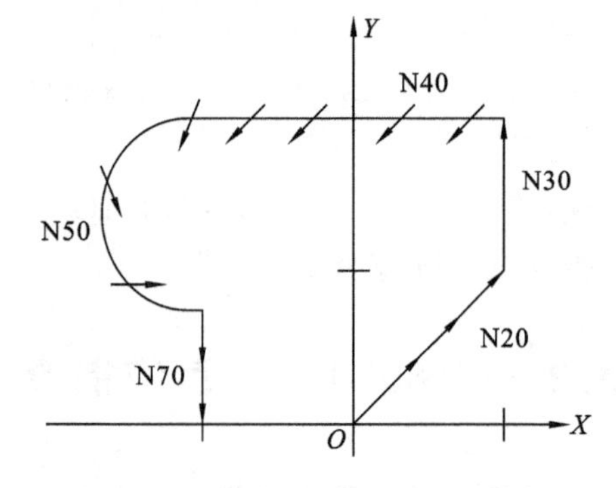

图 4-11　车刀随轨迹方向的角度偏置

例 4-3　图 4-11 所示为程序的轨迹，箭头表示角度偏置方向，程序如下。

解
```
N10 G01 X0 Y0 C0 F200
N20 G78 X30 Y30
N30 Y50
N40 G78 X-20 C45
N50 G03 Y-20 J-15
N60 G78
N70 G01 Y0
N80 M30
```

在整个加工过程中，刀具一直随着轨迹的方向以程序中所设定的角移动。如 N50 程序段，程序轨迹是半个圆弧，在移动过程中，刀具必须实时地与轨迹保持 45°的角度。

4.3.3 功能指令

1. G04 暂停时间设定指令

指令形式： G04 F___

暂停时间设定指令由 G04 指令和 F 指令共同设置，暂停的时间应以 ms 为单位输入至 F 指令后面，可设定的最大值为 99999 ms。暂停时间单位可以由机床参数设置。

暂停时间设定指令的功能为在设定的时间范围下一程序段被暂停执行。例如：

```
…
N40 X10
N50 G04 F500
N60 Y20
…
```

在 N40 和 N60 程序段之间需要执行 0.5 s 的等待时间。如果等待时间超过 100 s，则需多次执行 G04 指令。

2. G72/G73 精确定位插补关闭/激活指令

指令形式： G72/G73

精确定位插补功能由 G73 指令激活，由 G72 指令关闭。

工件加工的轮廓误差来自不可避免的控制偏差，轮廓误差的大小由进给速率控制环增益决定。轮廓误差会导致工件的轻度圆角，如图 4-12 所示。

由轮廓误差引起的轮廓圆角较难插补，工件夹角通常不符合工艺要求，此时利用 G73 指令就可以非常有效地使各种类型的插补精确定位至程序段终点。当 G73 指令激活时，刀具在到达程序段终点则有可能与工件不接触，如图 4-13 所示。

3. G08/G09 预读功能关闭/激活指令

指令形式：G08/G09___　（预读功能由 G08 指令关闭，由 G09 指令激活）

注：有些 G 代码指令激活时，预读功能将会被停止，如 G73 精确定位插补激活指令、G74 回原点指令、G95 进给速率单位为 mm/r 指令等，在这些 G 代码指令激活时，G08 指令

被自动激活。

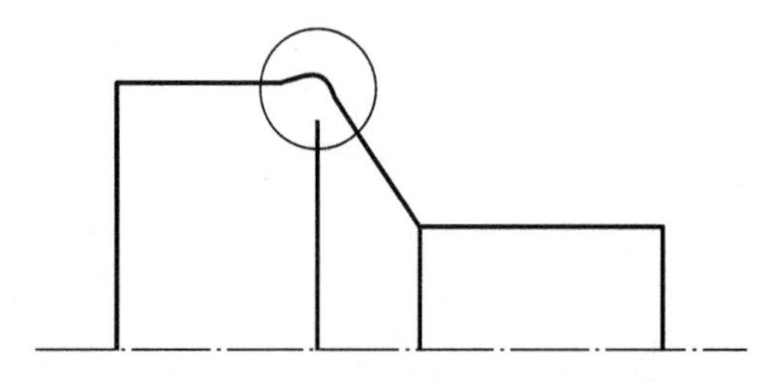

图 4-12 轮廓误差导致工件的轻度圆角

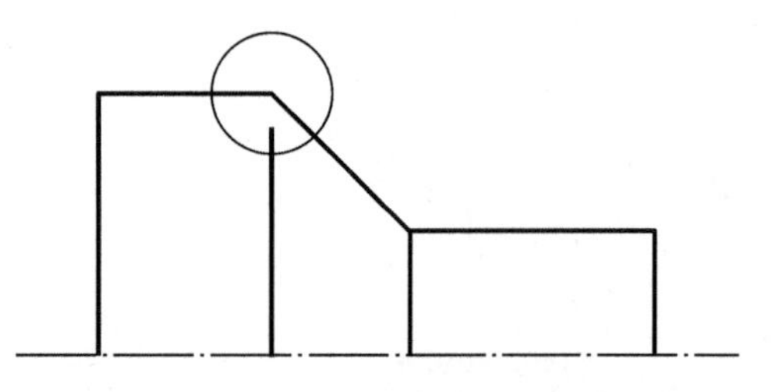

图 4-13 G73 指令激活，刀具到达程序段终点

应用：在定位程序段的开始，进给速率由零加速到相关的进给速率；在定位程序段结束前，开始制动，直到进给速率降至零。当 G09 指令预读功能被激活时，PA 数控系统将预读一定的程序段，再根据相应的进给速率自动调整，从而达到加速或制动的目的，如图4-14所示。

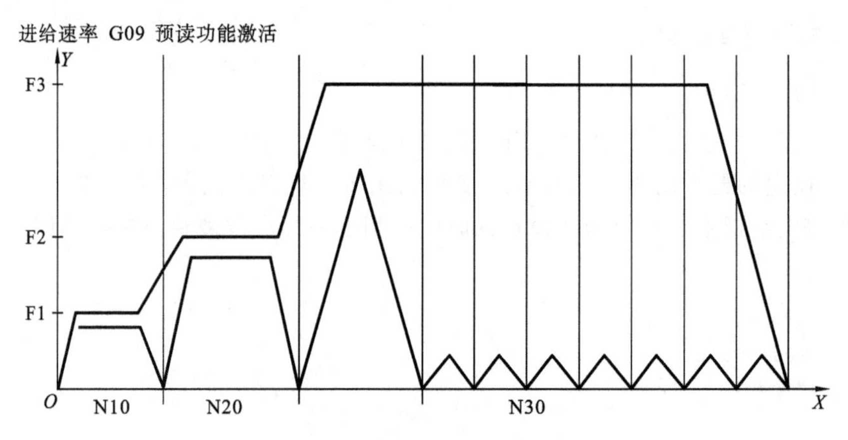

图 4-14 预读功能指令的应用

如果 G09 指令后面的程序段执行时间太短或者太长，就会产生 G09 指令来不及作用、程序段已经执行完毕的情况，或者 G09 指令连一个程序段还没有预读完成，此时需要利用其他 G 代码指令（G04 或 G11）。例如：

```
…
N30  G09                        (G09 必须在 G4/G11 前激活)
N40  G4  F500  N40  G11
N50  G1   X20 Y30
…
N200  M30
```

4. G10/G11 填满/清空动态程序段堆栈指令

指令形式： G10/G11

应用：激活 G10 指令，则当所有的即将被执行的程序段离开程序段堆栈后，程序段堆栈才会被编译器重新填满。激活 G11 指令，如果程序段堆栈已满或者整个 NC 程序都已经在堆栈中，G11 指令后面的程序段将直接在插补运算处理器中进行处理。

此功能在 G11 指令后面跟着大量非常短的程序段时非常有效。

5. G63/G66 **进给倍率调整指令**

指令形式：
```
G63  F_
G66
```

进给倍率是程序编程中进给速率的百分数，通常 PA8000 数控系统提供两种方式改变进给倍率：使用倍率开关手动调整；编程调整进给倍率。例如：

```
N10  G66          (进给倍率由倍率开关手动调整)
...
N50  G63          (G63 激活，进给倍率为 100% )
...
N100  G63  F50    (G63 激活，进给倍率为 50% )
...
```

注：(1) 编程中进给倍率的调整对 G00 指令同样有效。

(2) 进给倍率的值不能等于 0。

(3) 编程进给倍率的调整对 G74 指令(回零)和 G33/G34 指令(螺纹切削)无效。

4.3.4 几何指令

1. G40～G44 **路径补偿指令**

指令形式：
```
G40          (取消路径补偿)
G41  D___    (激活路径左补偿)
G42  D___    (激活路径右补偿)
G43  D___    (激活路径左补偿起点不同)
G44  D___    (激活路径右补偿起点不同)
```

在数控编程中，数控程序一般是以刀尖中心作为程序路径的基准点，但是，实际加工中，刀具需要占有一定的空间，并不是所谓理论上的刀尖，此时利用 G40～G44 路径补偿指令可以对刀尖半径进行补偿，如图 4-15 所示。例如：

```
N10  G1  X1  Y1  F100
...
N40  Y2
N50  G41  D1
N60  G2  X2.5  Y3.5  I1.5
N70  G1  X5
```

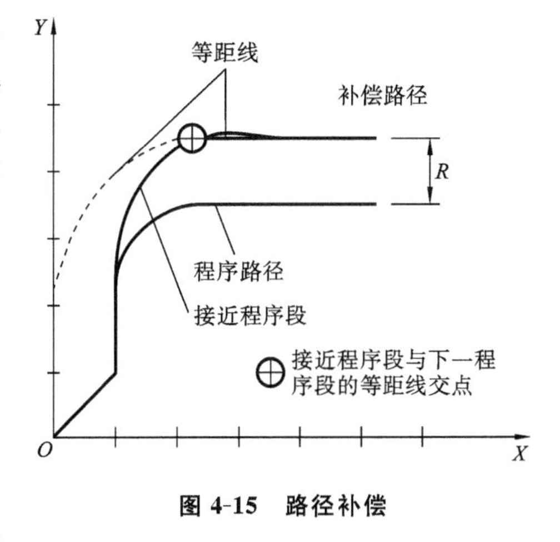

图 4-15 路径补偿

在 PA8000 数控程序中，路径补偿后的第一个程序段称为接近程序段。如果路径补偿指令 G41 指令或 G42 指令被激活，接近程序段与下一程序段的交点到程序路径中接近程序段以及下一程序段的距离相等。

如果接近程序段为圆弧，执行路径补偿后实际路径则为弧线；如果接近程序段为直线，执行路径补偿后实际路径则为直线。例如：

```
N10  G1  X1.5  Y0
N20 G41 D1 X4 Y2 或 N20  G43  D1 X4 Y2
N30  X3  Y5
N40  X7
…
```

在上面的程序中，很明显可以看出，采用 G41 指令的补偿路径与期望达到的路径有较大的差异，因此应采用 G43 指令来进行补偿，如图 4-16 所示。

与 G41 指令路径补偿不一样的是，G43 指令激活后，补偿路径中接近程序段与下一程序段的交点和程序路径中二者的交点之间的线段垂直于程序路径和补偿路径，如图 4-17 所示。

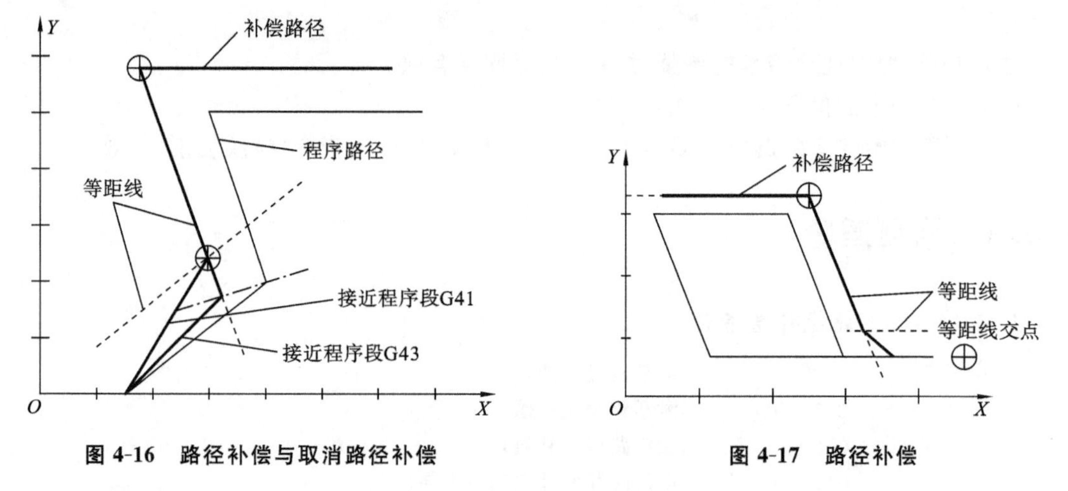

图 4-16　路径补偿与取消路径补偿

图 4-17　路径补偿

G41/G42 指令与 G43/G44 指令之间的差异仅仅存在于接近程序段中，以后程序的执行没有任何差别。

例如：执行 G40 指令取消路径补偿。

```
…
  N20  G41  D1
  …
  N40  G1  X20  Y30
  N50  X30  Y30
  N60  G40  X40
…
```

在激活路径补偿中，利用 G40 指令可以取消路径补偿，如图 4-18 所示。

例 4-4　如果补偿路径中接近程序段与其下一个程序段的等距线不能相交，PA8000 数控系统将自行产生相关的程序段。

解　…

```
N10  G41  D1
…
```

```
N50  G3  X5  Y3.5  J3
N60  X8  Y0.5  I3
…
```

同样，如果补偿路径中等距线交点与程序路径中等距线距离过远，PA8000 数控系统也会自动产生程序段来减小行程。

注：(1) 在激活路径补偿后，不能执行 G92 指令，否则出现 121 号报警。

(2) 在激活路径补偿后，不能执行 G74 指令，否则出现 209 号报警。

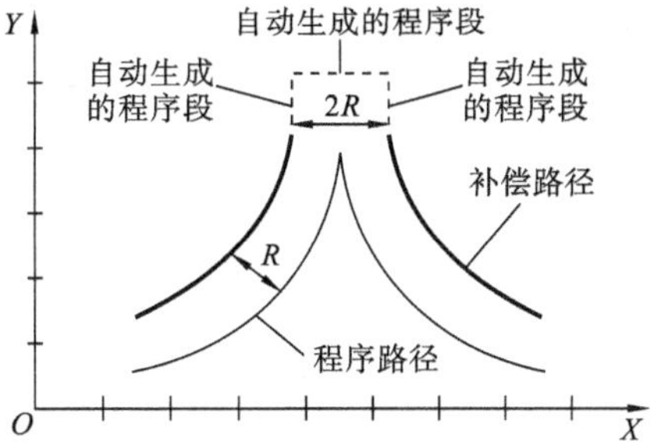

图 4-18　G40 取消路径补偿

(3) 在激活路径补偿后，执行 G33/G34 指令螺纹切削，不会出现报警，但是路径补偿将不被执行。

2. G53～G59 工作坐标系偏置指令

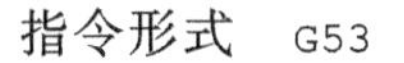

指令形式　G53　　　　　　（取消工件坐标系偏置，复位之后默认状态是 G53）

　　　　　G54/55/…/59　　（激活工件坐标系偏置）

应用举例：工作台上装夹两个相同形状的工件，可以只编写一个加工程序，通过 G54、G55 切换工件坐标系，如图 4-19 所示。

在图 4-19 中，夹具夹住两个同样的工件，获得一致的轮廓线。避免在不同的操作台上重复编程，工件偏移在数控程序中执行。

应用示例

```
N10  G01 X0 Y0 Z0  F100    (移动至起点)
N20  G54                   (激活 G54 指令，设定相关工件坐标系偏置值，假设
                           G54 指令的偏置值为 X10、Y20、Z15)
N30  X10  Y10
N40  Z10                   (因为 G54 指令已经被激活，所以实际位置为 G53 指令
                           坐标下位 X20，Y30 实际位置为 G53 坐标 Z25)
N50  G53                   (取消工件坐标系偏置)
N60  M30                   (程序结束)
```

1) 设定工件坐标系偏置值

(1) 选择数据菜单(按 Alt+D 键)，然后选择 F1：数据类型选择→F5：工件坐标系。

(2) 重新选中数据菜单，再选择 F5：修改设置 G54～G59 相关值。

2) 加工坐标系选择指令(G54、G55、G56、G57、G58、G59 指令)

指令功能：选择不同的加工坐标系。

指令格式：　G54　G00(G01)　X___ Y___ Z___

用 MDI 设置两个加工坐标系：

```
G54:X-50 Y-50 Z-10
G55:X-100 Y-100 Z-20
```

若执行下述程序段，则刀具运行轨迹如图 4-20 所示。

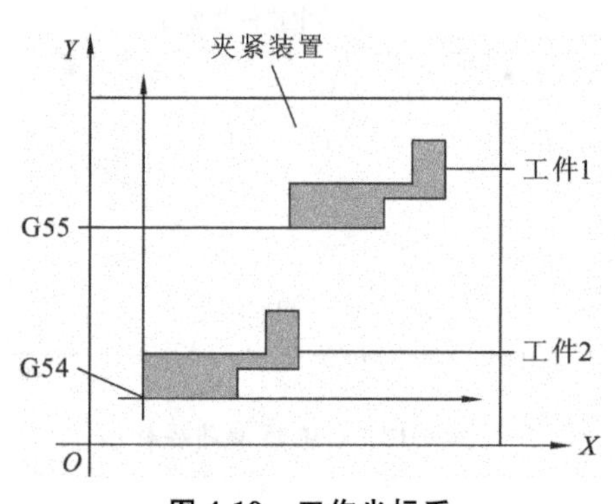

图 4-19 工作坐标系

图 4-20 G54、G55 下的刀具运行轨迹

```
N10 G53 G90 G00 X0 Y0 Z0
N20 G54 G90 G01 X50 Y0 Z0
N30 G55 G90 G01 X100 Y0 Z0
```

3. G70，G71 英制/公制编程指令

指令格式： G70 … (英制编程)

G71 … (公制编程)

G70 和 G71 编程指令实现英制和公制的转换。如果未更改机床参数，则系统复位后默认状态为公制编程(G71 指令)。可以在数控程序里改变编程制式。制式改变后，长度、位置和速度都按照所选的制式进行编译处理，如图 4-21 所示。例如：

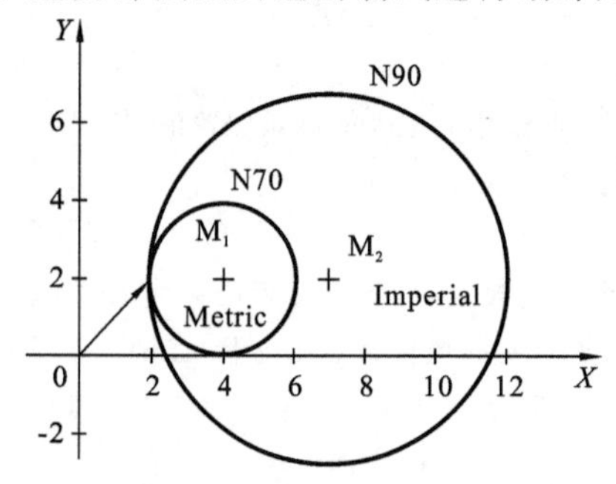

图 4-21 G70 和 G71 指令编程

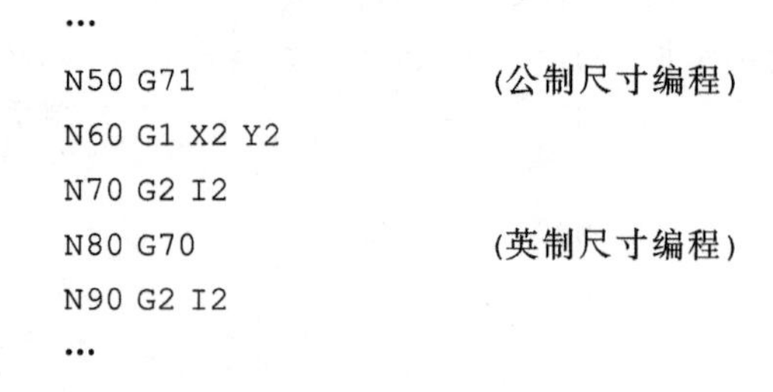

```
…
N50 G71            (公制尺寸编程)
N60 G1 X2 Y2
N70 G2 I2
N80 G70            (英制尺寸编程)
N90 G2 I2
…
```

4. G92 设置轴位置值指令

指令形式： G92 X___ Y___

应用示例：执行 G92 指令后，坐标值将被切换成 G92 指令所设置的坐标。

```
N10 G1 X50 Y50
N20 G92 X0 Y10
```

与 G54～G59 指令不一样的是，G92 指令并不会导致轴移动，改变的仅仅只是坐标值，如图 4-22 所示。当 G92 指令与 S 指令同时使用时会有另外一个功能，主轴最高速度限定为 S 指令后面的数值。

5. G14～G16 极坐标编程指令

指令形式： G14… (极坐标绝对值编程)

G15… (极坐标增量值编程)

G16 X___ Y___ (重新定义零点)

利用G14指令和G15指令可以激活极坐标编程功能，只不过G14指令激活后，极坐标以绝对值计算(与G90指令相似)，而G15指令激活后，极坐标则以增量值计算(与G91指令相似)。利用G16指令可以在极坐标下重新设定零点，如图4-23所示。

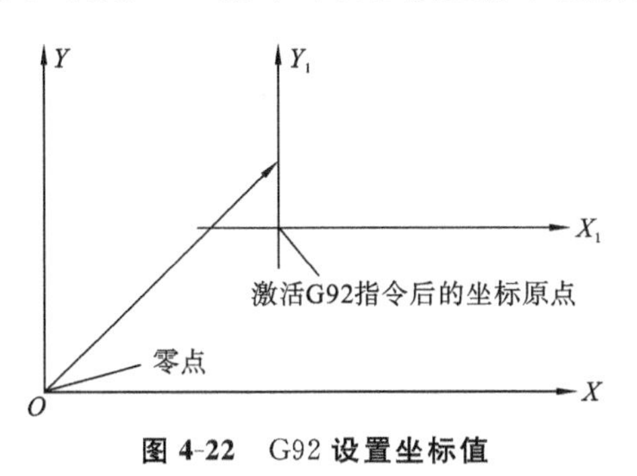

图4-22 G92设置坐标值

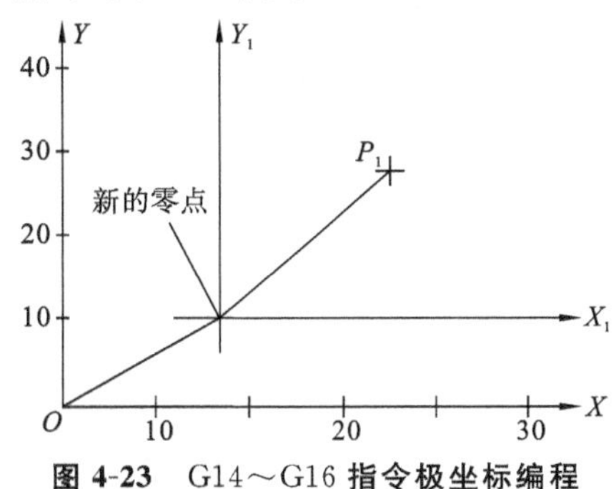

图4-23 G14～G16指令极坐标编程

注：(1) G16指令与G92指令不能同时使用。

(2) G16指令仅仅重新设定一个零点而并非新的坐标原点。

(3) 如果利用G17～G20指令改变平面，G16指令则被复位至原点。

例如：

```
N10  G14              (激活极坐标编程方式(绝对值))
N20  G16  X30 Y20     (定义新的零点：与X轴成30°角，半径为20)
N30  X45  Y30         (移动到相对新的零点的位置)
```

6. G17～G20 平面选择指令

指令形式：

```
G17…           (选择X-Y平面)
G18…           (选择Z-X平面)
G19…           (选择Y-Z平面)
G20  I___ J___ (选择自定义平面)
```

在G20指令中，I表示第一根轴，J表示第二根轴。

用G20指令表示G17指令， G20 I1 J2

用G20指令表示G18指令， G20 I3 J1

用G20指令表示G19指令， G20 I2 J3

7. G38/G39 镜像功能指令

指令形式：

```
G38…    (激活镜像功能)
G39…    (关闭镜像功能)
```

利用G38指令可以激活镜像功能，在G38指令后面需要跟相关轴的字母并赋值，但是这里数值的大小对程序没有任何影响，如图4-24所示。

程序示例1：(没有镜像功能)

```
N10  G01  X0  Y0  F1000
N20  X5  Y1
N30  X7
N40  Y2
N50  X5  M30
```

程序示例2：(X轴镜像)

程序示例3：(Y轴镜像)

```
N10  G01  X0 Y0  F1000
N20  X5  Y1
N25  G38  Y1     (Y轴镜像)
N30  X7
N40  Y2
N50  X5  M30
```

```
N10  G01  X0  Y0  F1000
N20  X5  Y1
N25  G38  X1     (X 轴镜像)
N30  X7
N40  Y2
N50  X5  M30
```

程序示例 4：(X、Y 轴镜像)

```
N10  G01 X0  Y0  F1000
N20  X5  Y1
N25  G38  X1  Y1  (X、Y 轴镜像)
N30  X7
N40  Y2
N50  X5  M30
```

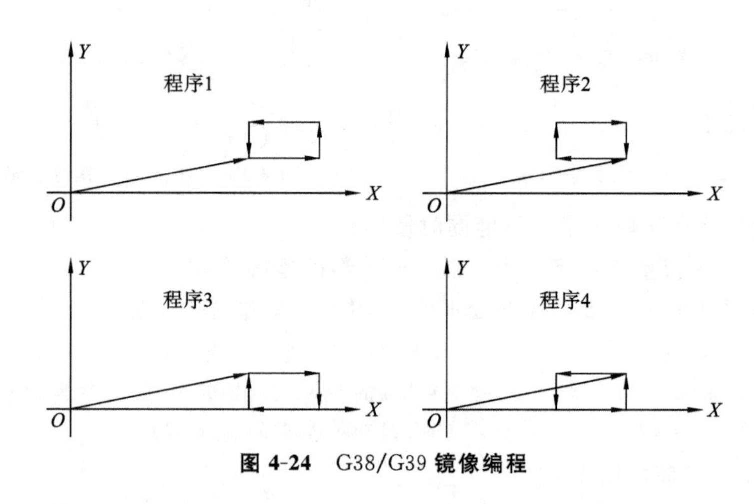

图 4-24　G38/G39 镜像编程

8. G51/G52 工件旋转功能指令

指令形式：G51　R____　(以(°)为单位旋转)

G52　R____　(以 rad 为单位旋转)

执行 G51/G52 指令时，具体旋转的角度由 R 后面所跟数值决定，方向由数值的符号决定，正号表示逆时针方向，负号表示顺时针方向。

注：(1) G51 R180 与 G52 R3.142 的功效相同。

(2) G51/G52 可以作在 G17～G20 指令选中的平面上旋转。

9. G50 比例缩放指令

指令形式：G50　R___　(比例缩放功能)

程序示例 1：

```
N50  G90
…
N80  G50  R0.5
…
N100  G91
-------
N120  G50  R0.25
实际缩放比例为 0.75
```

程序示例 2：

```
N50  G90
…
…  默认实际缩放比例为 1
…
N100  G91
-------
N120  G50  R0.25
实际缩放比例为 1.25
```

注：比例缩放的大小由 R 后面所跟的数值决定，而且 R 值必须大于 0。G90 指令和 G91 指令对 G50 指令叠加有效。

4.4 M代码指令介绍

1. 程序指令

1) M00 无条件停止指令

指令形式:M00

无论其他 PLC 功能如何执行,当数控程序中只要 M00 指令运行,数控程序都会中断运行,此时操作人员可以进行测量或其他各项工作。

M00 指令运行时,各种值均被保留,按下起动按钮,程序会继续运行。

2) M01 条件停止指令

指令形式:M01

M01 指令的功能与 M00 指令的相仿,只不过需要满足一定的条件,只有当自动方式(Alt+A)→F3:程序处理 2→F2:M01 指令(暂停)被选中时,M01 指令才与 M00 指令功能一样。

3) M02/M30 程序结束指令

指令形式:M02/M30

M02 指令与 M30 指令功能完全一样,它们均表示程序结束,每个程序在程序结束时都必须包含 M02/M30 指令,否则会出现 32 号报警。

子程序中的 M02/M30 指令仅仅表示子程序的结束,并不表示主程序的结束。

G92 指令设定的坐标偏置并不受 M02/M30 指令的影响。

2. 主轴指令

1) M03/M04 主轴正转/反转指令

指令形式: M03 S___　　(主轴以 S 指令所注明的速度正转)

M04 S___　　(主轴以 S 指令所注明的速度反转)

2) M05 主轴停止指令

指令形式: M05　　(主轴停止转动)

例如:
```
……
N30  M03 S1000  (主轴以 1000 r/min 正转)
……
M80  M50        (主轴停止转动)
N90  M30        (程序结束)
```

3. 激光控制指令

(1) M35 是开随动指令。

(2) M10 是开机械光闸指令。

(3) M11 是关机械光闸指令。

(4) M06 是关电子光闸指令。

(5) M07 是开电子光闸指令。

（6）M14 是关闭辅助气体指令。

4.5 参数编程指令

1. 参数编程指令介绍

参数编程指令是 PA8000 数控系统专有的编程指令的功能，它并不是 DIN66025 标准指令，是 PA8000 专有的特色指令，扩大了 PA8000 指令集功能和编程的灵活性。

通过对 PA8000 参数编程指令的使用，用户可以自行编辑循环指令，调用各类参数，并且可以进行数值运算，还可以在数控程序中对 CNC/PLC 的输入/输出位进行控制。

1）PA8000 的参数

长度补偿参数：H1～H128。

路径补偿参数：D1～D128。

工件坐标系偏置：G54～G59。

P 参数：P1～P200。

D_x：路径补偿，x＝1～128。

G_{xa}：工件坐标系偏置，x＝54～59，a＝轴号。

H_{xa}：长度补偿，x＝1～128，a＝轴号。

I_{bx}：输入位，x＝1～8。

O_{bx}：输出位，x＝1～8。

P_x：参数，x＝1～200。

2）与参数编程有关的运算符和函数

（1）运算符如下。

＝为赋值运算符。

－为负号运算符。

＋，－，＊，：为基本运算符。

〈，〉。＝为比较操作运算符。

（2）函数：ABS 为绝对值函数，INT 为求整数函数，SQT 为求平方根函数，MOD 为求余数函数，SIN 为求正弦值函数，COS 为求余弦值函数，ATN 为求正割值函数，RAD 为转换成弧度函数，DGR 为转换成角度函数，SIN、COS 和 ATN 是以 rad 来计算的函数。

例如：正三角形边长 200 mm，用参数指令求正切，三角形高。程序如下。

```
* N10  P1= 100,P2= 30,P3= RADP2,P4= SINP3,P5= COSP3,P6= P4:P5,P7= P1* P6
```

例如：三角形直角边长分别为 30 mm、40 mm，用参数指令求三角形斜边长。程序如下。

```
* N20  P1= 3.141593,P2= DGRP1,P3= 3,P4= 4,P5= P3* P3,P6= P4* P4,P7= P5+ P6,
P8= SQTP7
```

3）与参数编程有关的编程指令

DO：执行指令，与 IF 指令一起使用。

GO:跳转指令。

IF:条件指令。

2. 编程时参数的定义

PA8000 编程与普通 DIN 程序在编程方式上不一样的是,程序段号前应加上一个“*”。

例如:
```
N10 G1  X…
…
* N50…
* N60…
N70
```

可以利用下面的指令来代替 N110 G0 X85:

```
* N100  P1= 85000
N110  G0 X= P1
```

3. P 参数的应用

共有 200 个 P 参数被提供使用,可以在数据方式下修改 P 参数的值。

1) P 参数的简单应用

例如:
```
(1) * N10  P1= 5,P2= 2
    * N20  P3= P1+ P2                 (N20 执行后 P3 为 7)
(2) * N10  P1= 3.141593
    * N20  P1= COS P1                 (N20 执行后 P1 为- 1)
(3) * N70  P12= 50500,P13= 1000
      N80  G1 X= P12  Y= P13  F= P13  (相当于 N80 G1 X50.5  Y1  F1000)
(4) * N10  P1= 5,PP1= 7               (PP1= 7 表明 P5= 7)
(5) * N100  P1= 5
    * N110  HP1X= 22                  (HP1X 即为 H5X)
(6) * N100  G54Z= 53000,G54X= 0,G54Y= 0,P1= 54
      N110  G= P1
      N100:写入 G54 偏置值
      N110:激活 G54(激活工件坐标系偏置)
```

2) 条件指令和跳转指令中 P 参数的应用

通过条件指令和跳转指令,用户可以自行设计所需要的循环程序,即用条件指令 IF 来测试一个状态,用跳转指令 GO 或执行指令 DO 来执行一个结果。

例如:
```
* N10  IF  P1= 5  DO  P2= P1 * 2
```

条件 P1=5 成立时,执行 P2=P1*2 这个指令,若 P1≠5,则跳到程序段末尾继续执行。

例如:
```
* N100  P1= 800              (P1 初始值为 800)
* N110  PP1= 0,P1= P1-1 IF P1 > 0 G0 110
* N120  P1= 0
…
```

N110 将被重复执行 800 次。

3）加工程序中P参数的应用举例

例4-5 参数编程实现如图4-25所示的PA8000数控系统加工程序，圆半径为200 mm，三圆交点为a。

解 (1) 建立如图4-25所示的坐标系，列三圆交点a方程：

```
x1= 0,y1= rsin(30°)
```

(2) 参数加工程序如下。

```
P19
* N10 P1= 200000,P2= RAD30,P3= P1* SINP2
N20 G91
N30 G71
N40 G00 X0 Y= P3 F1000
N50 G02 X= 0 Y= 0 I= -P1 J= -P3
N60 G02 X= 0 Y= 0 I= P1 J= -P3
N70 G02 X= 0 Y= 0 I0 J= P3
N80 M30
```

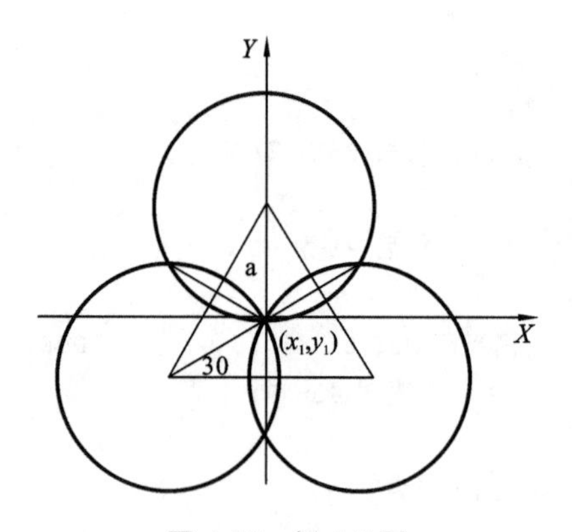

图4-25 例4-5图

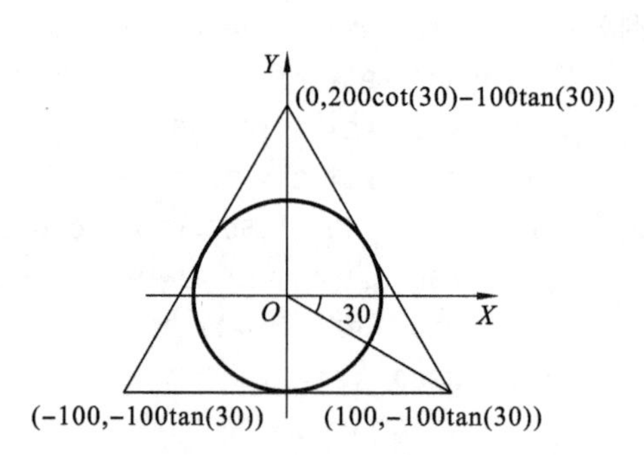

图4-26 例4-6图

例4-6 参数编程实现如图4-26所示加工图形，三角形边长200 mm。

解 建立如图4-26所示的坐标系，编程如下。

```
P10
N10 G90
N20 G71
* N30 P1= 100000
* N40 P2= RAD30,P3= P1* SINP2, P4= COSP2
* N50 P5= P3:P4,P6= 2* P1* COSP2-P5
N60 G00 X0 Y= -P5 F1000
N70 G01 X= P1 Y= -P5
N80 G01 X0 Y= P6
N90 G01 X= -P1 Y= -P5
N100 G01 X0 Y= -P5
N110 G02 X0 Y= -P5 I0 J= P5
```

```
N120 M30
```

例 4-7 参数编程编写实现如图 4-27 所示图形的 PA8000 数控系统加工程序，外圆半径为 200 mm。

解 建立如图 4-27 所示的坐标系，列方程如下：

$$\begin{cases} r_2=\dfrac{R}{2} \\ H=R-r_1 \\ (r_1+r_2)^2=r_2^2+H_2 \end{cases}$$

解方程，得 $r_1=\dfrac{R}{3}$，参数编程如下。

```
P15
* N10 P1= 200000,P2= P1:3,P3= 2* P2,P4= P1:2
N20  G91
N30  G71
N40  G00 X0 Y0 F1000
N50  G02 X0 Y0 I= P4 J0 F1000
N60  G02 X0 Y0 I= -P4 J0 F1000
N70  G00 X0 Y= P1 F1000
N80  G02 X0 Y0 I0 J= -P2 F1000
N90  G00 X0 Y= -P1 F1000
N100 G00 X0 Y= -P1 F1000
N110 G02 X0 Y0 I0 J= P2 F1000
N120 G02 X0 Y0 I0 J= P1 F1000
N130 M30
```

例 4-8 编写实现如图 4-28 所示图形的 PA8000 数控系统加工程序，最外面的圆 $R=$ 200 mm。

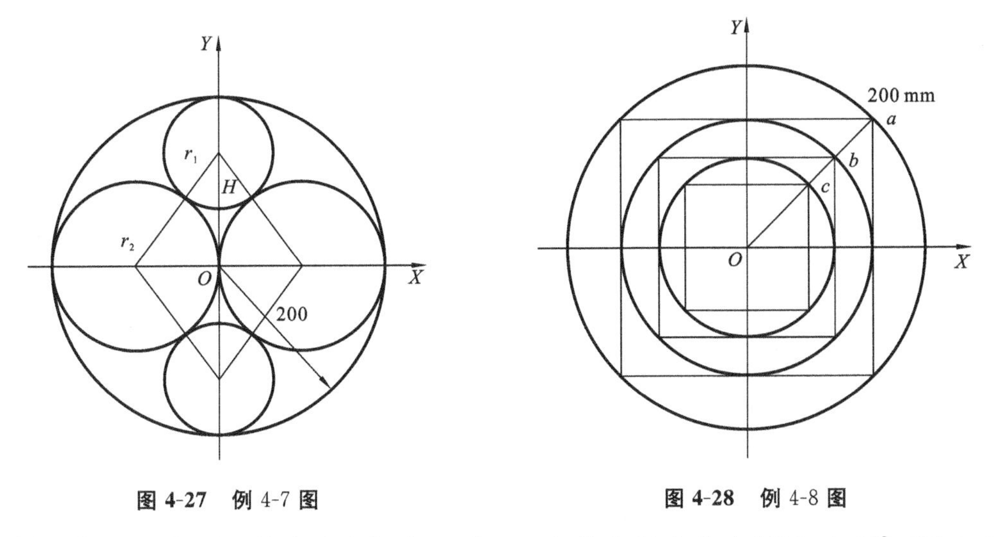

图 4-27 例 4-7 图　　**图 4-28** 例 4-8 图

解 建立如图 4-28 所示的坐标系，a、b、c…点的坐标分别为(200 sin45°、200sin45°)、

$(100\sin^2 45°、100\sin^2 45°)$、$(100\sin^3 45°、100\sin^3 45°)$、…$(100\sin^N 45°、100\sin^N 45°)$，参数编程如下。

```
P13
N10 G90
* N20 P1= 20000,P2= RAD45,P3= P1*
P4,P4= SINP2
N30 G00 X= P3  Y= P3 F1000
N40 G01 X= -P3 Y= P3  F1000
N50 G01 X= -P3 Y= -P3 F1000
N60 G01 X= P3 Y= -P3 F1000
N70 G01 X= P3 Y= P3 F1000
N80 G02  X= P3 Y= P3 I= -P3 J= -P3 F1000
* N90 P3= P3* P4
N130 G00 X= P3  Y= P3 F1000
N140 G01 X= -P3 Y= P3  F1000
N150 G01 X= -P3 Y= -P3 F1000
N160 G01 X= P3 Y= -P3 F1000
N170 G01 X= P3 Y= P3 F1000
N180 G02  X= P3 Y= P3 I= -P3 J= -P3 F1000
* N190 P3= P3* P4
N230 G00 X= P3  Y= P3 F1000
N240 G01 X= -P3 Y= P3  F1000
N250 G01 X= -P3 Y= -P3 F1000
N260 G01 X= P3 Y= -P3 F1000
N270 G01 X= P3 Y= P3 F1000
N280 G02  X= P3 Y= P3 I= -P3 J= -P3 F1000
N310 M30
```

4.6 激光加工设备用数控编程

4.6.1 数控编程实例

例 4-9 编写图 4-29 所示轨迹数控加工程序(起点在左下角,运动方向如箭头所示)。

解

```
M07              (出激光)
G04 T100         (停 100 ms)
G01 Y160 F5000   (Y 正向走 160 mm,运动速度为 5000 mm/min)
G01  X200        (X 正向走 200 mm)
G01 Y-160        (Y 负向走 160 mm)
G01 X-200        (X 负向走 200 mm)
M08              (关激光)
M02              (程序结束)
```

例 4-10 编写图 4-30 所示轨迹数控加工程序。

解

```
M07                      (出激光)
G04 T200                 (停 200 ms)
G01 X0  Y300 F2000       (Y 正向走 300 mm)
G03 X100 Y100 I0 J100    (逆时针走 1/4 圆弧)
G01 X200 Y0              (X 正向走 200 mm)
G02 X100 Y-100 I0 J-100  (顺时针走 1/4 圆弧)
G01 X0 Y-200             (Y 负向走 200 mm)
G02 X-100 Y-100 I0 J-100 (顺时针走 3/4 圆弧)
```

```
G01 X-300 Y0          (X负向走 300 mm)
M08                   (关激光)
M02                   (程序结束)
```

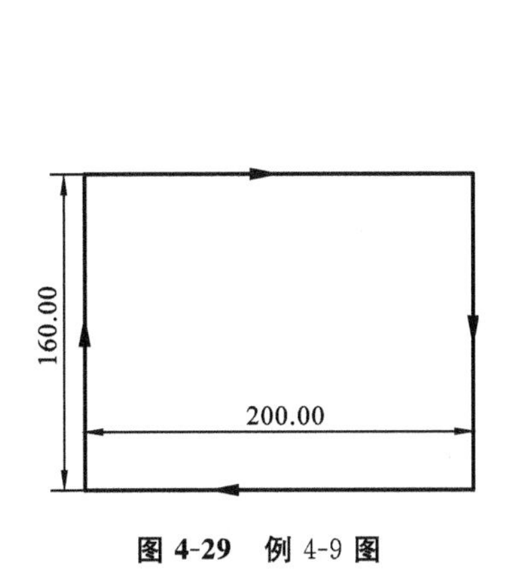

图 4-29 例 4-9 图

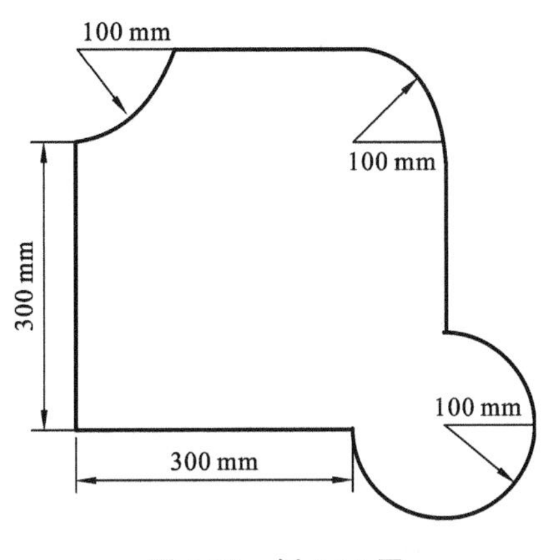

图 4-30 例 4-10 图

例 4-11 如图 4-31 所示，实线部分为需要焊接部分，虚线箭头为非焊接部分。编写轨迹数控加工程序。

解

```
G90                      (绝对坐标编程)
G00 X20 Y10 V4           (以 4 mm/s 快移到点(20,10))
SET OUT1                 (关闭光闸，挡住激光)
SET OUT0                 (出激光)
G04 D3000                (延时 3000 ms，等待光束质量稳定)
RST OUT1                 (打开光闸)
G01 X60 Y10 F2.5         (以 2.5 mm/s，直线插补到(60,10))
SET OUT1                 (关闭光闸，挡住激光)
G00 X60 Y10 V4           (以 4 mm/s 快移到点(60,30))
RST OUT1                 (打开光闸)
G03 X20 Y30 I40 J30 F2   (以 2 mm/s，圆心(40,10)逆圆插补到(20,30))
RST OUT0                 (关激光)
G74 V4                   (以 4 mm/s，返回原点)
```

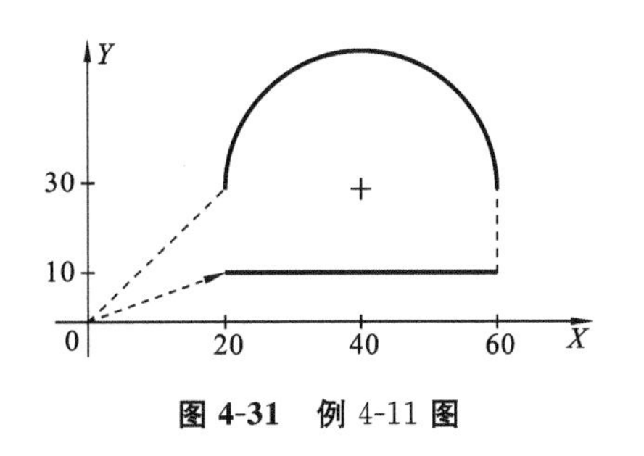

图 4-31 例 4-11 图

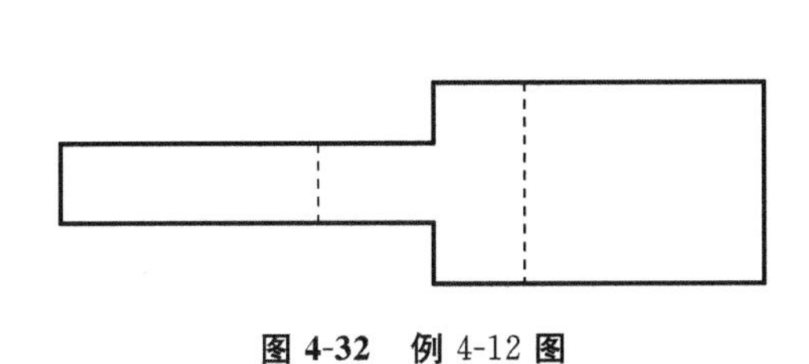

图 4-32 例 4-12 图

例 4-12 假设有一管状工件，要求沿圆周作两道焊接，两道焊缝间隔 5 mm，其俯视图如图 4-32 所示。编写轨迹数控加工程序。

解

```
G90                      (绝对坐标编程)
```

```
SET OUT1              (关闭光闸,挡住激光)
SET OUT0              (出激光)
G04 D3000             (延时 3000 ms,等待光束质量稳定)
RST OUT1              (打开光闸)
G100 A360 F2.5        (以角速度 2.5°/s,旋转 360°)
SET OUT1              (关闭光闸,挡住激光)
G00 X5 Y0 V1          (以 4 mm/s,快移到点(60,30))
RST OUT1              (打开光闸)
G100 A360 F2.5        (以角速度 2.5°/s,旋转 360°)
RST OUT0              (关激光)
G74  V4               (以 4 mm/s,返回原点)
```

4.6.2 零件激光切割编程案例

案例基于 JHM-1GXY-500 多功能激光加工机的使用。零件加工的操作顺序为：

编制零件加工程序 → 加载程序 → 设置工艺参数子程序 → 设置激光器参数→ 选择辅助气体 →定位到加工位置 → 执行加工程序(开始加工)。

零件加工程序可分为三段:工艺设置段、加工段、结束段。

(1) 在切割、焊接或打标时,工艺设置段程序格式如下。

```
N0010  G91 F3000
N0020  G9
N0030  G4 F400
```

(2) 加工段由各加工小段组成,各加工小段的程序格式如下。

```
N0070
…
N0100
```

其中,N0070 和 N0100 之间的程序段表示轮廓轨迹,如 N0080 G1 X10 Y10。各加工小段的前后有一些定位段。

(3) 结束段程序格式如下。

```
N0200  M2
```

1. 切割工艺参数

P101:切割激光频率。

P102:切割激光占空比。

P103:激光爬行时间。

P104:切割激光模式,有 CW、GP、SP 和 HP 四种。

P105:激光高低频选择,用 0 表示低频,1 表示高频。

P106:激光双休眠控制,用 0 表示低休眠,1 表示高休眠。

P107:激光切割最小功率。

P108:激光切割最大功率。

P109:激光穿孔功率。

P110:激光切割最小速度。

P111:激光切割最大速度。

P120:穿孔气体压力。

P121:切割气体压力。

P122:穿孔高度(穿孔时割嘴与板材的距离)。

P123:切割高度(切割时割嘴与板材的距离)。

P124:穿孔延时。

P125:快移高度(快移时割嘴与板材的距离)。

P131:高度传感器开关,用0表示不使用,1表示使用。

P132:设定坐标系,用90表示绝对坐标,91表示相对坐标。

P133:板材上表面绝对坐标值。

P135:穿孔激光模式,有CW、GP、SP和HP四种。

P136:穿孔激光频率。

P137:穿孔激光占空。

P138:穿孔高度到切割高度延时时间。

注意:(1) 用户在数控代码中禁止使用P101到P200之间的P参数。

(2) P131=0时,一定要正确设置P133,否则切割头会撞击钢板。

2. 切割辅助代码

M140:开传感器。

M141:关传感器。

M501:关光闸和气压。

M511:开光闸和设置穿孔气压。

M513:设置切割气压。

M521:设置激光模式为CW。

M522:设置激光模式为GP。

M523:设置激光模式为SP。

M524:设置激光模式为HP。

M525:开机械光闸。

M526:关机械光闸。

Q81:切割开始子程序。

Q82:切割结束子程序。

Q83:打标开始子程序。

Q84:打标结束子程序。

注意:P131=0且数控代码调用Q81、Q82、Q83、Q84时,数控代码中禁止使用比例缩放指令G50。

3. 零件编程实例

程序清单如下。

```
* N0002 P101= 200 (切割激光频率)
* N0004 P102= 25 (切割激光占空比)
* N0006 P103= 500
* N0008 P104= 3(切割激光模式:1.CW,2.GP,3.SP,4.HP)
* N0010 P107= 1200(激光切割最小功率)
* N0012 P108= 4200
* N0014 P109= 3400
* N0016 P110= 200
* N0018 P111= 1500
* N0020 P120= 6
* N0022 P121= 10
* N0024 P122= 1
* N0026 P123= 1
* N0028 P124= 200
* N0030 P125= 50
* N0032 P131= 1
* N0036 P132= 91
* N0038 P133= 10
* N0040 P134= 0
* N0042 P135= 3
* N0044 P136= 250
* N0046 P137= 20
* N0048 P138= 100
N0100  G91 F3000
N0102  Q80
N0104 G00 X17 Y15
N0106 Q81
N0108 G01 X5
N0110 G02 I-5 J0
N0112 Q82
N0114 G00 X-22 Y-15
N0116 Q81
N0118 G01 X32
N0120 Y15
N0122 X-15 Y15
N0124 X-15
N0126 Y-30
N0128 Q82
N0130 M02
```

习　题

4-1 编写题 4-1 图所示激光数控加工程序，要求使用相对坐标。

4-2 已知某数控加工程序如下。

```
N10  G01  X0  Y0  F1000
N20  X5   Y1
N30  X7
N40  Y2
N50  X5
N60  M30
```

要求对其写出镜像数控加工程序，产生如题 4-2 图所示加工轨迹。

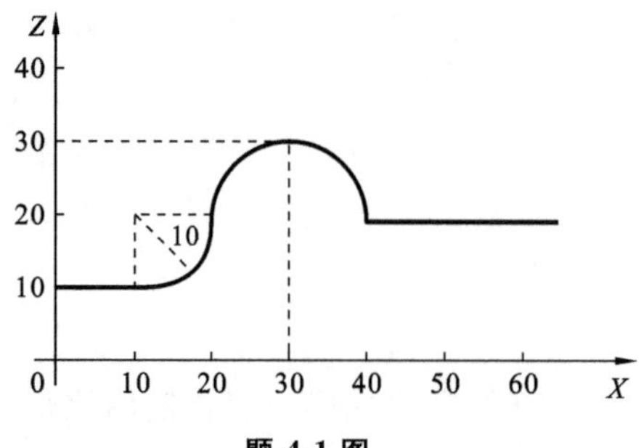

题 4-1 图

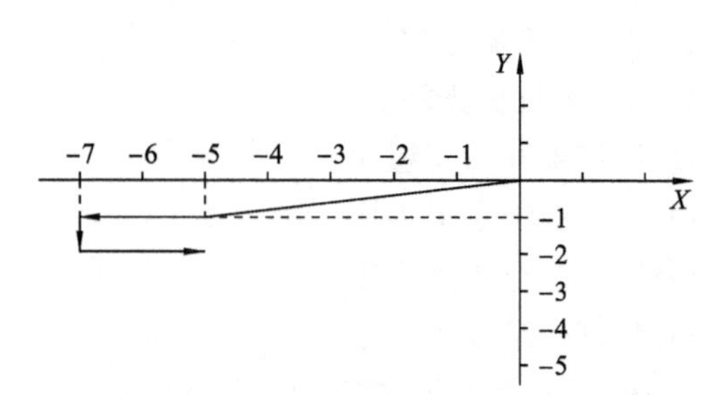

题 4-2 图

4-3 编写题 4-3 图所示加工轨迹的激光数控加工程序，要求使用相对坐标。

4-4 写出题 4-4 图所示加工轨迹的右路径补偿程序。

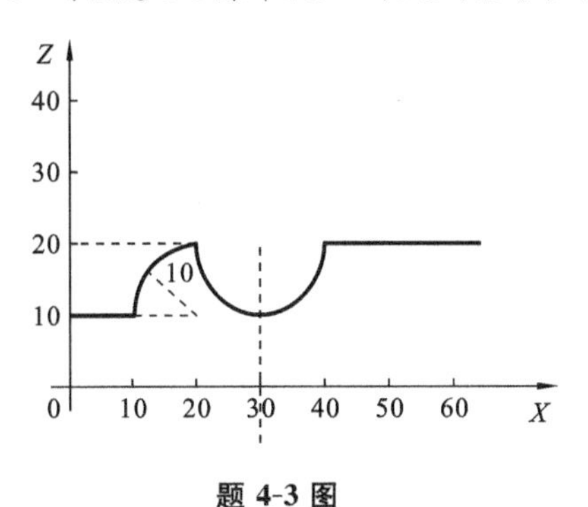

题 4-3 图

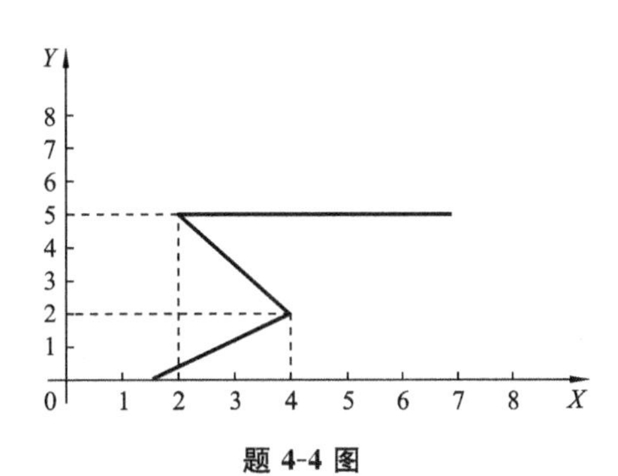

题 4-4 图

4-5 使用 G 代码和 M 代码，编写加工如题 4-5 图所示加工轨迹的程序。

4-6 使用 G 代码和 M 代码，编写加工如题 4-6 图所示轨迹的程序。

4-7 实现如题 4-7 图所示立体图形加工程序，锥体的底边长 200 mm，高 100 mm。

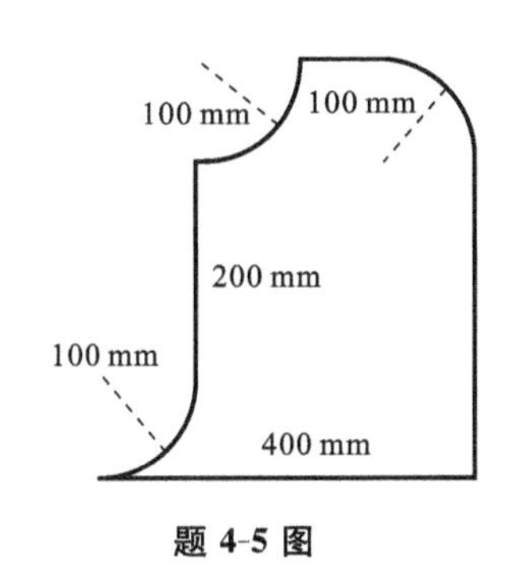

题 4-5 图

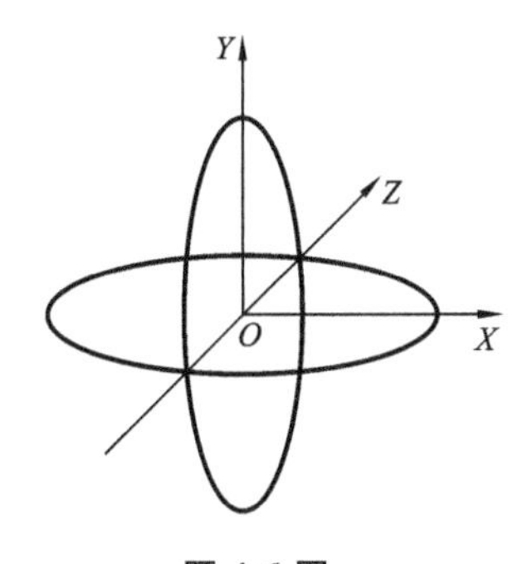

题 4-6 图

4-8 使用 PA8000 数控编程软件，参数编程实现如题 4-8 图所示半径为 400 mm 的三圆相切。

4-9 参数编程编写实现如题 4-9 图所示图形的数控加工程序，棱形边长为 200 mm，棱形夹角 α 为 45°。

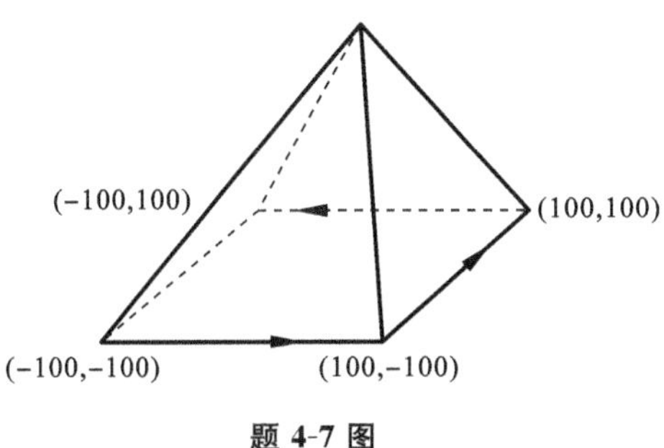

题 4-7 图

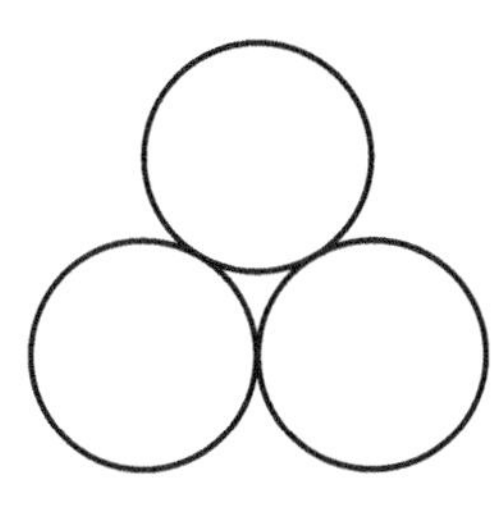

题 4-8 图

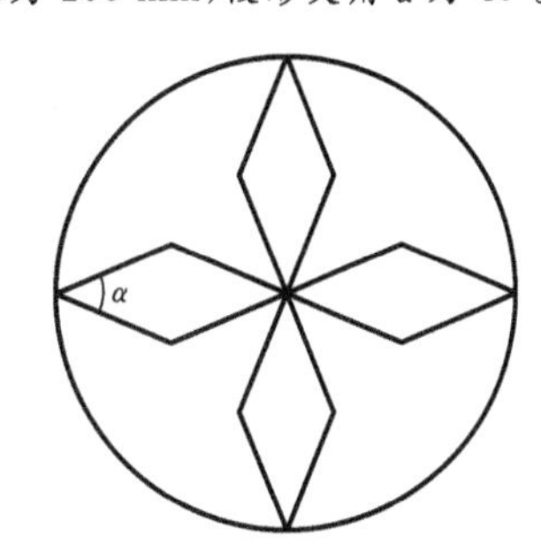

题 4-9 图

5 激光打标机控制系统

5.1 打标控制卡介绍

LMCFIBER2010 专用打标控制卡是针对脉冲式光纤激光器的打标机而专门开发的控制卡，采用 USB 接口与计算机相连。LMCFIBER2010 专用打标控制卡如图 5-1 所示，主要特点如下。

(1) 采用 DB25 插座输出激光控制信号，与脉冲式光纤激光器通过 25 脚电缆直连。振镜控制信号为数字信号，可直接连接国际上通用的数字振镜。

(2) 飞行打标。可连接旋转编码器，实时检测流水线的速度，保证高速打标效果。

(3) 扩展轴(步进电动机/伺服电动机)输出。可输出两个通道的方向/脉冲信号控制步进电动机(或伺服电动机)，可用于转轴或者拼接。

(4) 16 路通用输入数字信号(TTL 兼容)。信号分别为 IN0～IN13，XORG0(IN14)，YORG0(IN15)。其中 IN0～IN3 被指定为激光器状态输入信号，由 CON2 引入(LaserST0～LaserST3)。

(5) 8 路通用输出数字信号(TTL 兼容)。信号分别为 OUT0～OUT7，从 CON5 插座输出。其中，OUT0～OUT3 信号为 TTL 输出；OUT4～OUT7 信号可通过跳线设置为 OC 或 TTL 输出。

(6) LaserErr 信号。激光器状态错误时输出，为 OC 输出，可接继电器。

(7) ReMark(缓存内容重复标刻)信号。用于打标内容相同，要求高速打标的情况。

5.2 打标控制卡接口

由图 5-1 可知，打标控制卡各接口作用如下。

CON1：振镜(SCANHEAD)控制接口，DB15 插座。

CON2：IPG YLP 系列激光器的 DB25 控制接口。

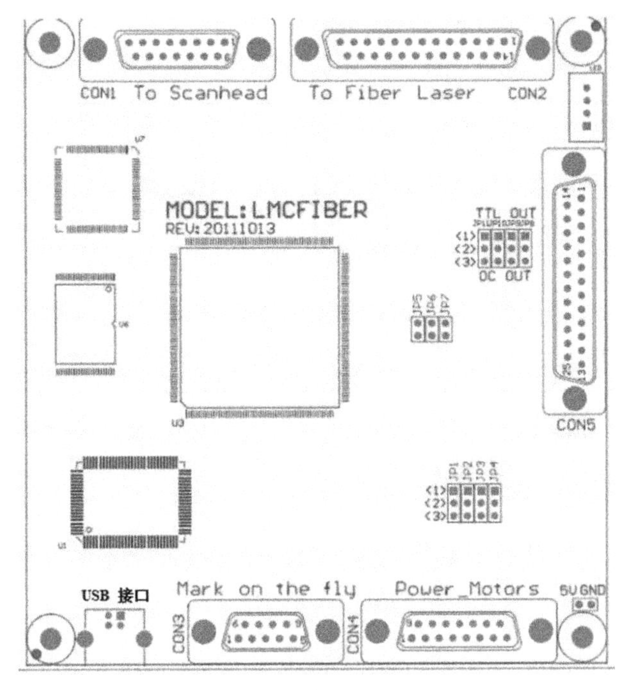

图 5-1 USB 接口打标控制卡

CON3:飞标(mark on the fly)接口,用于连接编码器,DB9 插座。

CON4:I/O 接口,用于连接电源以及扩展轴控制信号,DB15 插座。

CON5:I/O 接口,用于输入输出数字信号,DB25 插座。

USB 接口:与计算机相连。

5.2.1 电源

打标控制卡需要 5 V 直流电源供电。采用 5 V/3 A 的直流电源。电源管脚如表 5-1 所示。

表 5-1 电源管脚

CON4 管脚	名称	说明
4,5	VCC	+5 V。电源的正极性端
12,13	GND	地。电源的负极性端

5.2.2 CON1:DB15 振镜控制插座

振镜控制信号为数字信号,可以直接连接至数字振镜。由于数字振镜所用的数字信号传输协议不完全一样,所以,使用前需要确认数字振镜使用何种传输协议。系统还提供了D/A(数字模拟)转换的转接板,该转换板可将数字信号转成模拟信号输出到模拟振镜。数字信号采用带屏蔽层的双绞线传输。振镜控制 CON1 接口管脚定义如图 5-2 所示,CON1 接口管脚说明如表 5-2 所示。

表 5-2 振镜控制 CON1 接口管脚说明

管脚	名称	说明
1,9	CLK－/CLK＋	时钟信号－/时钟信号＋
2,10	SYNC－/SYNC＋	同步信号－/同步信号＋
3,11	X Channel－/X Channel＋	振镜 X 信号－/振镜 X 信号＋
4,12	Y Channel－/Y Channel＋	振镜 Y 信号－/振镜 Y 信号＋
5,13	NULL	保留
6,14	NULL	保留
7	NULL	保留
8,15	GND	地

5.2.3 CON2:DB25 激光控制插座

LMCFIBER2010 打标控制卡 CON2 接口只能接脉冲式光纤激光器，CON2 接口管脚定义如图 5-3 所示，CON2 接口管脚说明如表 5-3 所示。

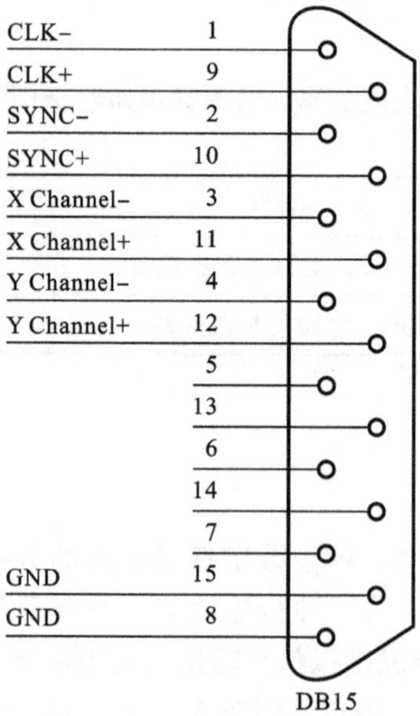

图 5-2 振镜控制 CON1 接口管脚定义示意图

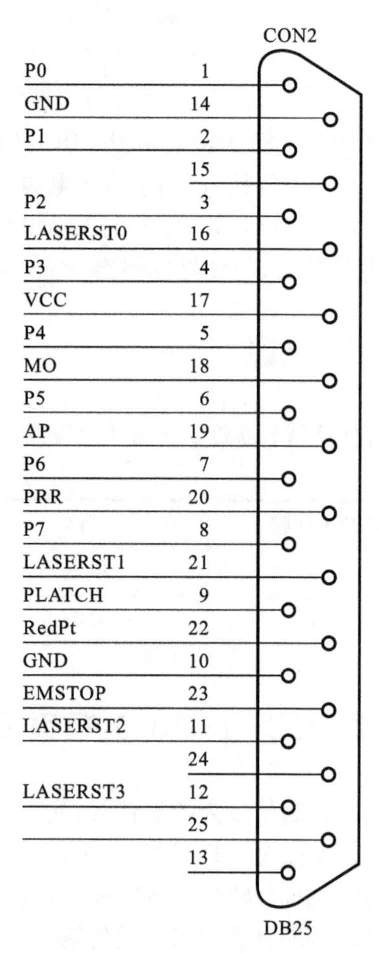

图 5-3 光纤激光器 CON2 接口管脚定义示意图

表 5-3 光纤激光器 CON2 接口管脚说明

管脚号	信号名称	说明
1～8	P0～P7	激光器功率，TTL 输出
9	PLATCH	功率锁存信号，TTL 输出
10,14	GND	控制卡的参考地
11,12,16,21	LASERST0～3	激光器状态输入
17	VCC	控制卡的 5 V 电源输出
18	MO	主振荡器开关信号。TTL 输出
19	AP	功率放大器开关信号。TTL 输出
20	PRR	重复脉冲频率信号。TTL 输出
22	RedPt	激光器的红光指示信号。TTL 输出
23	EMSTOP	急停开关信号。TTL 输出
13,24,25		此脚悬空，不连接

5.2.4 CON3:DB9 飞行打标插座

CON3 为飞行打标接口，可接编码器和光电开关实现飞行打标。CON3 接口管脚定义如图 5-4 所示，CON3 接口管脚说明如表 5-4 所示。

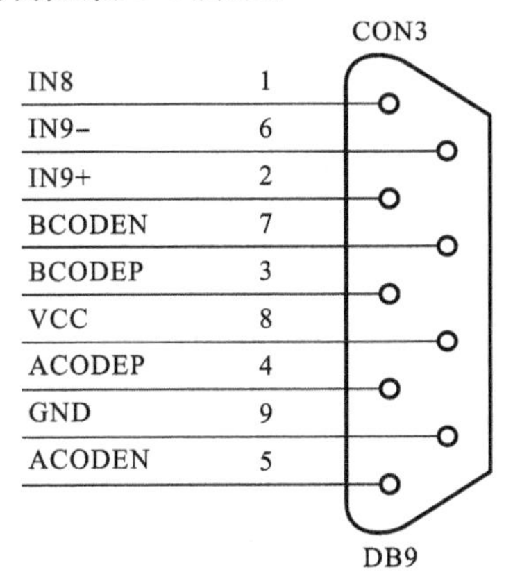

图 5-4 飞行打标 CON3 接口管脚定义示意图

表 5-4 飞行打标 CON3 接口管脚说明

管脚	名称	说明	
1	IN8	输入端口 8	与 GND 组成回路
2,6	IN9＋,IN9－	输入端口 9	IN9 内部有 1 kΩ 限流电阻；如果电压高于 12 V，建议外接限流电阻
3,7	BCODEP/BCODEN	编码器输入 B＋/B－	
4,5	ACODEP/ACODEN	编码器输入 A＋/A－	
8	VCC	＋5 V 输出	与 9 脚形成回路
9	GND	地	

5.2.5 CON4:DB15 电源/扩展轴/IO 插座

CON4 接口管脚定义如图 5-5 所示，管脚信号名称说明如下。

CON4

XORG0 1
YDIR+ 9
YORG0 2
YDIR- 10
YPUL- 3
YPUL+ 11
Vin 4
GND 12
Vin 5
GND 13
XDIR- 6
XDIR+ 14
XPUL- 7
XPUL+ 15
ReMark 8

DB15

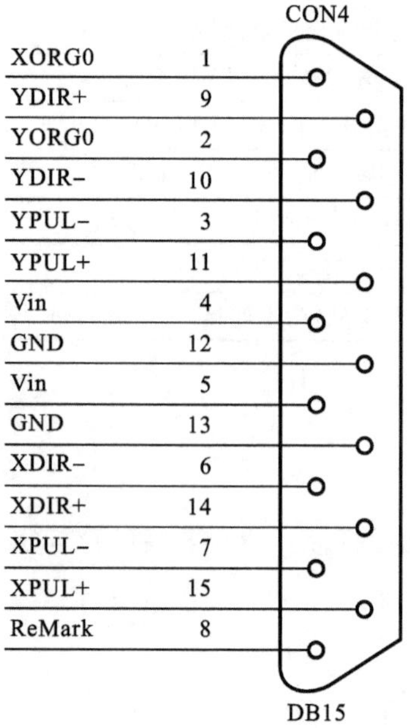

图 5-5 电源/扩展轴/IO 插座

(1) 1 脚 XORG0：扩展轴 X 原点信号。与控制卡的地(12 脚，13 脚)组成回路。使用时，将此信号与地分别连接至开关的两端即可。本信号为输入信号。

(2) 2 脚 YORG0：扩展轴 Y 原点信号。与控制卡的地(12 脚，13 脚)组成回路。使用时，将此信号与地分别连接至开关的两端即可。本信号为输入信号。

(3) 3 脚，11 脚 YPUL－/YPUL＋：扩展轴 Y 的脉冲信号。输出方式可以设置为差分输出或者共阳输出(TTL 输出)。本信号为输出信号。共阳输出，使用 VCC 与 YPUL＋ 信号，VCC 为阳极信号。

(4) 4 脚，5 脚 Vin：5 V 输入电源的正极性端。本信号为输入信号。

(5) 12 脚，13 脚 GND：5 V 输入电源的负极性端(地信号)，即控制卡的地信号。本信号为输入信号。

(6) 6 脚，14 脚 XDIR－/XDIR＋：扩展轴 X 的方向信号。输出方式可以设置为差分输出或者共阳输出(TTL 输出)。本信号为输出信号。共阳输出，使用 VCC 与 XDIR＋ 信号，VCC 为阳极信号。

(7) 7 脚，15 脚 XPUL－/XPUL＋：扩展轴 X 的脉冲信号，输出方式可以设置为差分输出或者共阳输出(TTL 输出)。本信号为输出信号。共阳输出，使用 VCC 与 XPUL＋ 信号，VCC 为阳极信号。

(8) 8 脚 ReMark：重复标刻信号。与 GND 信号组成回路，将此信号与地分别连接至开关的两端即可。使用此信号时，控制卡会标刻上次标刻时保留在缓存中的内容。本信号为输入信号。

(9) 9 脚，10 脚 YDIR＋/YDIR－：扩展轴 Y 的方向信号。输出方式可以设置为差分输出或者共阳输出(TTL 输出)。本信号为输出信号。共阳输出，使用 VCC 与 YDIR＋ 信号，VCC 为阳极信号。

5.2.6 CON5:DB25 插座-数字输入/输出

CON5 接口用于数字信号输入/输出，其接口管脚定义如图 5-6 所示，管脚信号名称说明如下。

(1) 1 脚,2 脚,4 脚,5 脚,14 脚,15 脚,16 脚,17 脚 OUT0～OUT7:通用输出信号。TTL 兼容。与 GND 信号形成回路。其中,OUT4/5/6/7 可以通过跳线 JP8/9/10/11 设置成集电极开漏(OC)输出。

(2) 3 脚 COM 信号:输出信号使用 OC 输出时,此管脚需连接到上拉电源的正端(如 24V),用于防止感性负载(如感性继电器)击毁输出电路。

(3) 6 脚,7 脚,8 脚,19 脚,20 脚 GND:接地端。

(4) 9 脚,22 脚 GIN10/GIN11:通用输入信号 10/11 的输入端正极性端,与 InRtn1 形成回路。

(5) 21 脚 InRtn1:通用输入信号 10/11 的输入端负极性端。

(6) 10 脚 InRtn2:通用输入信号 12/13 的输入端负极性端。

(7) 23 脚,11 脚 GIN12/GIN13:通用输入信号 12/13 的输入端正极性端,与 InRtn2 形成回路。

(8) 12 脚,13 脚,24 脚,25 脚 GIN4/5/6/7:通用输入信号 4/5/6/7 的输入端正极性端,与 GND 形成回路。

(9) 18 脚 LaserErr:激光器故障输出,表示激光器处于错误状态。OC 输出。激光器发生故障时,此信号被下拉至 Gnd 信号。

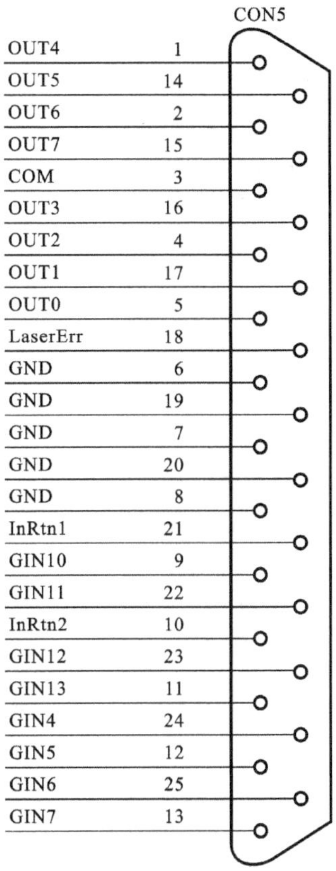

CON5

信号	脚
OUT4	1
OUT5	14
OUT6	2
OUT7	15
COM	3
OUT3	16
OUT2	4
OUT1	17
OUT0	5
LaserErr	18
GND	6
GND	19
GND	7
GND	20
GND	8
InRtn1	21
GIN10	9
GIN11	22
InRtn2	10
GIN12	23
GIN13	11
GIN4	24
GIN5	12
GIN6	25
GIN7	13

图 5-6 CON5 插座管脚定义示意图

5.3 打标控制卡驱动程序安装

打标控制卡软件包括两部分:打标控制卡硬件驱动程序和 EzCad 打标程序。硬件驱动程序与打标控制卡型号及版本有关,需要独立安装。

打标控制卡安装后,启动计算机进入 Windows,并打开设备管理器。可以看到如图 5-7 所示、带有黄色感叹号的设备,说明打标控制卡没有安装相应的驱动程序,Windows 无法识别该设备。

安装打标控制卡驱动程序时,首先用鼠标双击带有黄色感叹号的设备,弹出如图 5-8 所示的驱动程序安装对话框。

点击"更新驱动程序(P)"按钮,弹出如图 5-9 所示的搜索驱动程序软件对话框。

点击"浏览计算机以查找驱动程序软件"选项,弹出如图 5-10 所示的浏览驱动程序软件对话框,点击"浏览(R)"按钮,找到驱动程序软件所在的位置。

点击"下一步(N)"按钮,弹出如图 5-11 所示的安装驱动程序软件对话框。点击"安装(I)"按钮,开始安装驱动程序软件。

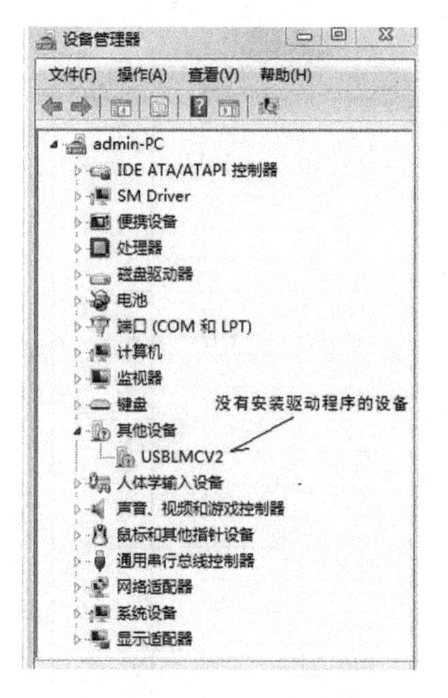

图 5-7 Windows 设备管理器

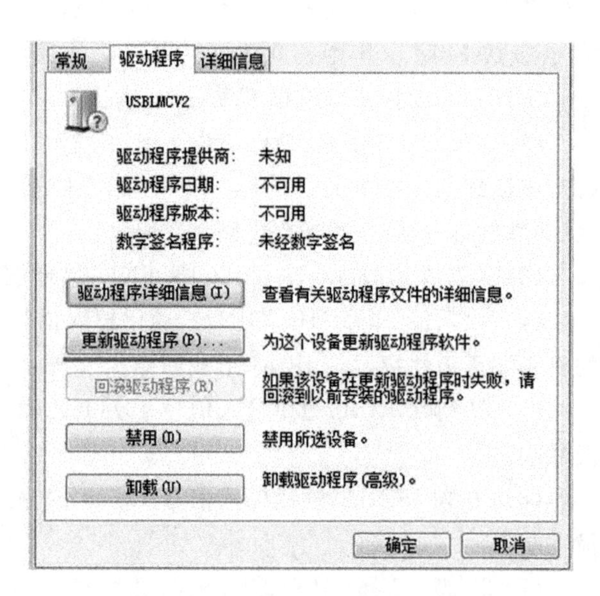

图 5-8 设备驱动程序安装对话框

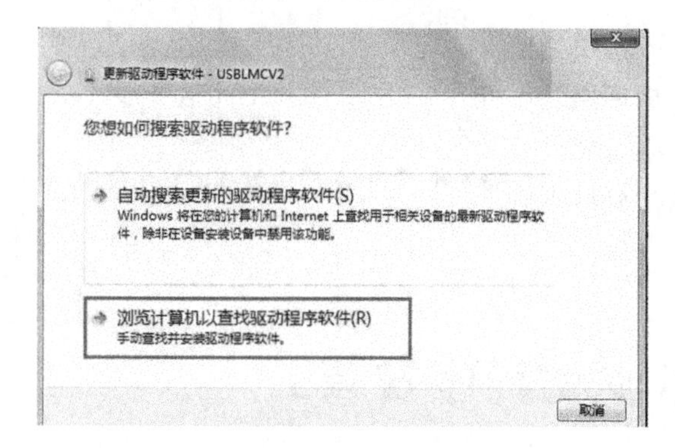

图 5-9 搜索设备驱动程序软件对话框

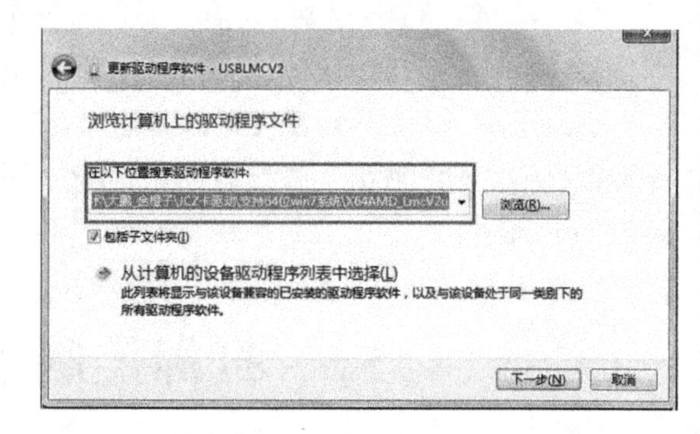

图 5-10 浏览设备驱动程序软件对话框

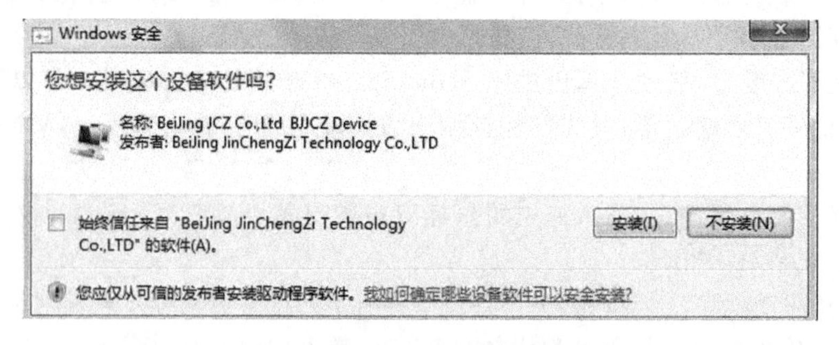

图 5-11 安装设备驱动程序软件对话框

5.4 EzCad打标程序安装

首先将随打标控制卡一起包装的“加密狗”插入USB接口，将EzCad标刻软件整体复制至硬盘，并在桌面上建立“EzCad2”执行程序的快捷方式。执行EzCad打标程序，若出现找不到“加密狗”提示，则需要修改注册表。修改成功后，重新启动计算机，使修改生效。

5.5 EzCad打标程序使用

5.5.1 主界面

EzCad打标程序主界面如图5-12所示。

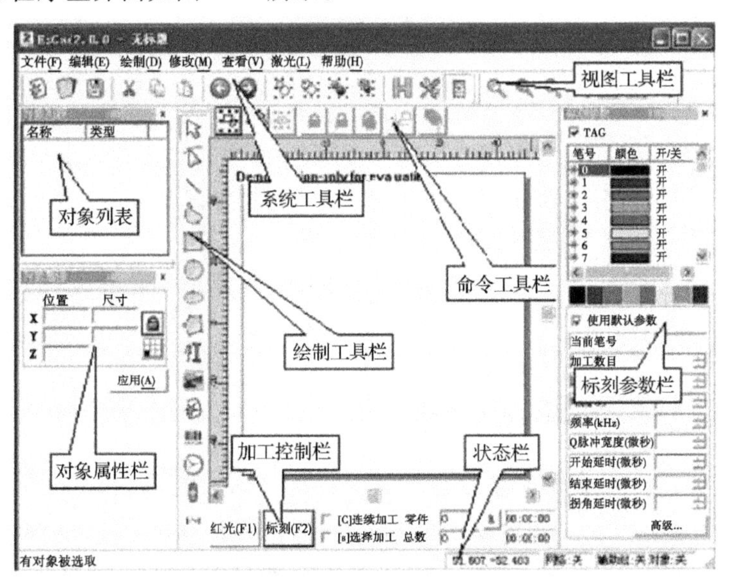

图5-12 EzCad主界面

5.5.2 系统参数(P)

“系统参数”子菜单用于进行系统参数的设置。对应的工具栏上的“系统参数”图标为 。单击“系统参数”图标，弹出如图5-13所示的对话框。

5.5.3 颜色

设置背景、工作空间、辅助线、网格等元素的颜色。双击颜色条可更改相应的颜色，如图

5-14 所示。

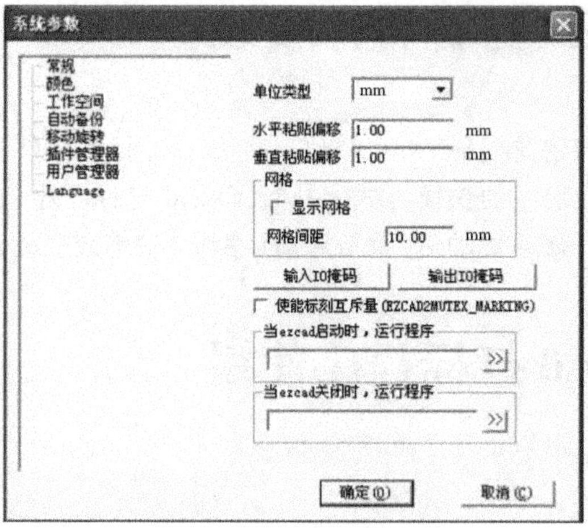

图 5-13　系统参数设置

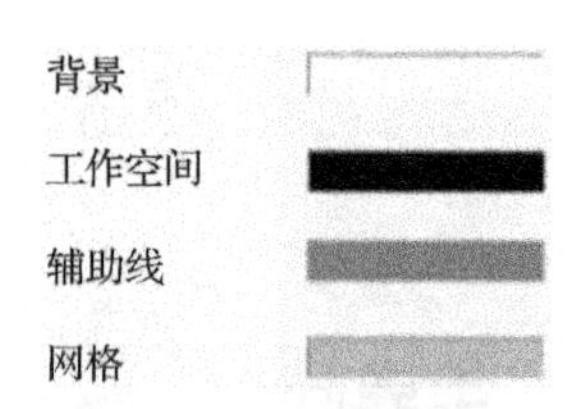

图 5-14　颜色设置

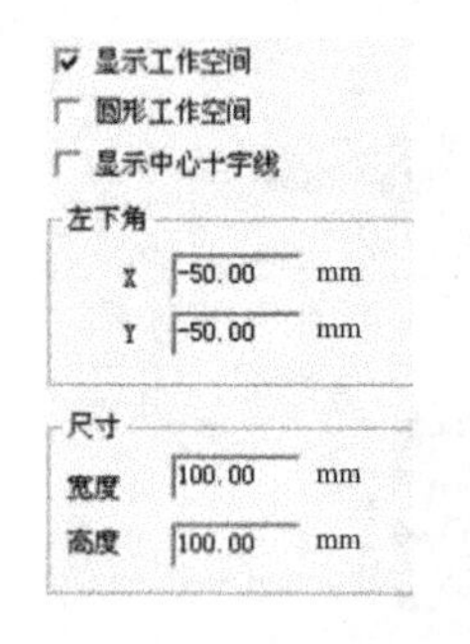

图 5-15　工作空间设置

5.5.4　工作空间

工作空间指主界面中的矩形框部分。该矩形框应对应实际设备的有效工作区域，这样在该矩形框内绘制的所有图形，实际加工时都会被加工。矩形框外的图形由于尺寸限制，将有可能不会被加工。

设置工作空间的属性，包括工作空间的大小以及位置，如图5-15 所示。

5.5.5　组合/分离组合

“组合”功能将选择的所有对象去除原有属性地组合在一起，作为一个新的曲线对象。这个组合的图形对象与其他图形对象一样可以被选择、复制、粘贴，也可以设置对象属性。

例如，原图形为圆形或矩形，将它们做“组合”后，所得图形统一按照曲线来处理；将其做“分离组合”处理后则都会转换为曲线。

“分离组合”可将组合对象还原成一条条单独的曲线对象。

“组合”菜单对应的工具栏图标为，“分离组合”菜单对应的工具栏图标为。

“组合”、“分离组合”对应的快捷键分别为“Ctrl＋L”键和“Ctrl＋K”键。

5.5.6　群组/分离群组

“群组”功能将选择的图形对象保留原有属性地组合在一起，作为一个新的图形对象。这个组合的图形对象与其他图形对象一样可以被选择、复制、粘贴，也可以设置对象属性。

例如，原图形为圆形或矩形，将它们做“群组”后，所得图形依旧按照原图形属性来处理，而将其做“分离群组”处理后则都会还原为原来对象，其属性不变。

“分离群组”可将群组的对象还原成集合之前的状态，如果群组里面的对象超过 1000，则分离时将先分成 10 个群组，如果解散的是个多层次向量图，则先按笔号解散成小群组。

“群组”菜单对应的工具栏图标为，“分离群组”菜单对应的工具栏图标为。

“群组”、“分离群组”对应的快捷键分别为“Ctrl＋G”键和“Ctrl＋U”键。

5.5.7 填充

填充功能可以对指定的图形进行填充操作。被填充的图形必须是闭合的曲线图形。如果选择了多个对象进行填充，那么这些对象可以互相嵌套，或者互不相干，但任何两个对象不能有相交部分。如图 5-16 所示。

填充菜单对应的工具栏图标为。选择填充图形后将弹出填充对话框，如图 5-17 所示，功能介绍如下。

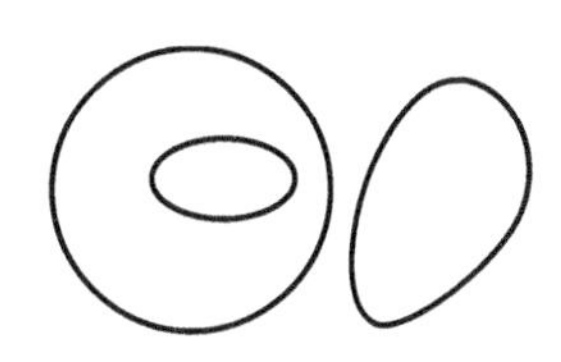

（a）两图不相交，可填充

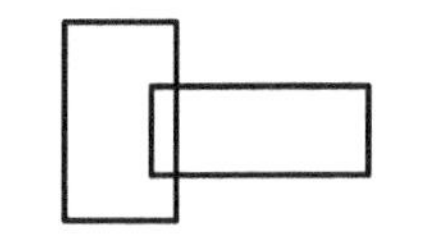

（b）两图相交，填充结果不确定

图 5-16 填充对象

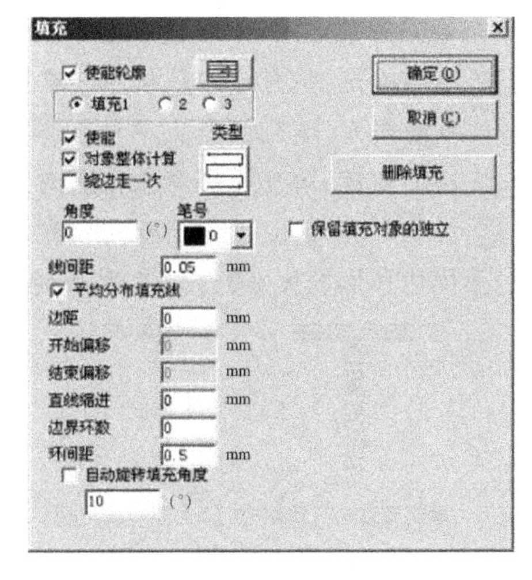

图 5-17 填充对话框

（1）使能轮廓：表示是否显示并标刻原有图形的轮廓，即填充图形是否保留原有轮廓。

：表示在使能轮廓情况下先标刻填充线再标刻轮廓线。

：表示在使能轮廓情况下先标刻轮廓线再标刻填充线。

（2）填充 1、填充 2 和填充 3：指可以同时有三套互不相关的填充参数进行填充运算。可以做到任意角度的交叉填充，且每种填充都可以支持不同的填充类型进行加工。

（3）使能：是否允许当前填充参数有效。

（4）对象整体计算：是一个优化的选项，如果选择了该选项，那么在进行填充计算时将把所有不互相包含的对象作为一个整体进行计算，在某些情况下会提高加工的速度（如果选择了该选项，可能会造成计算机运算速度的降低），否则每个独立的区域会分开来计算。

下面举个特殊实例来说明此功能。

例如：在工作空间绘制三个独立矩形，填充线间距 1 mm，为 0 度填充。

① 不勾选“对象整体计算”:在加工时会按照对象列表里的加工顺序依次标刻其填充线，即先标刻完一个对象的填充图再标刻下一个的,如图 5-18 所示。

② 勾选“ 对象整体计算”:在加工时一次标刻出全部的填充线,即将几个对象中同一行的填充线一起标刻出,如图 5-19 所示。

③ 在加工效果上的不同,分别如图 5-18、图 5-19 所示。

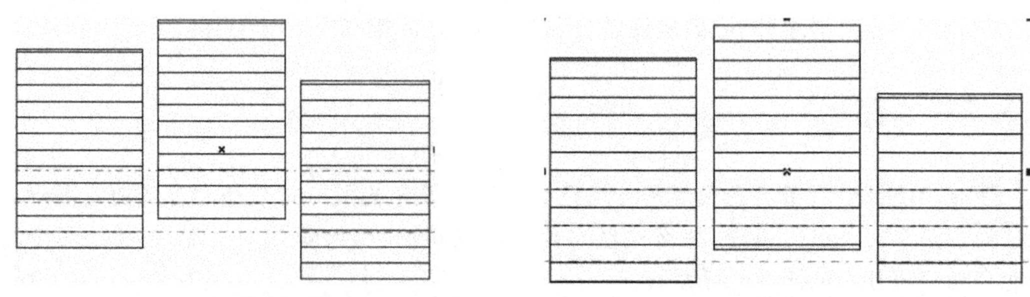

图 5-18　不勾选“对象整体计算”填充线并不对齐　　图 5-19　勾选“对象整体计算”填充线是对齐的

(5) 填充类型有单向填充、双向填充、环形填充,优化双向填充、优化弓形填充等五种形式,填充效果分别如图 5-20、图 5-21 所示。

单向填充:填充线总是从左向右进行填充。

双向填充:填充线先从左向右进行填充,然后从右向左进行填充,其余循环填充。

环形填充:填充线在对象轮廓内由外向里循环偏移填充。

优化双向填充:类似于双向填充,但填充线末端之间会产生连接线。

优化弓形填充:类似弓形填充,在对象空白的地方仍会跳过去填充。

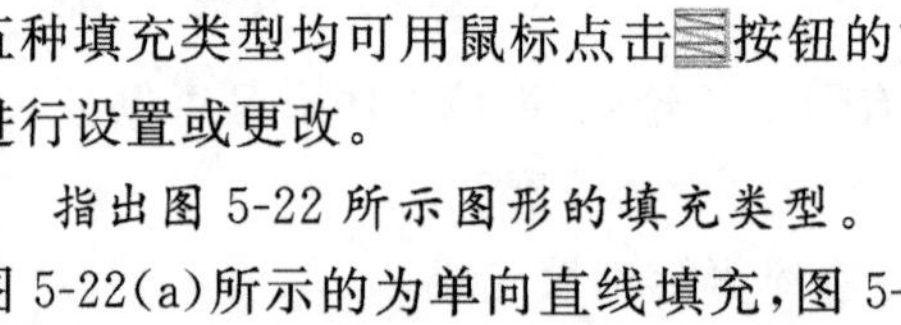

(a) 单向或双向直线填充　(b) 环形填充　(c) 双向填充

图 5-20　填充类型

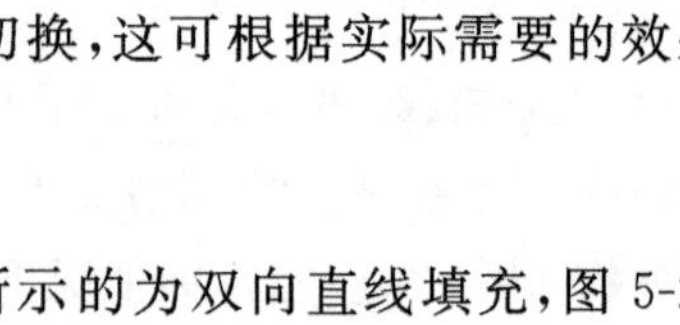

(a) 弓形填充　(b) 优化弓形填充

图 5-21　弓形填充、优化弓形填充对比

以上五种填充类型均可用鼠标点击按钮的方法来切换,这可根据实际需要的效果,方便快捷地进行设置或更改。

例 5-1　指出图 5-22 所示图形的填充类型。

解　图 5-22(a)所示的为单向直线填充,图 5-22(b)所示的为双向直线填充,图 5-22(c)所示的为环形填充,图 5-22(d)所示的为弓形填充,图 5-22(e)所示的为优化弓形填充。

(6) 角度:指填充线与 X 轴的夹角,如图 5-23 所示的为填充角度为 45°时的填充图形。

(7) 线间距:指填充线相邻的线与线之间的距离。

(8) 边距:指所有填充计算时,填充线与对象轮廓的边距离。如图 5-24 所示的填充线与对象所有边的距离都为边距。

(9) 绕边走一次:指填充计算完后,绕填充线外围增加一个轮廓图形。如图 5-25(b)所示,在填充线的周围有一边框。

(10) 平均分布填充线:解决在填充对象的起始和结尾处填充线分布不均匀的问题。填

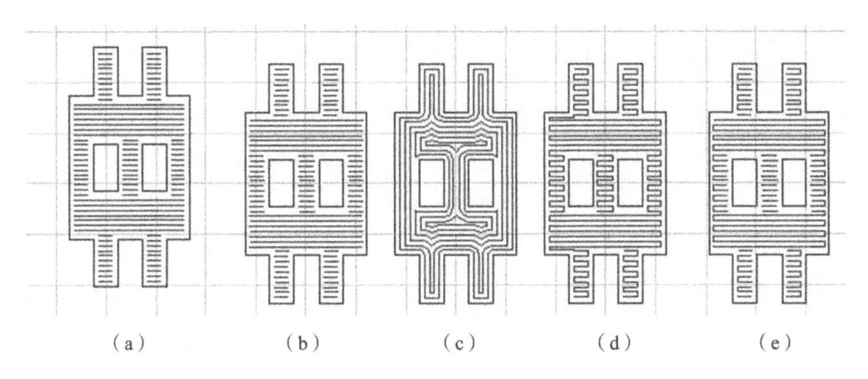
(a) (b) (c) (d) (e)

图 5-22 填充类型

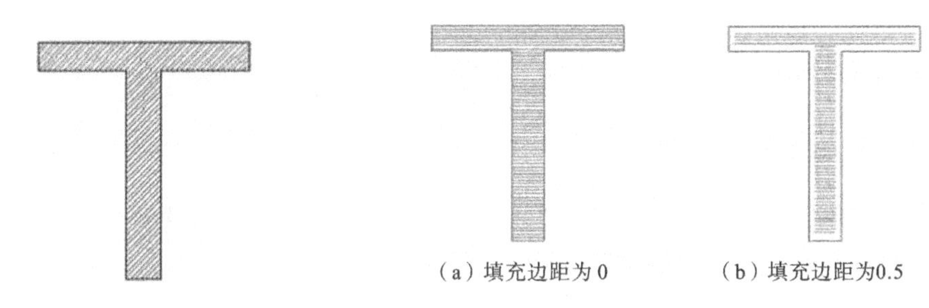
(a) 填充边距为0 (b) 填充边距为0.5

图 5-23 填充角度为 45°

图 5-24 填充边距示例

充对象的尺寸和填充线间距设置等原因，填充后，在填充对象的起始和结尾处可能会出现填充线分布不均匀的现象。为了简化操作，在不需要用户自己重新设置线间距的情况下，也能达到所有填充线均匀分布的目的，增加此功能。选择该项后，软件会在用户设置的填充线间距的基础上自动微调填充线间距，以让填充线均匀分布。

(11) 开始偏移：指第一条填充线与边界的距离。

(12) 结束偏移：指最后一条填充线与边界的距离。

如图 5-26 所示的为偏移距离的填充图形示例。

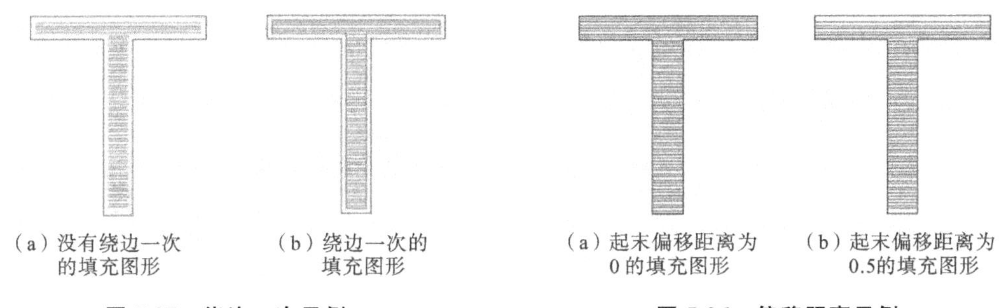
(a) 没有绕边一次的填充图形 (b) 绕边一次的填充图形

图 5-25 绕边一次示例

(a) 起末偏移距离为0 的填充图形 (b) 起末偏移距离为0.5的填充图形

图 5-26 偏移距离示例

(13) 自动旋转填充角度：勾选此功能表示激光机每标刻一次，就自动将填充线旋转设定角度再进行标刻，即如果设置角度为 0°，自动旋转角度为 30°，那么第一次标刻时角度为 0°，第二次为 30°，然后是 60°，90°，…。这样可以保证多次深度标刻出的填充图形不会有填充线的纹路，使得整个填充图形表面平滑。

(14) 直线缩进：指填充线两端的缩进量，如果为正值就是缩进量，如果为负值就是伸出量。此功能在加工填充图形，希望填充线两端与轮廓线让开一点距离的时候使用。如 5-27 所示的为直线缩进的示例填充图形。

(15) 边界环数：指在进行水平填充之前先进行几次环形填充的次数。由于完全用环形填充的功能会出现在最后一个环无法填充均匀的情况，此功能就是为解决这种问题而设计的。如图 5-28 所示的为边界环数的示例填充图形。

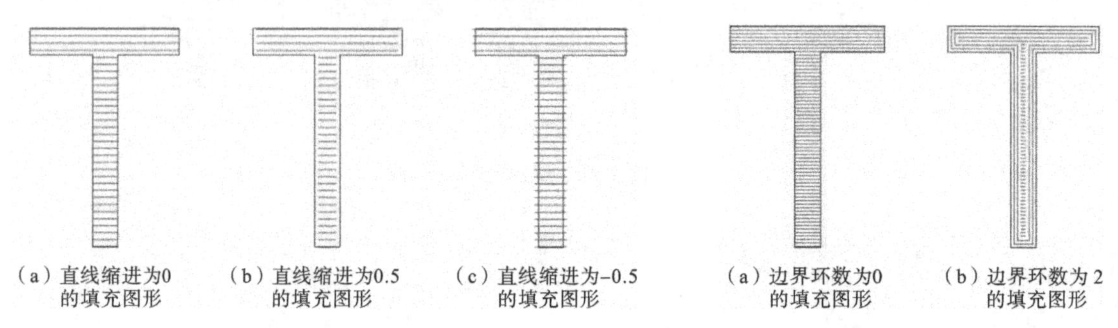

(a) 直线缩进为0的填充图形　(b) 直线缩进为0.5的填充图形　(c) 直线缩进为-0.5的填充图形

图 5-27　直线缩进示例

(a) 边界环数为0的填充图形　(b) 边界环数为2的填充图形

图 5-28　边界环数示例

(16) 保持填充对象独立性：勾选后，多对象一起填充后，仍是多个对象。

(17) 删除填充：删除对象的填充线，回复原内容。

5.5.8　绘制扩展轴

在绘制菜单中点击“扩展轴”命令，在对象列表中就会显示“扩展轴 ”对象，如图 5-29 所示。各选项功能介绍如下。

扩展轴 1、扩展轴 2：选择使用哪个扩展轴进行操作。

扩展轴校正零点：勾选此项表示让电动机回到零点。

相对位置：表示电动机移动时是以原点为基准移动还是以相对位置为基准移动。

移动(脉冲数)：表示给电动机发多少个脉冲，用脉冲数表示电动机移动距离。

单位类型：用什么单位计算电动机的移动距离。

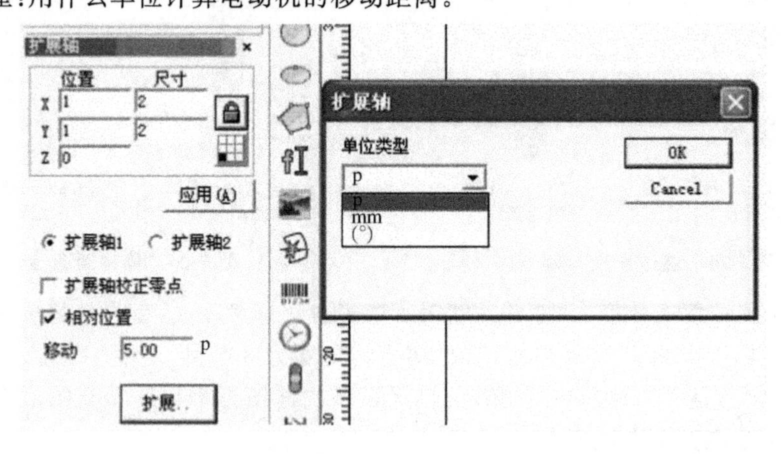

图 5-29　扩展轴对象属性

5.6 激光打标加工工艺参数设定

对于不同的激光器和不同的加工对象，激光打标加工工艺参数会不同，一般需要在加工前调整工艺参数，并保存下来。

图 5-30(a)所示的参数栏为用户选择激光器为 YAG 模式时的界面，图 5-30(b)所示的参数栏为用户选择激光器为 CO_2 模式时的界面，界面会有少许变化。

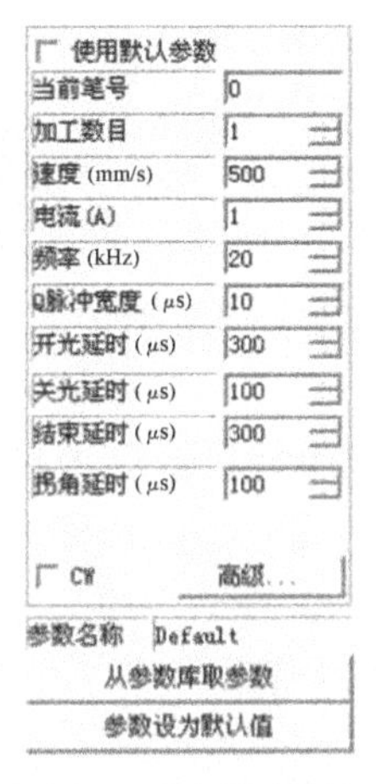

(a) YAG激光器时的界面

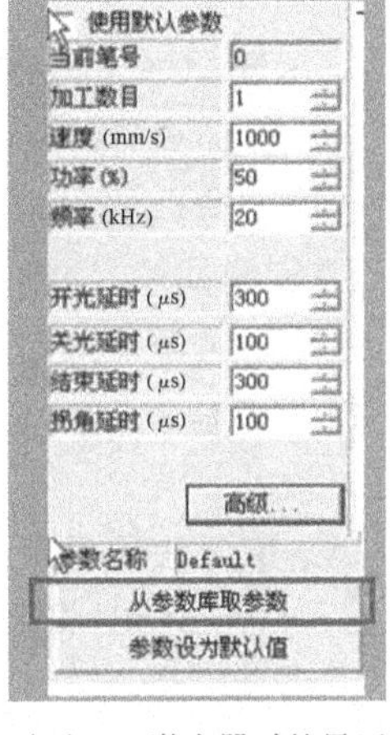

(b) CO_2激光器时的界面

图 5-30 加工工艺参数属性栏

1. 保存调整好的工艺参数

调整好的参数可以保存为硬盘上的文件，方便日后调用；也可将调整好的参数设定为默认值，则以后所有新绘制的图形均会以该参数进行加工，如图 5-30 所示。

(1) 参数设为默认值：把当前全部参数保存到参数名为“Default”的参数集上。

(2) 从参数库取参数：点此按钮后系统弹出图 5-31 所示的对话框，对话框各选项功能介绍如下。

参数库：保存当前所有用户设置好的用于加工各种材料的参数。

当前参数另存为：表示把当前加工参数保存到参数库中，点此按钮系统弹出图 5-32 所示对话框。

删除被选择的参数：表示把当前参数从参数库中删除。

2. 加工工艺参数的具体含义

图 5-30 所示各工艺参数的具体含义介绍如下。

(1) 当前笔号：当前使用的是第几组加工工艺参数。在 EzCad 中，“笔”的概念相当于一组设定的加工工艺参数。

(2) 加工数目：每个对象在一次标刻中的加工次数等同于它所在加工参数中的加工数目。

(3) 速度：表示当前加工参数的标刻速度。

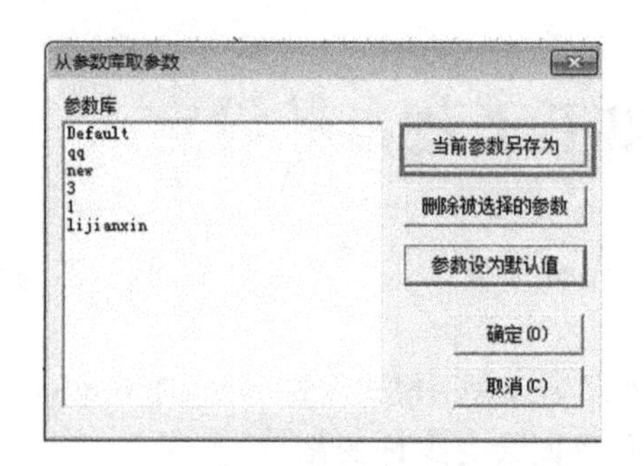

图 5-31　加工参数库列

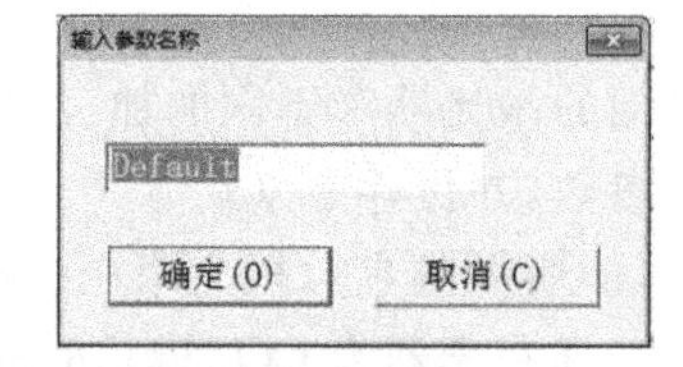

图 5-32　参数另存

(4) 电流(YAG):表示当前加工参数所使用的激光器电流。

(5) 功率(CO_2):表示当前加工参数的功率百分比,100%表示当前激光器的最大功率。

(6) 频率:表示当前加工参数的激光器的频率。

(7) Q 脉冲宽度:YAG 模式中,Q 脉冲宽度是激光器的 Q 脉冲的高电平时间。

(8) 开光延时:标刻开始时激光开启的延迟时间。设置适当的开光延时可以消除在标刻开始时出现“火柴头”,但开光延时设置太大,则会导致起始段缺笔的现象。开光延时可以设为负值,负值表示激光器提前出光。

(9) 关光延时:标刻结束时激光关闭的延迟时间。设置适当的关光延时可以消除在标刻完毕时出现不闭合现象,但关光延时设置太大会导致结束段出现“火柴头”。关光延时不能设为负值。

(10) 结束延时:一般情况下,关光命令发出后到激光完全关闭需要一段响应时间,设置适当的结束延时是为了给激光器充分的关光响应时间,以达到让激光器在完全关闭的情况下能进行下一次标刻,并防止漏光,出现甩点现象。

(11) 拐角延时:标刻时每段之间的延迟时间。设置适当的拐角延时可以消除在标刻直角时出现的圆角现象,但拐角延时设置太大会导致标刻时间增加,且拐角处会有重点现象。

(12) 光斑排布:可以显示根据当前频率、速度和标刻出的光斑大小所形成的光斑排布,可根据自己要求的标刻效果设置参数。

(13) 点击“高级”按钮后系统会弹出如图 5-33 所示的高级参数对话框,各参数含义如下。

跳转速度:用于设置当前参数对应的跳转速度。

跳转位置延时:用于设置跳转位置延时。

跳转距离延时:用于设置跳转距离延时。

每次跳转完毕后系统都会自动等待一段时间才继续执行下一条命令,实际延迟时间由下面公式计算:

$$跳转延时=跳转位置延时+跳转距离\times跳转距离延时$$

末点补偿:一般不需要设置此参数,只有在高速加工时,调整延时参数无法使末点到位的情况下设置此值,强制在加工结束时继续标刻一段长度为末点补偿距离的直线。这可以为负值。

加速距离:适当设置此参数,可以消除标刻开始段的打点不均匀的现象。

打点时间:当对象中有点对象时,设置每个点的出光时间。

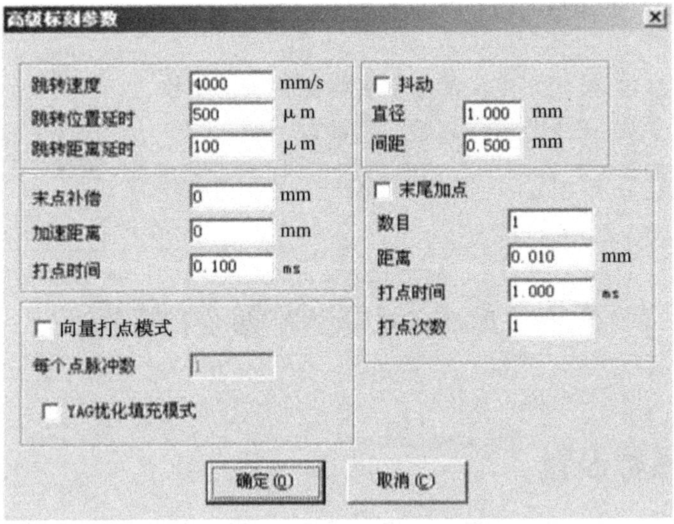

高级标刻参数

跳转速度 4000 mm/s
跳转位置延时 500 μm
跳转距离延时 100 μm
抖动
直径 1.000 mm
间距 0.500 mm
末点补偿 0 mm
加速距离 0 mm
打点时间 0.100 ms
末尾加点
数目 1
距离 0.010 mm
打点时间 1.000 ms
打点次数 1
向量打点模式
每个点脉冲数 1
YAG优化填充模式
确定(O) 取消(C)

图 5-33 高级参数对话框

向量打点模式:强制定义激光器加工每个点时固定发出的脉冲数。

YAG 优化填充模式:这是使用 YAG 激光打标机对高反射材料进行填充打标时的优化处理。

注意:此功能的作用是解决 YAG 激光器在高亮金属材料表面进行填充打标时可能出现不规则纹路的问题,以获得好的填充效果。在使用此功能时,必须把控制卡的 PWM 信号作为 Q 驱的脉冲调制信号,并连接到 Q 驱上才能获得相应的效果。

末尾加点:用于解决 YAG 激光器末尾发亮的问题。软件自动在每笔末尾增加点但不显示成对象。

数目:末尾所加点的数目。

距离:末尾所加点之间的距离。

打点时间:末尾每个增加点标刻的时间。

打点次数:末尾每个增加点标刻的次数。

3. 加工工艺参数练习

(1) 加工要求:绘制一个 40×20 的矩形,用以下参数对其填充:轮廓及填充、填充边距 2、填充间距 1.0、填充角度 45°,单向填充(即不选择双向往返填充选项)。

(2) 标刻工艺参数设置如下。

当前笔号:1。

标刻次数:1。

标刻速度:××——填写用户需要的速度。

跳转速度:×××——填写用户定义的速度(建议用 1200~2500)。

功率比例:50%。　　频率: 5 kHz。

开光延时:200 μs。　　关光延时:100 μs。

拐角延时:100 μs。　　跳转位置延时:1000 μs。

跳转距离延时：1000 μs。　　末点补偿：0。

加速距离：0。

(3) 保存工艺参数：按用户定义的参数名称保存工艺参数。

(4) 调整工艺参数：按工艺需要调整工艺参数。

(5) 根据保存的激光打标加工工艺参数加工：标刻工艺参数，选择 1 号笔的激光打标加工工艺参数加工。

5.7 EzCad 设备参数设置

5.7.1 区域参数设置

EzCad 设备区域参数如图 5-34 所示，各参数含义如下。

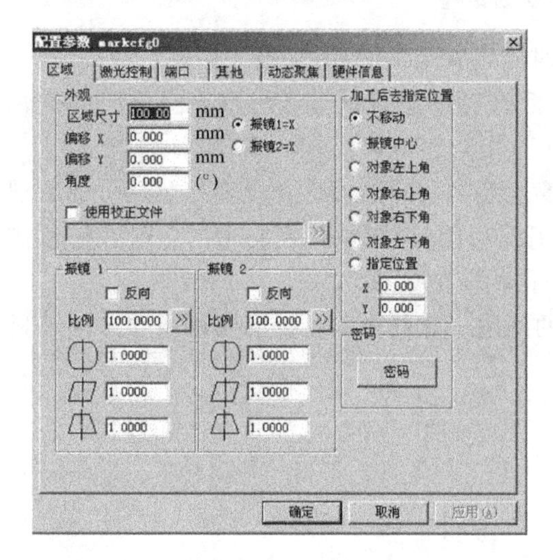

图 5-34 区域参数

区域尺寸：振镜对应的实际最大标刻范围。

振镜 1=X：表示控制卡的振镜输出信号 1 作为用户坐标系的 X 轴。

振镜 2=X：表示控制卡的振镜输出信号 2 作为用户坐标系的 X 轴。

偏移 X：表示振镜中心偏移场镜中心的 X 向距离。

偏移 Y：表示振镜中心偏移场镜中心的 Y 向距离。

角度：表示振镜偏移的角度。

使用校正文件：指我们使用外部校正程序(corfile.exe)生成的校正文件来对振镜进行校正。

反向：表示当前振镜的输出反向。

1.000 表示桶形或枕形失真校正系数，默认系数为 1.0(参数范围 0.875～1.125)。假如所设计的图形如图 5-35 所示，而加工出的图形如图 5-36 或图 5-37 所示。对于图 5-36 所示的情况，需增大 X 轴变形系数；对于图 5-37 所示的情况，则减小 X 轴变形系数。

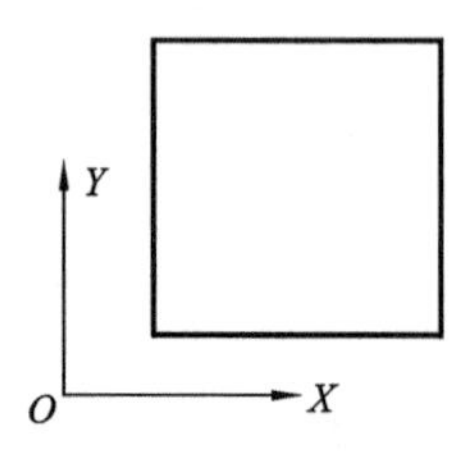

图 5-35 设计图形

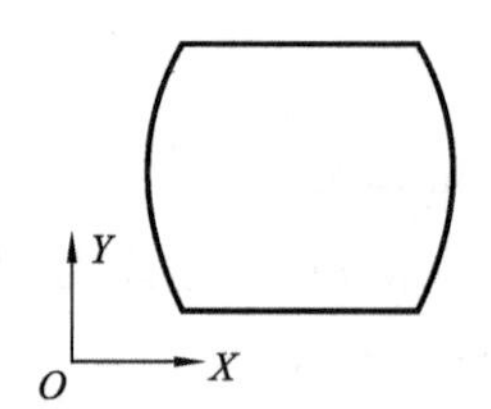

图 5-36 实际图形桶形失真

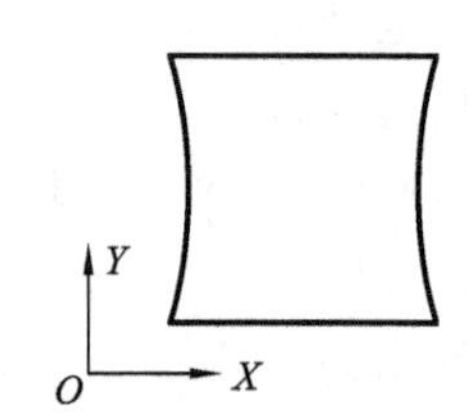

图 5-37 实际图形枕形失真

失真校正系数计算：失真校正系数$=\frac{理论尺寸}{实际尺寸}$。对于桶形失真，失真校正系数小于1，应增大失真校正系数；对于枕形失真，失真校正系数大于1，应减小失真校正系数。

例5-2 打标40 mm×40 mm正方形，出现枕形失真，经卡尺测量腰部实际尺寸为38 mm。如何校正？

解 计算失真校正系数得系数大于1，在 1.000 减小失真校正系数可校正。

1.000 表示平行四边形校正系数，默认系数为1.0（参数范围0.875～1.125）。假如所设计的图形如图5-35所示，而加工出的图形如图5-38所示，则需要调整此参数来校正。

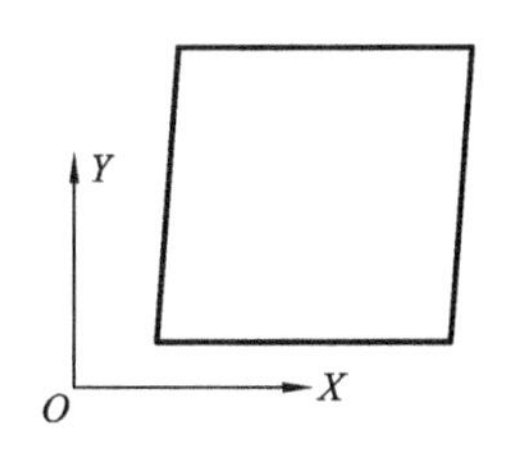

图5-38 平行四边形失真

比例：伸缩比例，默认值为100%。当标刻出的实际尺寸和软件图示尺寸不同时，需要修改此参数。当标刻出的实际尺寸比设计尺寸小时，增大此参数值；当标刻出的实际尺寸比设计尺寸大时，减小此参数值。

注意：如果激光振镜有变形，则必须先调整完其变形后再调整伸缩比例。伸缩比例计算公式如下：

$$伸缩比例=\frac{理论尺寸}{实际尺寸}\times 100\%$$

例5-3 打标40 mm×40 mm正方形，经卡尺测量实际为39 mm×39 mm正方形。如何校正？

解 (1) 计算伸缩比例系数得：40/39=1.02564

(2) 在比例框中输入102.564，即可校正。

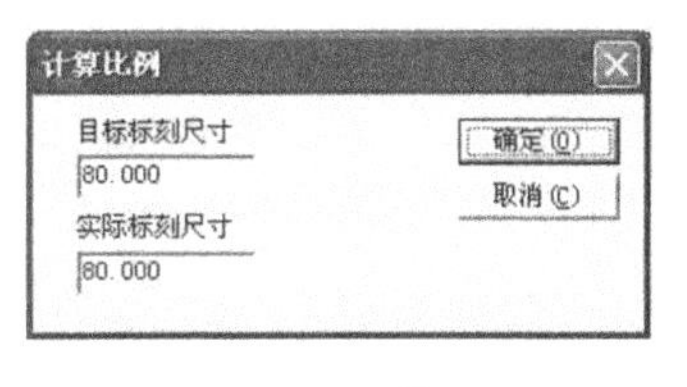

图5-39 计算比例

设置比例时，可以直接点击»按钮，将弹出图5-39所示的对话框，可以将软件里设置的尺寸和测量出来的实际打标尺寸分别输入到该对话框中，软件将自动计算伸缩比例。

加工后去指定位置：设置当前加工完毕后让振镜移动到指定的位置。

密码：设定“参数”密码，只有输入密码后才能进入“参数”设置对话框。

5.7.2 激光控制参数设置

激光控制参数如图5-40所示，各参数含义如下。

(1) 激光器类型模块：激光器类型有CO_2、YAG、Fiber和SPI_G3等四种。

CO_2：表示当前激光器类型为CO_2激光器。

YAG：表示当前激光器类型为YAG激光器。

Fiber：表示当前激光器类型为光纤激光器。

SPI_G3：表示当前激光器类型为SPI光纤激光器（注：此功能只支持USBLmc控制卡）。

(2) PWM模块功能介绍。

使能PWM信号输出：用于设置使能控制卡的PWM信号输出。

配置参数 markcfg0
区域
激光控制
端口
其他
硬件信息
激光器类型
CO2
YAG
Fiber
SPI_G3
PWM
使能PWM信号输出
最大PWM信号
20.0000
kHz
最小PWM信号
1.0000
kHz
功率映射
使能预电离
脉冲宽度
1
μs
脉冲频率
5.000
kHz
使能CO2首脉冲抑制
首脉冲抑制起始功率
10.0
%
首脉冲抑制功率增量
10.0
%
使能CO2超脉冲模式
Q开关
使用数字Q开关驱动器
当首脉冲抑制结束时开Q开关
首脉冲抑制
40
μs
脉宽反转
SPI
波形
0
连续模式
待机功率
80.0
(0-100)%
模拟输出
使能功率模拟口输出
使能频率模拟口输出
使能模拟首脉冲抑制
功率映射
频率映射
测试激光
MaxV
5.00
V
MinV
0.00
V
T1
100
μs
T2
1000
μs
确定
取消
应用(A)

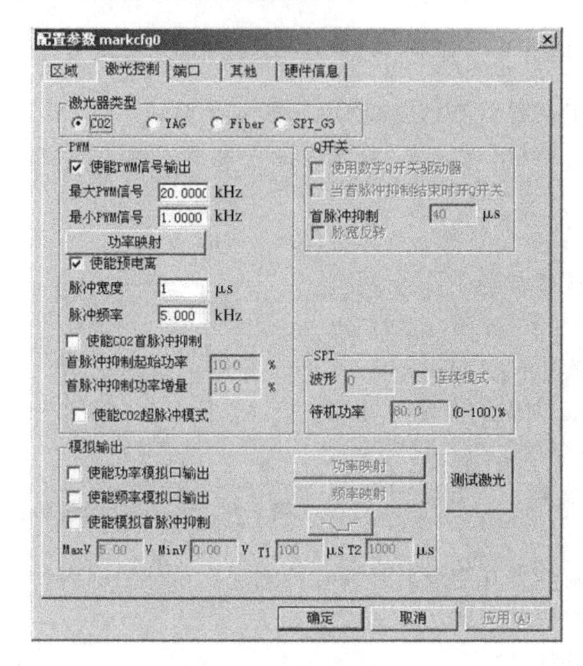

图 5-40　激光参数

最大 PWM 信号：用于设置 PWM 信号的最大频率。

最小 PWM 信号：用于设置 PWM 信号的最小频率。

使能预电离：用于设置使能预电离信号。有些厂家 CO_2 激光器需要此信号才能正常工作，比如美国 SYNRAD 公司的激光器。

脉冲宽度：用于设置预电离信号的脉冲宽度。

脉冲频率：用于设置预电离信号的脉冲频率。

使能 CO_2 首脉冲抑制：此功能是为了解决在 CO_2 机器上打标时，用激光功率太强或者间隔时间较长，激光能量积蓄较多，在开始标刻时引起“首点重”的现象。

使能 CO_2 超脉冲模式：勾选该模式后加工参数中会出现点间距的参数，从而软件将根据设置的点间距计算振镜速度，用这种速度标刻，使标刻出来的点之间的距离满足设置。

(3) 模拟输出模块功能介绍。

使能功率模拟口输出：用于设置使能控制卡的功率模拟口信号输出。

功率映射：用于设置用户定义的功率比例与实际对应的功率比例，如图 5-41 所示。如果用户设置的功率比例不在对话框显示的值中，则按线性插值取值。

使能频率模拟口输出：用于设置使能控制卡的频率模拟口信号输出。

频率映射：用于设置用户定义的频率比例与实际对应的频率比例，如图 5-42 所示。

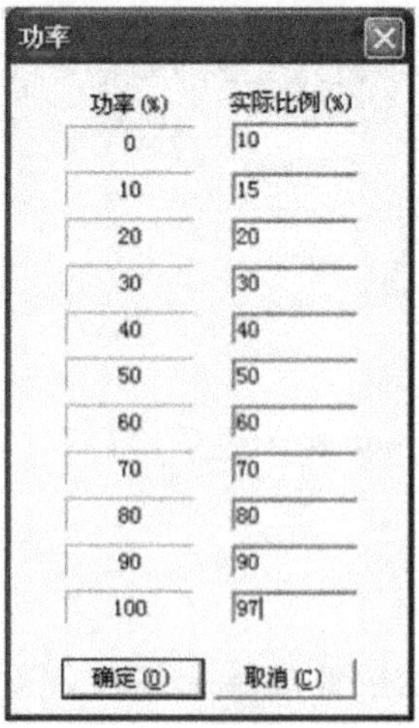

功率
功率(%)
实际比例(%)
0
10
10
15
20
20
30
30
40
40
50
50
60
60
70
70
80
80
90
90
100
97
确定(O)
取消(C)

图 5-41　实际功率对话框

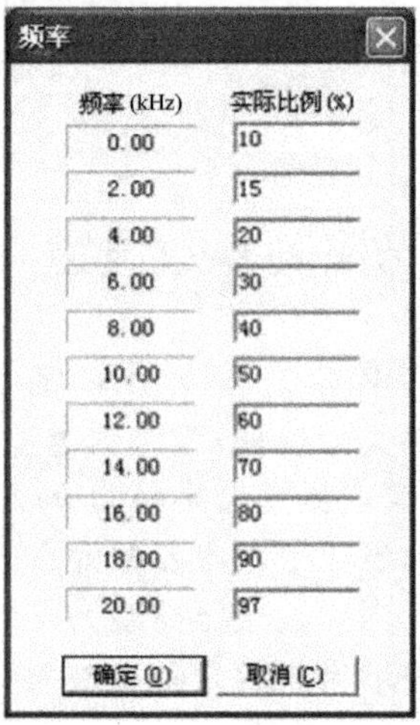

频率
频率(kHz)
实际比例(%)
0.00
10
2.00
15
4.00
20
6.00
30
8.00
40
10.00
50
12.00
60
14.00
70
16.00
80
18.00
90
20.00
97
确定(O)
取消(C)

图 5-42　实际频率对话框

使能模拟首脉冲抑制有如下四种选择。

MaxV：首脉冲抑制的最高电压。

MinV：首脉冲抑制的最低电压。

T1：首脉冲由低电压变成高电压或由高电压变成低电压的斜坡时间。

T2：当出光信号(Laser)的时间间隔小于 T2 所设定的时间时，不会有首脉冲抑制输出；当出光信号(Laser)的时间间隔大于 T2 所设定的时间时，才会有首脉冲抑制输出。

：表示模拟首脉冲抑制的高/低电平有效。T1、T2 的有关分析如图 5-43 所示。

在激光器类型模块选择 Fiber 后会在右边出现多种光纤激光器类型，如 ipg 类型，ipgm 类型，quantel 类型，raycus 类型，如图 5-44 所示，并显示激光器相应的频率范围和 MO 延时。

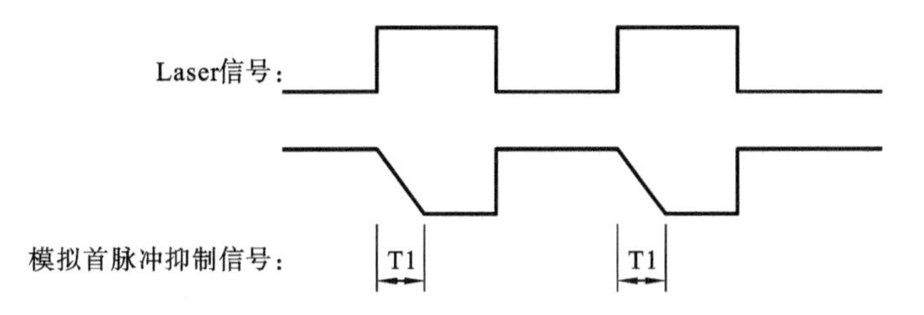

图 5-43　模拟首脉冲抑制波形示意图

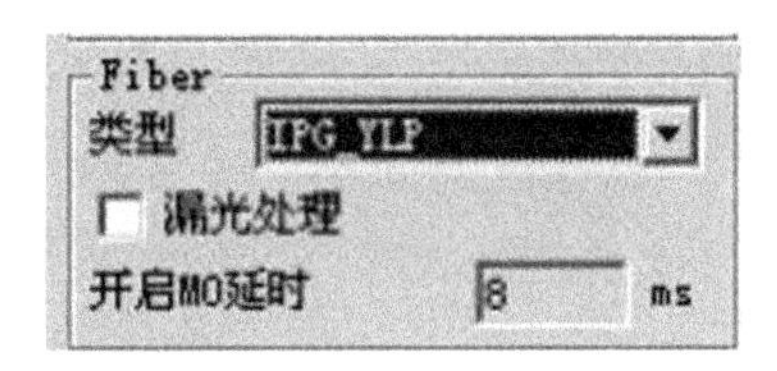

图 5-44　光纤激光器类型

测试激光：用于测试激光器是否正常工作，点击“测试激光”按钮，会弹出如图 5-45 所示对话框。将激光器的出光频率、功率、脉冲宽度及激光开启时间填好后点击“开激光”，激光器就打开，并到指定时间后关闭。

图 5-45　测试激光对话框

(4) *Q* 开关模块功能介绍。

使用数字 *Q* 开关驱动器：现在使用的 *Q* 驱动器是桂林星辰数字 *Q* 驱动器。

注意：若勾选此功能，则输出口 1 和 2 将不能再做其他用途使用。此模式专门针对桂林星辰的数字 *Q* 驱动器而设计。

当首脉冲抑制结束时开 *Q* 开关：激光器开启需等首脉冲抑制信号结束后才开 *Q* 开关，否则开启首脉冲抑制信号的同时就开 *Q* 开关。

首脉冲抑制：激光器开启时首脉冲抑制信号的持续时间。

脉宽反转：将 PWM 脉冲高电平变为低电平，相应的低电平变为高电平，并将其偏移相应的相位角，以满足 *Q* 驱动器低电平有效的要求。其波形示意图如图 5-46 所示。

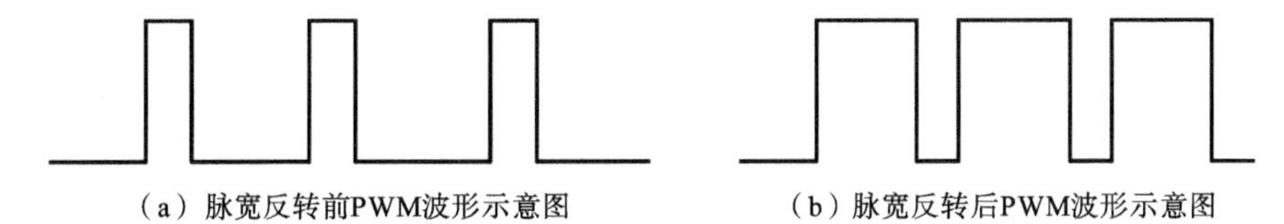

(a) 脉宽反转前PWM波形示意图　　(b) 脉宽反转后PWM波形示意图

图 5-46　脉宽反转波形示意图

5.7.3 端口参数设置

设备端口参数如图 5-47 所示，各参数含义介绍如下。

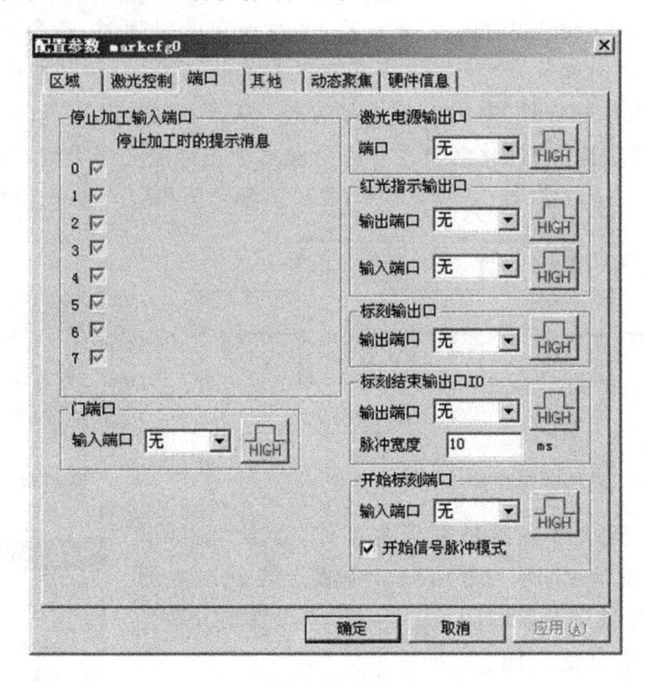

图 5-47 设备端口参数

(1) 停止加工输入端口：用于指定某个输入口为停止加工端口，若加工时检测到设置的端口有对应输入，则当前加工会被终止，并提示用户错误信息。

(2) 门端口：用于检查安全门打开和关闭的端口信号，用户打开安全门时自动停止加工，只有安全门关闭时才可以加工，以便保护操作者不被激光烧伤。门打开时可继续红光指示。

(3) 激光电源输出口：此端口可以用来控制激光电源的通断，设置此端口后会在软件界面“参数”上方显示一个“电源”开关按钮，如图 5-48 所示。

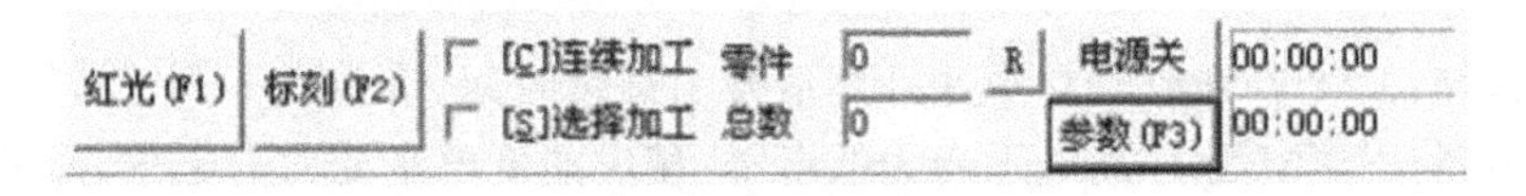

图 5-48 电源参数

(4) 红光指示输出口：用于当系统进行红光指示时向指定输出口输出高电平。

(5) 标刻输出口：用于当系统进行标刻加工时，向指定输出口输出高电平。

(6) 标刻结束输出口：用于系统加工结束后向指定输出口输出信号。脉冲宽度是标刻结束后输出信号的时间。

(7) 开始标刻端口：用于当系统不在标刻状态时，如果指定输入口输出为高电平，系统会自动开始标刻。

(8) 开始信号脉冲模式:勾选此项表示软件处理开始信号为脉冲方式,即使为持续电平的输入,软件也只读取一个脉冲。不勾选则系统处理输入口为持续电平。

5.7.4 其他参数设置

设备的其他参数设置如图 5-49 所示,各参数含义如下。

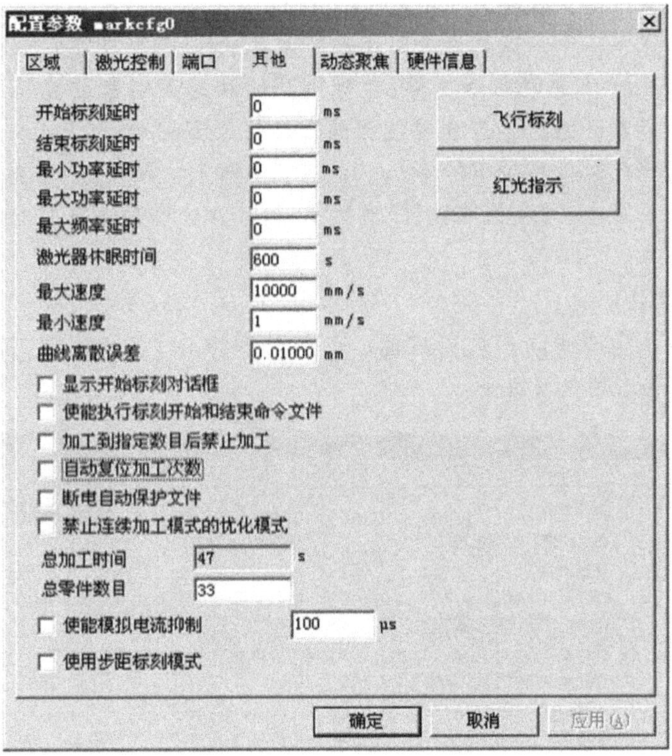

图 5-49 "其他"参数对话框

1) 时间设置

开始标刻延时:用于设置每次开始加工需要在延时指定的时间后才开始。

结束标刻延时:用于设置每次结束加工需要在延时指定的时间后才结束。

最小功率延时:用于设置运动过程从没有激活到激活需要的时间。

最大功率延时:用于设置系统运行过程中,从未激活到激活,打标功率从 0%变到 100%所需的时间,系统延时此值后再进行下一步打标动作。当功率变化幅度小于 100%时系统会自动按比例减小延时值。与"开始加工延时"一样,这两个参数都用来适应激光电源的响应速度,如果激光电源有足够快的响应时间,此值可以设为 0。

最大频率延时:与"最大功率延时"一样,用来适应激光器 Q 驱动器的响应速度,如果 Q 驱动电源有足够快的响应时间,此值可以设定为 0。

自动复位加工次数:用于设置在指定加工总数,且零件数达到总数时,零件数自动复位。

加工到指定数目后禁止加工:用于设置在指定加工总数,且零件数达到总数后,系统弹

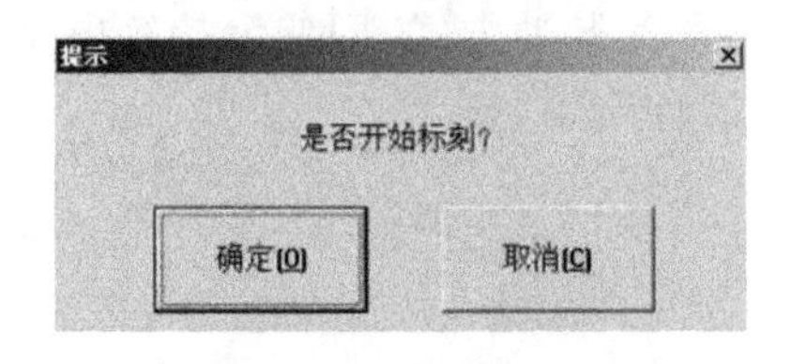

图 5-50　开始标刻对话框

出对话框提示“当前数目已大于加工总数，请复位当前加工数后再加工!”。

显示开始标刻对话框：勾选后，每次点击标刻都会提示是否开始标刻，如图 5-50 所示。

断电自动保护文件：勾选后，会在加工结束后将当前文件保持。

禁止连续加工模式的优化模式：勾选后，飞行标刻时不会首先向板卡发送很多数据，而是标刻结束后再发送下一个。这样做会减小响应速度，但标刻日期等效果较好。

使能执行标刻开始和结束命令文件：在标刻开始和结束时都要先执行一个命令文件。使能此项后系统在标刻开始时会自动寻找当前软件目录下的 start. bat 文件并执行；在标刻结束后会自动寻找当前软件目录下的 stop. bat 文件并执行。bat 文件格式非常简单，可以用文本编辑软件(如：记事本，写字板等软件)直接编写。bat 文件是 ASCII 码文本文件，一共有 3 个命令。

2) 飞行标刻设置

飞行标刻意为与生产线同步进行打标。点击图 5-49 中“飞行标刻”按钮系统弹出如图 5-51所示对话框。各选项含义如下。

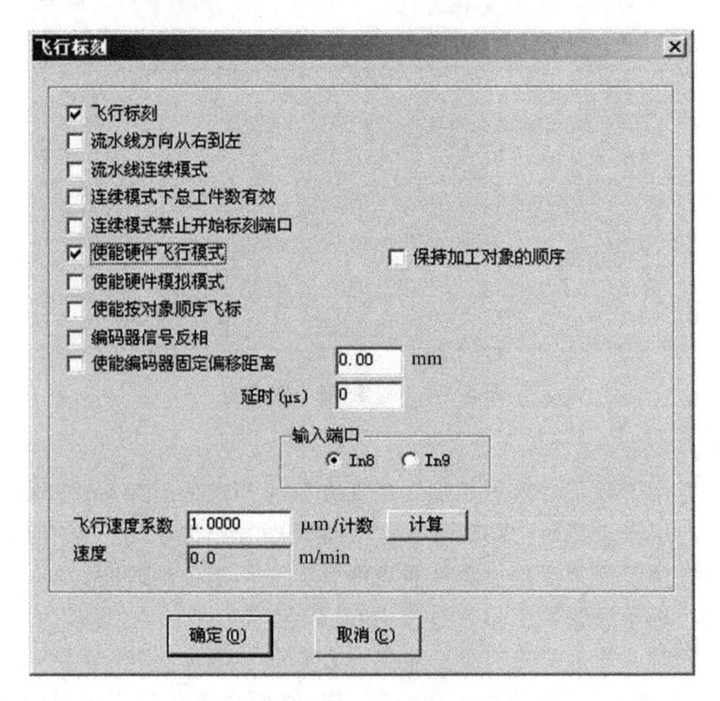

图 5-51　飞行标刻设置对话框

飞行标刻：勾选表示使能“飞行标刻”功能。

流水线方向从右向左：勾选表示软件认为流水线方向是从右向左的。

流水线连续模式：勾选表示所标刻的物体是连续物体，即要在连续物体(如电线、电缆等)上标刻内容。

连续模式下总工件数有效：勾选表示所设定的打标“总数”有效。加工到指定数目后会停止加工。

连续模式禁止开始标刻端口：勾选此项表示外部无光电开关等检测设备，或者不使用检测设备。此时软件不再检测 I/O 口是否有信号输入，而是直接连续不断地标刻。不勾选，则软件会检测外部是否有 I/O 输入信号。

使能硬件飞行模式：指使用旋转编码器来自动跟踪被打标物体线速度。

使能硬件模拟模式：指使用模拟硬件的方式来产生线体速度，要求指定飞行速度系数。此飞行速度系数为生产线的实际速度，单位为 mm/s。

使能按对象顺序飞标：勾选此项表示软件将会按照对象列表中的顺序逐一标刻出工作空间中的内容，否则软件将按照对象在工作空间中的位置从左到右或从右到左标刻。标刻顺序与选择流水线方向有关。

保持加工对象的顺序：勾选此项，软件将会按照对象列表中的顺序逐一标刻出工作空间中的内容。且标刻位置与绘制位置相同，能保证多个对象间的相对位置与绘制的相同。

编码器信号反相：勾选此项，软件将接受的编码器输出信号反相。

使能编码器固定偏移距离：当标刻不完整时，可以尝试使用此功能。勾选后，偏移距离设置以幅面大小为上限。

飞行速度系数可通过软件计算其值。点击“计算”按钮，出现如图 5-52 所示界面。其计算公式为：

$$\text{飞行速度系数}=\frac{\text{编码器测速轮的移动距离(即流水线移动距离)}}{\text{该距离编码器的脉冲数(软件可自动读取)}}$$

例如，编码器测速轮的移动距离为 200 mm，编码器的脉冲数为 1000，则自动计算的飞行速度系数为 200。

飞行速度系数：由于振镜比例校正可能存在误差，因此填入的数值可能与实际计算出的数值有些偏差。其计算公式为：

$$\text{飞行速度系数}=\text{编码器测速轮的周长}/\text{编码器每转脉冲数}$$

速度：这是连接编码器的时候显示的加工现场的速度。

3）红光指示设置

点击图 5-49 中“红光指示”按钮，系统弹出如图 5-53 所示对话框，各选项含义如下。

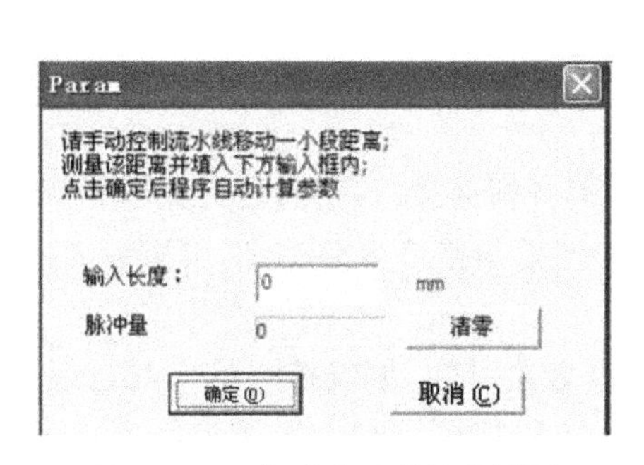

图 5-52　飞行速度系数计算界面

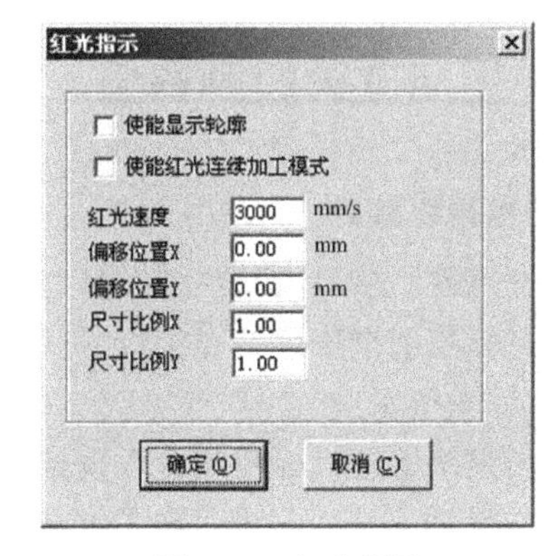

图 5-53　红光指示

图 5-54　标刻

使能显示轮廓：红光时勾选该项，显示对象的边线。

使能红光连续加工模式：此功能使能后，返回到标刻界面，点击“标刻”按钮，会出现如图 5-54 所示提示框。

红光速度：该文本框中的数值表示系统在红光指示时的运动速度。

偏移位置：该文本框中的数值表示系统在红光指示时的运动的偏移位置，用于补偿红光与实际激光的位置误差。

尺寸比例：该文本框中的数值指红光与激光的尺寸偏差。调节此参数可以使激光与红光完全重合。

5.8　打标控制卡典型连接

打标控制卡的典型连接如图 5-55 所示。

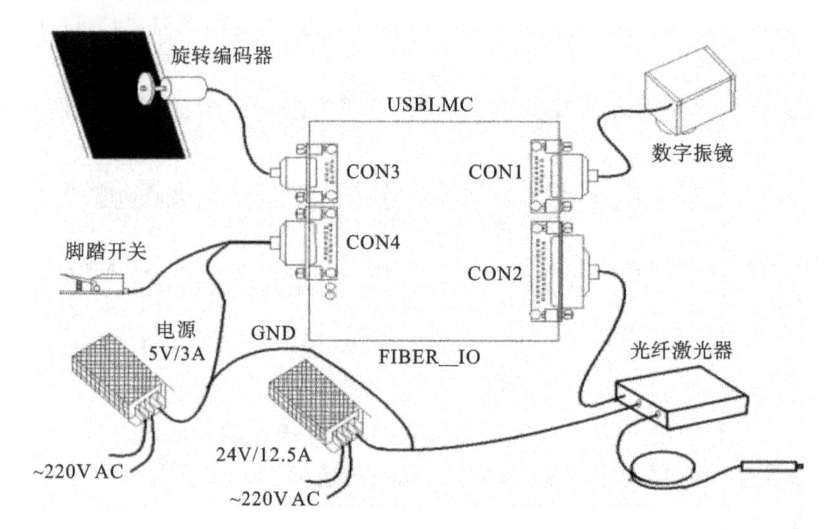

图 5-55　打标控制卡典型接线

5.8.1　扫描振镜控制系统

1. 扫描振镜接线

(1) 振镜控制接口：振镜控制接口为 D 型 25 引脚标准接口，引脚定义如图 5-56 所示。

(2) 打标控制卡振镜控制接口：打标控制卡振镜控制接口为 D 型 15 引脚标准接口，引脚定义如图 5-57 所示。

(3) 扫描振镜与打标控制卡振镜控制接口：由上述可知，振镜控制接口与打标控制卡振镜控制接口并非对应。根据振镜控制接口引脚定义和打标控制卡振镜控制接口引脚定义，及振镜电源要求，扫描振镜与打标控制卡振镜的连接如图 5-58 所示。

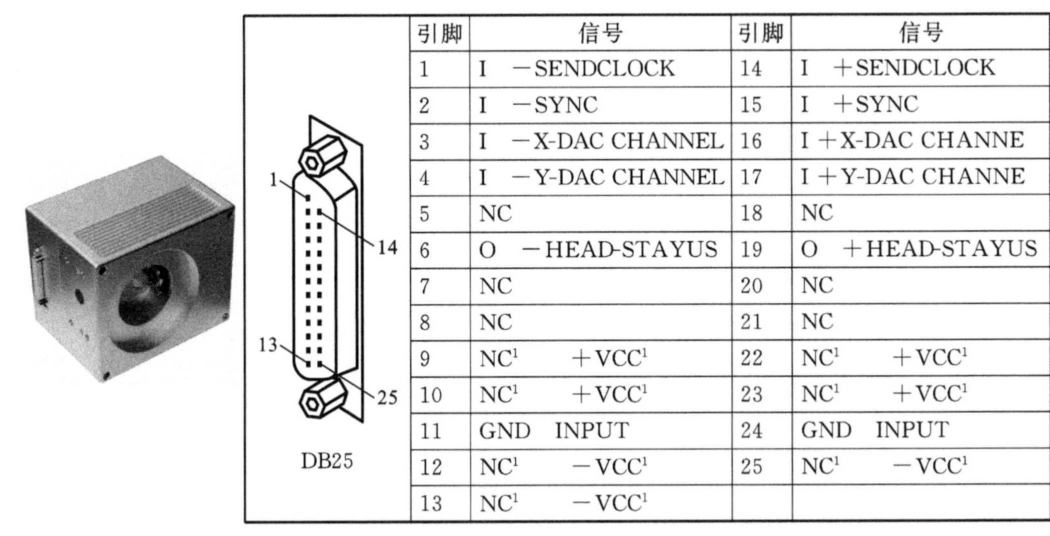

引脚	信号	引脚	信号
1	I −SENDCLOCK	14	I +SENDCLOCK
2	I −SYNC	15	I +SYNC
3	I −X-DAC CHANNEL	16	I +X-DAC CHANNE
4	I −Y-DAC CHANNEL	17	I +Y-DAC CHANNE
5	NC	18	NC
6	O −HEAD-STAYUS	19	O +HEAD-STAYUS
7	NC	20	NC
8	NC	21	NC
9	NC[1] +VCC[1]	22	NC[1] +VCC[1]
10	NC[1] +VCC[1]	23	NC[1] +VCC[1]
11	GND INPUT	24	GND INPUT
12	NC[1] −VCC[1]	25	NC[1] −VCC[1]
13	NC[1] −VCC[1]		

图 5-56 振镜及振镜控制 25 引脚标准接口

引脚	名　称	说　明
1,9	CLK−/CLK+	时钟信号−/时钟信号+
2,10	SYNC−/SYNC+	同步信号−/同步信号+
3,11	X Channel−/X Channel+	振镜 X 信号−/振镜 X 信号+
4,12	Y Channel−/Y Channel+	振镜 Y 信号−/振镜 Y 信号+
5,13	NULL	保留
6,14	NULL	保留
7	NULL	保留
8,15	GND	地

图 5-57 振镜控制接口引脚定义

2. 扫描振镜测试

完成接线后，在 EzCad 打标程序的工作空间绘制若干图形，设置画笔参数，点击“标刻(F2)”，观察振镜动作。

5.8.2 步进电动机控制系统

打标控制卡支持对圆柱体进行旋转打标，圆柱体旋转由步进电动机控制。对步进电动机的控制是通过 CON4:DB15 电源/扩展轴/I/O 插座来实现的，CON4 输出的步进电动机控制信号为方向/脉冲信号，方向/脉冲信号可以是差分输出信号或者共阳输出信号。

出厂默认设置为:JP1-JP4 短接 2 脚、3 脚，扩展轴的方向/脉冲信号以共阳方式输出。

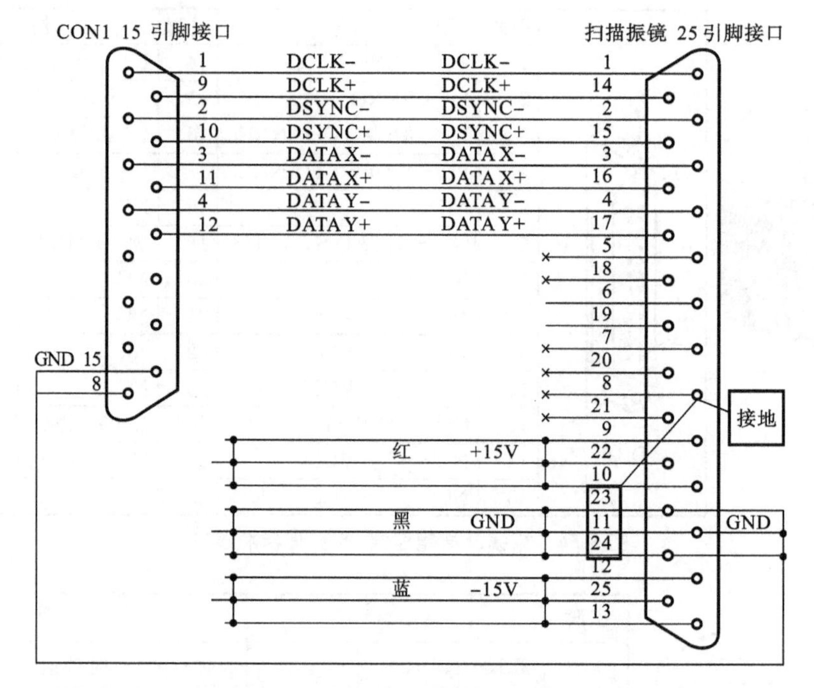

图 5-58 扫描振镜与打标控制卡振镜的连接

1. 打标控制卡 CON4 控制接口与步进电动机连接线

打标控制卡 CON4 控制接口与步进电动机，连接采用共阳输出方式，连接说明如图 5-59 所示，连接线如图 5-60 所示。

编号	针脚数	说明
JP1,JP2,JP3,JP4	3	扩展轴的方向/脉冲信号设置。JP1/JP3 设置方向信号；JP2/JP4 设置脉冲信号。短接 JUMPER 的 1～2 脚时，方向/脉冲信号为差分输出，此时，CON4 插座的 6 脚 XDIR－、14 脚 XDIR＋、7 脚 XPUL－、15 脚 XPUL＋、9 脚 YDIR－、10 脚 YDIR＋、3 脚 YPUL－、11 脚 YPUL＋分别对应连接到步进驱动器的脚 DIR－、脚 DIR＋、脚 PUL－、脚 PUL＋；短接 JUMPER 的 2～3 脚时，方向/脉冲信号为共阳输出，此时，CON4 插座的 4 脚 VCC、9 脚和 14 脚 DIR＋、11 脚和 15 脚 PUL＋分别对应连接到步进驱动器的脚 VCC、脚 DIR、脚 PUL。（注：对于 IPG-D 类卡的 IP1-IP4 出厂默认设置为短接 1～2 脚。）

图 5-59 连接说明

2. 步进电动机测试

选择“旋转轴标刻”，在弹出的“旋转轴标刻”子窗口中点击“标刻”按钮，如图 5-61 所示，可进行步进电动机测试。

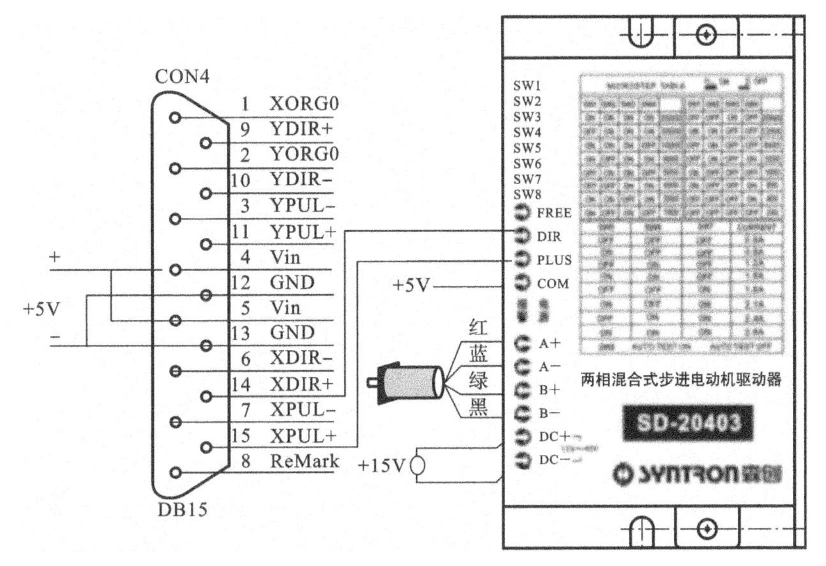

图 5-60 打标控制卡 CON4 控制接口与步进电动机接线图

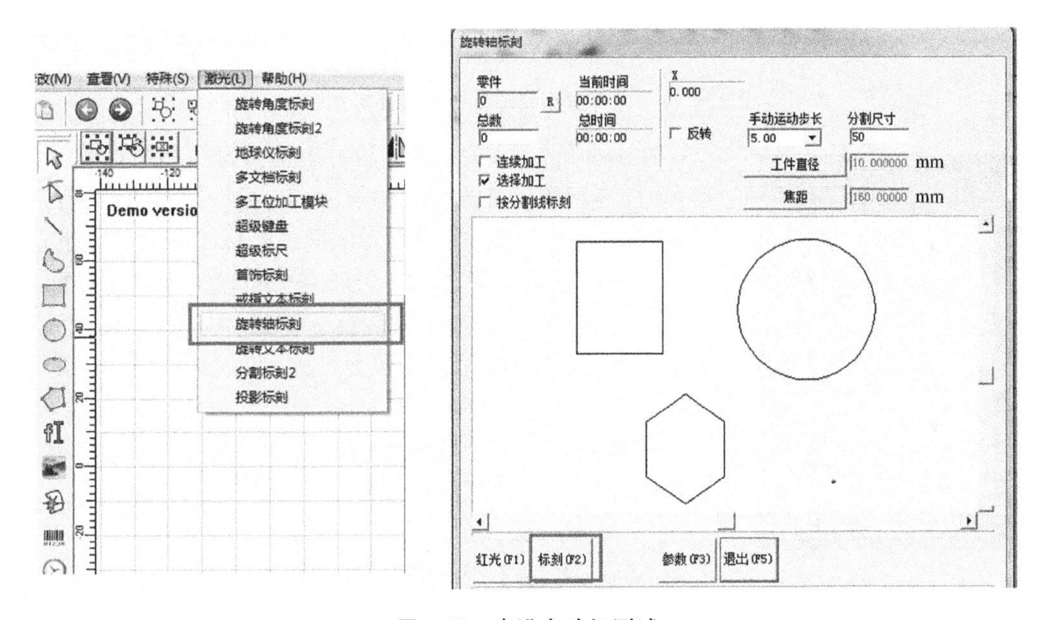

图 5-61 步进电动机测试

5.8.3 光纤激光器控制系统

1. 光纤激光器接线

如图 5-62 所示，CON2 插座与光纤激光器的 25 引脚插座通过 25 引脚电缆插头直接对接。

2. 光纤激光器测试

绘出激光打标样板图，对不同零件设置不同画笔，不同画笔设置不同功率和速度。

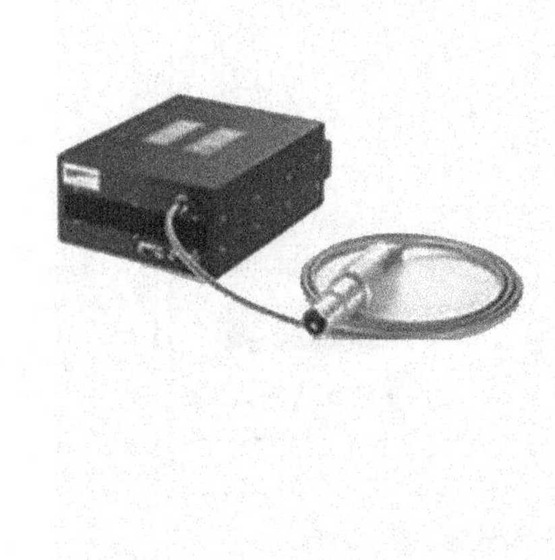

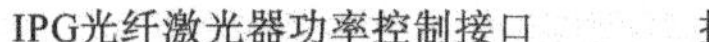

图 5-62　光纤激光器与打标卡直接对接

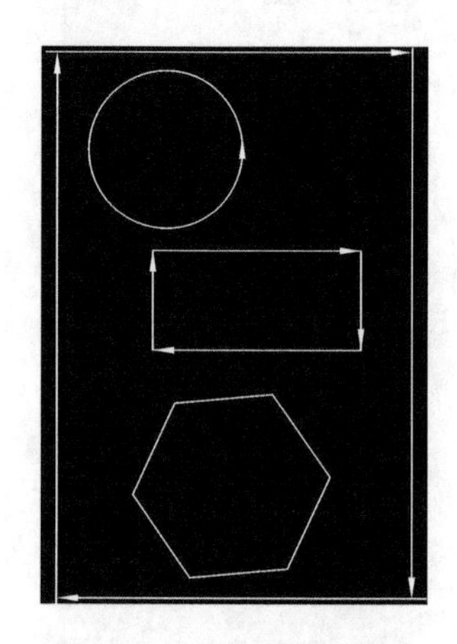

图 5-63　不同画笔的激光打标样板图

在 100 mm×150 mm 的板材上仿真打标如图 5-63 所示图形，外框表示用于激光打标的板材。在同一板材上激光打标圆形、矩形和六边形时，分别采用不同的打标工艺参数如下。

打标圆形时工艺参数为打标速度 100 mm/s、打标功率 80%；打标矩形时工艺参数为打标速度 200 mm/s、打标功率 70%；打标六边形时工艺参数为打标速度 400 mm/s、打标功率 90%。

以画笔方式执行不同的打标工艺参数。运行打标，观察打标零件随功率不同而发生的变化。

5.8.4　飞行打标控制系统

飞行打标系统如图 5-64 所示。

1. 飞行打标接线

旋转编码器的型号为 E6B2-CWZIX，分辨率为 1000p/r，引脚如表 5-5 所示。编码器、光电开关与打标卡连接如图 5-65 所示。

2. 飞行打标测试

1）设置光电开关控制“开始标刻”

如图 5-65 所示，光电开关信号由 IN8 端口输入，光电开关检测到飞行打标对象时即开始打标。

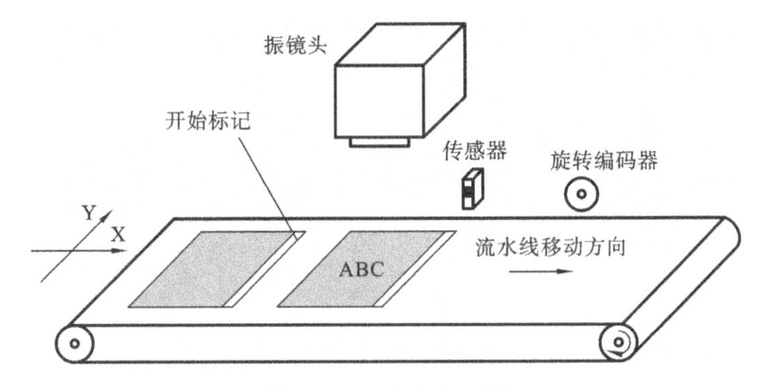

图 5-64 飞行打标系统

表 5-5 E6B2-CWZIX 引脚

线色	线端子名	线色	线端子名
棕	电源(+5 V)	黑/红镶红边	输出 $\bar{A}$ 相
黑	输出 A 相	白/红镶红边	输出 $\bar{B}$ 相
白	输出 B 相	橙/红镶红边	输出 $\bar{Z}$ 相
橙	输出 Z 相	蓝	0 V

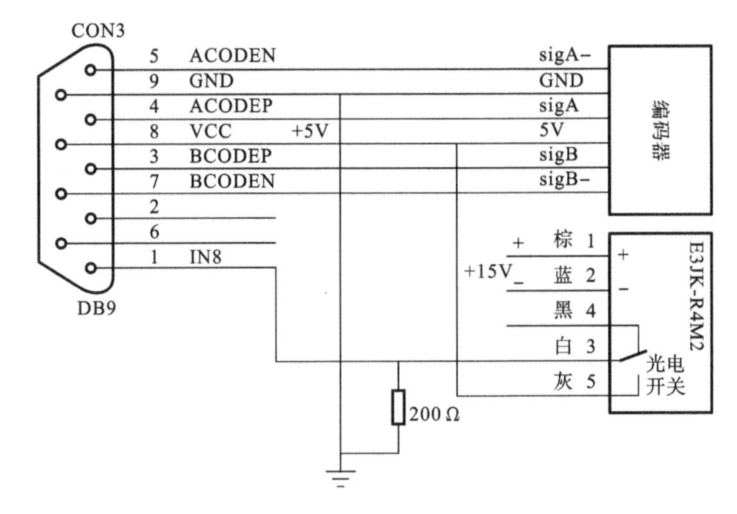

图 5-65 编码器、光电开关与打标卡连接

在“配置参数”里选择“端口”标签，如图 5-66 所示。在“开始标刻端口”框的“输入端口”文本框中选择 8 号端口，并选择低电平有效。

2）旋转编码器设置与调试

这里的飞行打标参数设置是针对旋转编码器的，根据图 5-67～图 5-70 所示窗口来调节参数，确定飞行速度，点击主页面“特殊”菜单选项下的“飞行打标参数设置”命令，如图 5-67 所示。

选择流水线移动方向，点击“下一步”按钮，手动控制流水线移动一小段距离 AB，测量该距离并将其填入图 5-68 下方所示文本框内。点击“计算”按钮程序自动计算参数。

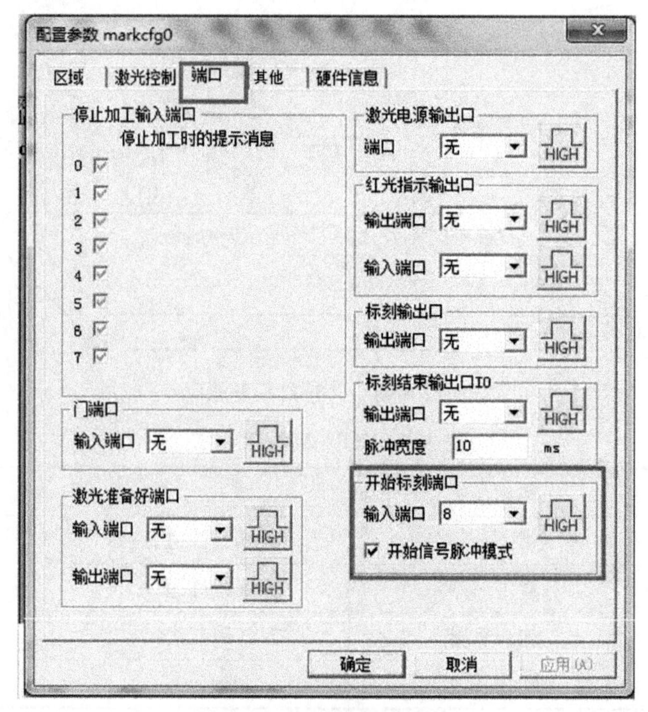

图 5-66 配置参数对话框

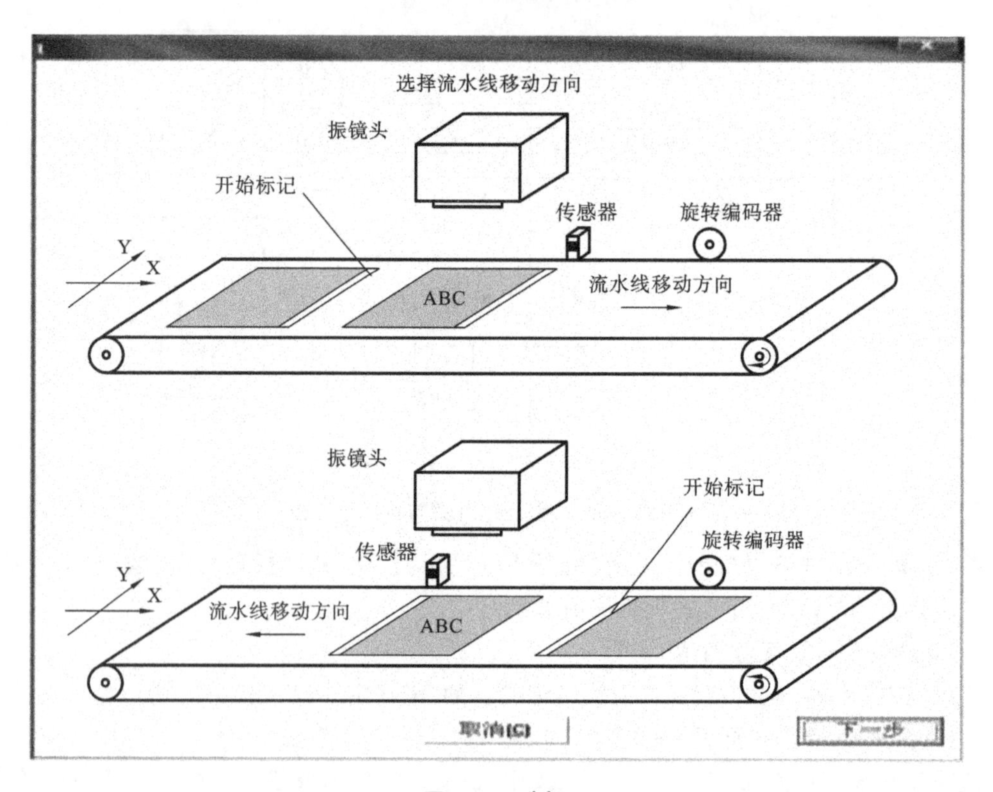

图 5-67 选择

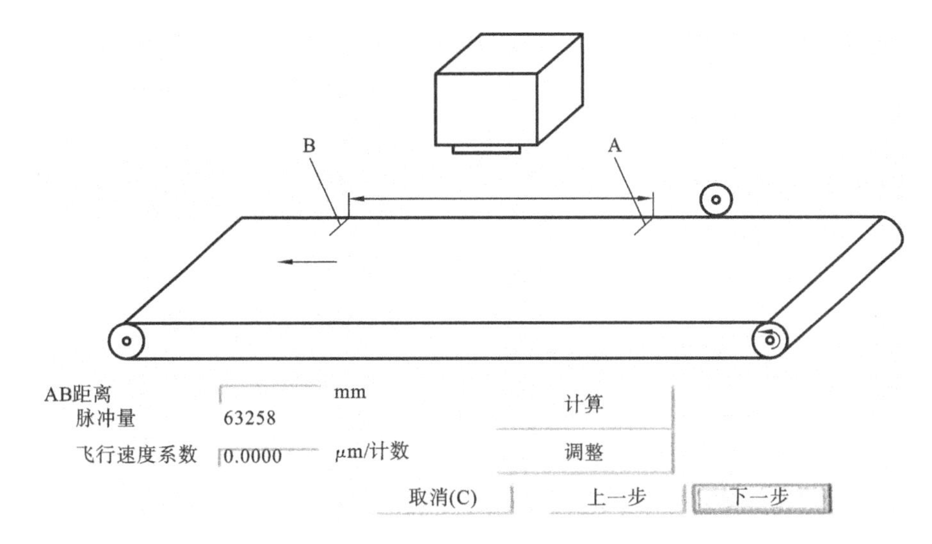

图 5-68 计算

点击“下一步”按钮，得到如图 5-69 所示速度值。

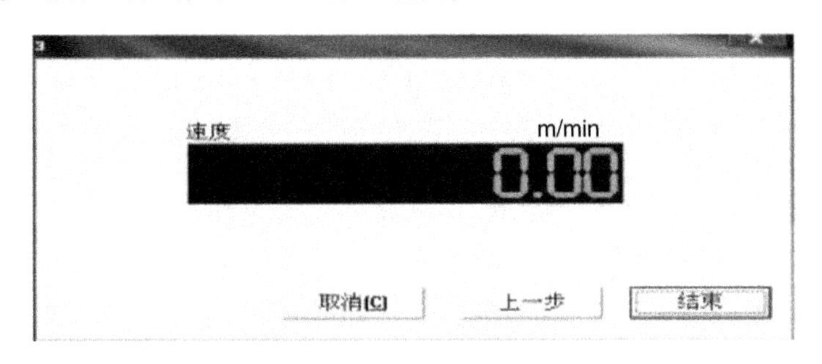

图 5-69 飞行速度

如果没有达到最佳效果，可以通过图 5-68 所示的“调整”按钮来继续调节，直到达到设计效果为止。具体做法是，先在流水线运动状态下标刻一个矩形，如果标刻出的矩形如图 5-70 左边所示图形，则增加飞行速度系数；如果标刻出的矩形如图 5-70 右边所示图形，则减小飞行速度系数。

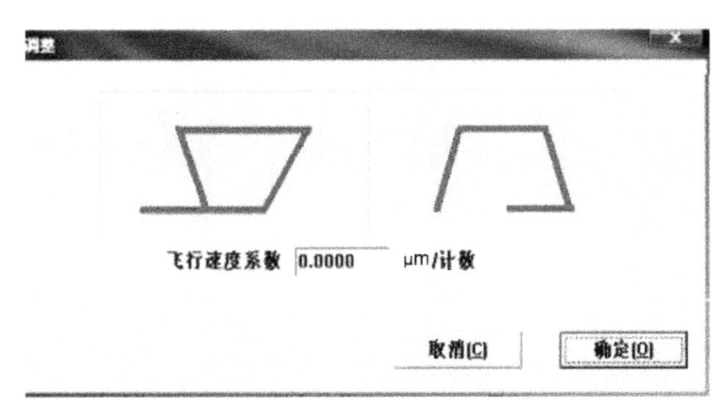

图 5-70 调整飞行速度系数

习 题

5-1 简述什么是“工作空间”，如何设置“工作空间”。

5-2 MCFFIBER2010 打标卡的 16 路通用输入数字信号 IN0～IN15 分成若干组，填写下表说明 16 路通用输入的功能、所处的接口。

接口分组	IN0～IN3		IN4～IN7	IN8～IN9	IN10～IN13	IN14～IN15
接口别名	LASERST0～ LASERST3		GIN4～ GIN7	IN8 IN9＋，IN9－	GIN10～ GIN13	XORG0 YORG0
所处接口						
功能						

5-3 简述 EzCad 打标程序中激光打标工艺参数的设置与保存。

5-4 打标一个 60 mm×60 mm 正方形，经卡尺测量实际为 62 mm×62 mm 正方形，试简述如何校正。

5-5 ：表示在使能轮廓情况下先标刻______线再标刻______线。

5-6 ：表示在使能轮廓情况下先标刻______线再标刻______线。

5-7 在“填充对话框”中提供了一些填充功能，其中“边距”指______。

A. 填充线与 X 轴的夹角　　B. 所有填充线与轮廓对象的距离

C. 填充线两端的缩进量　　D. 在进行水平填充之前先进行几次环形填充的次数

5-8 在“填充对话框”中提供了一些填充功能，其中“线间距”指______。

A. 填充线与 X 轴的夹角　　B. 所有填充线与轮廓对象的距离

C. 填充线两端的缩进量　　D. 填充线相邻的线与线之间的距离

5-9 题 5-9 图表示不同的填充类型，其中图(4)与______类型对应。

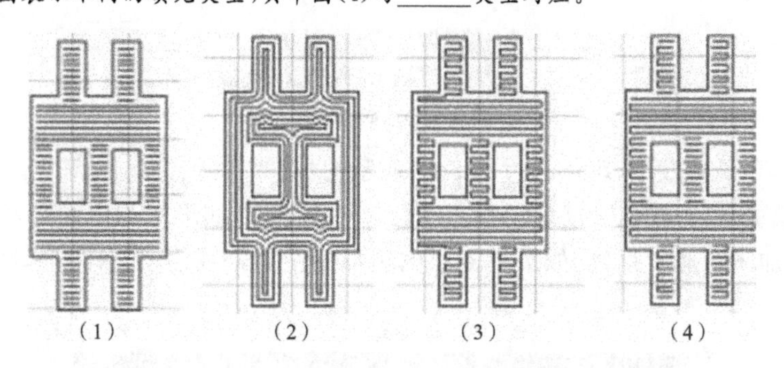

(1)　(2)　(3)　(4)

题 5-9 图

A.　　B.　　C.　　D.

5-10 “优化双向填充”类型与______对应。

A.　　B.　　C.　　D.

5-11 类型与______对应。

A. 单向填充　　B. 环形填充　　C. 优化双向填充　　D. 优化弓形填充

5-12 利用 EzCad 打标程序练习。

(1) 加工要求：绘制一个 40 mm×20 mm 的矩形，用以下参数对其填充：轮廓及填充、填充边距 0、填充间距 1.0、填充角度 0，单向填充(即不选择双向往返填充选项)。

(2) 标刻工艺参数：选择 1 号笔的激光打标加工工艺参数加工。

6

激光切割机控制系统

6.1 激光切割机控制系统总体结构

激光切割控制系统由两套独立的系统组成：FSCUT2000 切割控制系统与 BCS100 调高控制系统，如图 6-1 所示。

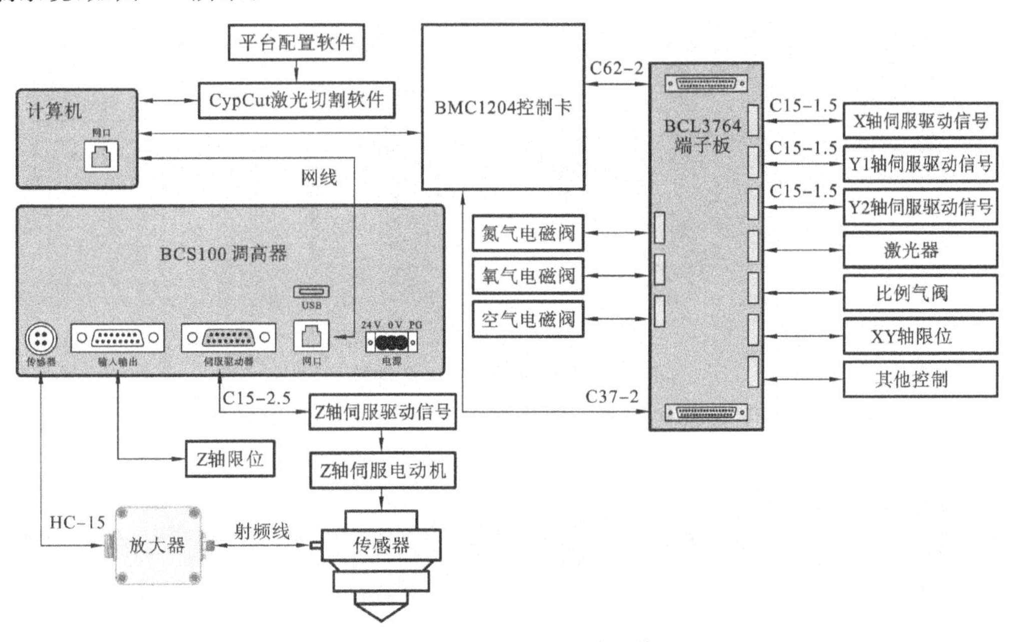

图 6-1　激光切割机控制系统总体结构

(1) FSCUT2000 切割控制系统包括：BMC1204/1205/1214 控制卡、BCL3762/3764/3724 端子板、WKB 无线手持盒、加密狗和相关线材等，如图 6-2 所示。

(2) BCS100 调高控制系统包括：控制器、放大器以及相关线材等，如图 6-3 所示。

(3) 计算机与控制卡及端子板的连接如图 6-4 所示，硬件安装完毕后，在计算机主机

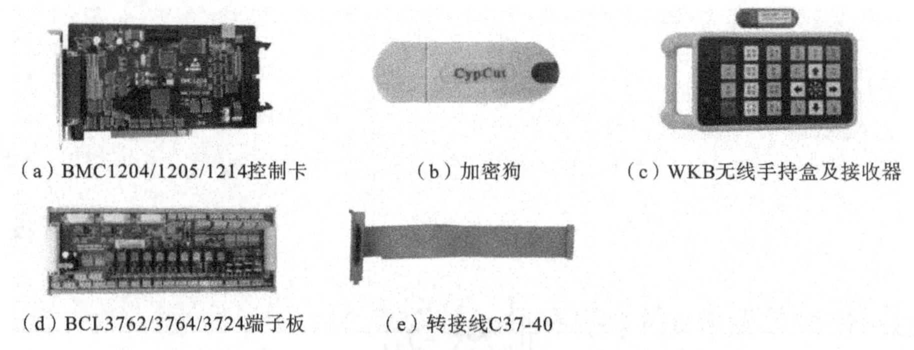

（a）BMC1204/1205/1214控制卡　（b）加密狗　（c）WKB无线手持盒及接收器

（d）BCL3762/3764/3724端子板　（e）转接线C37-40

图 6-2　FSCUT2000 切割控制系统组件

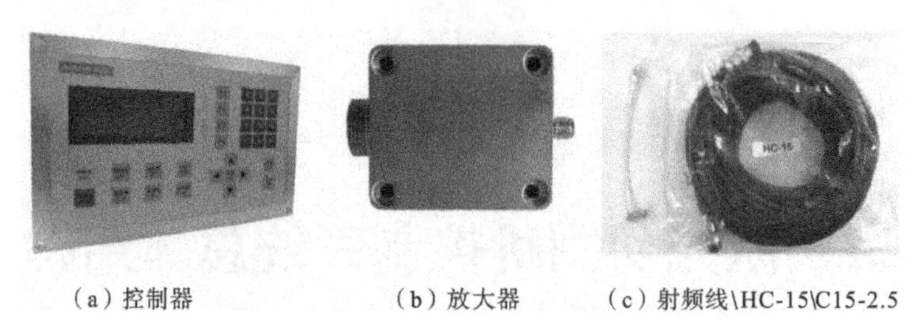

（a）控制器　（b）放大器　（c）射频线\HC-15\C15-2.5

图 6-3　BCS100 调高控制系统组件

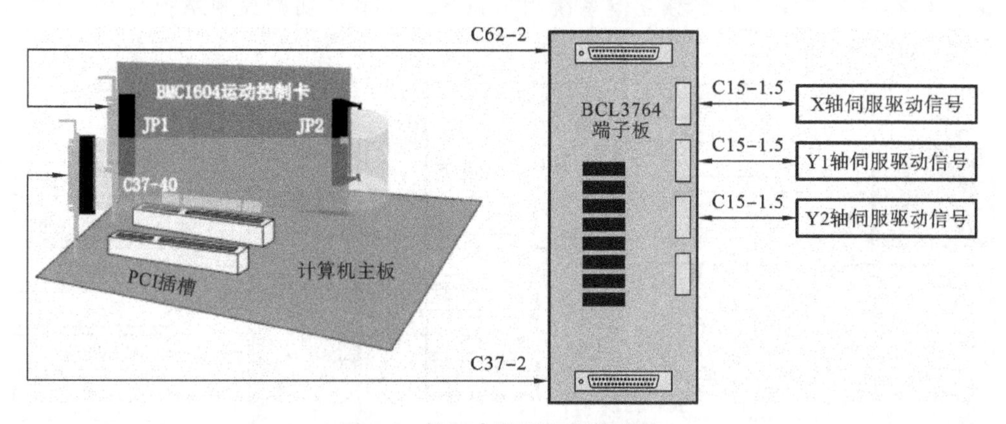

图 6-4　控制卡及端子板的连接

USB 口插入加密狗、无线手持盒接收器，启动计算机，安装软件。安装软件时，系统会自动安装系统所需的所有驱动器：控制卡驱动器、加密狗驱动器、无线手持盒驱动器。

（4）端子板外部连接。

① 激光切割机 X、Y 轴伺服控制：如图 6-5 所示，BCL3764 端子板左上角有 4 个 DB15M 接口，它们连接伺服控制信号，从上至下分别为 X 轴控制信号，Y1 轴控制信号，Y2 轴控制信号和 W 轴控制信号。

当用做龙门双边驱动时，Y1 轴和 Y2 轴为龙门双驱轴。当用做龙门单边驱动或悬臂驱动时，Y1 轴或 Y2 轴为单驱轴。

X 轴驱动时，通过两导轨定向和丝杠传动及伺服电动机驱动激光切割头沿 X 轴移动。

当用作管材切割时，W 轴为旋转轴。当需要电动调焦时，W 轴可以作为调焦轴。

② 其他输入/输出：左下方的端口为 16 路通用输出口，其 OUT1～OUT8 为 8 路继电器

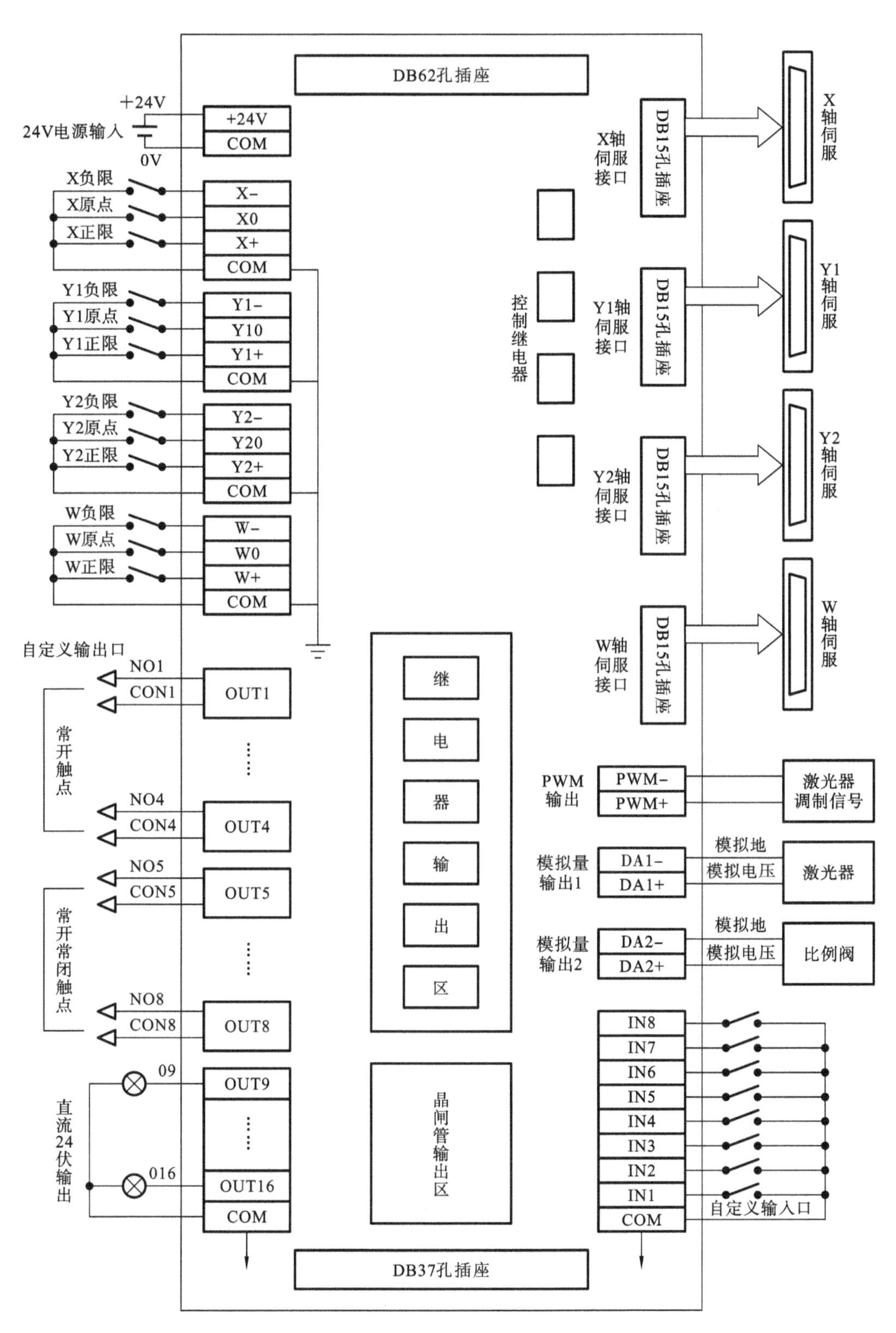

图 6-5 BCL3764 **端子板外部连接**

输出，8 路继电器输出的前 4 路只有常开触点，后 4 路既有常开触点，又有常闭触点。

OUT9～OUT16 为 8 路晶闸管输出端口，晶闸管输出为 24V 共阴极输出。

(5) 激光切割机 Z 轴激光切割头调高伺服控制：激光切割机 Z 轴激光切割头调高伺服控制采用 BCS100 调高系统。BCS100 调高系统控制激光切割头的位置，BCS100 调高系统与计算机的网络连接，与放大器、伺服电动机、限位开关连接如图 6-6 所示。

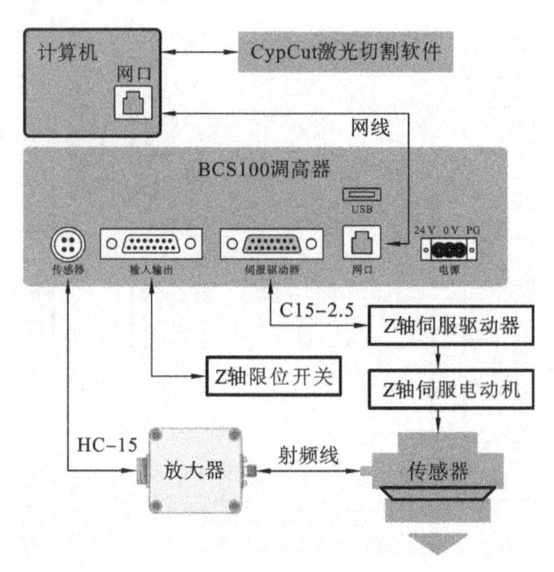

图 6-6 BCS100 调高系统及连接

6.2 控制卡与各类激光器连接

1. 控制卡与 YAG 激光器连接

直接将配置为激光输出信号的输出口连接至激光器，不做详细介绍。

2. 控制卡与 CO_2 激光器连接

此处以光谷诺太 NT-2000SM 型 CO_2 轴快流激光器为例说明连接方式，其他品牌激光器连接方式类似，如图 6-7 所示。

3. 控制卡与光纤激光器连接

此处以 IPG 的 YLR 系列和 YLS 系列激光器为例说明连接方式，其他品牌激光器连接方式类似。

(1) 控制卡与 IPG 500W_YLR 系列光纤激光器连接方式如图 6-8 所示。

当使用的激光器支持串口或以太网等远程控制时，建议连接远程控制端口(串口或网络接口)并启用该功能。启用远程控制后，CypCut 软件将实时监控激光器状态，可以通过通信的方式操作激光器，实现包括开关光闸、开关红光、设置峰值功率等动作。因此在连接了串口后，无需再连接模拟量接口来控制激光器峰值功率，即串口控制激光器和接模拟量接口

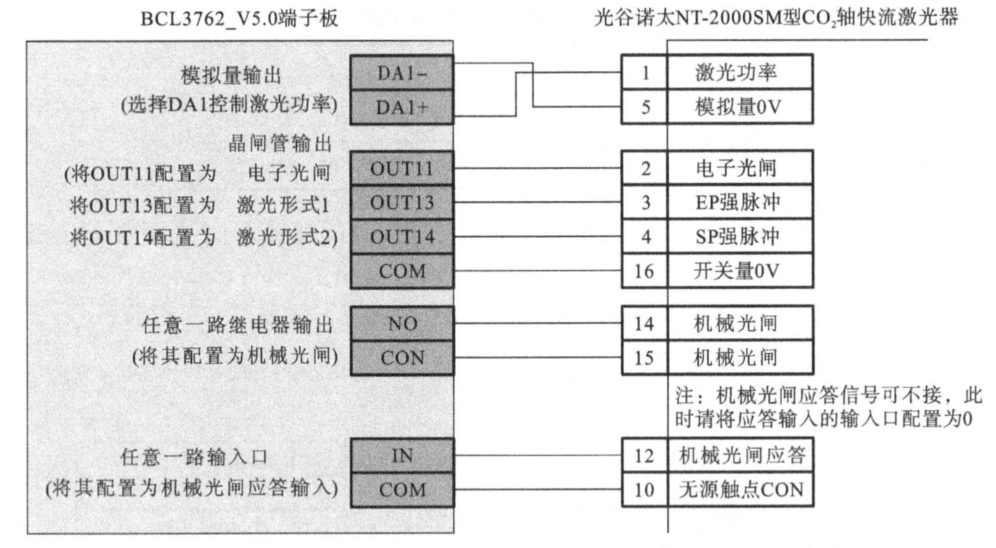

图 6-7 控制卡与光谷诺太 NT-2000SM 型 CO_2 轴快流激光器连接

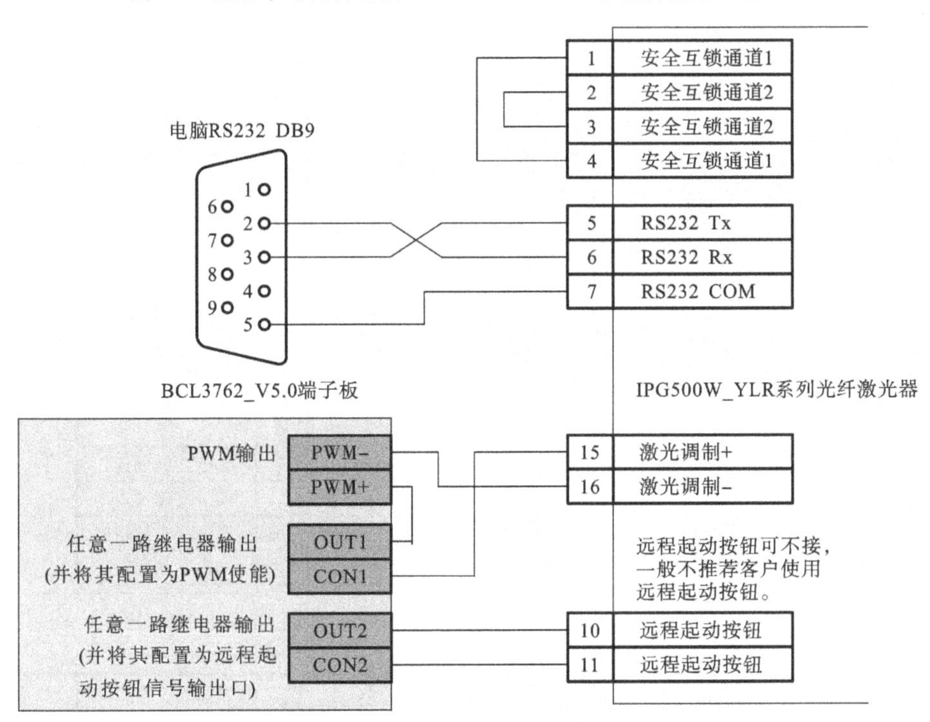

图 6-8 控制卡与 IPG 500W_YLR 系列光纤激光器连接

DA 只能二选一。

选择功率控制端口:PWM 口,选择 OUT2 输出口远程启动和 OUT1 输出口使能控制激光 PWM。跳线 P1 脚、P2 脚选择 PWM 电压范围如表 6-1 所示。

RS232 串口和 PWM 控制接口联合对 IPG_YLR 光纤激光器进行控制。CypCut 软件对 IPG 500W_YLR 光纤激光器的控制命令通过 RS232 串口下达给光纤激光器,CypCut 软件通过 PWM 控制接口对光纤激光器输出能量大小进行控制。

表 6-1 P1、P2 脚选择 PWM 电压范围

P1	P2	含义
On	Off	PWM 电压为 24 V
Off	On	PWM 电压为 5 V

注：远程起动按钮可不接，尤其当激光器没有良好接地的情况下，不推荐用户外接远程起动按钮，这种做法容易引起激光器发生故障。

(2) 控制卡与德国版 IPG 1000W_YLS 光纤激光器连接方式如图 6-9 所示。

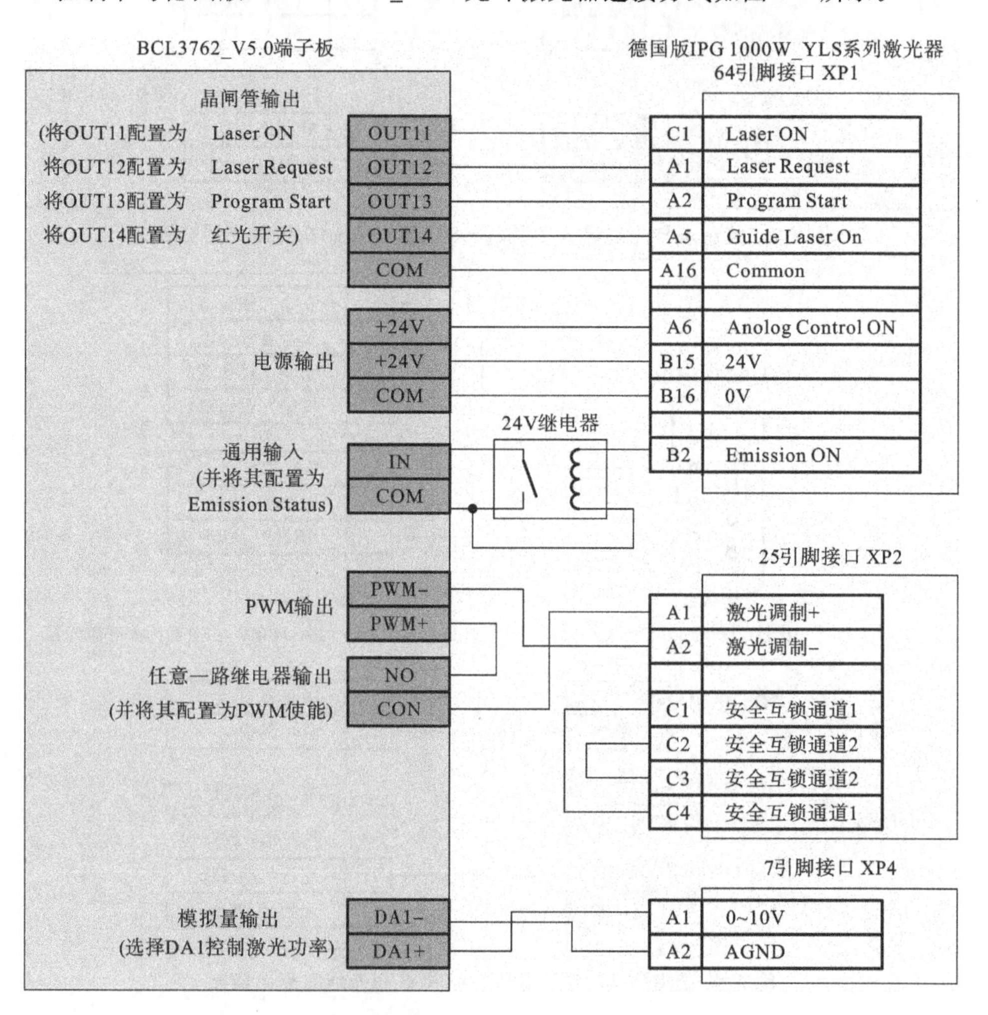

图 6-9 德国版 IPG 1000W_YLS 光纤激光器连接方式

注：XP1 接口的 B2 脚 Emission ON 可不接，此时请务必在“平台配置工具”中将 Emission Status 输入口设置为 0，表示不检测光闸是否已经打开。

美国版 IPG 1000W_YLS 光纤激光器连接方式与德国版的略有不同，接线方法如图 6-10 所示。

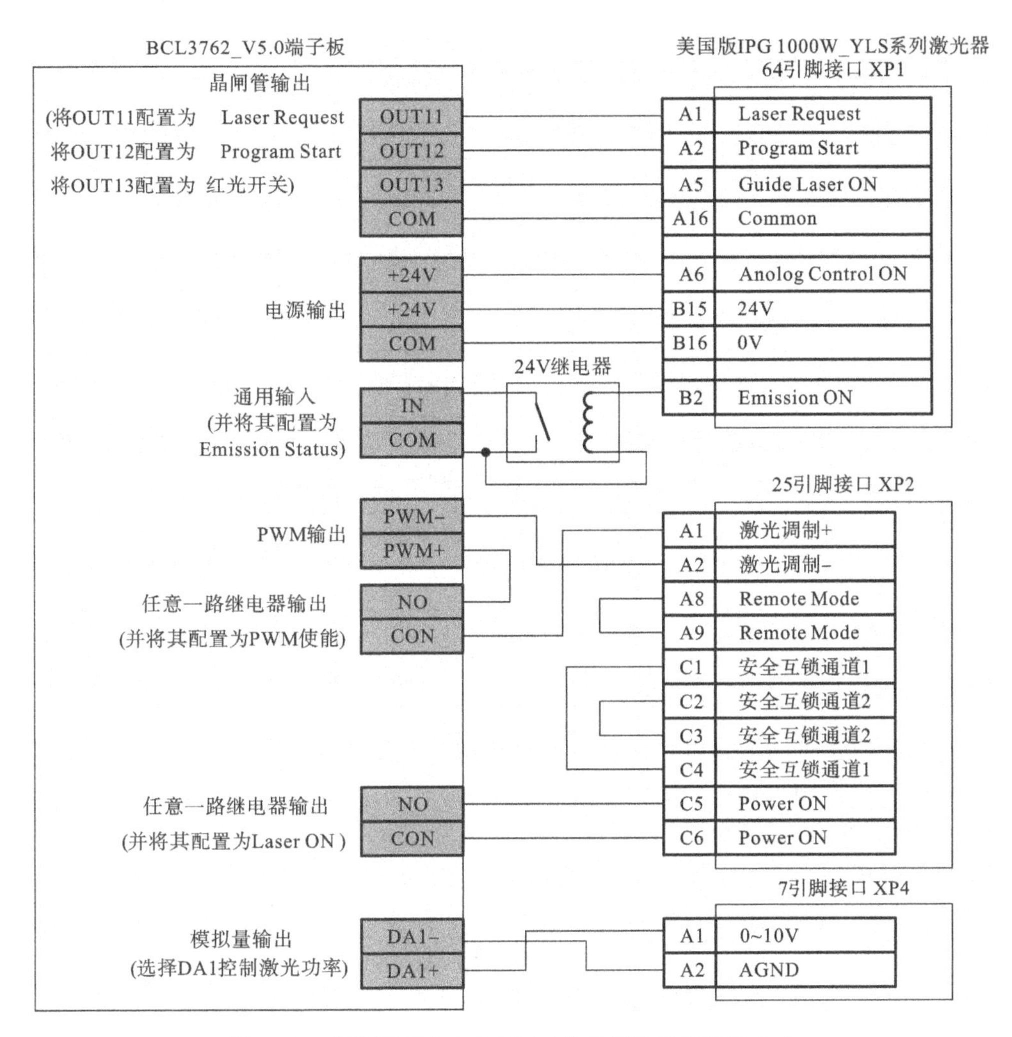

图 6-10 美国版 IPG 1000W_YLS 光纤激光器连接方式

6.3 控制卡与伺服电动机控制器接口

如前所述，BCL3764 上的 3 个伺服电动机控制接口用于激光切割机 X、Y 轴伺服控制，接口为 DB15 两排孔，引脚形式如图 6-11 所示。

与之配套使用的伺服电缆线有以下两种。

第一种：C15-1.5（2013.10 月之前生产的），信号线定义如表 6-2 所示。

第二种：C15-2.5（2013.10 月之后生产的），信号线定义如表 6-3 所示。

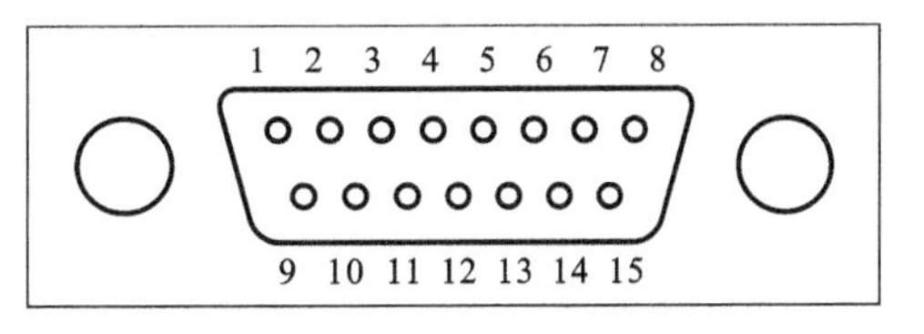

图 6-11 伺服控制接口引脚形式

表 6-2　C15-1.5(15 芯伺服控制信号线)

引脚	线色	信号名	引脚	线色	信号名	引脚	线色	信号名
1	紫	PUL+	6	黑	SON	11	红黑	A-
2	黄	DIR+	7	黑白	CLR	12	绿	B-
3	黄黑	A+	8	橙	24V	13	绿黑	Z-
4	蓝	B+	9	橙黑	PUL-	14	棕	ALM
5	蓝黑	Z+	10	红	DIR-	15	棕黑	0 V

表 6-3　C15-2.5(15 芯伺服控制信号线)

引脚	线色	信号名	引脚	线色	信号名	引脚	线色	信号名
1	黄	PUL+	6	绿	SON	11	黑白	A-
2	蓝	DIR+	7	绿黑	CLR	12	橙黑	B-
3	黑	A+	8	棕	24V	13	红黑	Z-
4	橙	B+	9	黄黑	PUL-	14	紫	ALM
5	红	Z+	10	蓝黑	DIR-	15	棕黑	0 V

+24 V、0 V：供给伺服驱动器的直流 24 V 电源。

SON：伺服 ON，输出伺服驱动使能信号。

ALM：报警，接收伺服驱动器报警信号。

PUL+、PUL-：脉冲(PULS)，差动输出信号。

DIR+、DIR-：方向(DIR)，差动输出信号。

A+、A-、B+、B-、Z+、Z-：编码器三相，输入信号。

其中，SON 和 ALM 信号可以通过硬件跳线调整极性，如图 6-12 所示。

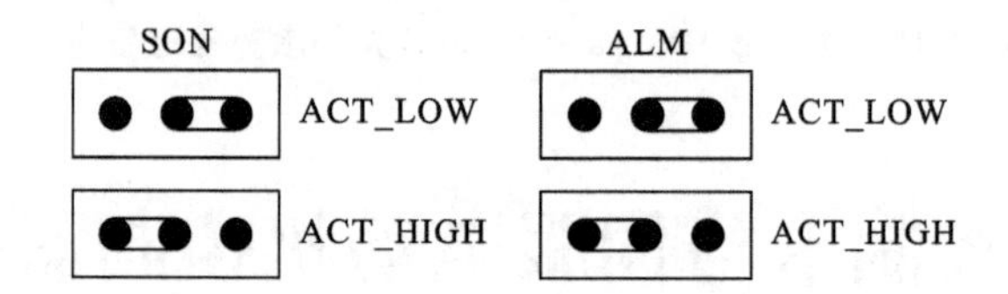

图 6-12　SON 和 ALM 信号

SON 信号跳到 ACT_LOW 状态，输出信号低电平有效(0 V 输出有效)；跳到 ACT_HIGH 状态，输出信号高电平有效(24 V 输出有效)；默认 ACT_LOW 状态。

ALM 信号跳到 ACT_LOW 状态，输入信号低电平有效(0 V 输入有效)；跳到 ACT_HIGH 状态，输入信号高电平有效(24 V 输入有效)；默认 ACT_LOW 状态。

连接其他品牌驱动器时应注意以下事项：

(1) 请首先确定您选择的伺服驱动器 SON 信号的类型，是不是低电平有效(即与 24 V 电源的 GND 导通时为 ON)；

(2) 确定伺服驱动器的参数设定为接收的脉冲信号类型是“脉冲加方向”；

(3) 确定伺服驱动器输入端子中有无外部紧停信号输入，及该信号的逻辑；

(4) 驱动器试运转前，必须先给端子板供 24 V 电源，因为伺服器所需 24 V 电源是通过端子板转供的；

(5) 如果驱动器还不能运转，确定驱动器参数设定为不使用“正反转输入禁止”。

6.3.1 控制卡与松下 MINAS-A 伺服电动机控制器接口

控制卡与松下 MINAS-A 伺服电动机控制器的连接，如图 6-13 所示。

6.3.2 控制卡与安川 Σ-V 伺服电动机控制器接口

控制卡与安川 Σ-V 伺服电动机控制器的连接，如图 6-14 所示。

DB15伺服控制接口 屏蔽线 松下MINAS-A伺服50P接口

信号名	引脚	引脚	信号名
PUL+	1	3	PULS1
PUL-	9	4	PULS2
DIR+	2	5	SIGN1
DIR-	10	6	SIGN2
A+	3	21	OA+
A-	11	22	OA-
B+	4	48	OB+
B-	12	49	OB-
Z+	5	23	OZ+
Z-	13	24	OZ-
24V	8	7	COM+
SON	6	29	SRV-ON
CLR	7	31	A-CLR
ALM	14	37	ALM+
0V	15	41	COM-
		36	ALM-

图 6-13 控制卡与松下 MINAS-A 伺服电动机控制器接口

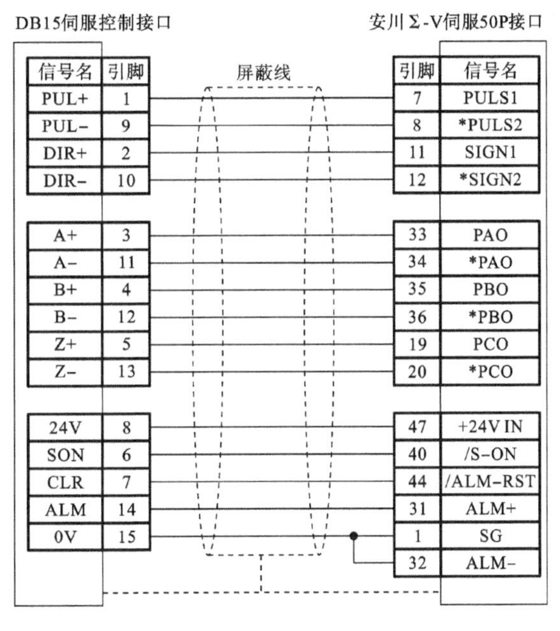

图 6-14 控制卡与安川 Σ-V 伺服电动机控制器接口

6.3.3 控制卡与三菱 MR-E-A 伺服电动机控制器接口

控制卡与三菱 MR-E-A 伺服电动机控制器的连接，如图 6-15 所示。

6.3.4 控制卡与台达 ASD-A 伺服电动机控制器接口

控制卡与台达 ASD-A 伺服电动机控制器的连接，如图 6-16 所示。

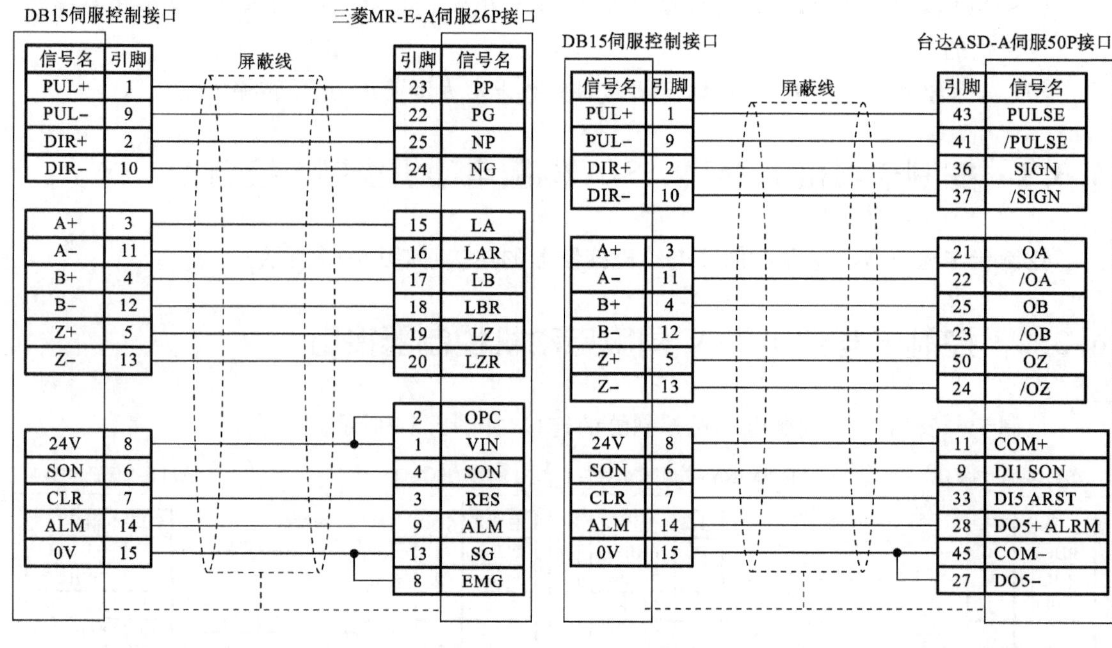

图 6-15 控制卡与三菱 MR-E-A 伺服电动机控制器接口

图 6-16 控制卡与台达 ASD-A 伺服电动机控制器接口

6.3.5 控制卡与外部电源接线

BCL3762 端子板需要由外部开关电源供给直流 24 V 电源。电源输入端子的 24 V 和 COM 分别接开关电源的 24 V 和 0 V 电源输出接口。

6.4 控制卡与输入/输出信号接口

6.4.1 输入信号

输入信号包括正负限位、原点、通用输入等。BMC1204 卡的输入为低电平有效：支持常开、常闭输入方式(可通过 CypCut 软件自带的“平台配置工具”修改输入端口的极性)。设置为常开时，输入口与 0 V 导通，则输入有效；设置为常闭时，与 0 V 断开，则输入有效。

输入口的极性也可以通过硬件跳线修改，目前支持该功能的是 IN10，IN11，IN12 三个输入口。跳线一共有两种状态，如图 6-17 所示，ACT_LOW 表示低电平有效(输入 0 V 电压有效)；ACT_HIGH 表示高电平有效(输入 24 V 电压有效)。默认状态为 ACT_LOW 状态。

(1) 光电开关的典型接法如图 6-18 所示，该开关必须使用 NPN 型 24 V 的光电开关。

(2) 触点开关的典型接法如图 6-19 所示。

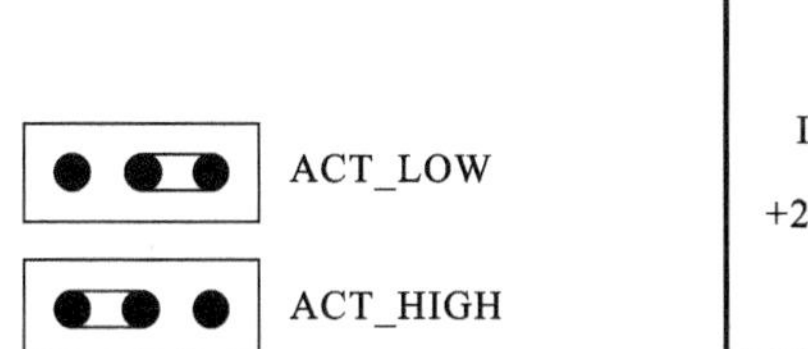

图 6-17　ACT_LOW 状态

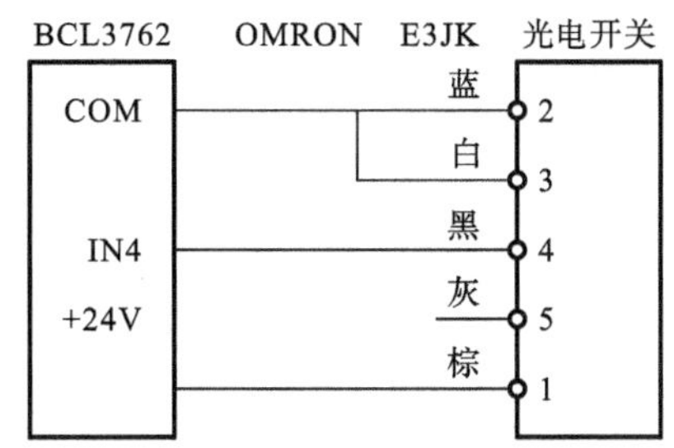

图 6-18　光电开关的典型接法

（3）磁感应输入开关的典型接法如图 6-20 所示，该开关必须使用 NPN 型 24 V 磁感应开关。

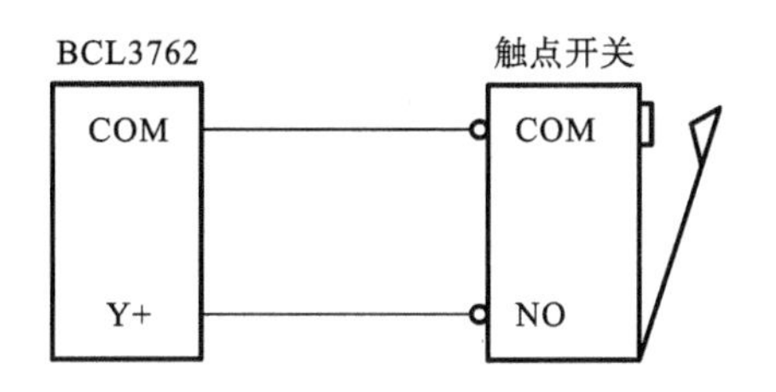

图 6-19　触点开关的典型接法

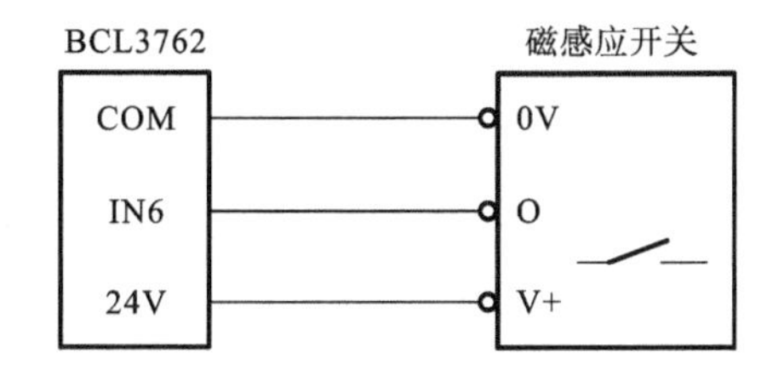

图 6-20　磁感应输入开关的典型接法

6.4.2　继电器输出信号

端子板上继电器输出触点的负载能力为：交流 240 V/5 A、直流 30 V/10 A。可控制小功率的 220 V 交流负载。如要接大功率负载，请外接接触器。

继电器输出与接触器的接法如图 6-21 所示。

6.4.3　晶闸管输出信号

BCL3762-V5.0 端子板上有 OUT11～OUT18 共 8 路晶闸管射极输出，可直接驱动 24 V 直流设备，每一路的电流驱动能力为 500 mA。典型接法如图 6-22 所示。

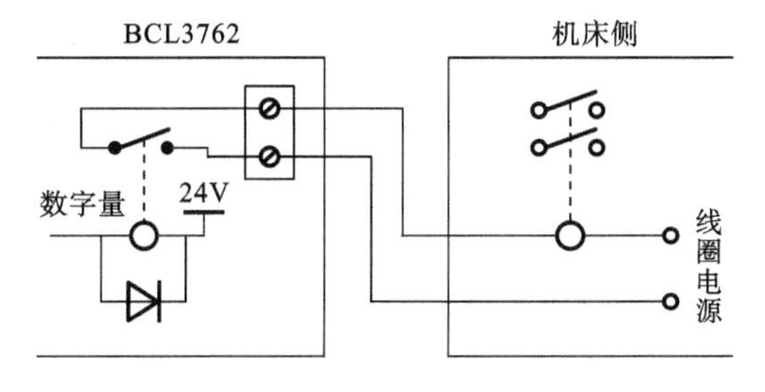

图 6-21　继电器输出与接触器的接法

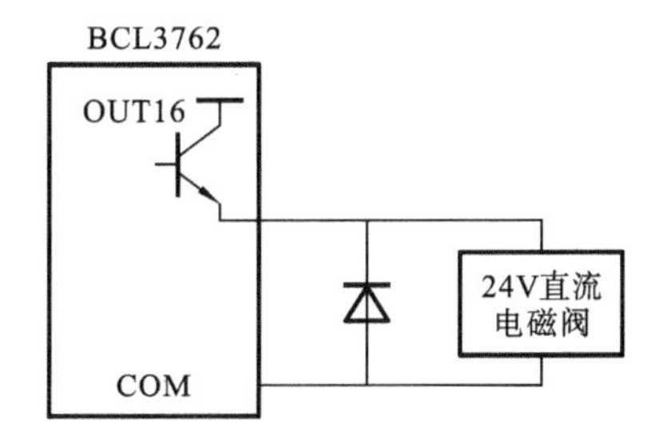

图 6-22　晶闸管输出典型接法

6.4.4 差分输出信号

控制驱动器运动的脉冲指令形式为“脉冲＋方向，负逻辑”，最高脉冲频率为 2 MHz。脉冲方式如图 6-23 所示。差分信号输出方式如图 6-24 所示。

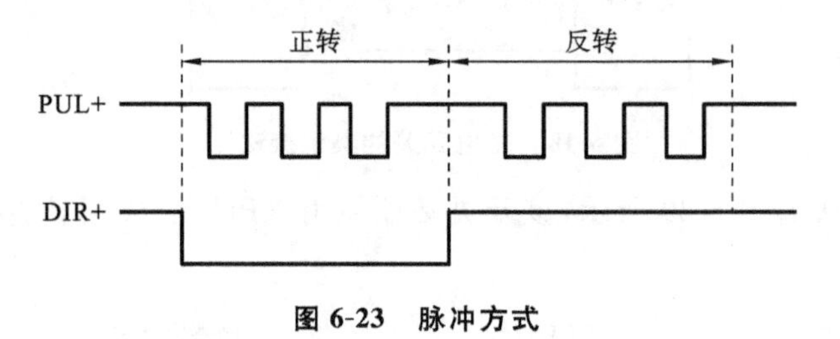

图 6-23 脉冲方式

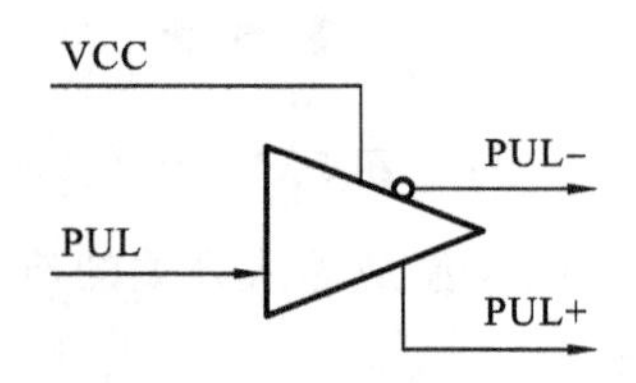

图 6-24 差分信号输出方式

6.4.5 模拟量输出信号

端子板上 2 路 0～10 V 的模拟量输出如表 6-4 所示。

表 6-4 模拟量输出

输出信号范围	0 V～10 V
最大输出负载能力	50 mA
最大输出容性负载	350 pF
输入阻抗	100 kΩ
最大双极性误差	＋/－50 mV
分辨率	10 mV
转化速度	400 μs

6.4.6 PWM 信号输出

BCL3762 端子板上有 1 路 PWM 信号，用于控制光纤激光器平均功率。PWM 信号电平为 5 V 或 24 V 可选。占空比 0%～100%可调，最高载波频率 50 kHz。信号输出方式如图 6-25 所示。

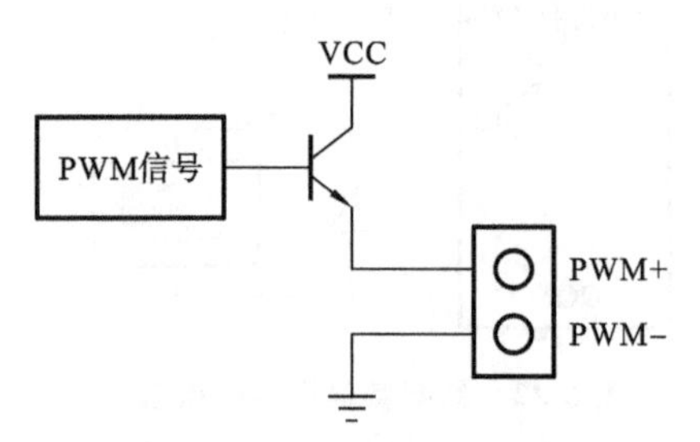

图 6-25 PWM 信号输出方式

强烈推荐将 PWM＋信号串联至一路继电器输出口(将其配置为 PWM 使能)后再接入激光器，可起到在调制模式下避免激光器漏光的作用。另外，请调整好 PWM 信号的电平，24 V 或 5 V 电平可以通过拨码开关选择。

6.5 控制卡安装

6.5.1 控制卡硬件与软件安装

(1) 关闭计算机,将控制卡插入 PCI 槽(白色),并固定好控制卡以及扩展排线的挡片螺丝。

(2) 启动计算机后,自动跳出“找到新的硬件向导”,点击“取消”按钮,如图 6-26 所示。如果未出现此对话框,表示卡没有插好,请重复步骤(1)操作。

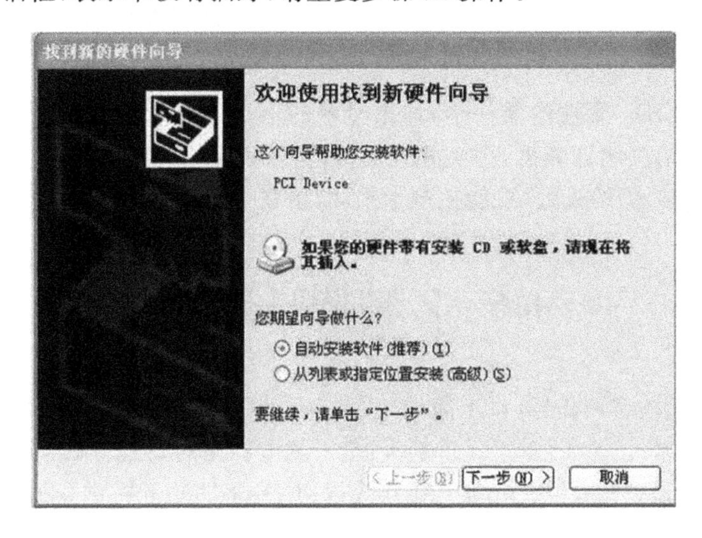

图 6-26 “找到新的硬件向导”对话框

(3) 安装 CypCut 软件,在安装 CypCut 软件的同时,系统会自动安装好 BMC1204 卡驱动和加密狗的驱动器。

(4) 打开设备管理器,以确认安装成功。如出现图标 BMC-柏楚电子运动控制卡 BMC1204运动控制卡 表示安装成功。

6.5.2 控制卡安装故障处理

(1) 如果启动电脑时,没有跳出“找到新的硬件向导”对话框,或设备管理器里,找不到控制卡,则表明控制卡没有插好。请更换 PCI 插槽或电脑,插入控制卡,固定好后,重新安装软件。

(2) 如果设备上显示黄色感叹号,请双击 PCI Device ,打开其属性页,并点击“详细信息”标签,如图 6-27 所示。

(3) “设备范例 ID”属性的前一半,如果显示的是 PCI\VEN_6125&DEV_1204,说明计算机正确识别了控制卡,可能是软件安装失败。请再次安装 CypCut 软件,如果仍然失败,请联系技术人员。

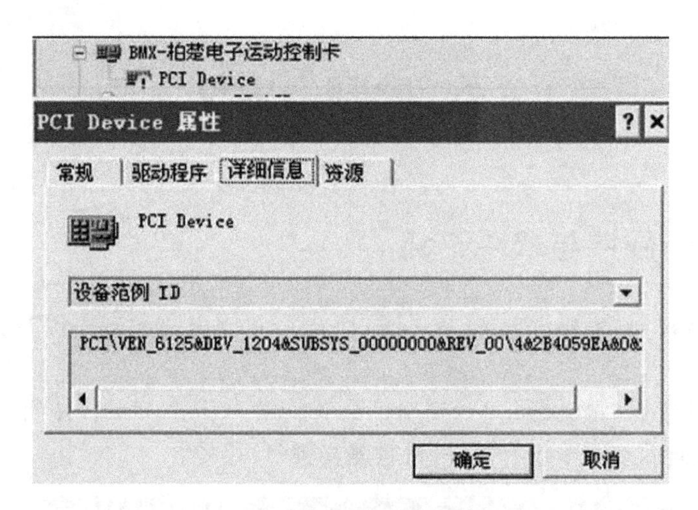

图 6-27 属性对话框

(4)“设备范例 ID”属性的前一半，如果显示的不是 PCI\VEN_6125&DEV_1204，则表明计算机识别控制卡失败。请关闭计算机，更换 PCI 插槽，重新固定好控制卡后，再尝试安装。

(5) 如果步骤(4)仍然失败，可能控制卡损坏，请联系技术人员。

6.6 Z 轴调高控制

BCS100 独立式电容调高器(以下简称 BCS100)采用闭环控制方法控制激光切割电容切割头，是一款电容调高装置。除与其他产品类似的控制方式以外，BCS100 还提供了独有的以太网通信(TCP/IP 协议)接口，可配合 CypCut 激光切割软件实现高度自动跟踪、分段穿孔、渐进穿孔、寻边切割、蛙跳式上抬、切割头上抬高度任意设置、飞行光路补偿等功能。其响应速度大大提高。在伺服控制方面 BCS100 采用了速度位置双闭环算法。

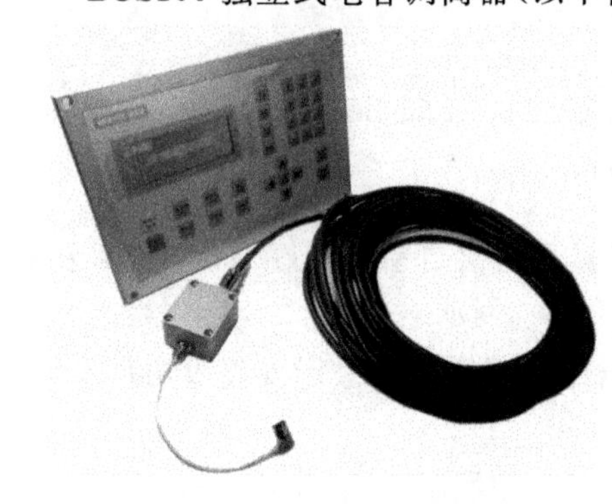

图 6-28 电容调高控制系统组成

电容调高控制系统由 BCS100 调高主控制器，前置放大器，激光切割头，电缆等部分组成，如图 6-28 所示。配件信息如表 6-5 所示。

表 6-5 配件信息

配件名称	数量	标配型号	选配型号
主控制器	1	BCS100	
前置放大器	1	BCL_AMP	
射频线	1	SPC-140(140 mm)	SPC-180(180 mm)
信号线缆	1	HC-15(15 m)	HC-15(20 m)

续表

配件名称	数量	标配型号	选配型号
伺服控制线	1	C15-2.5(2.5 m)	C15-1.5(1.5 m),C15-4(4 m)
插头(针)	1	DB15M	
插头(孔)	1	DB15F	
说明书	1		

6.6.1 前置放大器

前置放大器的外观如图 6-29 所示。

图 6-29 前置放大器的外观

6.6.2 主控制器

调高主控制器的控制界面如图 6-30 所示。

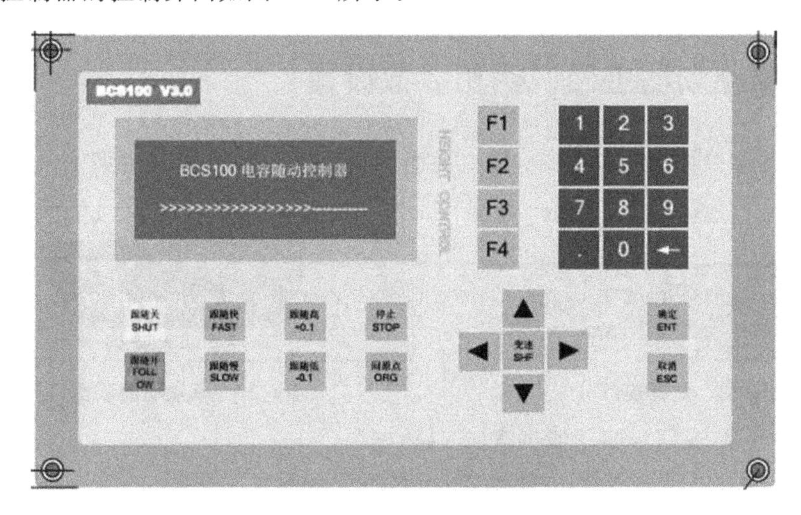

图 6-30 调高主控制器的控制界面

6.6.3 电容调高器接口说明

1. BCS100 **独立式电容调高器接口布局**

调高主控制器接线端子接口详细布局如图 6-31 所示。

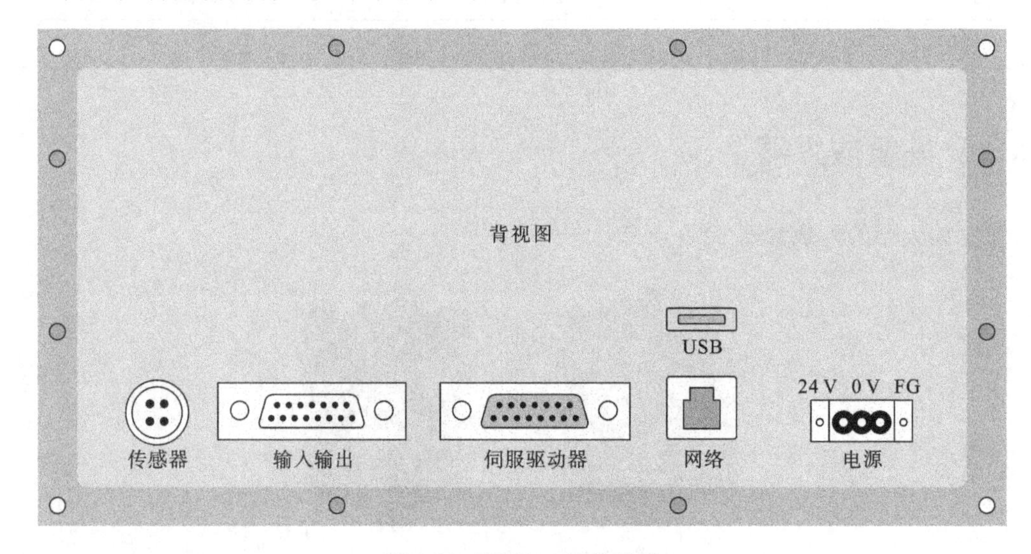

图 6-31 BCS100 **接线端子**

2. 电源接口说明

如图 6-32 所示，机器的外壳为被测电容的负极，为了确保测量电路的稳定工作，电源接口的“FG 脚”必须可靠连接机器外壳(即与机器外壳良好导通)，前置放大器的外壳也必须与机器外壳良好导通。具体指标为直流阻抗恒小于 10 Ω，否则实际跟随效果可能不佳。

6.6.4 伺服驱动器接口说明和参数设置

伺服驱动器接口如图 6-33 所示，接口说明如表 6-6 所示，参数设置如下。

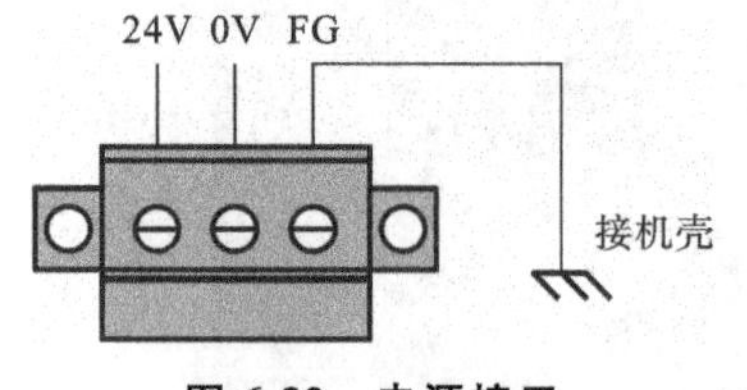

图 6-32 电源接口

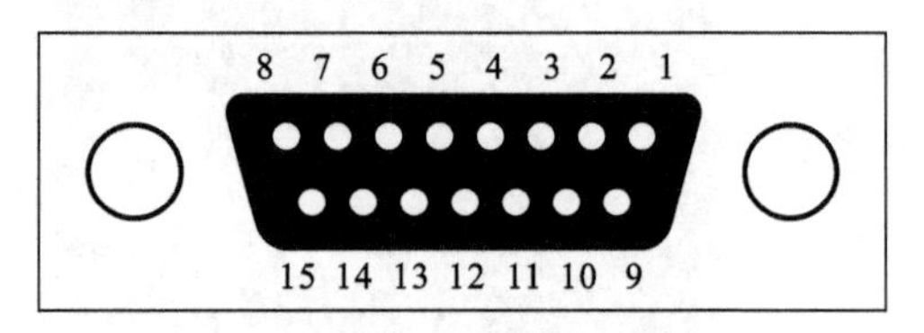

图 6-33 伺服驱动器接口

+24 V、0 V：为伺服驱动器供直流 24V 电源。

DA、AGND：模拟量信号，为驱动器提供速度信号。

0S：零速钳位，用于抑制伺服的零漂。

SON：输出伺服驱动器使能信号。

ALM：接收伺服驱动器报警信号。

表 6-6 接口说明

15芯母头(孔)伺服驱动器控制接口					
引脚	信号名	引脚	信号名	引脚	信号名
1 黄	DA(－10～10 V模拟量)	6 绿	SON(伺服使能)	11 黑白	A－(编码器A相负)
2 蓝	OS(零速钳位)	7 绿黑	CLR(报警清除)	12 橙黑	B－(编码器B相负)
3 黑	A＋(编码器A相正)	8 棕	24 V(电源输出)	13 红黑	Z－(编码器Z相负)
4 橙	B＋(编码器B相正)	9 黄黑	AGND(模拟地)	14 紫	ALM(报警信号)
5 红	Z＋(编码器Z相正)	10 蓝黑	0 V(电源地)	15 棕黑	0 V(电源地)

A＋、A－、B＋、B－、Z＋、Z－:编码器三相输入信号。

连接驱动器时请注意以下事项:

(1) 首先确定选择的伺服驱动器支持速度模式。例如松下A5系列伺服驱动器必须选择全功能型的,不能使用脉冲型的。

(2) BSC100的输入/输出口都是低电平有效的,所选择的伺服驱动器也应是低电平有效的。

(3) 确认所使用的伺服电动机是否带刹车,如带刹车,请严格按照伺服驱动器说明书中的接线方式接线,并设置与刹车相关参数。

(4) 控制信号线的屏蔽层接伺服驱动器外壳,并保证伺服驱动器良好接地。

6.6.5 伺服驱动器与BCS100接线

1. 安川伺服驱动器

安川Σ-V系列伺服驱动器接线图如图6-34所示,参数设置如表6-7所示。

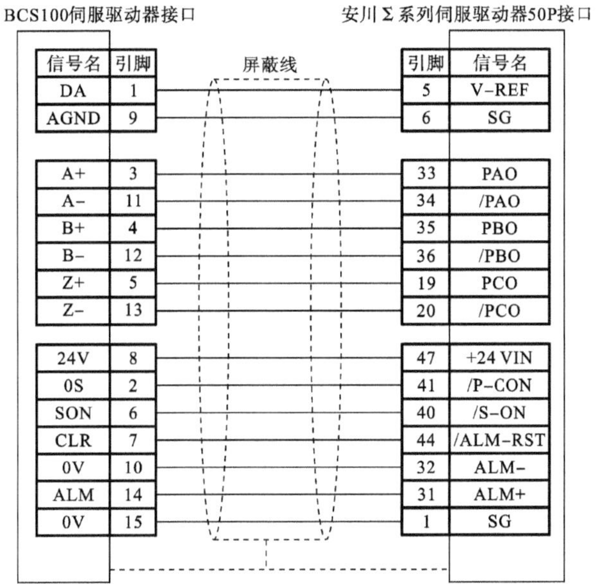

BCS100伺服驱动器接口 屏蔽线 安川Σ系列伺服驱动器50P接口

信号名	引脚	引脚	信号名
DA	1	5	V-REF
AGND	9	6	SG
A+	3	33	PAO
A-	11	34	/PAO
B+	4	35	PBO
B-	12	36	/PBO
Z+	5	19	PCO
Z-	13	20	/PCO
24V	8	47	+24 VIN
0S	2	41	/P-CON
SON	6	40	/S-ON
CLR	7	44	/ALM-RST
0V	10	32	ALM-
ALM	14	31	ALM+
0V	15	1	SG

图 6-34 安川伺服驱动器接线图

表 6-7 安川Σ-V系列伺服驱动器参数设置

参数类型	推荐值	含　义
Pn000	00A0	为带零位固定功能的速度控制
Pn00B	无	单相电源输入时改成0100
Pn212	2500	每转编码器输出的脉冲数,对应BCS100的每转脉冲参数10000
Pn300	6.00	对应调高器的速度增益500
Pn501	10000	零位固定值
Pn50A	8100	正转侧可驱动
Pn50B	6548	反转侧可驱动

2. 台达伺服驱动器

台达 ASD-A 系列伺服驱动器接线图如图 6-35 所示，参数设置如表 6-8 所示。

BCS100伺服驱动器接口　　屏蔽线　　台达ASD-A伺服驱动器50P接口

信号名	引脚	引脚	信号名
DA	1	42	V-REF
AGND	9	44	GND
A+	3	21	OA
A-	11	22	/OA
B+	4	25	OB
B-	12	23	/OB
Z+	5	50	OZ
Z-	13	24	/OZ
24V	8	11	COM+
0S	2	10	DI2
SON	6	9	DI1 SON
CLR	7	33	DI5 ARST
0V	10	45	COM-
ALM	14	28	DO5+ ALRM
0V	15	27	DO5-

图 6-35　台达伺服驱动器接线图

表 6-8　台达 ASD-A 系列伺服驱动器参数设置

参数类型	推荐值	含　义
P1-01	0002	控制模式，必须设置为速度控制模式
P1-38	2000	将零速钳位值设为最大
P1-40	5000	对应调高器的速度增益 500
P2-10	101	DI1 设置为 SON 伺服使能，逻辑为常开
P2-11	105	DI2 设置为 CLAMP 零速钳位，逻辑为常开
P2-12	114	将速度命令设置为外部模拟量控制
P2-13	115	将速度命令设置为外部模拟量控制
P2-14	102	DI5 设置为 ARST 清除报警功能，逻辑为常开
P2-22	007	DO5 设置为 ALRM 伺服报警功能，逻辑为常闭

3. 三菱伺服驱动器

三菱 MR-J30A 伺服驱动器接线如图 6-36 所示，其他引脚说明如表 6-9 所示，参数设置如表 6-10 所示。

BCS100伺服驱动器接口　　屏蔽线　　三菱MR-J30A伺服驱动器接口

信号名	引脚	引脚	信号名
DA	1	2	VC
AGND	9	28	LG
A+	3	4	LA
A-	11	5	LAR
B+	4	6	LB
B-	12	7	LBR
Z+	5	8	LZ
Z-	13	9	LZR
24V	8	20	DICOM
0S	2	17	ST1
SON	6	15	SON
CLR	7	19	RES
0V	10	46	DOCOM
ALM	14	48	ALM
0V	15	42	EMG

图 6-36　三菱 MR-J30A 伺服驱动器接线图

表 6-9　三菱 MR-J30A 其他引脚说明

引脚	连接
ST2	无连接
SP1	无连接
SP2	无连接
SP3	无连接
EMG	DOCOM

表 6-10　三菱 MR-J30A 伺服驱动器参数设置

参数类型	推荐值	含　义
PA01	2	控制模式-速度模式
PA15	10000	每转编码器脉冲数 x4
PC12	5000	对应调高器的速度增益是 500
PC17	0	不使用 0 速度功能（通过 ST1 口实现零速钳位功能）

6.6.6 伺服抱闸接线说明

BCS100 暂未提供单独的 Z 轴抱闸信号，以下以安川电动机为例提供一种电动机抱闸的接线方式，其他伺服原理基本一致。驱动器 50 脚接口内有两个引脚（比如安川的 27、28 引脚），其逻辑关系是伺服使能打开的情况下，这两个信号口处于导通；使能关，则断开。从而实现当电动机使能后松开抱闸，断开使能后夹紧抱闸。

图 6-37 所示为安川电动机伺服抱闸的接线方法，需将参数 Pn50F 设为 0200。刹车线圈的 24 V 供电，所需电流较大，需由开关电源直接供电；继电器输入端的 24 V 供电，可由端子板左下的 24 V 电源输出供电。

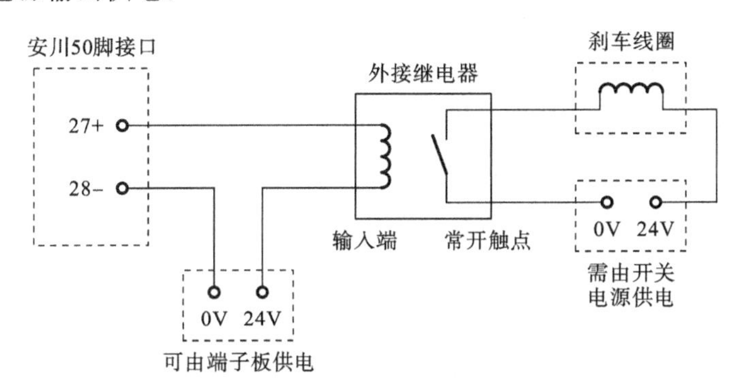

图 6-37 安川电动机伺服抱闸的接线

6.6.7 输入/输出接口说明

输入/输出接口如图 6-38 所示，各引脚的说明如表 6-11 所示。

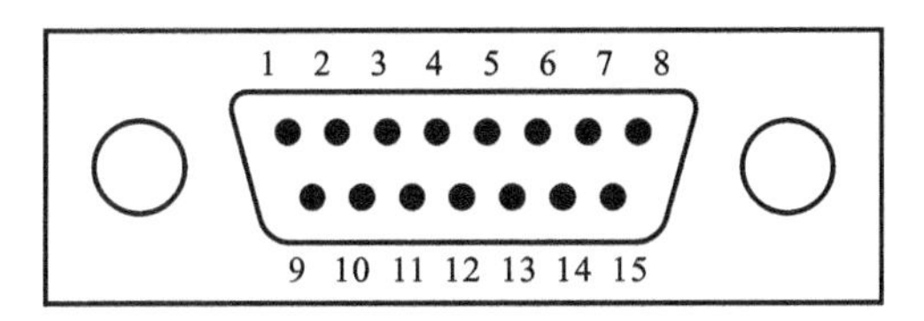

图 6-38 输入/输出接口

表 6-11 引脚说明

引脚	信号定义	引脚	信号定义	引脚	信号定义
1	24 V（电源输出）	6	IN3（快速上抬）	11	OUT2（停靠到位）
2	IN8（通用输入）	7	IN5（上限位）	12	OUT4（穿孔到位）
3	OUT1（切割到位）	8	0 V（电源地）	13	IN2（回中信号）
4	OUT3（报警）	9	IN7（通用输入）	14	IN4（急停）
5	IN1（切割跟踪）	10	IN9（通用输入）	15	IN6（下限位）

说明:(1) 输出口(OUT1～OUT4)均为开漏输出,输出时与电源地导通。

(2) 输入口(IN1～IN9)均为低电平有效,输入口与电源地导通时输入有效。

(3) 穿孔到位时,OUT4 输出 200 ms 宽的有效信号。切割到位时,OUT1 输出持续的到位有效信号。

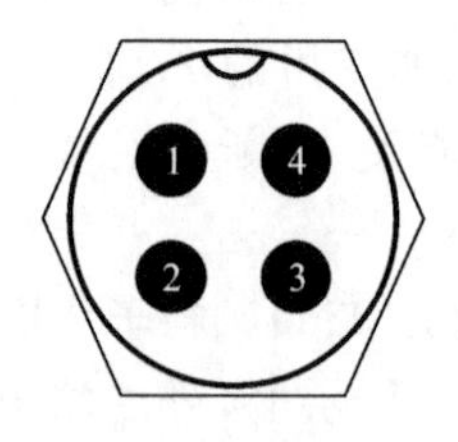

图 6-39　传感器接口

6.6.8　传感器接口说明

如图 6-39 所示,传感器 4 芯信号传输线缆,它可用 3 芯屏蔽线缆和 2 个 4 脚航空插头自行制作而成。制作时 1,2,3 芯对连,第 4 芯务必用屏蔽层对连。

6.6.9　BCS100 独立式电容调高器调试步骤

安装完成后,最初使用需对控制器进行如下调试。

(1) 设置伺服参数。具体参见伺服驱动器参数设置相关章节。

(2) 上电等待初始化完成,进入参数界面,设置"机械参数"。

(3) 进入【测试界面】,检查行程开关是否有效。如是光电开关,用遮光物挡住上限位,此时界面显示"上限位有效";挡住下限位,界面显示"下限位有效"。

(4) 在【测试界面】进行开环点动,观察切割头运动方向,如果切割头实际运动方向与点动方向相反,则伺服方向错误,需修改"机械参数"中的"伺服方向"。接着进行开环点动,如果向下点动 Z 坐标值变小或向上点动 Z 坐标值变大,则编码器方向错误,需修改"机械参数"中"编码器方向"。

(5) 进入【标定界面】,做一次"伺服标定",消除伺服的零漂。

(6) 手动回原点一次,并在【复位参数】界面将上电复位功能打开。

(7) 触摸切割头,观测电容是否会变化,确认传感器连接是正常的。

(8) 进入【标定界面】,做一次"切割头电容标定"。

(9) 完成上述步骤后,可根据需要修改其他参数。

习　题

6-1　FSCUT2000 切割控制系统的 BCL3764 端子板右下方的端口为 16 脚通用输出口,其中:______脚为继电器输出,______脚为晶闸管输出。

6-2　FSCUT2000 切割控制系统的 BCL3764 端子板右下方的端口为 16 脚通用输出口,其中:继电器输出的前______脚只有常开触点,后______脚既有常开触点,又有常闭触点。

6-3　FSCUT2000 切割控制系统的 BCL3764 端子板右下方的端口为 16 脚通用输出口,其中:晶闸管输出为______V,共______极输出。

6-4　BCL3764 端子板提供 PWM 控制激光功率的端口可选择的电压是______V 和______V。

6-5　BCL3764 端子板提供控制激光功率的 PWM 端口和 DA1～DA2 端口,其中______在"平台配置"中选择电压范围。

6-6　BCL3764 端子板提供控制激光功率的 PWM 端口和 DA1～DA2 端口,其中______通过拨码开关选择电压范围。

6-7 如题6-7图所示，BCL3764端子板与______典型接法。

A. 光电开关　　B. 触点开关　　C. 磁感应输入开关　　D. 气体电磁阀

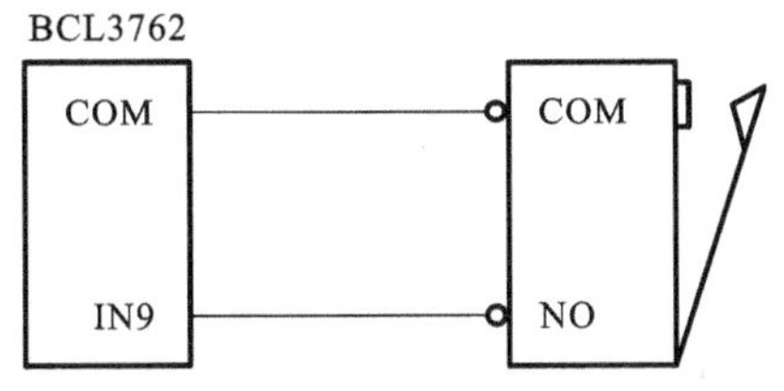

题6-7图

6-8 BCL3764端子板提供的输入信号端口是______。

A. OUT1～OUT16　　B. IN1～IN8　　C. DA1～DA2　　D. PWM

6-9 BCL3764端子板提供的控制比例气阀的端口是______。

A. OUT1～OUT16　　B. IN1～IN8　　C. DA1～DA2　　D. PWM

6-10 BCL3764端子板提供的直接电压控制激光的端口是______。

A. OUT1～OUT16　　B. IN1～IN8　　C. DA1～DA2　　D. PWM

6-11 BCL3764端子板提供的脉冲宽度调制控制激光功率的端口是______。

A. OUT1～OUT16　　B. IN1～IN8　　C. DA1～DA2　　D. PWM

6-12 简述BCL3724端子板提供的伺服接口的功能。

6-13 简述BCL3724端子板除X、Y1、Y2、W轴伺服接口外的输入、输出接口的功能和用法。

6-14 已知光电开关接口如题6-14图所示，试设计BCL3724端子板与光电开关接口的控制电路。

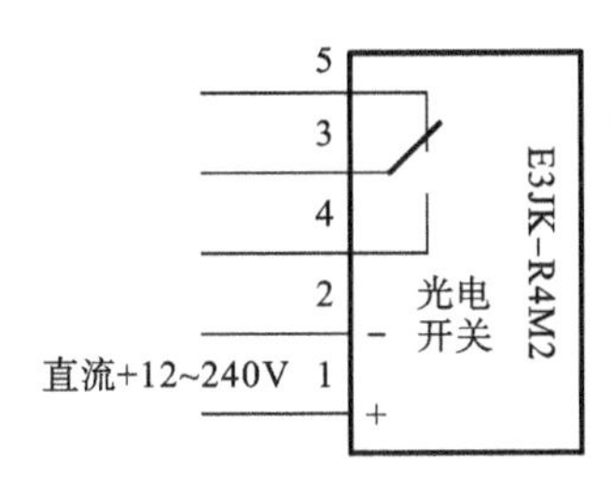

题6-14图

7

激光切割控制系统软件

切割速度、焦点位置调整、辅助气体压力、激光输出功率和工件特性等都是影响激光切割质量的主要工艺因素。"CypCut 激光切割控制系统"(以下简称 CypCut)是一套用于平面激光切割的系统软件,包含激光切割工艺处理、常用排样功能和激光加工控制。主要功能包括图形处理、参数设置、自定义切割过程编辑、排样、路径规划、模拟,以及切割加工控制。CypCut 软件必须配合加密狗和控制卡使用,才能进行实际的加工控制。

7.1 用户界面

如图 7-1 所示,CypCut 主界面正中央的黑底区域为绘图板,其中白色带阴影的外框表示机床幅面,并有网格显示。网格与绘图区上方和左侧的标尺会随视图放大缩小而变化,为绘图提供参考。

界面正上方从上到下依次是标题栏、菜单栏和工具栏,其中工具栏以非常明显的大图标分组方式排列,大部分常用功能都可以在这里找到。菜单栏包括"文件"菜单和"常用"、"绘图"、"排样"、"数控"、"视图"5 个分页菜单,选择这 5 个菜单可以切换工具栏的显示。标题栏左侧有一个称为"快速访问栏"的工具栏,用于快速新建、打开和保存文件,撤销和重做也可以通过这里快速完成。

界面左侧是绘图工具栏(也称左侧工具栏),这里提供了基本的绘图功能,其中前面 5 个按钮用于切换绘图模式,包括选择、节点编辑、次序编辑、拖动和缩放;下面的其他按钮分别对应相应图形,点击它们就可以在绘图板上插入一个新图形。最下方有三个快捷键,分别是居中对齐、炸开所选图形以及倒圆角。

绘图区右侧是图层工具栏(也称右侧工具栏),包括一个"工艺"按钮和 17 个方块按钮;点击"工艺"按钮将打开"工艺"对话框,可以设置大部分的工艺参数;17 个颜色方块按钮,每一个对应一个图层,选中图形时点击它们表示将选中图形移动到指定的图层;没有选中图形时点击它们表示设置下次绘图的默认图层。其中第一个白色方块表示一个特殊的图层——"背景图层",该图层上的图形将以白色显示,并且不会被加工。最后两个图层分别为最先加工图层及最后加工图层。

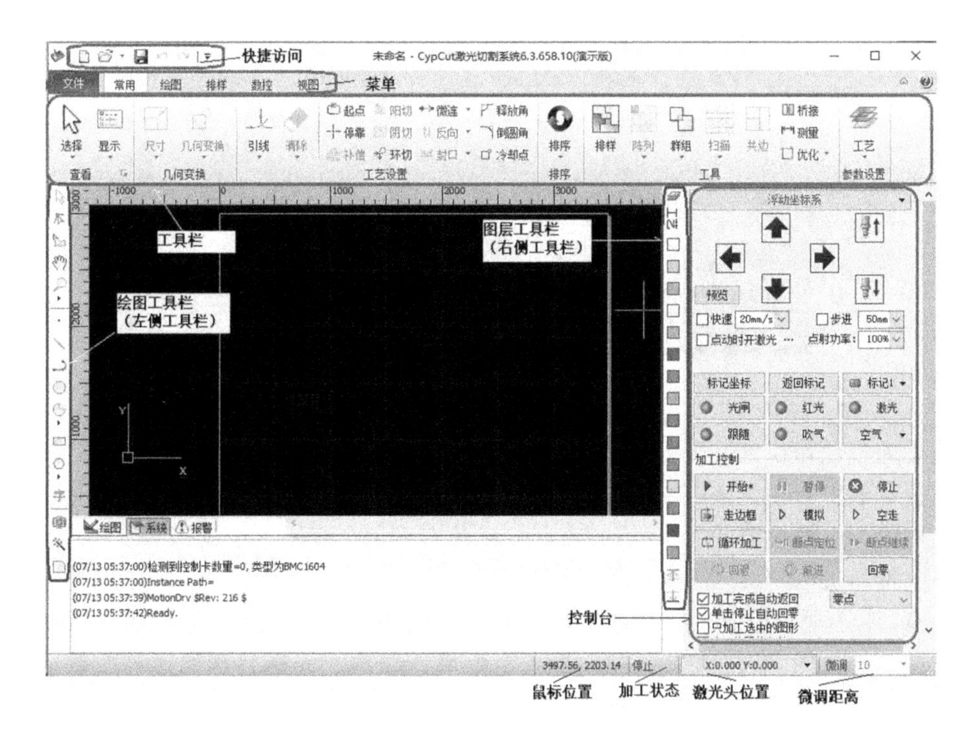

图 7-1 CypCut **主界面**

界面下方包括三个滚动显示的丝带文字窗口。左边的为“绘图”窗口，所有绘图指令的相关提示或输入信息在这里显示。中间的窗口为“系统”窗口，除绘图之外的其他系统消息将在这里显示，每一条消息都带有时间标记，并根据消息的重要程度以不同颜色显示，包括提示、警告、错误等。右边的窗口为“报警”窗口，所有的报警信息将在这里以红色背景、白色文字显示。

界面最底部是状态栏，根据不同的操作显示不同的提示信息。状态栏的左侧是已绘制的加工图形的基本信息，状态栏的右侧有几个常用信息，包括鼠标所在位置、加工状态、激光切割头所在位置。后面一个微调距离参数，用于使用方向键快速移动图形，最后显示的是控制卡的型号。

界面右侧的矩形区域称为“控制台”，大部分与控制相关的常用操作都在这里进行。从上到下依次是坐标系选择、手动控制、加工控制、加工选项和加工计数。

7.2 工 具 栏

CypCut 的工具栏使用了一种称为 Ribbon(丝带)的风格样式，将常用的功能分栏分区放置，并且使用了许多大尺寸的按钮方便操作。图 7-2 所示的界面可帮助您了解这种新型工具栏。

整个工具栏分为 5 个分页，即“常用”、“绘图”、“排样”、“数控”和“视图”5 个分页菜单。当选中各项菜单时，会出现与所选内容相关的分页；在加工时将会出现“正在加工”分页，并

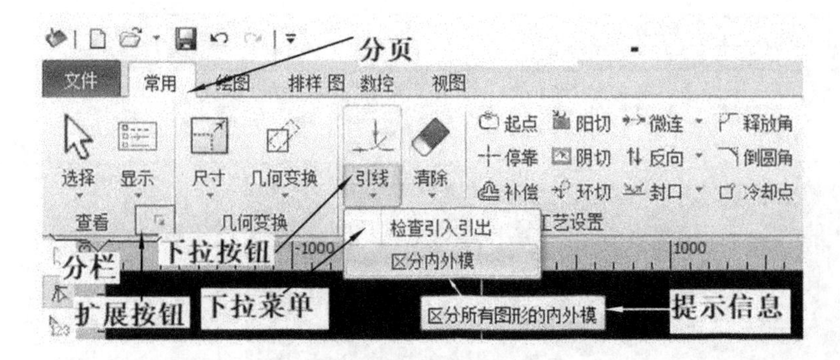

图 7-2　CypCut 工具栏

且在停止之前不能切换到其他分页。

每一分页的工具栏又按照功能分类排列在多个“分栏”内，例如“查看”、“几何变换”等；一般分栏的第一个按钮都是大尺寸的；有些分栏的右下角会有一个小按钮“ ”，称为“扩展按钮”，按下该按钮可以打开一个相关的对话框。

请注意，部分大尺寸按钮的下方带有一个小三角，称为“下拉按钮”，按下此按钮会出现一个与此按钮相关的“下拉菜单”，提供更丰富的操作选项。光标移动到这种按钮上方时会显示两个明显不同的矩形，按下按钮的上半部分是直接执行按钮对应的功能，而按下按钮的下半部分则可打开一个菜单。

7.3　切割软件操作流程

切割软件的操作流程如图 7-3 所示。

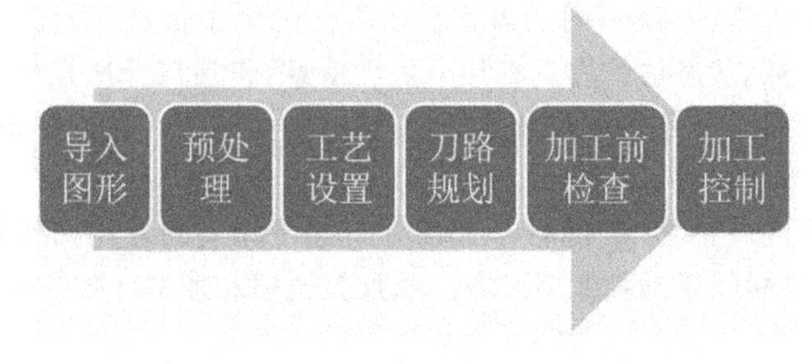

图 7-3　切割软件操作流程

7.3.1　导入图形

点击界面左上角快速启动栏的“打开”“ ”按钮，弹出“打开”对话框，如图 7-4 所示，选择您需要打开的图形。“打开”对话框的右侧提供了一个快速预览的窗口，帮助您快速找到您所需要的文件。

支持 AI、DXF、PLT、Gerber、LXD 等图形数据格式，接受 Master Cam、Type3、文泰等软

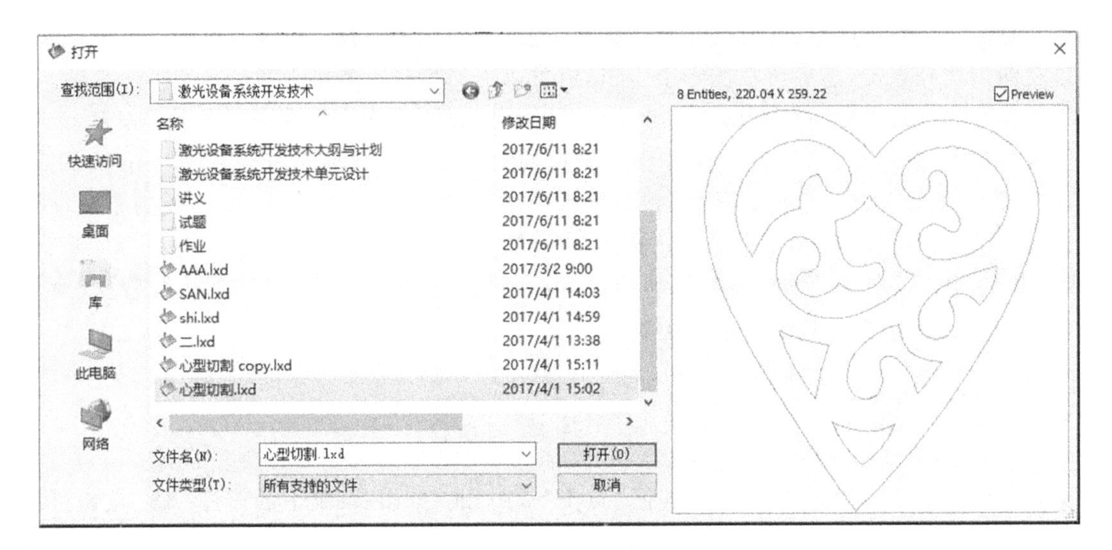

图 7-4 “打开”切割图形文件

件生成的国际标准 G 代码。

如果您希望通过 CypCut 软件来现场绘制一个零件，请点击“新建”文件“ ”按钮，然后使用左侧绘图工具栏的按钮来画图即可，具体参见相关章节。

7.3.2 预处理

导入图形的同时，CypCut 会自动进行去除极小图形、去除重复线、合并相连线、自动平滑、排序和打散等细部问题处理，一般情况下无需其他处理就可以开始设置工艺参数。如果自动处理过程不能满足要求，则可以打开“文件”菜单进入“用户参数”进行配置。

一般情况下，软件默认为要加工的图形都是封闭图形，如果用户打开的文件包含不封闭图形，软件可能会提示，并以红色显示。但是该功能可能会被关闭，要查看绘图板上的不封闭图形，用户可以点击“常用”菜单“显示”按钮中“ ”和“ ”按钮来突出显示不封闭的图形；也可以通过点击工具栏最左侧“选择”大按钮，然后点击“选择不封闭图形”来选择所有不封闭的图形。

某些情况下，如果用户需要手工拆分图形，请点击“常用”菜单中“优化”按钮下的“曲线分割”按钮，然后在需要分割的位置点击即可；需要合并图形时，请选择需要合并的图形，然后点击“合并相连线”按钮。

7.3.3 工艺设置

在工艺设置时，用户可能会用到“常用”菜单下“工艺设置”一栏中的大部分功能，包括设置引入/引出线、设置补偿等。大按钮“引线”可以用于设置引入/引出线，按钮“封口”用于设置过切、缺口或封口参数；按钮“补偿”用于进行割缝补偿；按钮“微连”用于在图形中插入不切割的小段微连；按钮“反向”可将单个图形反向；按钮“冷却点”用于在图形中设置冷却点。点击“起点”按钮，然后在希望设置为图形起点的地方点击，就可以改变图形的起点；如果在图形之外点击，然后再在图形上点击，就可以手工绘制一条引入线。

作为快速入门教程，用户可以按“Ctrl＋A”键，全选所有图形，然后点击“引线”按钮，设置好引线的参数，然后点击“确定”，软件会根据您的设置自动查找合适的位置加入引入/引出线。点击“引线”下方的小三角，选择“检查引入引出”选项可以进行引入/引出线的合法性检查；选择“区分内外模”选项可根据内外模自动优化引线。

点击右侧工具栏的“工艺”按钮，可以设置详细的切割工艺参数。“图层参数设置”对话框包含几乎所有与切割效果有关的参数。

7.3.4 刀路规划

刀路规划根据需要对图形进行排序。点击“常用”或“排样”菜单下的排序“”按钮可以自动排序，点击“排序”按钮下方的小三角可以选择排序方式，可以控制是否允许自动排序过程，以改变图形的方向及是否自动区分内外模。如果自动排序不能满足要求，则可以点击左侧工具栏上的“”按钮，进入手工排序模式，依次单击图形，就设定了加工次序。按住鼠标，拖曳光标，从一个图向另一个图画一条线，就可以指定这两个图之间的顺序。将已经排列好顺序的几个图形选中，然后点击“常用”或“排样”菜单下群组“”按钮就可以将它们的顺序固定下来，之后的自动排序和手动排序都不会再影响“群组”内部的图形，“群组”将始终作为一个整体。选中一个“群组”，然后右击，在弹出的快速处理菜单中选择“群组内排序”命令，也可以对群组内部的图形进行自动排序。

7.3.5 加工前检查

在实际切割之前，要对加工轨迹进行检查。点击各对齐按钮可将图形进行相应对齐，拖动如图 7-5 所示的交互式预览进度条（“绘图”菜单下），可以快速查看图形加工顺序，点击“交互式预览”按钮，可以逐个查看图形加工次序。

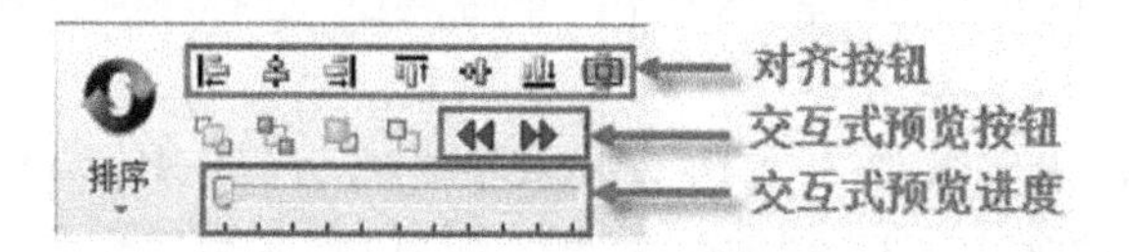

图 7-5　交互式预览进度条

点击控制台的“模拟”按钮，可以进行模拟加工，而“数控”分页上的“模拟速度”功能可以调节模拟加工的速度。

7.3.6 实际加工

请注意，实际加工必须在实际的机床上才能运行，必须要加密狗和控制卡的支持。在正式加工前，需要将屏幕上的图形和机床对应起来，点击控制台上方向键左侧的“预览”按钮可以在屏幕上看到即将加工的图形与机床幅面之间的相对位置关系。该对应关系，是以屏幕上的停靠点标记与机床上激光头的位置匹配来计算的。图 7-6 显示了屏幕上常见的几种坐标标记，点击“预览”按钮，“停靠点”将平移到“切割头位置”，视觉上图形整体发生了平移。

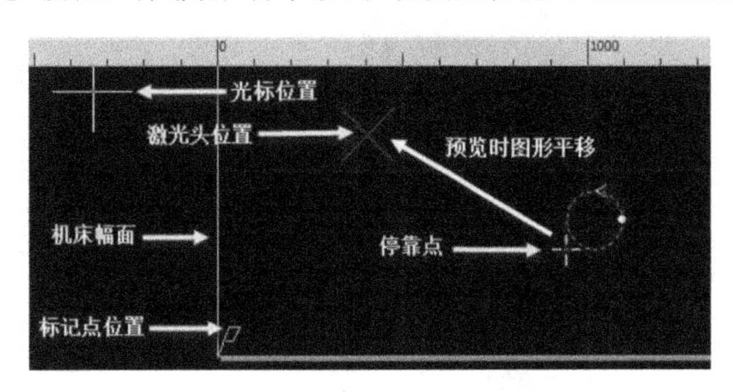

图 7-6　屏幕上常见的几种坐标标记

如果红色十字光标所示的“激光头位置”与实际机床上的激光头位置不符，请检查机床原点位置是否正确，可通过“数控”→“回原点”进行矫正。如果预览后发现图形全部或部分位于机床幅面之外，则表示加工时可能会超出行程范围。

点击“常用”菜单下“停靠”按钮，可以改变图形与停靠点的相对关系。例如，激光头位于待加工工件的左下角，可设置停靠点为左下角，依次类推。屏幕上检查无误后，单击控制台上的“走边框”按钮，软件将控制机床沿待加工图形的最外框走一圈，用户可以借此检查加工位置是否正确。还可以点击“空走”按钮，在不打开激光的情况下沿待加工图形完整地运行，借此更详细地检查加工是否可能存在不当之处。最后点击“开始”按钮开始正式加工，单击“暂停”按钮可以暂停加工，暂停过程中用户可以手动控制激光头升降，手动开关激光、气体等；暂停过程中可以通过“回退 前进”按钮，沿加工轨迹追溯；点击“继续”按钮继续加工。

点击“停止”按钮中止加工，根据用户的设置，激光头可以自动返回相应点。只要用户没有改变图形形状或开始新一轮加工，点击“断点定位”按钮，软件将允许用户定位到上次停止的地方，点击“断点继续”按钮将从上次停止的地方继续加工。

7.4　图 形 操 作

7.4.1　绘图

CypCut 软件提供了常用的绘图功能，可以从左侧绘图工具栏轻松选用，如图 7-7 所示，有单点、直线、多线段、整圆、部分圆（含三点圆弧、扫描式圆弧、新椭圆）、矩形、多边形（含圆角矩形、多边形和星形）。这些绘图功能的使用方法大部分与 AutoCAD 的相仿，使用上也非常直观。

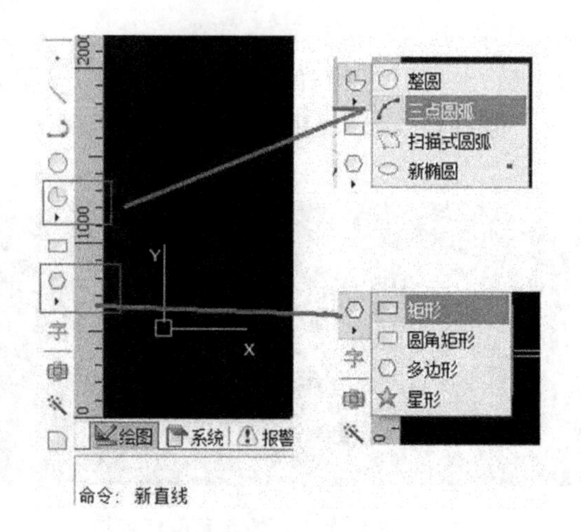

图 7-7 绘图工具栏

7.4.2 图形显示效果

“常用”菜单下“查看”分栏里的“显示”下拉列表中提供了多项帮助控制显示效果的按钮，如图 7-8 所示。

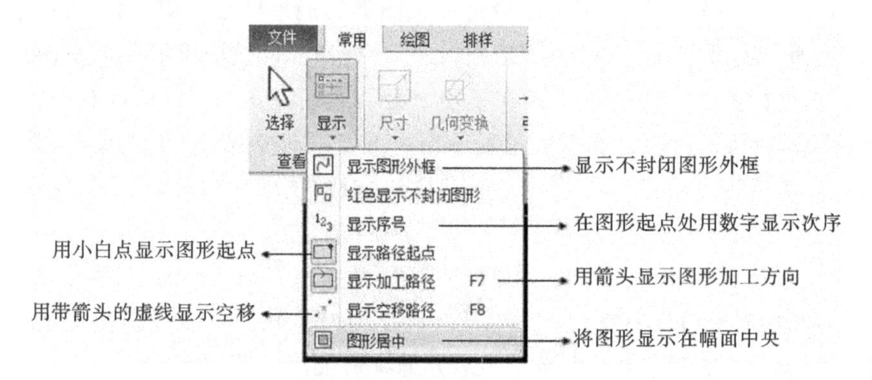

图 7-8 显示效果按钮

点击图 7-8 所示的按钮，显示效果立即生效，用户可以在绘图板上看到显示效果的变化。请注意按钮本身的显示变化，淡黄色底色代表开启状态，表示对应效果已开启，没有淡黄色底色，则表示对应显示效果尚未开启。例如，开启“ 显示加工路径”，绘图板上用箭头显示图形加工路径，关闭“ ”显示加工路径，图形上的箭头消失。

在选中图形后点击“ 图形居中”按钮，所选图形将显示在幅面中央，没有选择任何图形直接点击，则整体图形显示在幅面中央。

点击“查看”分栏右下角的“ ”按钮可以打开一个对话框，对绘图板进行更为详细的控制，包括开启和关闭关键点自动吸附、开启和关闭标尺、控制光标拾取精度等。

在绘图板上滚动鼠标滚轮可以缩放视图，按下“F3”键在屏幕上居中显示全部图形，按“F4”键在屏幕上居中显示机床幅面范围。在绘图板上点击鼠标右键→缩放，也可以选择上述几种操作。

7.4.3 几何变换

“常用”菜单下“几何变换”分栏提供了丰富的几何变换功能，使用前先选中想要变换的图形，大部分常用几何变换只需要单击“几何变换”下拉三角形即可完成，例如镜像、旋转、对齐、缩放等。

1. 修改尺寸

CypCut 软件提供了 7 项快速尺寸变换方法，可采用“尺寸”按钮的下拉菜单完成。点击“尺寸”按钮下的小三角，可以打开一个下拉菜单，提供了对选中图形进行一定尺寸变化的操作，如图 7-9 所示。

例如，“100 mm”命令的功能是将图形等比例缩放为宽度 100 mm，“2 倍”命令的功能是将图形等比例放大 2 倍。如果希望输入精确的尺寸，请直接点击“尺寸”按钮，将出现如图 7-10所示的对话框，输入新的尺寸，单击“确定”即可完成尺寸变换。

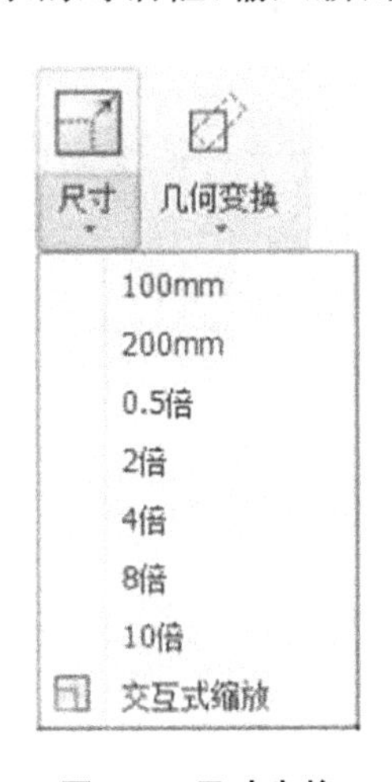

图 7-9 尺寸变换

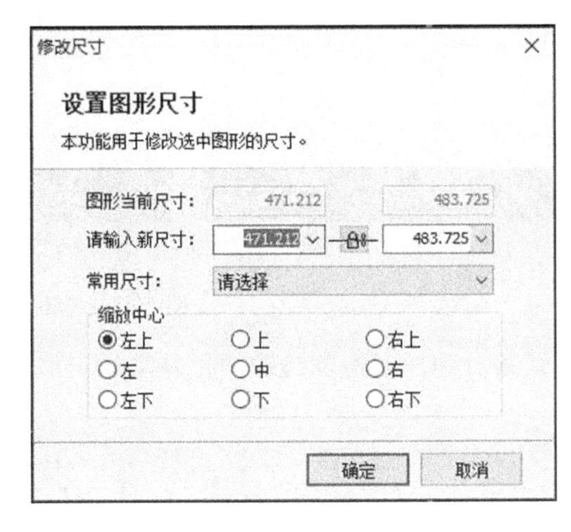

图 7-10 “修改尺寸”对话框

在对话框中，当界面呈置锁的状态为时，长度和宽度是按原图尺寸比例锁定的；如果希望单独输入长度和宽度，则点击“”按钮，可以解除锁定状态，此时按钮变为“”状态。

“缩放中心”可以指定缩放之后新图形与原图形的位置关系。例如，选择“左上”则表示变换之后新图形与原图是按照左上角对齐的，其他部分则以左上角为基准进行缩放。

请注意：为图形设置的引入/引出线、割缝补偿等并不会同时进行变换，修改尺寸后引入/引出线和割缝补偿的数值仍然保持不变。

2. 交互式几何变换

CypCut 软件提供了 3 种交互式几何变换方法，包括交互式缩放、任意角度旋转和任意角度镜像，它们可以实现更细致的几何变换。在进行这些操作之前，首先选中要操作的图形，然后点击相应的菜单或按钮，然后根据屏幕下方的提示进行操作。

例如，一个矩形，以其左下角为基准逆时针旋转30°，可以按照如下步骤进行。

(1) 选中要操作的矩形；

(2) 点击“几何变换”标签下方的小三角打开下拉菜单，选择“任意角度旋转”命令，屏幕下方提示“请指定基点：”；

(3) 移动光标到矩形左下角，光标将会自动吸附到左下角，如图7-11(a)所示；

(4) 点击，屏幕下方提示“请指定旋转起始点或旋转角度：”；

(5) 直接输入30，回车即可完成操作。

如果事先并不知道旋转角度，而是希望将矩形旋转到与另一个图形对齐，那么前4步同上，从第(5)步开始按如下步骤进行。

(6) 将光标移动到矩形的右下角，点击，此时将形成一条水平线，作为旋转的起始线；

(7) 屏幕提示“请指定旋转目的点”，这时候移动光标，图形将会跟随光标旋转，在希望旋转的目的位置点击即可完成操作，如图7-11(b)所示。

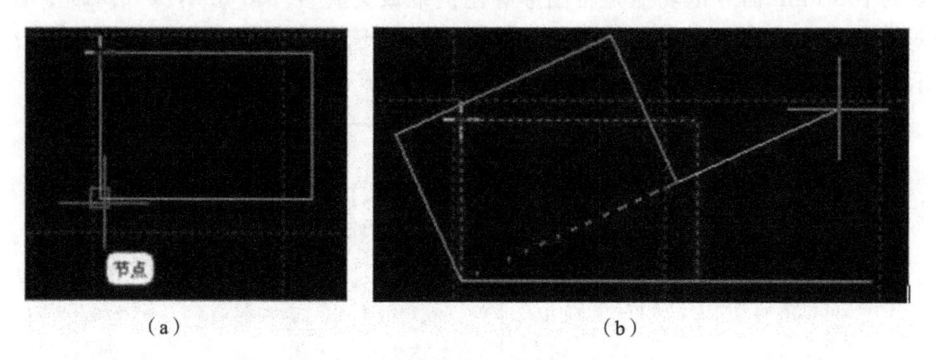

(a) (b)

图7-11 交互式缩放

交互式缩放和任意角度镜像的操作与此类似，这里不再赘述。

7.5 工艺设置

由于大部分工艺参数都和被切割的材料、使用的激光器、选择的气压等有直接的联系，所以应根据实际工艺要求进行设置。

7.5.1 引入/引出线

1. 区分内外模

打开DXF等外部文件，CypCut软件会自动区分内外模。如果在编辑过程中对图形做了更改，导致内外模关系发生了变化，需要再次区分内外模时，请点击“排序”按钮，任何一种排序方式都可以区分内外模(需要勾选“排序时区分内外模”选项，此选项位于“排序”按钮下拉菜单里，默认勾选)，或是直接点击“引线”按钮下拉三角形，选择“区分内外模”命令。CypCut软件是按照包围关系来区分内外模的，始终将最外层作为外模，外模的下一层为内模，内模下一层再为外模，依次类推，不封闭的图形不能构成一个层。如果希望从某一层开始为阳切，可以选择从这一层开始以及内部的所有图形，将它们“群组”，然后通过“群组内排序”区分内外模。

在添加引线时，外模为阳切，从外部引入；内模为阴切，从内部引入。要手工设定阴切、阳切，请选择要设定的图形，然后点击常用菜单下的“阳切”“阴切”按钮。

2. 自动引入/引出线

选择需要设置引入/引出线的图形，然后点击“常用”菜单下的“引线”图标，在弹出的窗口中设置引入/引出线的参数，如图 7-12 所示。

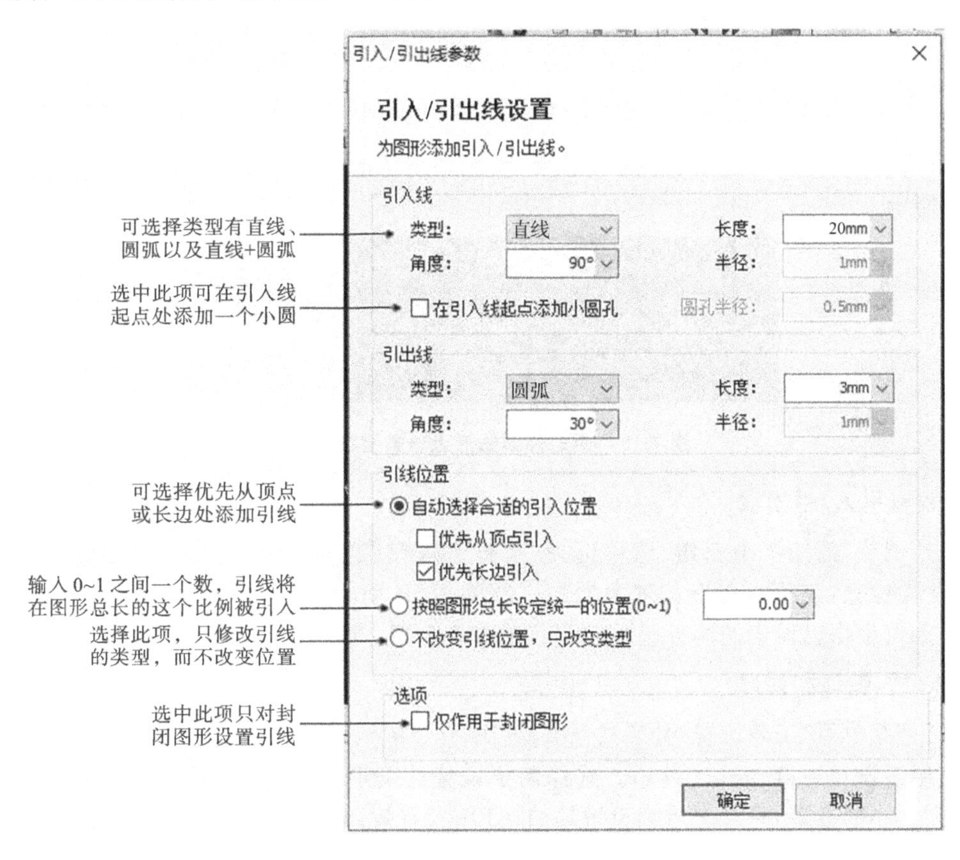

图 7-12 设置引入/引出线参数

系统支持的引线类型包括圆弧和直线，以及直线加圆弧，支持的参数包括引线类型、角度、长度和半径。用户也可以选择是否在引入线起点加入小圆孔。当选择圆弧引入时，无论设置的角度多大，圆弧的末端将保持与待切图形相切，如图 7-13 所示。此时设置的角度事实上是引线起点与终点的连线与待切图形之间的夹角。引出线与此类似。

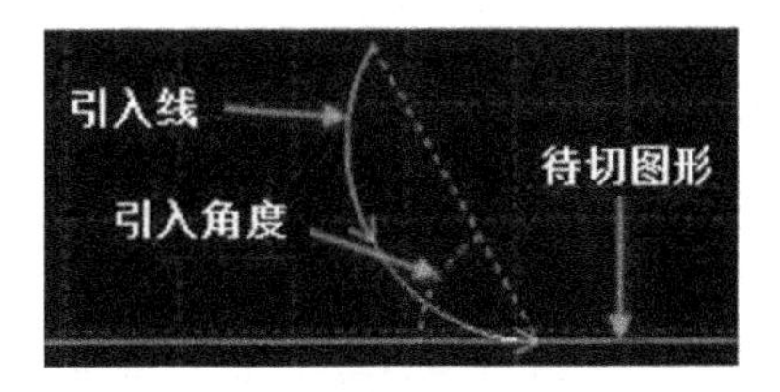

图 7-13 引入线圆弧末端与待切图形相切

自动选择合适的引入位置，将会对图形按预先设置的优先顶点或优先长边来确定引入位置，因此图形之前的引入位置、类型等参数都将被覆盖。若用户对引线位置有固定要求，可选择按照图形总长设定统一的位置或不改变引线位置，只改变类型选项。

3. 手工设置引入线

点击“工艺设置”分栏的“起点”按钮，可以手工修改引入线。如图 7-14 所示，在图形上点击表示修改引入线的位置，但不修改角度和长度。

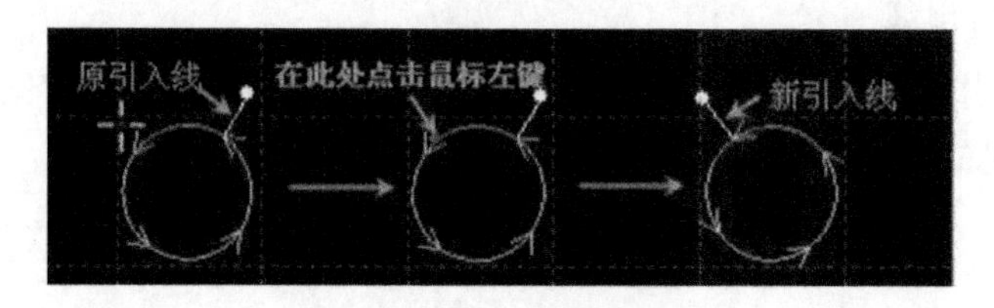

图 7-14 手工修改引入线

先在图形外点击 A，然后在图形上点击 B，则表示从图形外到图形上画一条直线引入，如图 7-15 所示。

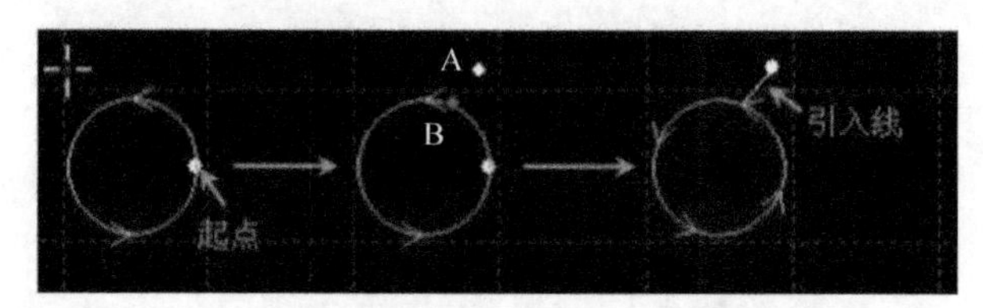

图 7-15 图形外到图形上一条直线引入

4. 检查引入/引出线

点击“引线”按钮下小三角，然后选择“检查引入/引出”可以对已经设置的引入/引出线进行合法性检查，该功能会将长度太大的引线缩短，从而避免与其他图形交叉。点击“区分内外模”则可根据已设定的内外模确定引线的具体位置。

5. 过切、缺口和封口

“常用”菜单下“工艺设置”分栏的“封口”中有“封口”、“缺口”和“过切”三个选项，依次用于设置封口、缺口、过切。选择需要设置的图形，然后点击相应的选项即可。“缺口/过切”大小的设置，只对之后再设置缺口/过切时有效，此前已设置的缺口/过切大小仍然保持不变。

7.5.2 割缝补偿

选中要补偿的图形，然后点击“常用”菜单下“工艺设置”分栏中的“补偿”按钮进行割缝补偿。割缝宽度应根据实际切割结果测量获得，补偿后的轨迹在绘图板中以白色表示，加工时将在已补偿后的轨迹上运行；经过补偿的原图将不会被加工，而仅在绘图板中为方便操作而显示。割缝补偿的方向可以手工选择，也可以根据阳切、阴切自动判断，内模内缩、外模外扩。割缝补偿时可以选择对转角以圆角还是直角过渡，如图 7-16 所示。

图中虚线为原图轨迹，实线为补偿后的轨迹，点画线为从原图拐角处所作的垂线。从图

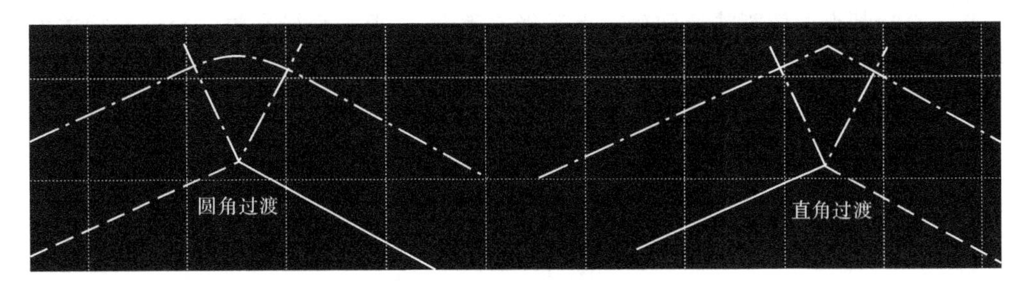

图 7-16 割缝补偿拐角过渡

7-16 可以看出,垂线两侧补偿之后可以保证割缝边缘与原图重合,但拐角处则需要过渡。通常圆角过渡能保证在过渡过程中割缝边缘仍然与原图重合,并且运行更加光滑。为方便选择,可在常用配置下编辑常用补偿数值。要取消补偿,请选择需要取消补偿的图形,然后点击"常用"菜单栏下"几何变换"分栏中的"清除"按钮下小三角,在下拉菜单里选择"取消补偿"命令,或直接选择割缝补偿下"取消补偿"按钮。

7.5.3 微连

"微连"用于在轨迹中插入一段不切割的微连接,切割到此处时激光将关闭,是否关闭气体和跟随,则由切割时短距离空移的相关参数决定。"微连"在绘图板中显示为一个缺口,如图 7-17 所示。

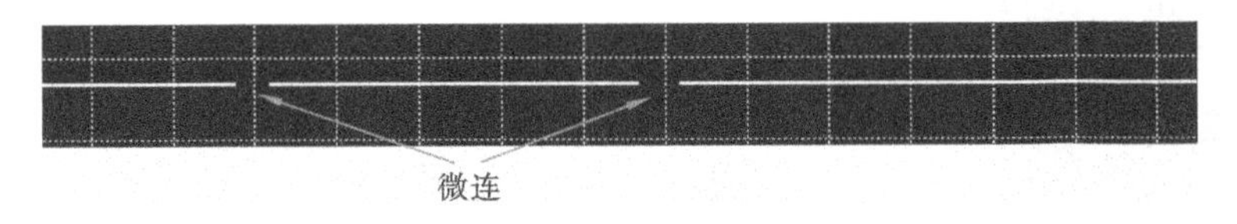

图 7-17 微连显示

点击"工艺设置"分栏上的"微连"按钮,然后在需要加入微连的图形处点击就可以添加一个微连,用户可以连续单击来插入多个微连,直到按下"ESC"键取消或切换为其他命令为止。用户不仅可以在图形上点击,也可以在经过补偿后的轨迹上点击来插入微连。微连的长度设置请在软件下方的绘图窗口直接输入,新的参数对设置之后的操作生效。

除了手工添加微连外,CypCut 软件也提供了自动微连功能。点击"微连"按钮右方小三角形下"自动微连"按钮,在弹出的对话框中设置参数,然后确定。可以选择按数量加入,例如每个图形加入 10 个微连;或者按距离,例如每隔 100 mm 插入一个微连。微连可能将图形分成几段,若想对分开后的部分作单独修改,则可点击"微连"按钮下拉菜单的"炸开微连"命令,经微连处理分开后的不封闭图形将被视作单独的个体供修改。要删除微连,请选择要删除微连的图形,然后点击"清除"按钮,选择"清除微连"。

7.5.4 冷却点

点击"常用"菜单下"工艺设置"分栏中的"冷却点"按钮,在图形相应位置上点击,即可在该位置设置一个冷却点。切割执行到冷却点后将关激光，并根据全局参数中冷却点相关设置延时、吹气，之后开始激光正常切割。冷却点在绘图板中显示为一个实心点，如图 7-18 所示。

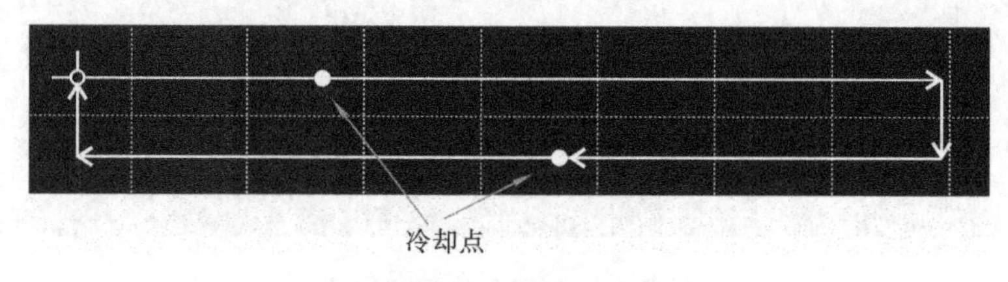

图 7-18　冷却点显示

同微连一样，冷却点可以用连续点击的方法来插入多个。在进行微连、补偿等工艺后依旧可以添加冷却点。要删除冷却点，按住“Shift”键并点击冷却点即可删除。

7.5.5　群组

CypCut 软件中的“群组”是指将多个图形，甚至多个“群组”组合在一起形成的，整个“群组”将会作为一个整体看待，“群组”内部的加工顺序、图形之间的位置关系、图层都被固定下来，在排序、拖动等操作时其内部都不会受到影响。

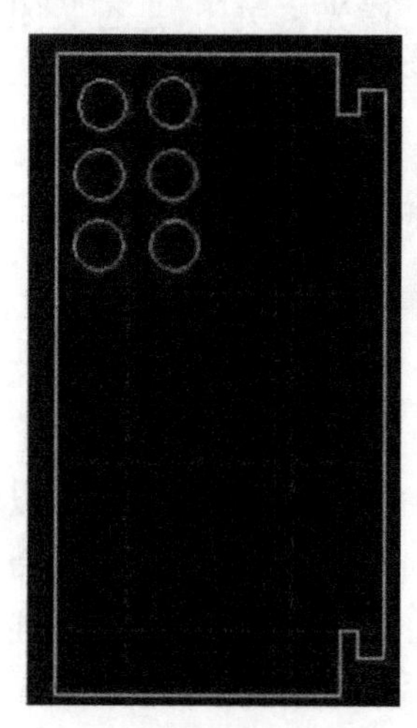

图 7-19　具有外轮廓的群组

选择需要组成“群组”的图形，然后点击“常用”菜单栏下“工具”分栏中的“群组”按钮就可以将所选择的图形组合为一个群组。如需打散群组，请选择群组图形，此时原先“群组”按钮变为“打散”按钮。如需打散绘图板上的所有群组，请点击“群组”下方的小三角，然后选择“打散全部群组”命令。

如果“群组”中有一个图形能包含其他所有的图形，则称为外轮廓，图 7-19 所示。具有外轮廓的“群组”可以认为是一个“零件”。虽然 CypCut 软件允许将任意的图形进行群组，并作为整体进行操作，但是这里仍然建议用户“逻辑性”地使用群组功能，尽量只将符合“零件”逻辑条件的图形执行群组。今后我们可能会不加区分地使用“群组”和“零件”这两个术语。请注意，CypCut 软件对“共边”的图形始终进行群组，以确保这些图形的完整性。另外，将一个“群组”和其他图形或“群组”执行桥接，结果必定是一个“群组”，这同样是为了确保图形的完整性。

1. 群组的排序

零件在排序时作为一个整体，以外轮廓或第一个图形为基础参与排序，零件内部的图形顺序在排序中不会改变。如果需要在不打散群组的情况下对群组内部图形进行排序，可以选中群组，右击，然后选择“群组内部排序”命令。“群组内部排序”操作不会改变群组内的子群组中图形的顺序。“群组内部排序”的顺序只和图形的几何特性有关，与所属图层无关，排序过程根据几何包含关系自动区分内外模。

2. 群组的加工

群组(零件)在加工时作为一个整体,连续加工完成,加工过程中不会插入其他图形,即使群组(零件)包含多个图层的图形,它们也是连续加工的。群组预穿孔也遵循这个规律。请注意,无论零件内部的图形顺序如何,零件的外轮廓始终是最后加工的,请在加工之前先进行排序。

7.5.6 扫描

当待切割图形是规则的图形(如矩形、整圆、多边形)且呈一定规律排列时,利用扫描切割功能将同方向的线段连起来进行飞行切割,可大大提高切割速度,节省切割时间。进行扫描切割之前,建议用户先对需要扫描的图形进行排序,此操作可以优化扫描切割的路径,节省空移时间。

点击“常用”菜单下“工具”分栏中的“扫描”按钮,进入飞行扫描切割参数设置界面,如图 7-20 所示。起刀位置用于设置扫描切割的起点位置;最小扫描线长度指扫描后实际切割的最小线段长度,如果扫描时存在实际切割的线段长度小于给定的“最小扫描线长度”,扫描切割不会给出任何结果,且提示“检测到不满足扫描条件的曲线”,此时建议用户增加设定的“最小扫描线长度”参数值。

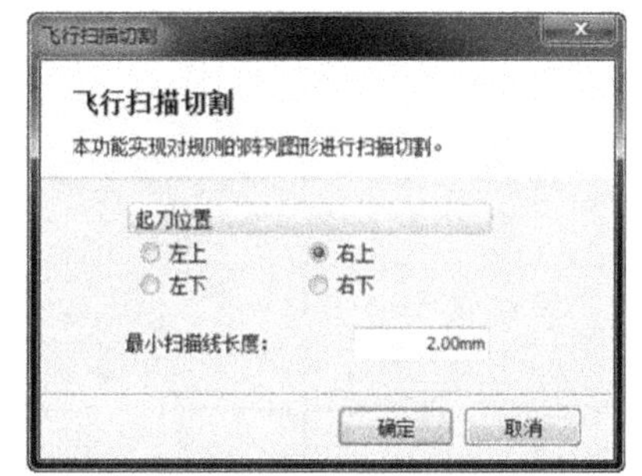

图 7-20 飞行扫描切割

“扫描”按钮小三角下的“直线同向分组扫描”选项适用于矩形及同方向直线,“圆弧扫描切割”选项适用于圆弧和圆的自然连割。若选择“圆弧先排序再扫描”,则圆或圆弧将从上至下排序再扫描,经扫描后的图形自动成为一个群组。扫描切割示例及其局部放大如图 7-21 所示。

7.5.7 共边

将具有相同边界的工件合并在一起,共用一条边界,可以大量节省加工长度,提高效率。在 CypCut 软件中,当两个图形之间的边界距离小于 0.1 mm 时可以共边,并且 CypCut 软件提供了自动吸附的功能,用于将两个图形拖动到一起形成共边图形,如图 7-22 所示。

选择需要共边的两个或多个图形,然后单击工具栏上的“共边”按钮,CypCut 软件就会尝试对所选择的图形进行共边操作。如果所选择的图形不满足共边的条件,则界面左下方的“绘图”窗口将会提示信息。

目前,CypCut 软件只支持对图形的四周进行共边操作,对图形内部凹陷处的直线不能进行共边操作。

共边之后,参与共边的图形将被组合为一个“群组”。如果参与共边的图形内部包含其他图形,如小圆孔,请先将图形和内部所有图形组合为一个群组,然后再共边,否则内部的图形和共边后的群组之间的关系将变得没有意义,加工顺序和内外模关系也将难以确定。

1. 自动吸附共边

在 CypCut 软件中拖动图形时,如果移动到可能共边的位置,CypCut 软件将尝试自动吸

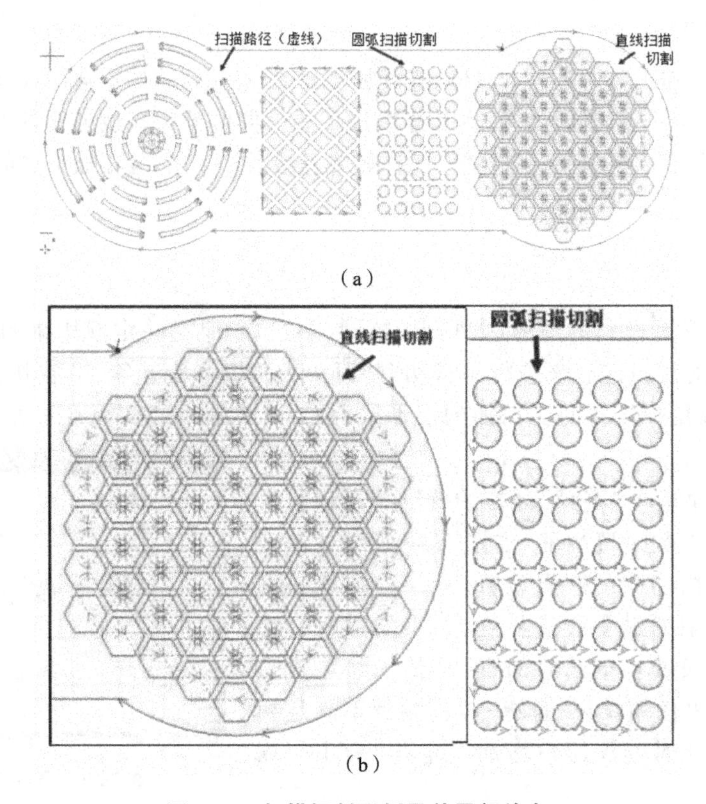

（a）

（b）

图 7-21　扫描切割示例及其局部放大

附并显示相应的提示信息。用户可以非常简单地将需要共边的两个图形拖动到一起，当两个图形接近时，自动吸附功能会帮助用户快速定位，如图 7-23 所示。甚至是选中许多图形一起拖动时，同样可以快速定位。

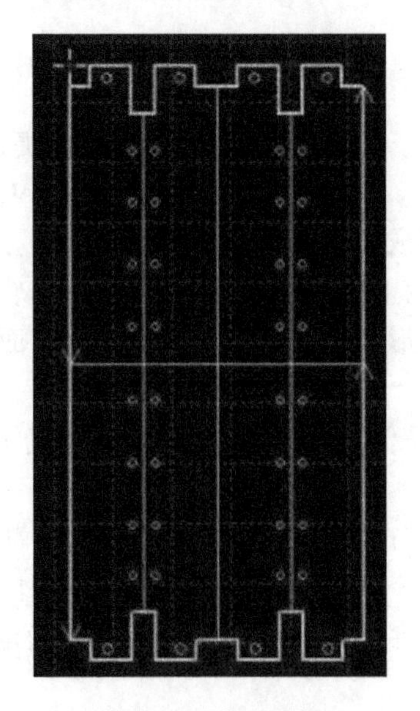

图 7-22　共边示例

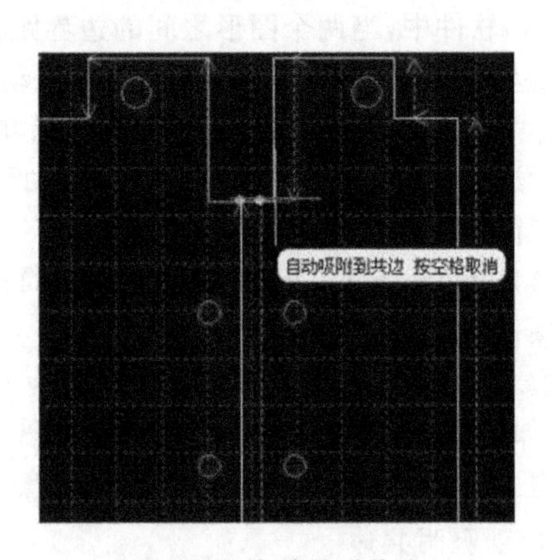

图 7-23　自动吸附共边

一旦将两个图形靠在一起且具有相同的边界，只需选中它们并按下“共边”按钮，即可完成共边。如果用户希望对已共边的零件拆开来继续编辑，或者是设定它们的顺序，请选择零件，然后点击“常用”菜单的“打散”按钮，编辑完成之后可以通过“群组”按钮再次合并它们。

2. 带补偿的共边

如果用户希望在共边之后仍然保留割缝补偿，请先对需要共边的图形执行补偿之后，再执行共边。任何情况下，“共边”保持加工轨迹不变，如果被共边的图形包含补偿，那么“共边”之后，将保留补偿后的轨迹，原图随之消失，如图 7-24 所示。

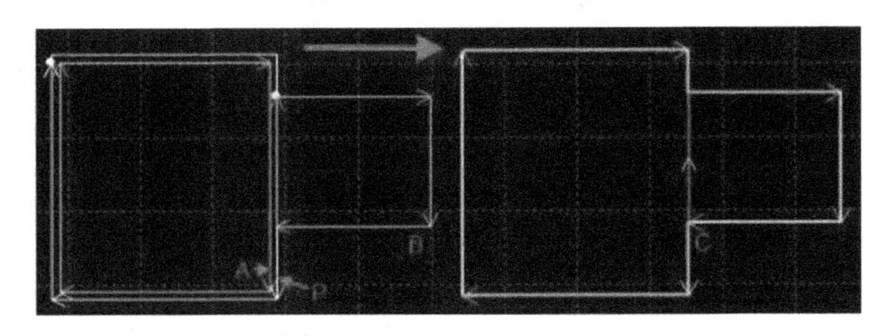

图 7-24　保留补偿后轨迹的共边

事实上，图 7-24 中的原图 A 不能和图 B 共边，只有补偿后的轨迹 P 和图 B 才能共边。即便将图 B 移动到和图 A 相邻，仍然不能共边，因为图 A 不是要加工的轨迹。

7.5.8　桥接

当一个工件由多个部分构成，但又不希望切割之后散落，就可以通过“桥接”将它们连接起来。同时，这一功能还能减少穿孔次数。多次使用“桥接”功能，还可以实现对所有图形形成“一笔画”的效果。

要将两个图形桥接，请点击“桥接”按钮，然后在屏幕上画一条直线，所有与该直线相交的图形都将两两“桥接”起来。如图 7-25 所示。

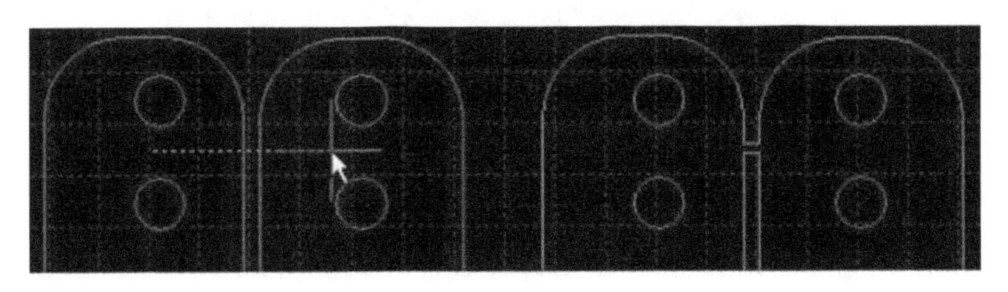

图 7-25　两个图形桥接

桥接需要指定两个参数，第一个参数指定相邻曲线之间的最大距离，只有两个图形之间的距离小于指定数值，才进行桥接。第二个参数指定桥接的宽度。请注意，桥接之后图形将变为一个整体，在“一笔画”全部切割完成之前，可能任一个零件都未切割完成，应该特别注意由此带来的热影响变化。

如图 7-26 所示，切割文字并实现桥接。如果桥接对象是曲线，需要将文字转换为曲线才能实现桥接。

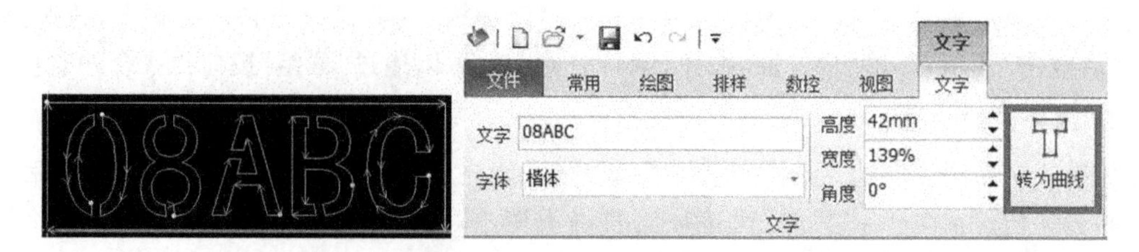

图 7-26 文字转换为曲线

7.5.9 排样

排样功能用于将给定的零件以最高利用率合理排布在板材上。CypCut 软件支持一键排样，同时也提供了多项优化参数供用户进行细微调节，如零件间距、留边参数、旋转角度、自动共边和余料管理等。点击“常用”菜单下“工具”分栏中的“排样”按钮以实现这一功能。

要进行排样，请先指定一定大小的板材。用户可以绘制或导入一个图形并选中它，点击“排样”分页下“板材”按钮，点击“将选中零件设为板材”；或是选中图形击鼠标右键，选择“设置为板材”即可。用户也可以通过点击“排样”按钮，在自动排样界面设定标准板材的长、宽与数量。同样的，零件及数量也可以用类似方法设置。排样前图形如图 7-27 所示。

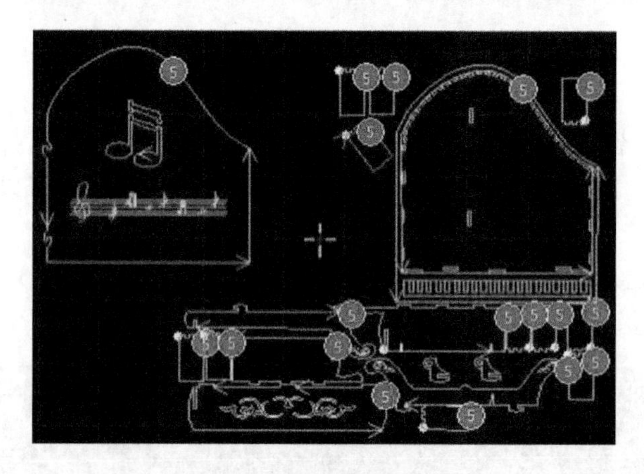

图 7-27 排样前图形

自动排样需要设置一些参数，如图 7-28 所示。“零件间距”指零件与零件之间会留出不小于设置值的间距；“板材留边”参数指零件排样留出的板材边框；“旋转角度间隔”指排样时对零件进行旋转调整的角度，对于不允许零件与板材间有相对旋转的情况请选择“禁止旋转”；“排样方向”指用户希望零件靠近板材的哪一个方向。

“排样策略”是指程序计算排样结果时使用的策略，自动排样目前提供了以下五种策略。

搜索式：按照待排空间的轮廓搜索形状相匹配的零件排入，排样结果零件之间比较紧密。

堆砌式：采用该排样策略时零件占据空间的高度平均增长；排样结果使零件所占据空间的高度较低，较平均，可生成较大的矩形余料。

自动排样

自动排样

指定板材和参数，然后单击"确定"开始自动排样。

选择板材

◉标准板材

宽度: 450mm

长度: 600mm

数量: 40

○屏幕上指定的板材

设定参数

零件间距: 0.08mm

板材留边: 0.10mm

旋转角度间隔: 禁止旋转

排样方向: 从左往右

排样策略: 矩形式

☐只排选中零件

☐自动优化次数: 10

☑生成余料 ◉外框 ○割线

☑自动摆正 ☑自动组合

☑自动共边

最短共边长度: 200.00mm

< 常用

确定(O) 取消(C)

图 7-28 自动排样

阵列式：较少种类零件阵列排入板材；尤其是单一零件的排样推荐使用该策略。

矩形式：零件按照矩形式排布，同种零件组成矩形块；排样结果局部和整体较为整齐，适合矩形类零件的排样。

顺序式：将零件从大到小地排入板材。

排样后的图形还有一定的优化选项：勾选"☐ 启用辅助优化"选项将会对排样后的图形自动进行一次优化，但同时要消耗更多的时间，用户可根据实际情况自行选择；勾选"☑ 自动摆正"选项将会对姿态歪斜的零件先摆正再排样；勾选"☑ 自动组合"选项将会自动分辨出形状互补的零件并耦合起来进行排样，可提高排样速度与零件排布整齐性；勾选"☐ 自动共边"选项，则需要设置自动共边的最短长度，当图形共边线长度大于该值时才会执行自动共边。注意：此功能不能和"☐ 启用辅助优化"功能同时使用。排样后图形如图 7-29 所示。

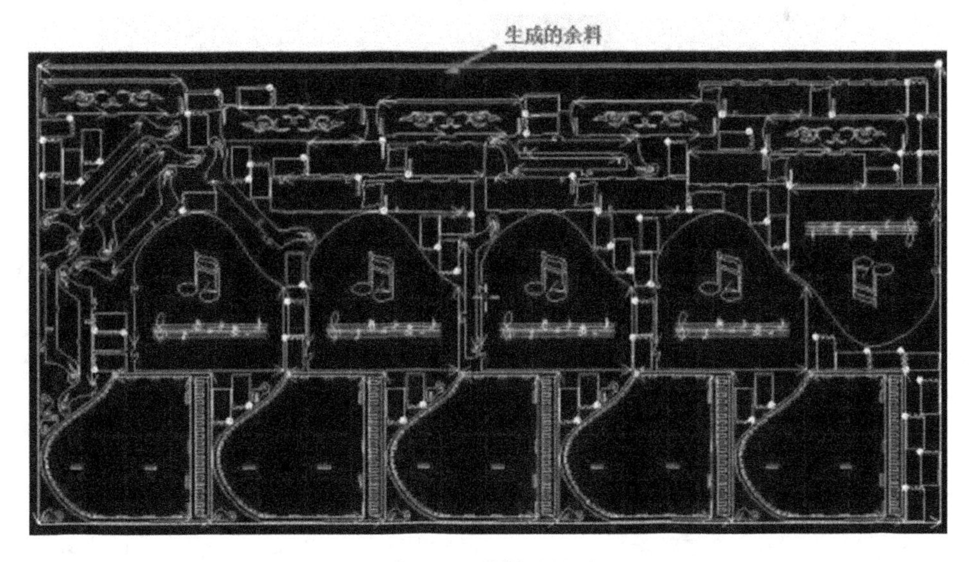

图 7-29 排样后图形

还可以对排样后的余料进行处理。勾选"☑ 生成余料"选项将会把余料形状在板上画出来，方便用户将余料切割下来。

7.5.10 阵列

“阵列”命令可用来快速、准确地复制一个对象，CypCut 软件提供了如下三种阵列方式。

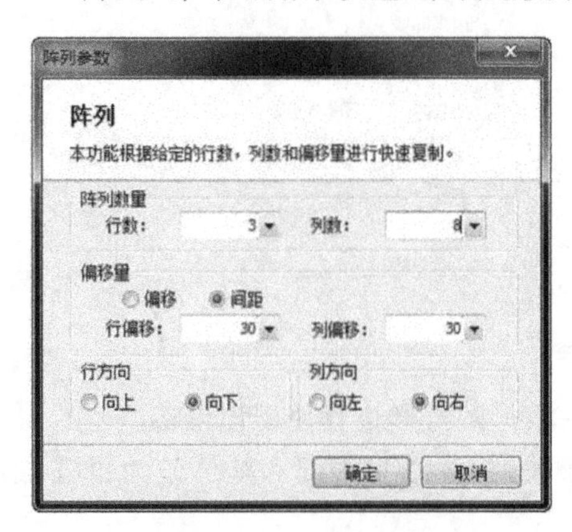

图 7-30 阵列参数界面

1. 矩形阵列

点击“阵列”按钮，或“阵列”下拉菜单“矩形阵列”命令，出现如图 7-30 所示参数界面。

设定好行数、列数、偏移量及方向即可对选定图形进行快速复制，如图 7-31 所示。

2. 交互式阵列

点击“交互式阵列”命令，设置行间距和列间距，即可用光标拖动划定区域，对选中图形进行快速阵列复制，如图 7-32 所示。

3. 布满排样

布满排样主要用于单个图形的整板切割，点击“布满排样”，软件将按照给定的零件、参数和板材进行快速的布满排样。板材的设置参见“排样”一节。布满效果如图 7-33 所示。

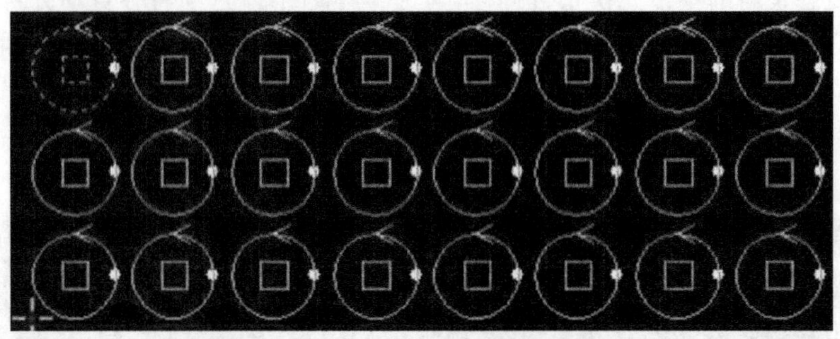

图 7-31 3×8 矩形阵列

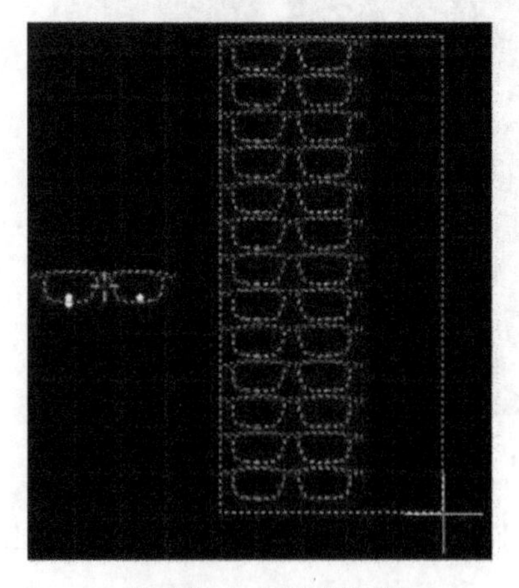

图 7-32 交互式阵列

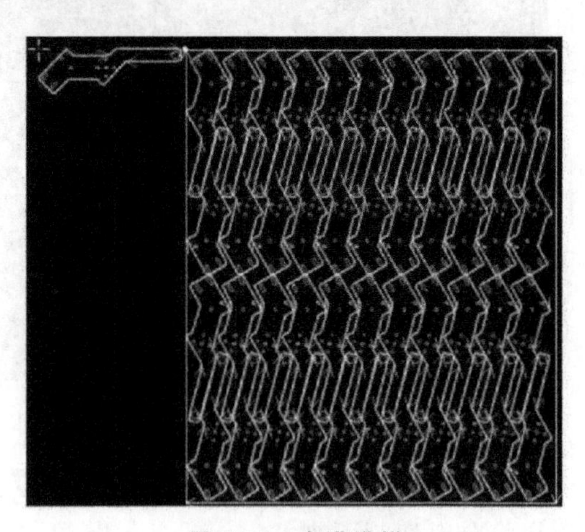

图 7-33 布满排样

7.6 工艺参数

CypCut 软件提供了 16 个图层，每一个图层都可以单独设置包括切割速度、激光功率、气压、切割高度等工艺参数。

点击“常用”菜单下的“工艺”按钮，可以打开“图层参数设置”对话框，如图 7-34 所示。

图层参数设置对话框包含了加工时所需的几乎所有工艺参数。对话框的第一页是“全局参数”，用于控制图层之外的参数，包括运动控制参数、激光和气体的默认参数、跟随控制参数等。对话框的其他页面列出了当前用到的所有图层，点击每一个图层，可以单独设置该图层所使用的工艺。

“图层参数设置”对话框的内容可能因使用的激光器不同、气体管路配置不同、使用的调高器不同等，而显示不同的选项，图 7-34 所示的仅供参考，请以软件显示的实际为准。

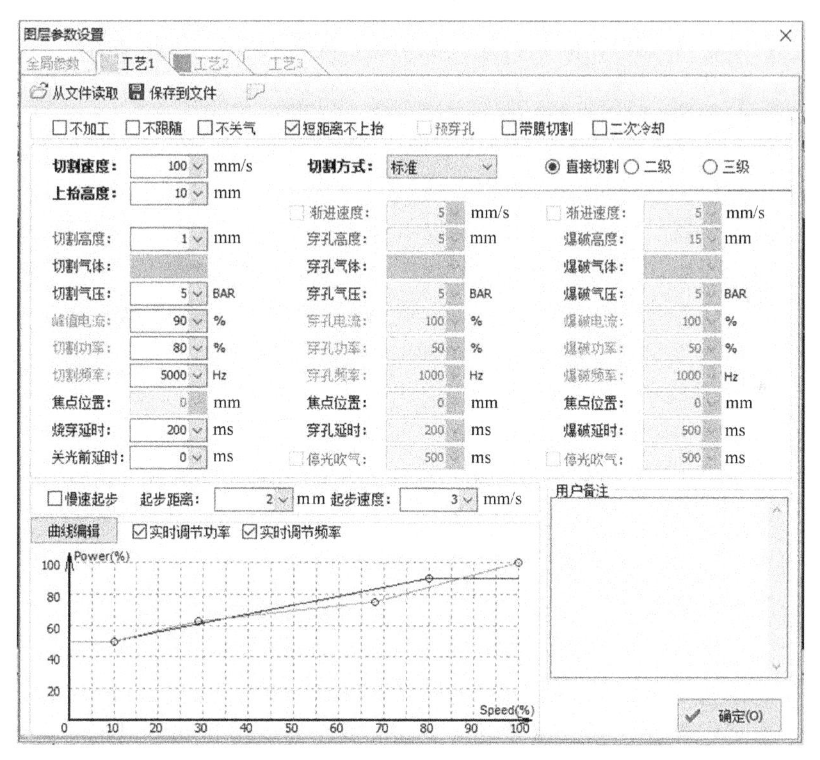

图 7-34　图层参数设置对话框

7.6.1 参数说明

图层的各部分参数简要说明如下。

1. 基本参数

切割速度：用于设置实际切割的目标速度。由于在切割轨迹的首末段及拐弯处存在加减速，往往实际的切割速度小于该速度。

上抬高度：用于设置切割完一段曲线后激光头上抬的高度。

2. 切割方式

标准：用于按照设定参数标准加工。

定高切割：用于切割头固定在一定高度进行加工。

板外跟随：选择该方式时起刀点可以停靠在板外，实际切割时在板外部分激光头会停留在"参照高度"切割。

3. 穿孔方式

直接切割：穿孔与切割采用同样的参数，常用于薄板切割。

二级穿孔（也称分段穿孔）：穿孔与切割采用不同的参数，常用于厚板切割。

渐进穿孔：这是在分段穿孔的基础上，采用边穿孔边慢速下降的变离焦量的穿孔方式，常用于厚板切割。渐进穿孔时可将穿孔时间设置得很小，如 100 ms，此时实际穿孔时间＝100 ms＋从穿孔高度慢速下降至切割高度所需的时间。

三级穿孔：这是在分段穿孔的基础上，再进行一次爆破穿孔的加工方式，可选择是否需要渐进穿孔。常用于厚板切割。

4. 切割参数

切割高度：用于设置切割时激光头距离板材的高度。

切割气体：用于设置切割时所使用的辅助气体类型。

切割气压：用于设置切割时辅助气体的气压，需与比例阀或多气阀配合使用。

峰值电流：用于设置光纤激光器的峰值电流，即峰值功率。峰值功率决定了机器所能达到的最大切割功率，例如对于 500 W 的切割机，若峰值电流设置成 80%，那么切割时所能达到的峰值切割功率为 500 W×80%＝400 W。

切割功率：用于设置切割时采用的激光功率，即 PWM 调制信号的占空比。

切割频率：用于设置切割时 PWM 调制信号的载波频率，也就是 1 s 内的出光次数。该值越大表示出光越连续。

焦点位置：用于设置焦点距离激光头喷嘴嘴尖的位置。

烧穿延时：用于设置烧穿板材的延时，使切割更充分。

关光前延时：用于设置关闭激光前确保切割完全的延时。

穿孔时的气压、功率等参数的定义与切割参数类似，只有在选中二级穿孔选项时才生效。

渐进速度：用于设置使用渐进穿孔时从穿孔高度慢速下降到切割高度的速度。

穿孔延时：用于设置二级穿孔开激光后延时，使穿孔更彻底。

停光吹气：用于设置穿孔结束后不出光只吹气的时间，使板材冷却。

爆破时的气压、功率等参数的定义与切割参数类似，只有在选中三级穿孔选项时才生效。

爆破延时：用于设置爆破穿孔开激光后延时，使爆破更彻底。

5. 其他参数

不加工：表示该图层工艺不进行加工。

不跟随：表示该图层切割时不使用调高器进行跟随运动。

不关气:表示加工时不关气体。

短距离不上抬:启动该功能后,若两个图形间的空移距离小于全局参数中“短距离不上抬的最大空移长度”的设置值,则前一个图形加工完成后,Z 轴不上抬,激光头直接空移到下一个图形的起点开始加工。

预穿孔:表示在实际轨迹切割之前先在图形的起点(或者引线起点)提前穿孔。CypCut 软件提供了自动分组预穿孔,可以在全局参数中开启该选项。此选项与带模切割不可同时选择。

带模切割:表示沿切割轨迹使用带模参数执行一遍去模切割,再按图层参数进行正常加工。选择此项后将出现去模参数设置页面。

二次冷却:表示在对单个图形进行正常加工后,对该图形沿原轨迹关光开气加工一遍,这可辅助工件快速冷却,减少热胀冷缩效应对工件精度的影响。选择此项后将出现冷却参数设置页面。

6. 慢速起步

起步距离:用于设置慢速起步距离,防止刚开始切厚板时无法切透。

起步速度:用于设置慢速起步速度。

7.6.2 实时调节功率/频率

实时调节功率/频率:启动该功能后,可以自定义功率/频率曲线,加工时软件会根据曲线实时调整激光功率(PWM 信号的占空比)及频率,这对优化拐角的切割质量有较大帮助。选择实时调节频率则必须选择实时调节功率。

如果选择“☑实时调节功率”、“☑实时调节频率”,则在切割过程中切割功率与频率将会随速度变化而变化,具体的变化值由功率/频率曲线决定,如图 7-35、图 7-36 所示。用户可以点击“曲线编辑”按钮来编辑功率/频率曲线。

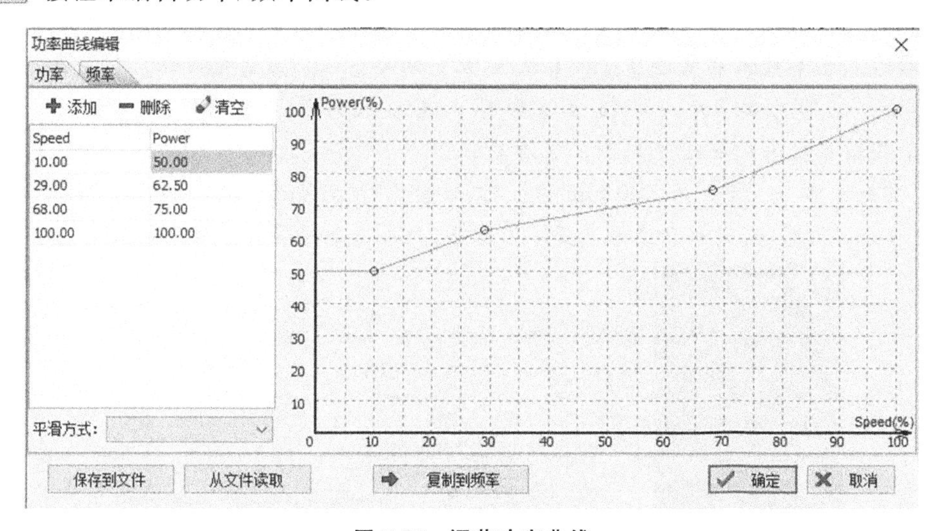

图 7-35 调节功率曲线

如图 7-35、图 7-36 所示,(1) 功率曲线的横坐标为切割速度,纵坐标为切割功率,(2) 频

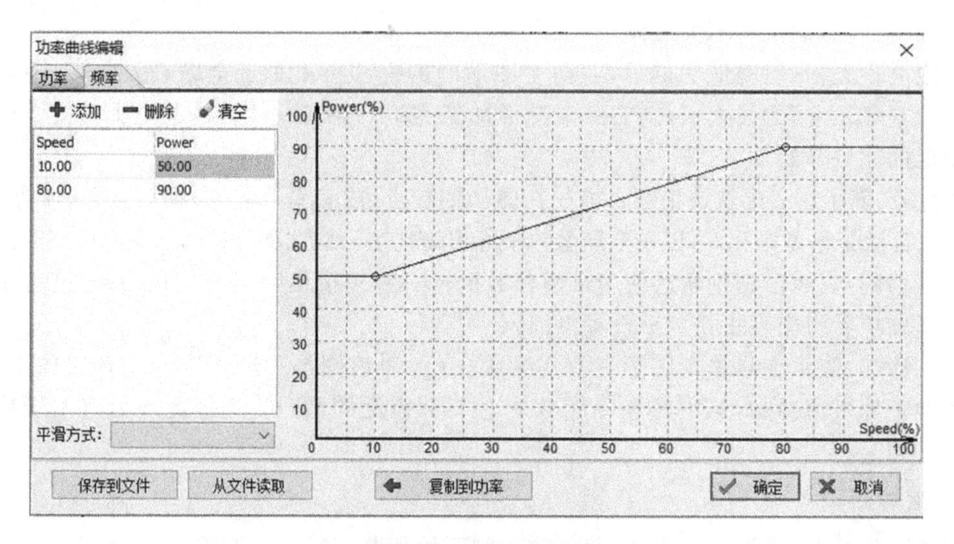

图 7-36　调节频率曲线

率曲线的横坐标为切割速度，纵坐标为频率，单位为百分比。用户可以添加相应速度时对应的功率点并选择曲线的平滑方式，还可以点击“复制到频率”按钮将功率曲线复制一份到频率曲线。

激光器随速度变化的切割功率为：激光器功率× 峰值电流（百分比）× 随速功率调节（百分比）×切割功率（百分比）。但是，无论功率如何下降，都不会低于一个事先设定的最低值，一般是下降到 10%，即 500 W×10%=50 W。

如果没有选中“☑实时调节功率”、“☑实时调节频率”选项，则切割过程中功率将保持不变。

例　激光切割工艺参数设置。

在 1000 mm×1500 mm 的材料上切割如图 7-37(a)所示的图形。外框表示用于激光切割的板材，希望在同一板材上激光切割圆、矩形和六边形时，分别采用不同的切割工艺参数。如：切割圆时工艺参数为切割速度 100 mm/s、切割功率 80%；切割矩形时工艺参数为切割速度 200 mm/s、切割功率 90%；切割六边形时工艺参数为切割速度 500 mm/s、切割功率 100%。采用图层技术设置激光切割工艺参数。

解　首先设置 1000 mm×1500 mm 的板材，如图 7-37(b)所示。在板材上绘制圆、矩形和六边形。然后分别为圆、矩形和六边形设置不同图层，对每一个图层设置激光切割工艺参数。

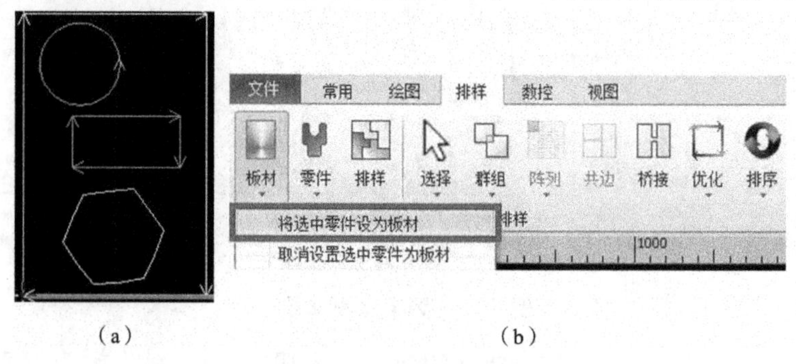

(a)　　　　(b)

图 7-37　例题切割图形

7.6.3 穿孔方式

CypCut 软件预置了四种穿孔方式，分别是直接切割、分段穿孔、渐进穿孔和三级穿孔，其中分段穿孔、渐进穿孔和三级穿孔需要 BCS100 调高器的支持才能实现。四种穿孔方式的具体过程是由预先设定的 PLC 过程控制的。直接切割常用于薄板切割；分段穿孔又称为二级穿孔，通过设置穿孔与直接切割的不同参数达到切割板材的目的，可以选择是否在分段穿孔时启用渐进穿孔，启用后可使穿孔过程更加充分。三级穿孔是在进行爆破穿孔后执行分段穿孔的工艺，同样可选择是否在爆破穿孔时启用渐进穿孔，以加强爆破穿孔效果，通常用于更厚的板材切割。

7.6.4 预穿孔

选择"预穿孔"选项，就可在加工该图层时，对所有需要穿孔的位置进行穿孔。穿孔方式由在图层中勾选"直接切割"，"二级"或"三级"来指定，预穿孔完成之后再执行"直接切割"。注意，"预穿孔"选项，只有在选择"二级"或"三级"穿孔后才能选择。

7.6.5 材料库文件

所有参数编辑完成后，用户可以将该图层中的所有参数保存到材料库以便下次继续使用。点击"保存到文件"按钮，输入文件名，即可保存为材料库。建议用户以材料特性为名称设置文件名。

下次需要使用材料库文件时，点击"从文件读取"图标，然后选择之前保存的文件即可。CypCut 软件会提示用户是否覆盖当前的参数，点击"是"按钮软件会自动将材料库参数导入，点击"否"按钮则放弃读取操作。

7.6.6 图层设置

点击"常用"菜单下"参数设置"分栏中"工艺"按钮下拉三角形，可根据提示选择"锁定与显示特定图层"。当导入 DXF 文件存在多个图层时，单击"DXF 图层映射"可查看图层与对应图形数量。如图 7-38 所示。

7.6.7 排序和路径规划

可以在工具栏"绘图"分页中找到如图 7-39 所示的分栏，在其上部还有图形对齐和顺序工具。有关群组排序的规则参看"群组"一节，若无特殊要求，推荐选择"网格排序"方式。

1. 顺序预览

拖动"图形顺序预览"的进度条，或者点击"◀◀ ▶▶"按钮，可以对加工顺序进行预览。图7-40所示的是一个零件预览时的画面。

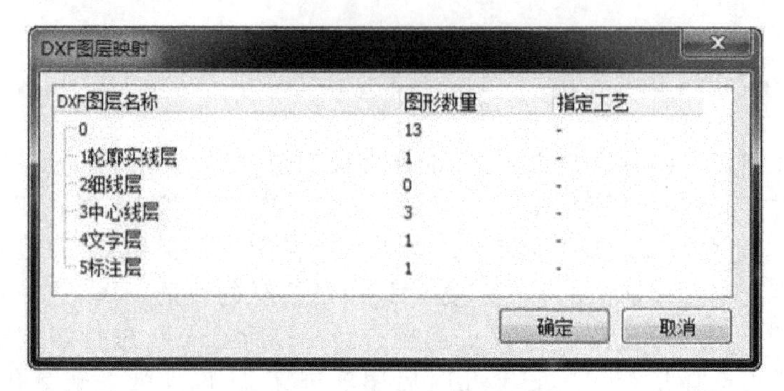

图 7-38　DXF 图层映射

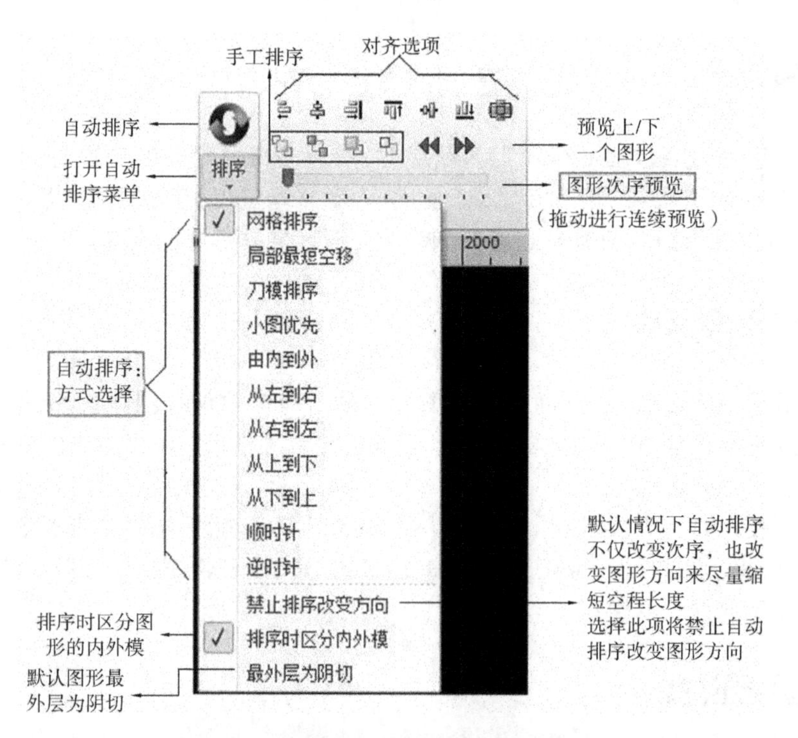

图 7-39　排序菜单及图形对齐和顺序选项

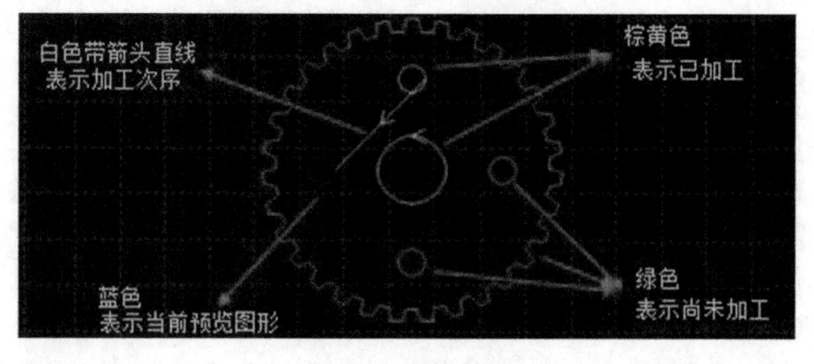

图 7-40　零件预览

顺序预览是完全交互式的，比模拟加工更容易控制，也可以在想仔细观察的位置放大并反复向前向后预览。点击“常用”菜单下“显示”按钮下拉三角形，可以显示全部空移路径，帮助查看整体加工顺序。

2. 手工排序

如果想对自动排序的结果进行微调，可以使用手工排序，先选中要调整的图形，然后点击“ ”中的按钮，从左到右四个按钮的功能如表 7-1 所示。

表 7-1 手工排序各图标的功能

名称	图标	功能
移到最前		将选中图形移动到第一个加工
移到最后		将选中图形移动到最后一个加工
向前一个		将选中图形加工次序向前移动一个
向前一个		将选中图形加工次序向后移动一个

请注意，无论怎么移动，图形的顺序都只能在其所属的图层内变化，图层之间的整体顺序在“图层参数设置”对话框中调整，参见“工艺参数”一节。

除了微调方式的手工排序之外，还可以利用“手工排序模式”功能更直观地进行手工排序。点击主界面左侧工具栏的“ ”按钮，进入“手工排序模式”界面，屏幕将自动打开空移路径和图形顺序数字显示。按照用户需要的顺序，依次单击就可以设定图形加工顺序。如果不小心点击错了，只要从错误的地方再点击或右击取消即可。如果只想调整两个图形之间的顺序，可以按住光标从一个图画一条直线到另一个图就可以设定这两个图之间的顺序，如图 7-41 所示。

3. 分区排序

当某一部分的顺序排好之后，如果希望固定下来，可以选择需要固定顺序的图形，然后点击“群组”，之后它们之间的顺序将保持不变，后续的手工排序和自动排序都不会对群组内部造成影响，如图 7-42 所示。请注意，群组之后，群组内的所有图形将从第一个到最后一个按顺序连续加工完成，其间不会加工非本群组内的图形。

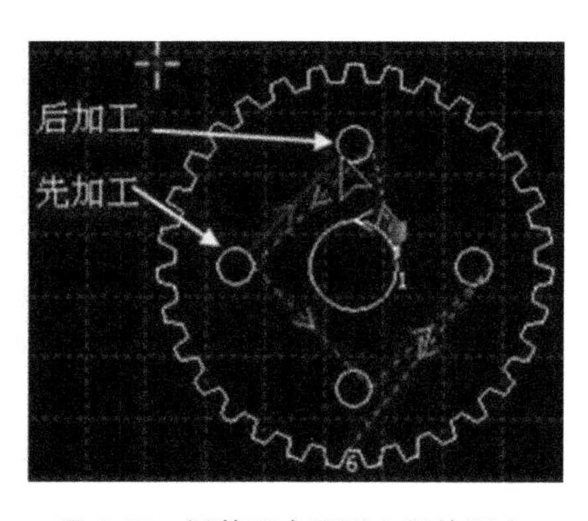

图 7-41 调整两个图形之间的顺序

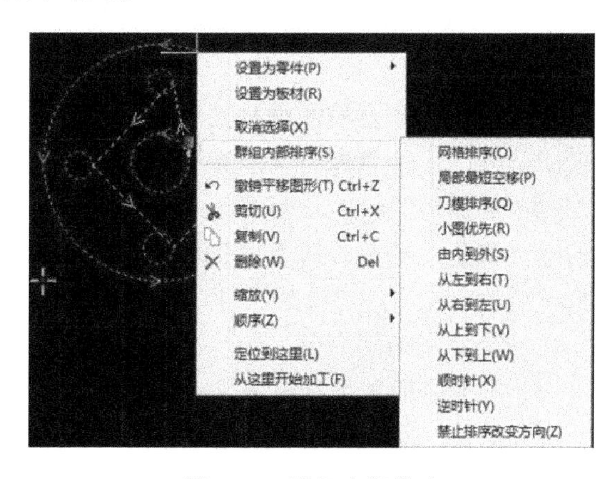

图 7-42 群组内部排序

如果希望只对某一部分的图形进行自动排序，而不要影响其他部分，则可以将需要自动排序的图形选中，点击“群组”选项，然后右击群组，选择“群组内部排序”即可。

7.7 加工控制

CypCut 软件是一套设计与加工控制集为一体的软件，前述所有图形及参数准备都可以脱离机床进行，全部设计完成之后可以将文件保存，然后复制到机床上进行加工。

7.7.1 坐标系

图形设计过程使用的“模型坐标系”，是与机床无关的，其零点在屏幕上由“ ”标记。加工过程使用的坐标系是与机床运行状态相关联的，两个坐标系的对应关系如图 7-43 所示。

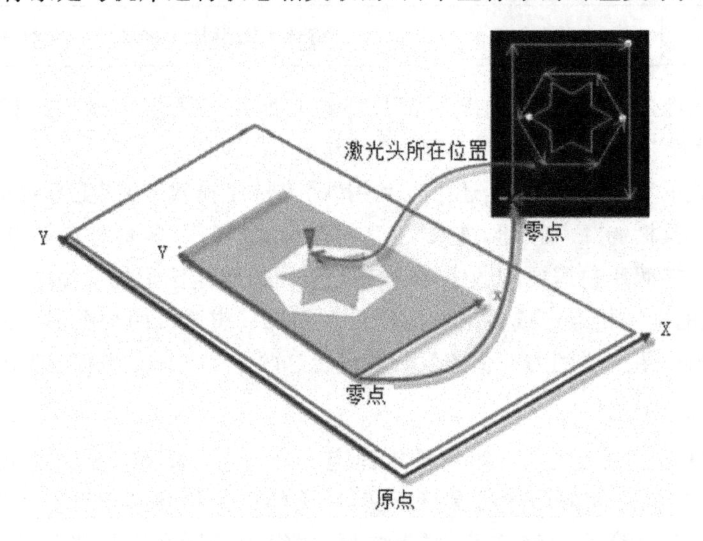

图 7-43 模型坐标系

点击控制台的“预览”按钮，就可以在屏幕上显示图形与机床幅面之间的位置关系。

1. 机械坐标系

机械坐标系是由机床结构及机床参数唯一确定的，任何时候只要点击“回原点”选项，都可使所建立的坐标系保持为一致，初次装机或机械坐标系由于异常原因发生偏差后点击“数控”分页“回原点”按钮，均可重置机械坐标系。不管使用什么机械结构，CypCut 软件对坐标系的定义都是一致的。所有的运动都是激光头相对于工件的运动，激光头向右为 X 正向，激光头向后为 Y 正向，也就是工件(钢板)的左下角为最小坐标，右上角为最大坐标。

机械坐标系的特点是：

(1) 机械坐标系又称机床坐标系；

(2) 横轴+原点+纵轴；

(3) 坐标系固定不变，原点永远在机床左下角。

2. 程序坐标系

由于机械坐标系是固定不变的，为了方便使用，需要引入工件坐标系。CypCut 软件所有的程序坐标系的各坐标轴方向都与机械坐标系完全一致，只有坐标系零点不同，称为程序零点。程序坐标系分为浮动坐标系与工件坐标系，如图 7-44 所示。

控制台最上方的按钮用于程序坐标系选择，可选择“浮动坐标系”、9 个“工件坐标系”及一个“外部坐标系”。浮动坐标系一般用于非正式加工，可认为“激光头移动到哪里就从哪里开始加工”，其坐标系零点在用户点击“走边框”，“空走”或者“加工”选项时自动设置为激光头当前位置。选择工件坐标系 1～9 时，其零点由用户手工通过“设置当前点为零点”功能来设置，一旦设置将永久保存，直到下次再设置为止。因此工件坐标系适合于批量产品生产，其位置一般由固定夹具决定，使用工件坐标系 1～9 可以保持每次加工都在机床的同一个位置进行。

点击底部状态栏“X:0.000 Y:0.000”选项可以显示机械坐标系或是程序坐标系(这里显示指激光头的×坐标)，如图 7-45 所示，还可以在这里设置两个坐标系的零点。选择“坐标定位”选项，可将激光头定位到指定坐标位置。

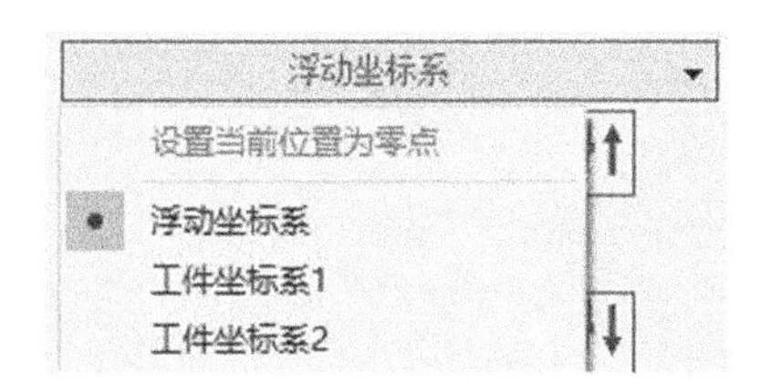

图 7-44 程序坐标系

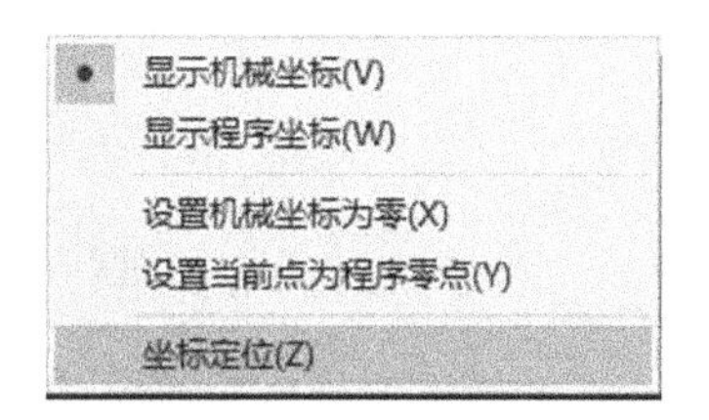

图 7-45 选择机械坐标系或程序坐标系显示

3. 发生异常后寻找零点

情况一：如仅仅是激光器或辅助气体等外设发生异常，导致加工被迫中断，并没有导致坐标系偏移。则可直接点击“回零”按钮，回到零点。

情况二：如突然掉电，伺服报警等将导致机械坐标系发生偏移，则建议用户执行“回原点”功能，重置机械坐标系，然后点击“回零”按钮找到零点。

程序坐标系的特点如下：

(1) 程序坐标系又称工件坐标系；

(2) 横轴＋零点＋纵轴；

(3) 坐标系可变，零点由用户手工通过“设置当前点为零点”功能来设置。也可设置“零点”与“原点”一致。

7.7.2 报警

机床运行过程中 CypCut 软件会对所有部件进行监测，一旦监测到出错，就会立即以红色标题栏显示报警信息，并采取停止运动等措施。在软件报警未消除之前，大量的操作都将被禁止，请检查机床直至报警消除之后再操作。报警示例如图 7-46 所示。

除标题栏之外，界面左下方的“报警”窗口也会显示报警信息。报警消除之后标题栏的红色显示会消失，“报警”窗口中的信息则被保留下来。双击“系统”窗口，可以打开、查看全

图 7-46 报警示例

部历史记录，从而了解软件运行过程中发生的事件。除报警外，在 CypCut 软件检测到其他运行异常时，也将会根据异常级别，以不同颜色在“系统”窗口显示，包括警告、提醒、消息等。这些信息不会导致机床停止运动，但仍然建议用户及时关注软件显示的各类消息，以便尽早采取必要措施。

7.7.3 手动测试

控制台手动控制部分功能如图 7-47 所示。

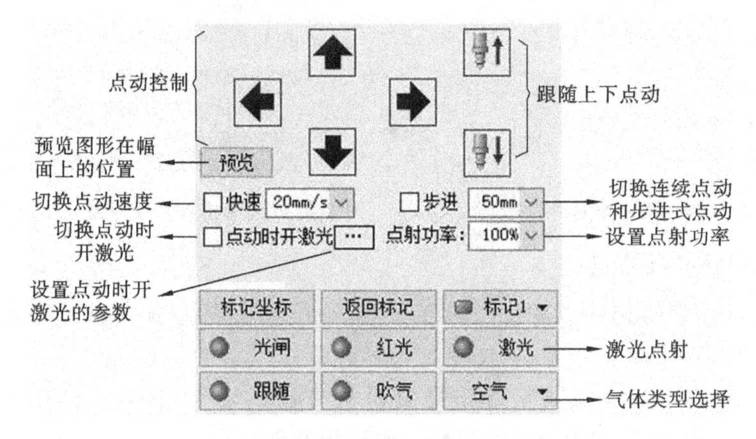

图 7-47 控制台手动控制

带有“●”图标的按钮，在相应的设备打开之后将会变成“●”样式。其中“● 激光”按钮的功能是按下为开启激光、放开为关闭激光；其他的按钮则是动作切换键，例如“● 吹气”按钮，按下为吹气，再次按下则关闭吹气。根据激光器的不同，“● 光闸”按钮在按下后可能会过一段之间才会变成“●”样式，此状态是从激光器读取而来的。请注意，所有的按钮动作都需要机床上对应的部件支持，如果机床并没有配置这些部件，或者平台参数配置不正确，部分按钮可能会无效。

点击“标记坐标”按钮可以记录机床当前位置，当之后的操作需要时，点击“返回标记”按钮可以返回之前记录的位置。总共可以记录 6 个位置，由“标记1”按钮选择。

7.7.4 软限位保护

为了保护机床，CypCut 软件内置了软限位保护，可以通过控制台上的“☑ 启用软限位保护”选项开启和关闭，默认为开启。启用软限位保护之后，如果软件检测到运动可能超出行程范围，就会提示“运动已超出行程范围”，同时不发出任何运动指令，以防止可能发生撞击。此时请检查图形和机床位置，确认无误之后再操作。除此之外，机床运动过程中软件也会实时监测机床坐标，一旦超出软限位将立刻报警，并停止所有运动。请注意：软限位保护依赖于机床坐标系，如果坐标系不正确，保护也将不正确。因此当软件异常关闭、机床参数修改等操作之后应当通过“回原点”功能建立正确的机床坐标系！

7.7.5 走边框

点击控制台的“走边框”按钮，激光头将沿待加工图形的外框空走一个矩形，以便用户确定加工板材需要的大概尺寸和位置。走边框的速度在“图层参数设置”→“全局参数”→“检边速度”中设置。请注意：如果走边框之前进行过寻边操作，软件将记录寻边结果，走边框时将沿倾斜的矩形运动，即按“寻边”校正之后的实际边框运动，详细参见“寻边”一节。

7.7.6 加工和空走

点击控制台的“开始”按钮，开始加工，加工过程将显示图 7-48 所示的监控画面，其中包括坐标、速度、加工计时及跟随高度等信息。

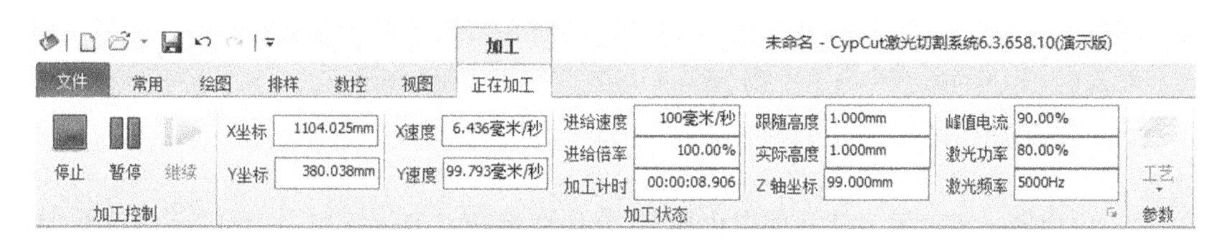

图 7-48 加工状态监控

显示图 7-48 所示画面时，将不能切换到工具栏的其他分页，这是为了防止加工过程修改图形，但“文件”菜单仍然可以使用。如需在加工过程修改参数，请先暂停，然后点击界面右侧工具栏的“工艺”按钮。

点击控制台的“空走”按钮可以执行空走，空走与实际加工的区别在于不打开激光、不打开气体，可选择是否开启跟随，所有运行轨迹，包括“预穿孔”的空移、速度及加减速过程等，都和实际加工过程完全一致，而且同样可以进行暂停、继续、前进、后退，包括停止后的断点记忆都与实际加工完全相同，甚至可以在暂停之后修改参数再继续空走。因此，空走可以用于在不切割的情况下对整体加工过程进行全面的检查和模拟。

如果希望在空走的过程中开启跟随，请在“图层参数设置”→“跟随控制参数”中选中“□空走时启用跟随”选项，默认情况下空走过程不开启跟随。

默认情况下加工完成自动返回零点，如果用户希望加工完成后返回其他位置，则需在控制台上选择所需要的位置，支持的位置包括零点、起点、终点、原点和标记点，如图 7-49 所示。如果取消“□加工完成自动返回”功能，相当于返回“终点”，即加工完成后原地不动。如果用户

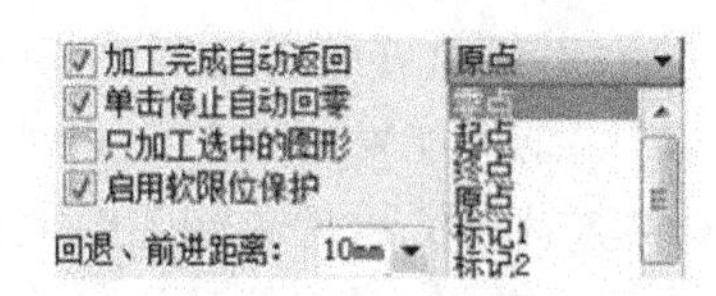

图 7-49 加工完成自动返回、点击停止自动回零等功能选择

使用的是“浮动坐标系”，推荐选择加工完成返回零点。如果希望加工完成后返回标记点，则应选择加工完成自动返回相应标记点并确认。

每加工完成一次，控制台上的加工计数将加 1，达到预先设定的次数后，将弹出对话框提醒，以便控制产量。点击“管理”按钮，可以打开加工计数管理界面，在该界面可控制加工次数、自动暂停等。如需循环加工，可点击“循环加工”按钮，并进行相应设置。

7.7.7 停止、暂停和继续

如需停止加工，可点击加工过程中工具栏的“■”按钮或者控制台上的“停止”按钮。停止之后机床将返回零点，如果不希望返回零点，应取消控制台上“☑单击停止自动回零”项的选择。

如果暂停加工，可点击加工过程中工具栏的“▮▮”按钮或者控制台的“暂停”按钮，暂停之后用户可以点击右侧工具栏的“工艺”按钮，修改参数，也可以操作控制台上手动控制部分的功能，包括激光点射、开关气体、开关跟随等。

如需继续加工，可点击加工过程中工具栏的“▮▶”按钮或者控制台的“继续”按钮，加工将从暂停处继续。

在暂停的过程中，可以点击“回退”按钮或者“前进”按钮，使机床沿加工轨迹向后或向前运动，每次运动的距离和速度在控制台的“回退、前进距离：10mm 50mm/s”文本框中设定。

7.7.8 断点记忆

加工过程停止或者因为意外而中止加工，软件会将断点记忆下来，只要没有修改图形或参数，用户点击“断点定位”按钮，软件将自动定位到加工停止的地方；若点击“断点继续”按钮，软件将从上一次停止的地方继续开始加工。

若用户在停止后改变了相应参数，点击控制台“开始”按钮后会出现“*”符号，当出现“开始*”按钮，则断电定位和断电继续功能将不能再使用。

7.7.9 从任意位置开始加工

CypCut 软件支持从任意指定的位置开始加工，在用户希望开始的位置单击右键鼠标，然后选择“从这里开始加工”选项，如图 7-50 所示。

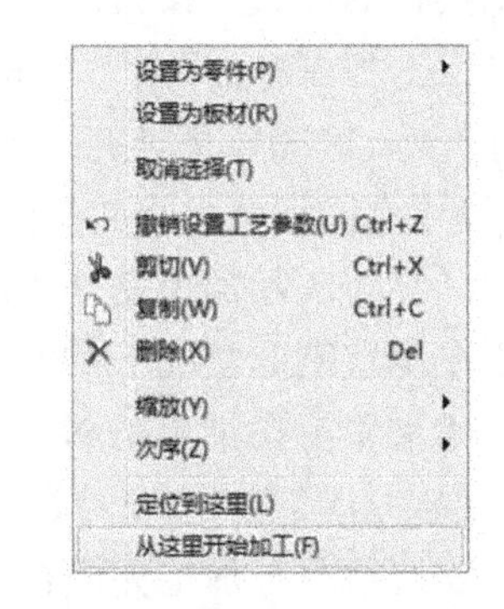

图 7-50 选中对象时单击鼠标右键弹出的菜单

为安全起见，选择“从这里开始加工”后，软件将弹出对话框要求再次确认，确认无误后切割头将首先空移到用户指定的位置，然后从那里开始加工，所指定位置之前的轨迹将不会被加工。

如果用户希望先定位到指定位置，但不开始加工，可选择

“定位到这里”选项，切割头将空移到用户指定的位置，然后进入暂停状态。

用户可以多次单击鼠标右键，并选择“定位到这里”选项直至确认无误为止。也可以通过“前进”按钮和“回退”按钮以更精确的方式定位。

7.7.10 全局参数

“图层参数调整”对话框的“全局参数”选项卡提供了一些运动控制参数可供调整，调整这些参数会对机械运行的平稳性及加工效果、效率产生影响。下面列出“全局参数”选项卡的部分参数。

1. 运动控制参数

空移速度：用于设置空移运动的速度(不是加工的速度)。

空移加速度：用于设置空移运动时各轴的最大加速度，与空移速度配合使用。

检边速度：用于设置走边框的速度。

加工加速度：用于设置轨迹加工时各轴的最大加速度，与加工速度配合使用。

2. 默认参数

点射 PWM 频率：用于设置点射激光时 PWM 调制信号的载波频率。

点射峰值电流：用于设置点射激光时的峰值电流。

默认气压：用于设置手动方式下使用的气压。

开气延时：用于设置穿孔过程中 PLC 步骤“开气延时”所使用的延迟时间。

首点开气延时：用于设置开始加工后首次吹气在吹气延时基础上额外增加的延迟时间。

换气延时：用于设置更换气体时，原气体全部排出到新气体所使用的延迟时间。

冷却点延时：用于设置在冷却点进行吹气冷却的时间。

3. 跟随控制参数

直接跟随最大高度：每种类型的切割头都有一个能跟随的高度上限，当由于穿孔等需求需要跟随此高度时，调高器会分 2 步，先跟随到靠近板面的位置，再上抬。此参数用于设定能跟随的高度上限。

空走时启用跟随：默认情况下空走时 Z 轴是不会运动的，如空走时需要跟随，可选择此项来设定。

加工时禁用跟随：正常加工时需要跟随切割，若加工时不需要跟随，可选择此项来设定。

穿孔时不报警：切厚板等应用场合中，穿孔产生的大量火花可能导致调高器报警，从而中断加工过程。勾选此选项，可以忽略穿孔时调高器产生的电容类报警。当然，忽略报警也会带来一定的风险。

短距离不上抬的最大空移长度：若图层参数中勾选了“短距离不上抬”。当空移长度小于此长度时，空移时调高器不上抬，保持跟随状态。

单位选择：根据使用习惯选择参数的单位。

4. 高级

启用 NURBS 样条插补：勾选后，自适应对加工曲线进行 NURBS 拟合。可提高加工速度及图形的平滑程度。

自动分组预穿孔：选中此选项，无需群组就可以自动按最外层包围框进行分组预穿孔，同时仍可以兼容手工群组。

1 mm 圆限制精度：切割小于 5 mm 的圆会额外降速、降加速度，勾选此参数就可控制直径 1 mm 圆对应的精度。

割缝补偿精度：用于设置进行切割补偿时，补偿曲线与原曲线之间距离的精度。

7.8 数控辅助功能

7.8.1 模拟加工

图形的所有排序完成之后，可以通过模拟加工完整地模拟整个文件的加工过程。该过程可以脱离机床进行。模拟过程不仅可以看到图形之间的顺序，还可以看到图形内的加工过程。

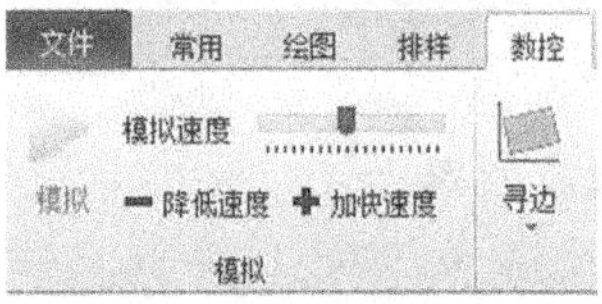

点击控制台的“▷ 模拟”按钮开始模拟，工具栏将自动跳到“数控”分页，在“数控”分页的第一栏可以调整模拟加工的速度，如图 7-51 所示。

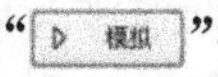

文件 常用 绘图 排样 数控
模拟速度
模拟 — 降低速度 ✚ 加快速度 寻边
模拟

图 7-51 模拟加工速度的调整

7.8.2 寻边

CypCut 软件支持电容寻边、光电寻边以及手动寻边三种寻边方式。点击“寻边”按钮下拉三角形，用户可以根据自己的条件选择最为合适的寻边方式来确定板材摆放位置。寻边结果将显示在绘图区右上方，如图 7-52 所示。

图 7-52 寻边结果显示

1. 电容寻边

点击“数控”分页下“寻边”按钮或点击“电容寻边”按钮，均可以进入电容寻边界面，如图 7-53 所示。

电容寻边需要设置一些参数。寻边速度对寻边精度有影响，推荐设置值为 200mm/s；钢板宽度为钢板在机床 X 轴方向的长度；钢板长度为钢板在机床 Y 轴方向的长度；边缘矫正值用于矫正寻边结果，正数表示将激光头向板内偏移，负数表示将激光头向板外偏移；上抬高度为寻边过程中激光头上抬的高度。高级参数解锁后，可以设置如图 7-54 所示的以下参数。

勾选“规避齿条对寻边的影响”后，可以设置齿条间隔、齿尖间距、齿条安装方向、齿条安

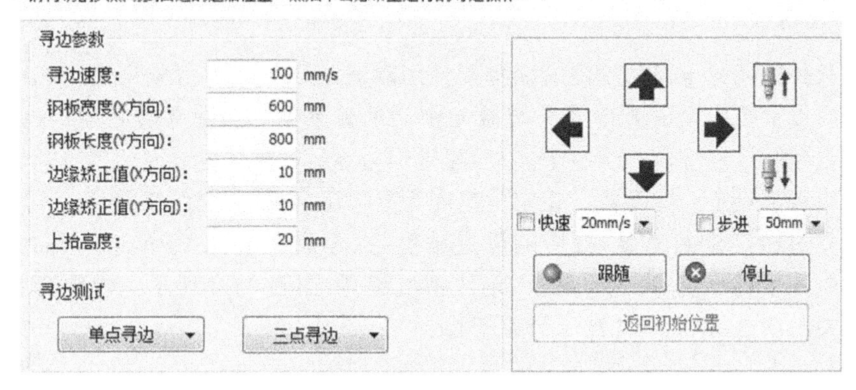

图 7-53　电容寻边

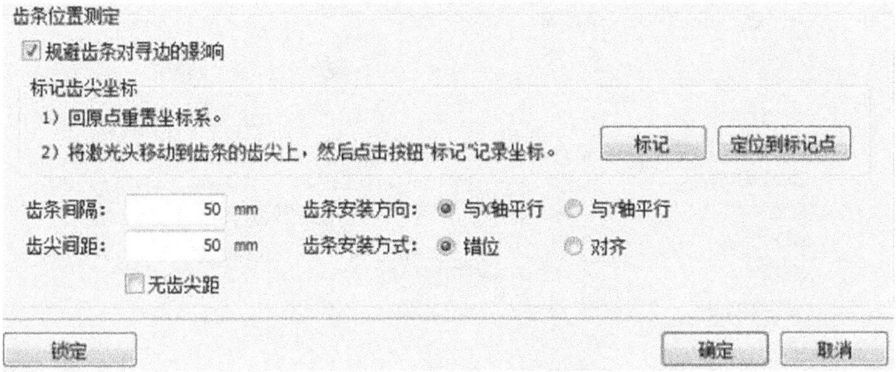

图 7-54　电容寻边参数设置

装方式，进而规避齿条对寻边的影响。启用此功能时，必须先标记齿尖坐标。“齿条间隔”为相邻齿条的间隔；“齿尖间距”为相邻齿尖的距离；“齿条安装方向”为齿条的安装位置与机床的相对关系；“齿条安装方式”是选择错位安装或对齐安装，如图 7-55 所示。

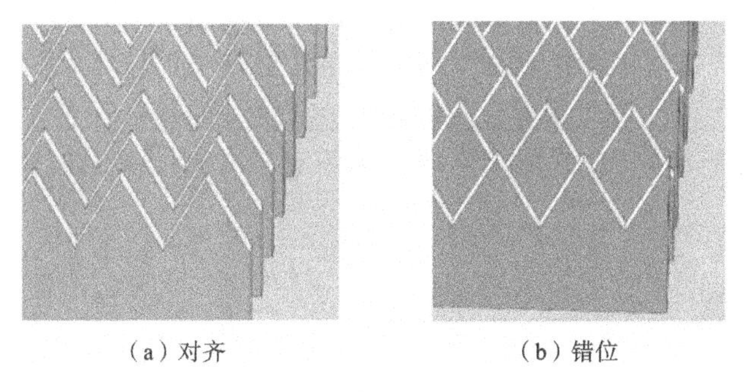

（a）对齐　　（b）错位

图 7-55　齿条安装方式

可以通过右侧小控制台将切割头点动到合适的寻边起始位置，然后选择寻边测试进行寻边操作。若选择“加工前自动寻边”，软件会根据图形停靠点位置在空走或者开始加工前进行一次电容寻边。注意：寻边前应回原点矫正机床坐标系，而且寻边之前务必确认切割头可以正常跟随。钢板倾斜角不应超过 10°。

2. 光电寻边

目前本软件使用光电寻边功能时须搭配使用欧姆龙 E3Z-L61 型号开关。首次寻边前，应先测定并在高级参数中设置光电开关与激光中心的偏差值。实际寻边之前，务必将切割头移动到停靠点(左上、左下、右上、右下之一)附近作为寻边起始位置。

光电寻边需要设定一些参数。粗定位速度为寻边粗定位的速度，推荐值为 100 mm/s；精定位速度为寻边精定位的速度，会影响寻边精度，推荐设置值为 10 mm/s，不建议超过 30 mm/s，精定位速度越小，寻边时间越长，定位精度越高，如图 7-56 所示。设置高级参数可以纠正光电开关与激光头偏差，并滤除齿条干扰。

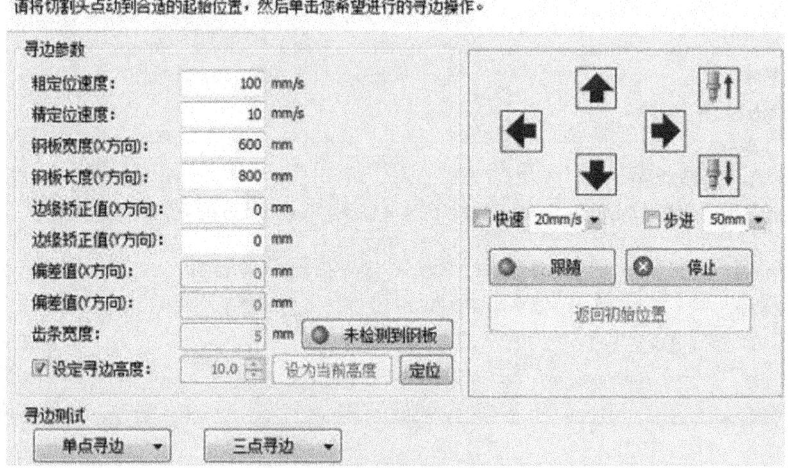

图 7-56 光电寻边

用户可以设置以下参数：“偏差值”为光电开关与激光头位置的偏差，“光电开关与激光头偏差值测定”后，软件会自动设置此参数，无法手动修改；“齿条宽度”可以滤除齿条对光电寻边的干扰，推荐设置值与实际齿条宽度一致；“设定寻边高度”适用于光电开关固定在激光头上的情况，用户可以通过调高器的上下点动调整光电开关的位置，通过“设为当前高度”读取此高度，每次寻边开启时调高器都会先移动到此高度，如图 7-57 所示。另外，“定位”移动也可到此高度；“固定高度寻边”适用于光电开关没有装在切割头上的情况。注意：钢板倾斜角度不应超过 40°。

7.8.3 PLC 过程

点击“数控”分页下“PLC过程”按钮，用户可以自定义 PLC 过程并执行。注意：不恰当的修改可能导致严重的后果！若有需要应联系设备供应商的技术人员。

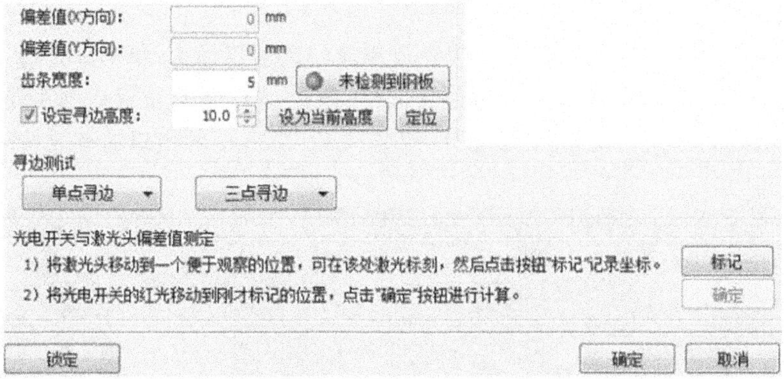

图 7-57 光电寻边参数设定

7.8.4 回原点

1. 返回机械原点

用户可以通过点击“数控”分页“回原点”按钮或选择其下拉选项中“全部回原点”命令使激光头返回机械原点，重置机械坐标系，详情可见“坐标系”一节。用户也可以选择下拉选项中“X 轴回原点”命令或“Y 轴回原点”命令使单个轴单独回原点，如图 7-58 所示。

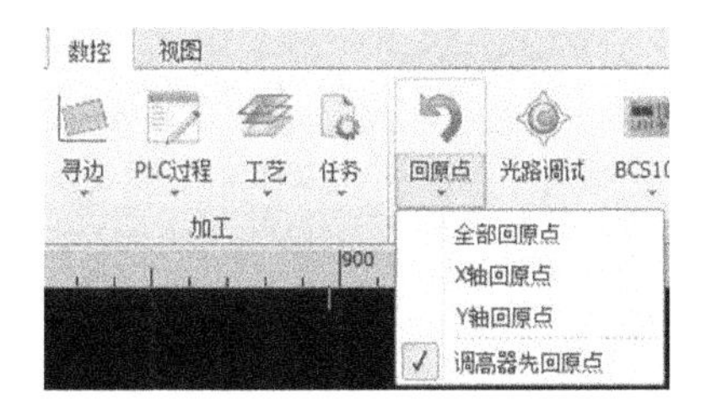

图 7-58 回原点下拉选项

2. 龙门同步

在双驱龙门机床的使用过程中，由于两个 Y 轴安装不平行、或摩擦力和负载不同等，机床在运行一段时间以后可能出现横梁变歪的现象，影响加工精度。龙门同步功能可通过记录和监测回原点时 Y1 和 Y2 轴的 Z 相信号来判断并自动调整横梁的垂直度。

点击“数控”分页的“回原点”下拉三角形，选择“龙门初始化”命令。在完成龙门初始化以后，勾选“回原点时执行龙门同步”选项，输入密码确认。相关补偿信息会显示在软件的系统消息窗口。注意：在机床进行过调整后，一定要重新进行一次龙门初始化。

7.8.5 光路调试

在具体加工时，若需要将切割头具体定位到某个点，可点击“数控”分页“光路调试”按钮，在定位中输入想要定位的具体坐标。用户也可以在光路调整界面对激光干涉仪进行相应设置，用来测试软件给出的运动位置与实际机械运动位置的误差，从而进行机械的误差补偿，又称为螺距补偿。

7.8.6 诊断窗口

加工过程中点击“诊断窗口”按钮，可以观察到切割时各部分的状态信息，借以判断加工过程中是否出现问题。

如图 7-59 所示，运动轴显示了各轴信号及相应编码器反馈值；单轴固定脉冲运动测试用于向单轴发送固定脉冲以测试脉冲当量是否准确；限位信号用于显示切割头是否撞到限位；PWM 用于显示激光开关情况；还显示了 12 个输入口及 18 个输出口的有效情况。

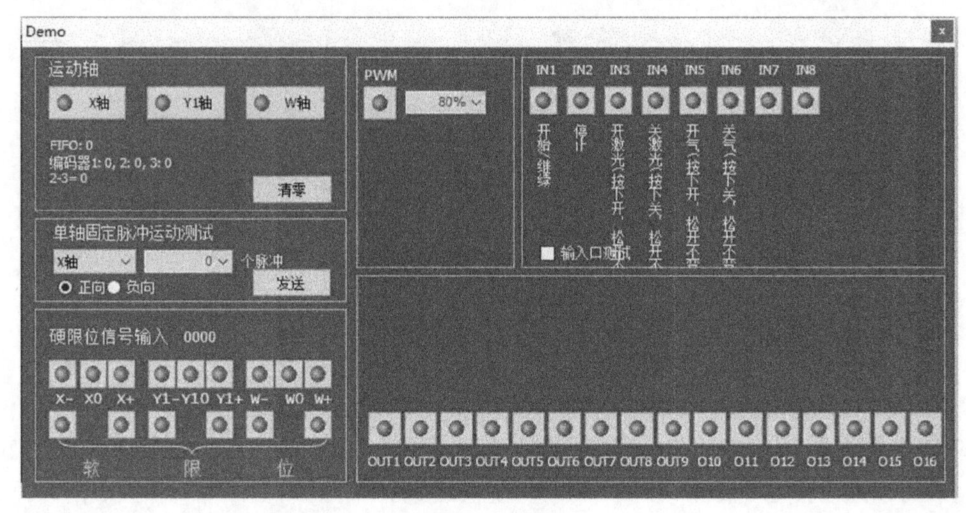

图 7-59 监控窗口

7.8.7 BCS100 子系统

此功能须配合调高器 BCS100 使用。点击“BCS100”按钮可在软件内对 BCS100 调高器进行回原点、跟随、定位、一键标定等一系列动作，还可以通过 BCS100 监控界面进行操作，而无需再对实物进行操作，方便快捷。

7.8.8 QCW

QCW 是激光器运行的一种模式，激光器运行分为 CW 和 QCW 两种模式。CW 模式为连续光，QCW 模式为脉冲激光。点击“QCW”按钮可设置相应调光参数。

7.8.9 误差测定

点击“误差测定”按钮，切割头将按照待加工图形空走一遍。结束后会显示一条蓝色虚线，用于显示伺服电动机反馈的轨迹，用户可以通过这条轨迹来调整实际切割所需工艺参数。

习 题

7-1 进行加工前，从检查到实际加工，CypCut 软件提供了______、______、______ 3 个检查功能。

7-2 试简述三个检查功能的功能和差异。

7-3 如题 7-3 图所示，激光切割圆、矩形和六边形，试利用 CypCut 切割软件设置引入线、加工次序。

7-4 试利用 CypCut 切割软件，完成如题 7-4 图所示的阵列。

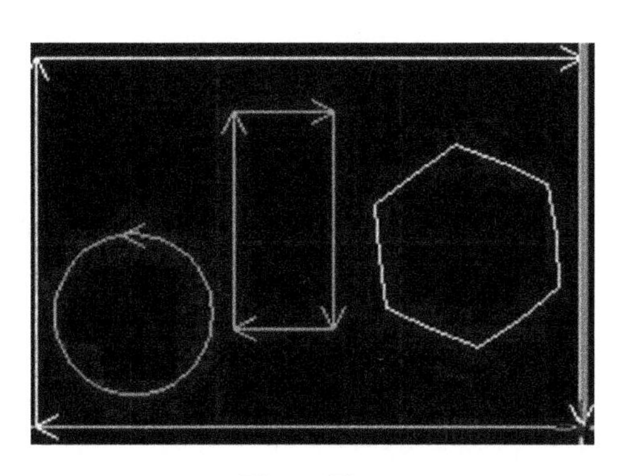

题 7-3 图

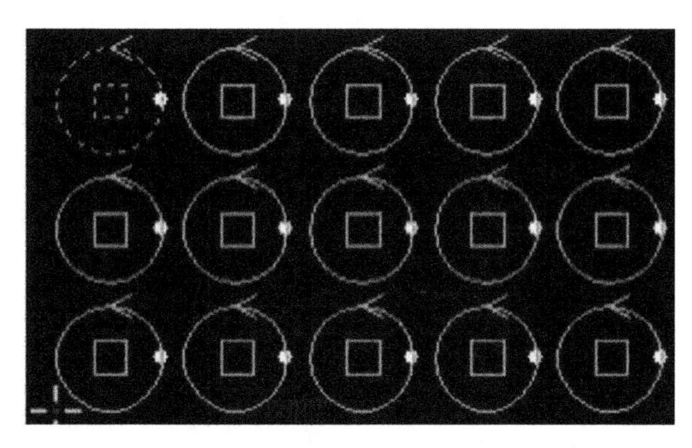

题 7-4 图

7-5 试利用 CypCut 切割软件，完成如题 7-5 图所示的补偿。

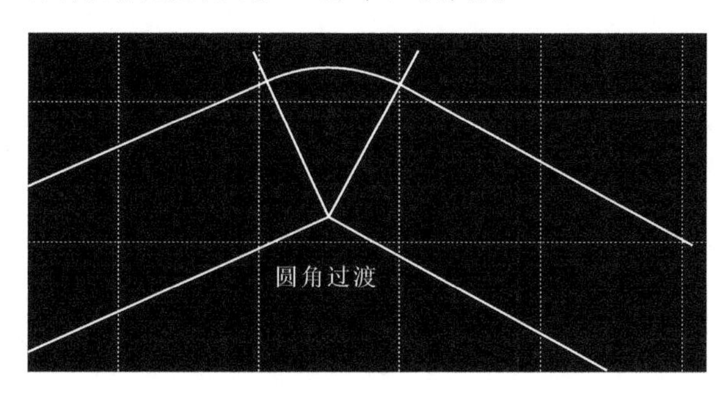

题 7-5 图

7-6 电力机车调车机底架的筋板如题 7-6(a)图所示，该工件用量较大。试利用 CypCut 切割软件练习切割该筋板，在该零件切割中，选取两块尺寸为 650 mm×450 mm 的板料，对此工件采用正常的排料方式和共边排料方式。

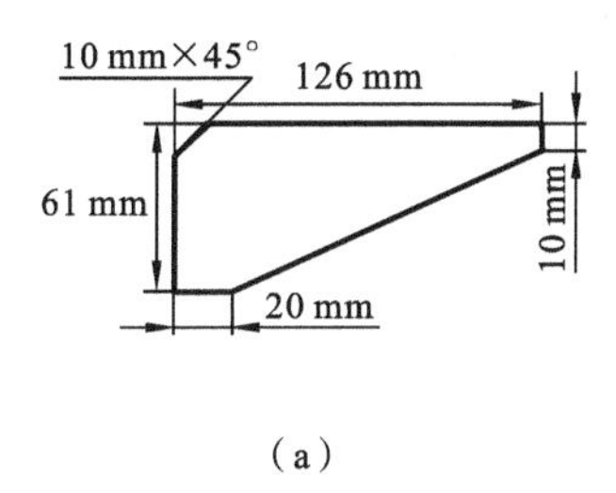

(a)

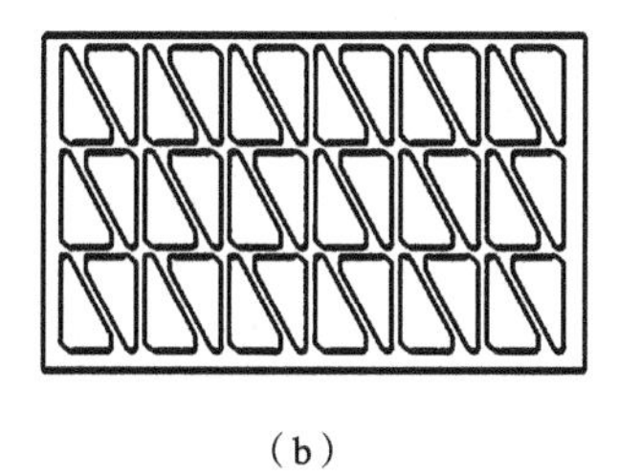

(b)

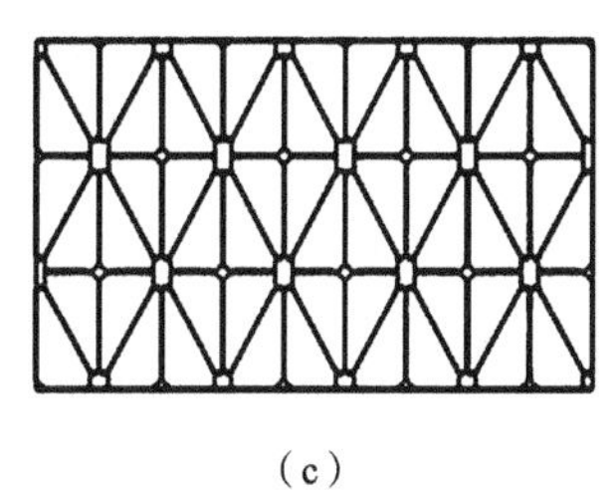

(c)

题 7-6 图

8 激光切割控制系统平台设置

8.1 安装运行与平台配置工具

当用户安装 CypCut 软件时，会默认选择安装“平台配置工具”。点击“开始”菜单的“所有程序”→“CypCut 激光切割软件”→“平台配置工具”(图标为)，运行“平台配置工具”软件。路径中的“CypCut 激光切割软件”即软件名称，对于不同客户，其名称有所差别。

8.1.1 密码输入

平台配置工具运行之前，系统会提示如图 8-1 所示的密码框。

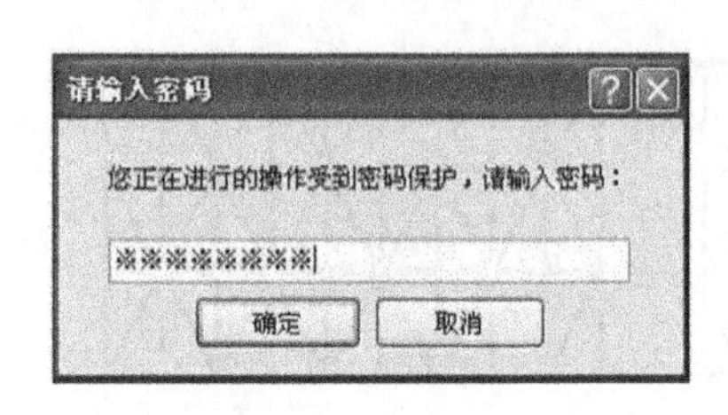

图 8-1 密码对话框

输入密码，点击“确定”按钮即可进行平台参数的配置。平台配置里，橙色背景代表输入端口的配置，绿色背景代表输出端口的配置。

8.1.2 用户界面

“平台配置工具”界面的左侧和上方均是进入各种参数设置界面的快捷按钮；点击左侧的配置文件可以定位到 Data 文件夹，如图 8-2 所示。

点击各按钮可以进入到当前信息对应的参数设置界面，如单击“机床”按钮，用户可以进入到机床信息设置的界面，再点击“导入”按钮，用户可以导入已有的配置文件，点击“保存”按钮，可将信息进行保存。

(1) Data 文件夹包含了 CypCut 软件的各种配置信息。

(2) Data 文件夹备份功能在 CypCut 软件中就是文件/参数备份。

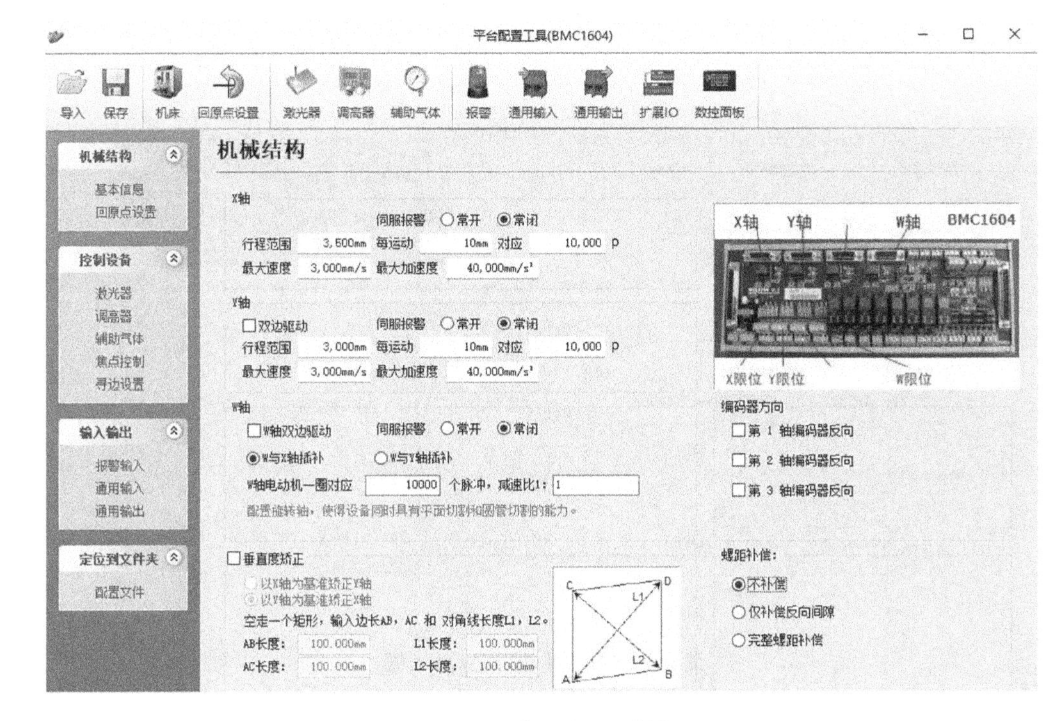

图 8-2 “平台配置工具”界面

8.1.3 机械结构配置

如图 8-3 所示，机械结构配置主要包括 X 轴、Y 轴和 W 轴的设置，Y 轴可选择单驱或双驱的驱动方式，配置旋转轴信息。

X 轴行程范围：是指 CypCut 软件绘图界面上矩形框的宽度，用于设置在启用软限位保护后，X 轴能运动的最大行程范围。

Y 轴行程范围：是指 CypCut 软件绘图界面上矩形框的高度，用于设置在启用软限位保护后，Y 轴能运动的最大行程范围。

脉冲当量：是指运动 1 mm 需要发送的脉冲数。通过实际运动距离和所需对应的脉冲数自动计算，其中毫米数可以设置到小数点后 4 位，脉冲当量＝ 脉冲数/毫米数。

伺服报警：用于选择伺服报警信号的逻辑。

速度限制：用于限制 CypCut 软件所允许使用的最大速度和加速度。

垂直度矫正：当 X、Y 轴的安装非 90°垂直时，可以通过“垂直度校正”消除这种偏差。

8.1.4 回原点配置

“回原点”配置对话框如图 8-4 所示，各选项功能如下。

强制启用软限位：强制开启软限位功能，禁止用户在 CypCut 软件主控界面手动开关软限位。

开机提示用户回原点：每次打开软件，均会提示用户进行回原点操作。

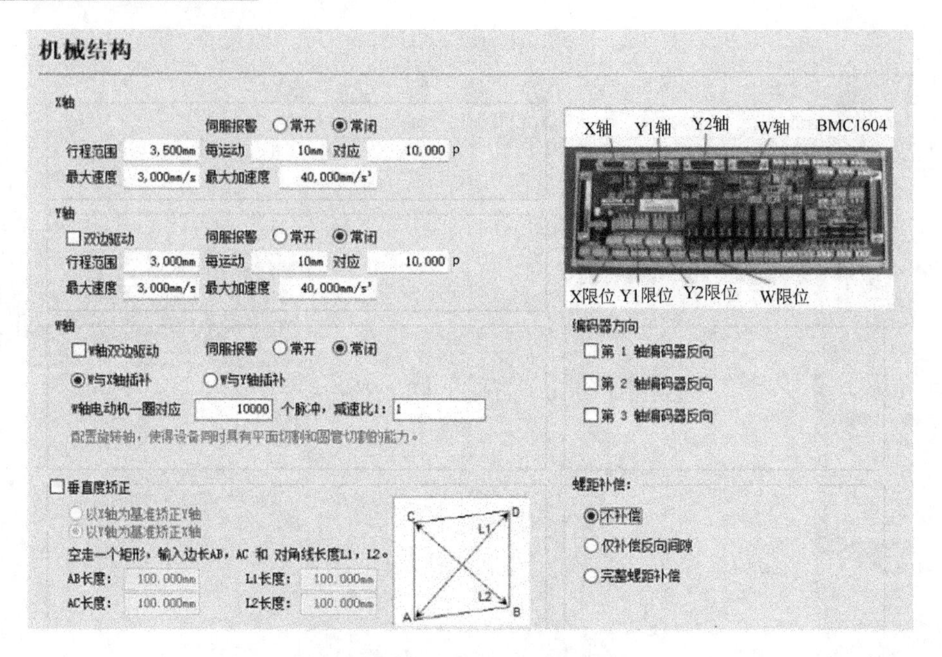

图 8-3 “机械结构”配置对话框

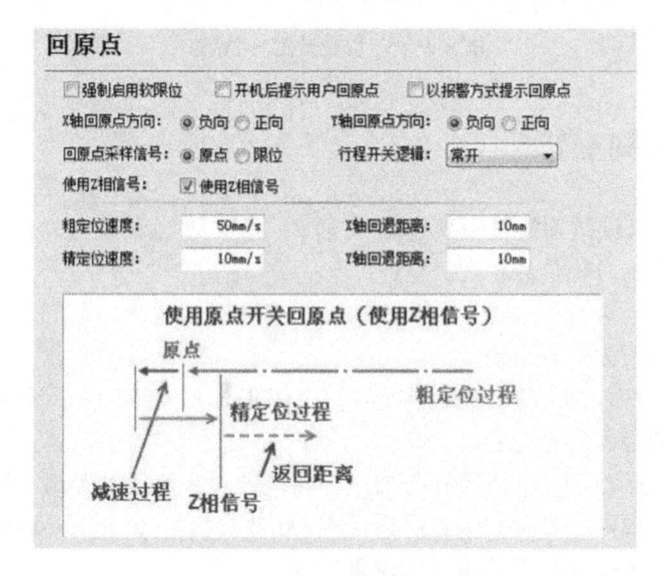

图 8-4 “回原点”配置对话框

以报警方式提示回原点：每次打开软件，均会以报警的方式提示用户进行回原点操作。

回原点方向：不同的机型可选取不同的回原点方向。回原点的方向决定了机床机械坐标系所在象限。如 X、Y 轴均选择负向回原点，则机床运动在第一象限。

回原点采样信号：若用户选择限位信号，则可在回原点的过程中用限位开关代替原点开关实现粗定位。

使用 Z 相信号：是否使用 Z 相信号和采样信号二者决定了回原点的具体过程。系统会根据不同的回原点方式，以图片的方式显示整个过程。

精定位速度：如图 8-4 所示的虚线部分，慢速靠近原点，推荐设置为 10 mm/s。

粗定位速度：如图 8-4 所示的点画线部分，快速寻找原点开关，推荐设置为 50 mm/s。

回退距离：在回原点动作最后添加的一段返回距离，保证机械原点离开行程开关一段距离。

行程逻辑开关：设置 X，Y，W 轴限位，原点信号的逻辑。

8.1.5 激光器配置

CypCut 软件提供了 YAG、CO_2、IPG 光纤、Raycus 光纤、SPI 光纤，以及其他光纤等多种类型的激光器配置，不同的光纤类型对应不同的参数。

1. CO_2 激光器配置

CO_2 激光器配置如图 8-5 所示，各选项功能如下。

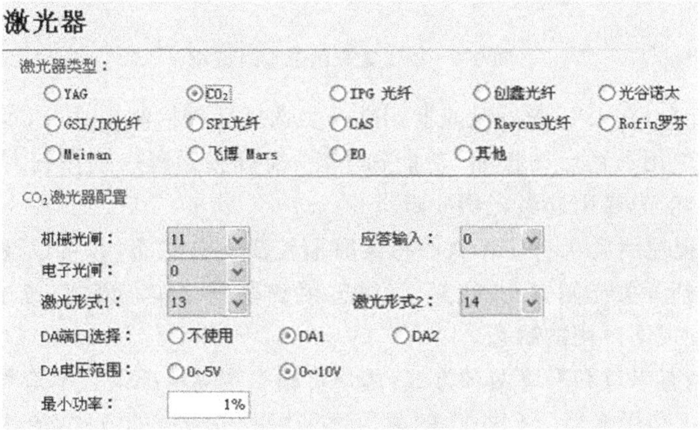

图 8-5 CO_2 激光器配置对话框

机械光闸：用于设置控制机械光闸开关所用的输出口。

电子光闸：用于设置控制电子光闸开关所用的输出口。

应答输入：用于设置机械光闸打开后返回应答信号的输入口。

激光形式：通过激光形式 1 和激光形式 2 可以将激光形式设置成连续波、门脉冲和强脉冲等 3 种方式。

D/A 转换端口选择：1604 卡提供了 2 路模拟量，可用任意一路控制激光器的输出功率。

D/A 转换电压范围：设置控制激光功率的模拟量范围。

最小功率：用于设置激光功率的下限。

2. IPG 激光器配置

IPG 激光器配置如图 8-6 所示，各选项功能如下。

PWM 使能信号：选择 1 路继电器输出口作为 PWM 调制信号的使能开关。可以起到在调制模式下防止激光器漏光或误触发的作用。

D/A 转换端口选择：1604 卡提供了 2 路模拟量，可用任意一路控制激光器的峰值功率。当使用串口或网络远程控制时，不使用该端口。

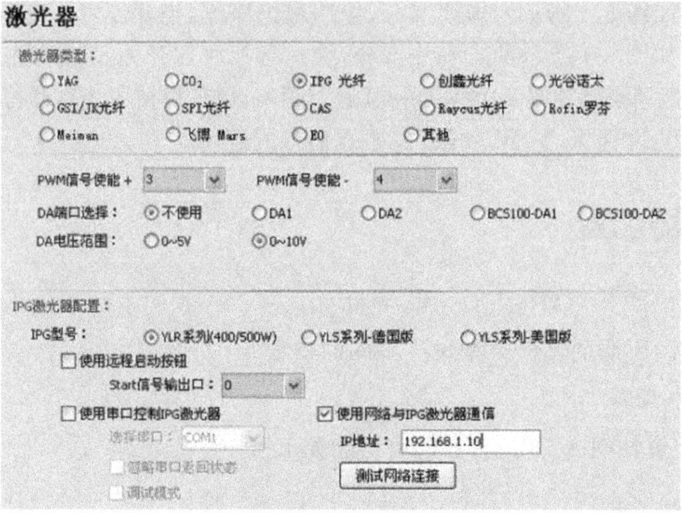

图 8-6 IPG 激光器配置对话框

IPG 激光器配置:在 IPG 光纤激光器钥匙开关选择远程控制模式后,可用远程启动按钮来启动激光器。“使用远程启动按钮”功能选中后,需设置远程启动按钮对应的信号输出口(不推荐使用该功能,容易引起激光器故障)。

启用 IPG 远程控制后,CypCut 软件将实时监控激光器状态,并可以通过通信的方式操作激光器,实现包括开关光闸、开关红光、设置峰值功率等动作。因此,选中此项后,D/A 转换端口的设置将变成不可用的状态。

IPG 远程控制有串口和网络两种方式,用户可根据实际情况设置串口号或者网络通信的 IP 地址。若计算机和激光器、BCS100 的通信都采用网络通信的方式,应注意各自的网段不要重复。比如调高器的网段是 10.1.1.x.,则激光器可以设置为 192.168.1.x.,从系统的稳定性角度考虑,推荐采用网络的方式。如果使用串口通信,注意串口连接件的外壳及屏蔽层必须接地。

3. 飞博 Mars/Rofin 罗芬/Raycus/SPI/GSI/JK 等激光器配置

飞博 Mars/Rofin 罗芬/Raycus/SPI/GSI/JK 等光纤激光器的配置如图 8-7 所示,除了远程控制功能以外,基本与 IPG 光纤激光器的配置相同,支持通过串口通信。

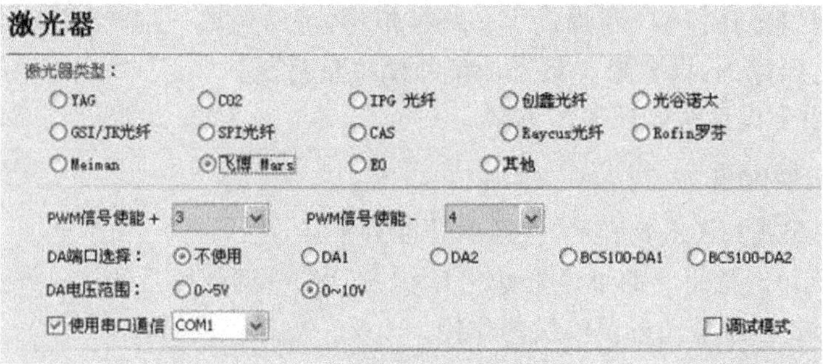

图 8-7 飞博 Mars/Rofin 罗芬/Raycus/SPI/GSI/JK 等激光器配置对话框

调试模式：打开此模式后，CypCut 软件运行记录栏会显示软件与激光器相互通信的代码。

4. 其他激光器

其他激光器配置如图 8-8 所示。出光使能选项对应软件上的光闸按钮，用此信号可打开激光器的关闸。

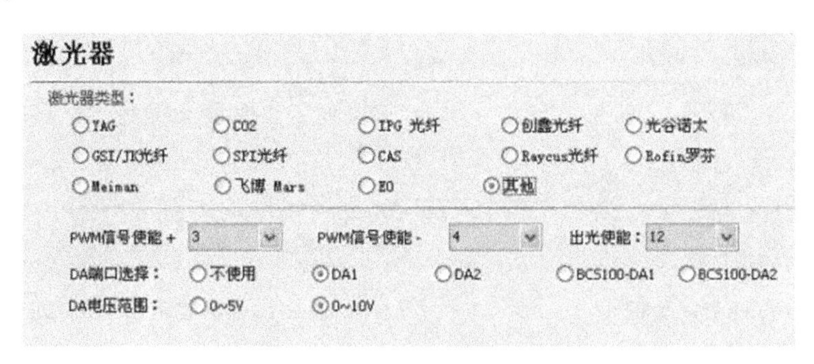

图 8-8 其他激光器配置对话框

8.2 调高器配置

8.2.1 使用 BCS100 网络调高器

若选择使用 BCS100，只需设置 IP 地址即可，该 IP 地址与 BCS100 参数中的网络地址务必相同，如图 8-9 所示。

8.2.2 不使用 BCS100

CypCut 软件也支持采用通过输入/输出口控制其他品牌的调高器，如图 8-10 所示。用户可以自行设置跟随、上抬（关跟随）、停止（Hold）、点动上升和点动下降的输出口以及跟随到位信号的输入口。

开始跟随：用于设置打开跟随所用的输出口。

上抬/结束跟随：用于设置上抬（关闭跟随）所用的输出口。

停止/Hold：用于设置停止 Z 轴运动所用的输出口。

点动上升：用于设置手动控制 Z 轴向上运动所用的输出口。

点动下降：用于设置手动控制 Z 轴向下运动所用的输出口。

跟随到位信号：用于设置采样跟随到位信号所用的输入口。

到位信号电平：用于设置到位信号的控制电平有效方式。

注：端口若设置为“0”，表示不使用。如果没有该信号请不要随意设置，否则可能导致逻辑错误！

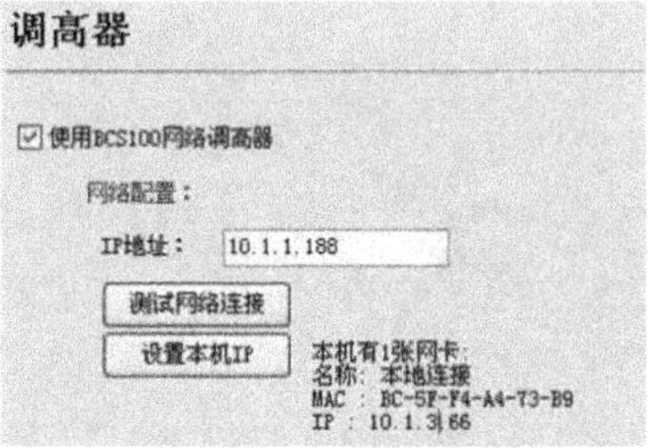

图 8-9　BCS100 配置对话框

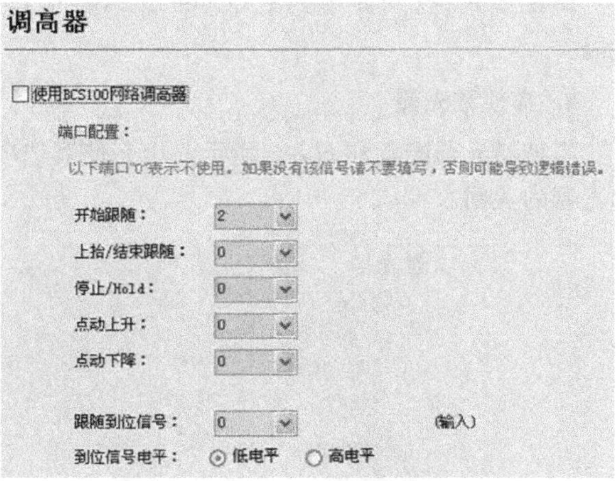

图 8-10　不使用 BCS100 对话框

8.3　辅助气体配置

辅助气体随激光束一起从激光头中射出，有助于提高切割质量并防止烟尘污染镜片。参照切割参数，对于不同的机床选择不同合成比例的辅助气体，其主要成分为压缩空气、氧气和氮气，并可通过软件调整输出气压，如图 8-11 所示。

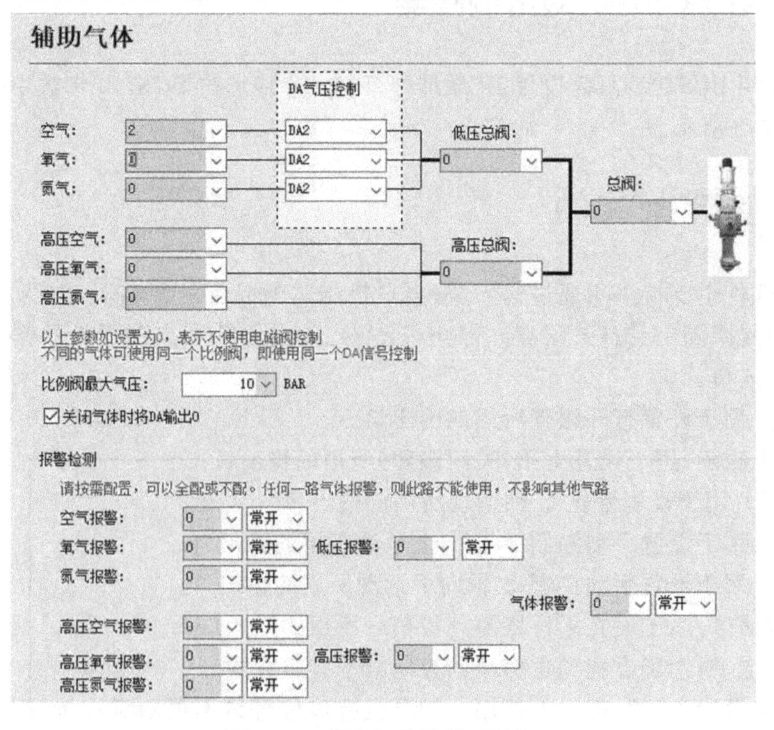

图 8-11　辅助气体配置对话框

总阀:用于设置开关辅助气体所用的总输出口。

高、低压总阀:用于设置开关对应高、低压气体所用的输出口。

空气开关:用于设置选择对应空气类型所用的输出口。

氧气开光:用于设置选择对应氧气类型所用的输出口。

氮气开关:用于设置选择对应氮气类型所用的输出口。

D/A 转换气压控制:用户可以选择 1604 卡的两路模拟量进行气体的气压调节。

报警检测:用于选择气体报警对应的输入口。

例 8-1 激光切割机气路如图 8-12 所示,并分别对各种气体、低压总阀、高压总阀进行气体报警检测,比例阀气压上限为 20 bar。FSCUT2000A 激光切割控制板卡上提供 OUT1～OUT16 通用输出口和 IN1～IN16 通用输入口,DA1～DA2 模拟量输出口。试设计气体气路控制图,并完成 CypCut 激光切割软件的“平台配置”。

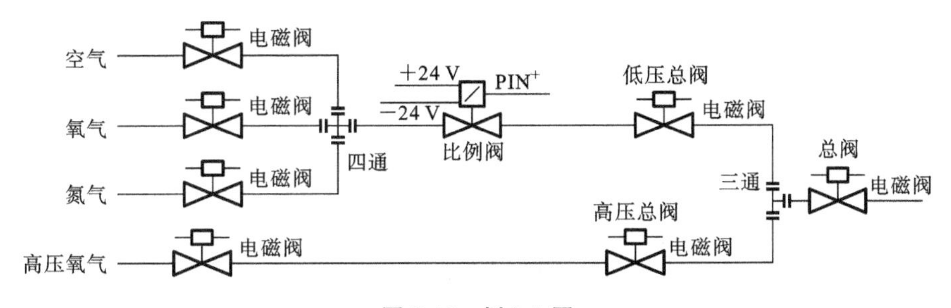

图 8-12 例 8-1 图

解 设计气体气路控制图如图 8-13 所示,激光切割软件平台设置如图 8-14 所示。

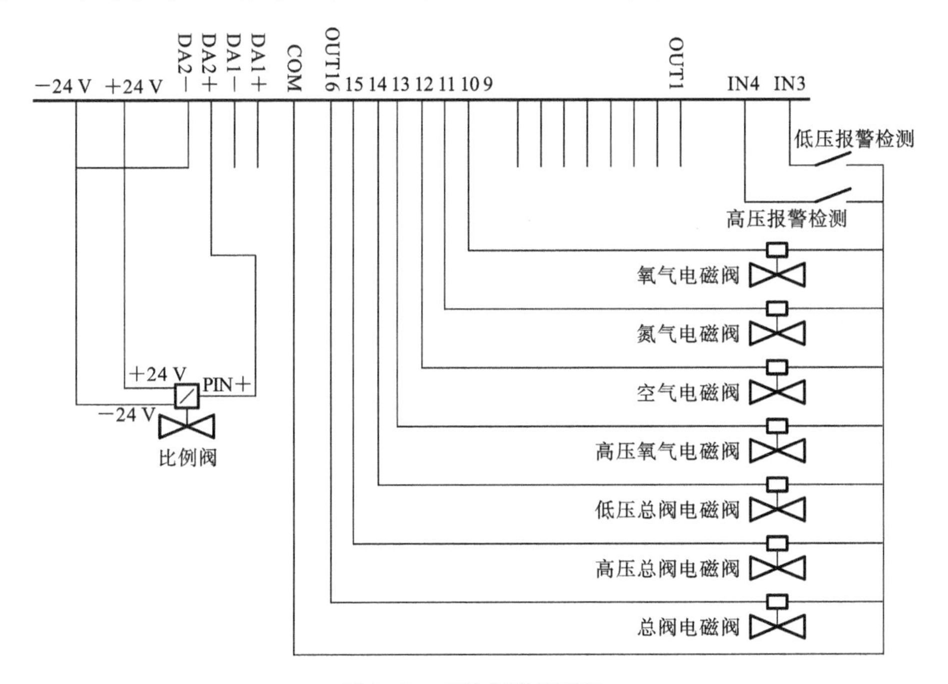

图 8-13 气体气路控制图

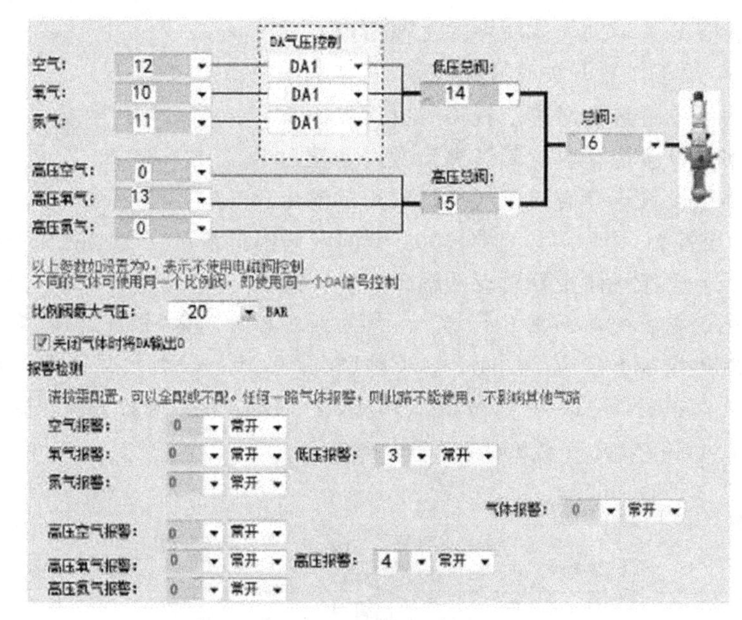

图 8-14 平台设置

8.4 报 警 配 置

报警配置对话框如图 8-15 所示。

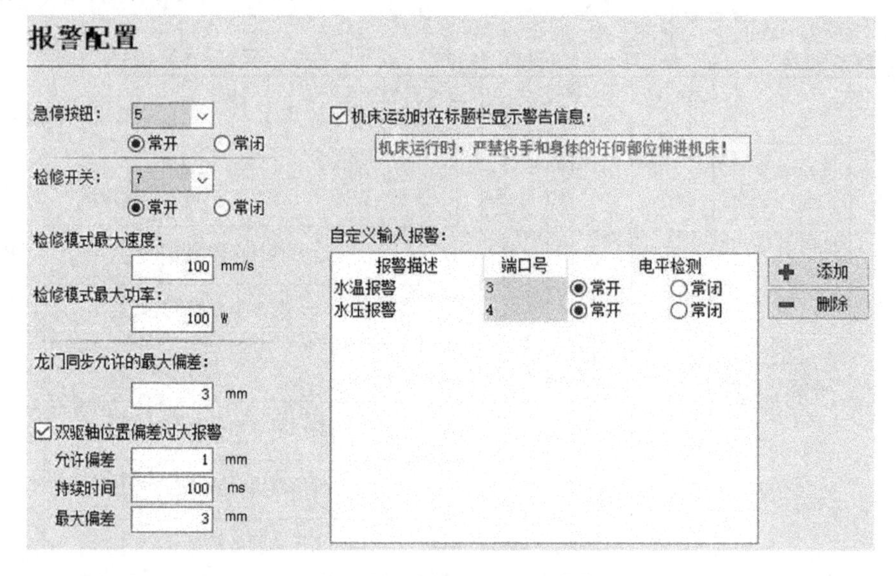

图 8-15 报警配置对话框

1. 运行警告

机床运动时在标题栏显示警告信息：勾选此选项，当机器运动时在标题栏就能显示黄色警告信息。显示内容可以自定义，如图 8-15 所示："机床运动时，严禁将手和身体的任何部位伸进机床!”。

2. 急停按钮

配置急停按钮所使用的输入口,此处配置的急停是一个输入信号,输入口有效就会产生急停报警。

3. 检修开关

输入口有效后,系统进入检修模式,此时最大速度和最大功率都会被限制。

4. 双驱轴位置偏差过大报警

若平台结构中的Y轴使用的是双边驱动,则可设置双驱轴位置偏差过大报警。若双驱的误差达到一定值(允许偏差)并持续一定的时间(持续时间),系统会产生“双驱轴位置偏差过大报警”。若偏差值在某一瞬间达到了最大偏差值(最大偏差),则系统会立即产生报警。

5. 自定义输入报警

用户可以在“自定义输入报警”中自行添加其他类型的报警,在报警描述中输入报警名称,选择报警对应的端口号和电平检测类型即可。在右侧添加或删除自定义报警后,系统允许进行相应的动作。

6. 龙门同步允许的最大偏差

启用龙门同步功能后,在执行龙门同步过程中允许的最大偏差值。

8.5 通用输入

通用输入对话框如图8-16所示。点击“功能选择”按钮,用户可以在下拉列表中选择输入口的功能名称,然后配置对应的输入口和电平检测。

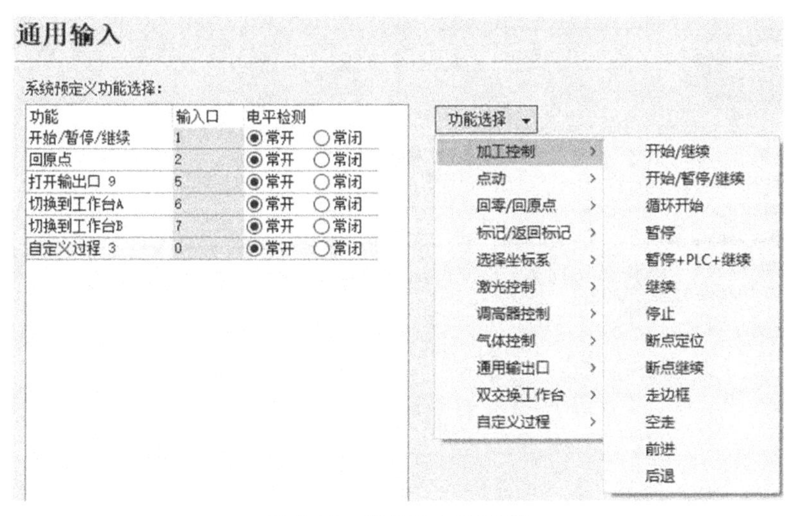

图8-16 通用输入对话框

部分功能切换被分为4个子项,例如激光控制,如图8-17所示。

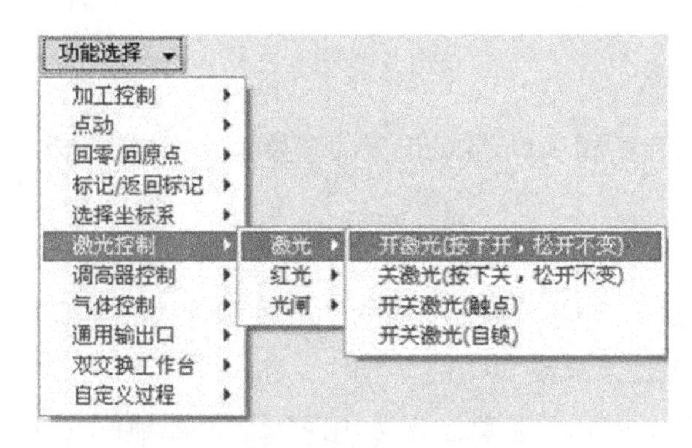

图 8-17　功能选择对话框

每一种控制的说明如下，请根据需要选择。

开激光(按下开，松开不变)：按下此按钮时打开对应的功能，松开时不执行任何动作。

关激光(按下关，松开不变)：按下此按钮时关闭对应的功能，松开时不执行任何动作。

开关激光(触点)：按下按钮时打开对应的功能，松开时关闭功能。

开关激光(自锁)：按下按钮时打开对应的功能，再次按下则关闭该功能。

8.6　通用输出

通用输出对话框如图 8-18 所示，配置如下。

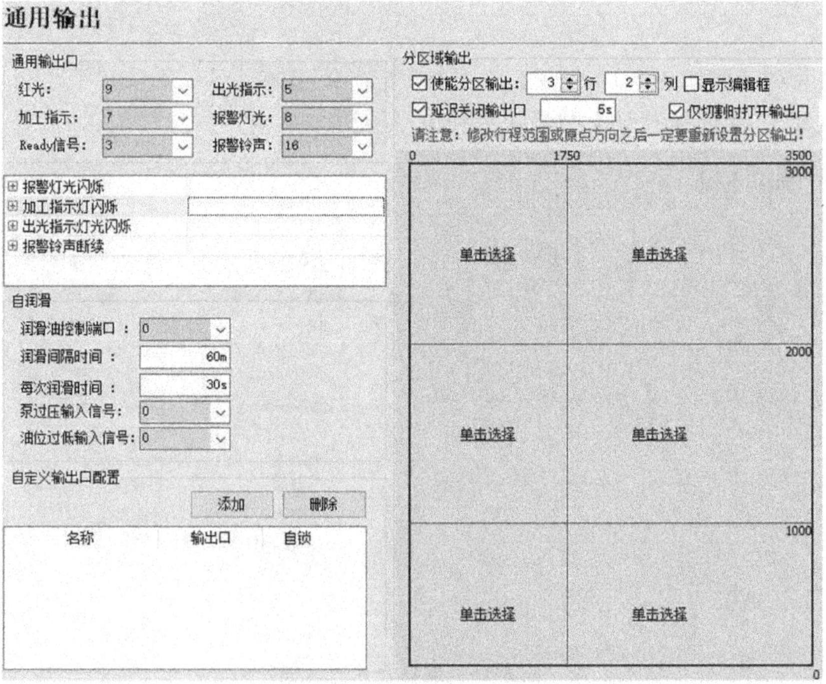

图 8-18　通用输出对话框

1. 通用输出口配置

红光：设置开关红光所用的输出口。

出光指示：该端口配置后，出光时对应的指示灯会亮。

加工指示：该端口配置后，加工时对应的指示灯会亮。

报警灯光：该端口配置后，报警时对应的指示灯会亮。

报警铃声：该端口配置后，报警时对应的报警铃会响。

Ready 信号：回原点后系统会输出一个 Ready 信号。

2. 自润滑配置

该端口配置后，从打开 CypCut 软件开始计时，每个间隔周期内打开对应输出口并且保持设定的输出时间后关闭。可以接入泵过压输入信号和油位过低输入信号。

3. 自定义输出口配置

配置自定义输出口，在 CypCut 软件的"数控"分页下显示该自定义端口的控制按钮。该自定义端口可以选择自锁或者触点方式控制。

4. 分区域输出配置

分区域输出主要用于机械除尘。当激光开启时，切割头运动至 A 区域(见图 8-18)，那么该区域所对应的输出口就会打开；若切割头从 A 区域离开运动到 B 区域，那么这个输出口即时关闭，下一个输出口即时打开。

延迟关闭输出口：区域切换时，之前区域的输出口延时关闭。

8.7 焦点控制

焦点控制对话框如图 8-19 所示，各选项功能如下。

焦点调节范围：用于设置调焦运动的软限位与行程。

复位后焦点位置：用于定义原点处对应的焦点刻度。

脉冲当量：用于设定焦点运动的距离对应驱动器的每转脉冲数。

回原点方向：向上回原点为负向，向下回原点为正向。

回原点采样信号：用于选择限位开关或者原点开关作为采样信号。

回原点粗定位速度：用于设置回原点时快速寻找原点开关的速度。

回原点精定位速度：用于设置寻找到原点开关后的慢速精定位速度。

回原点回退距离：用于设置完成精定位后的反向运动距离。

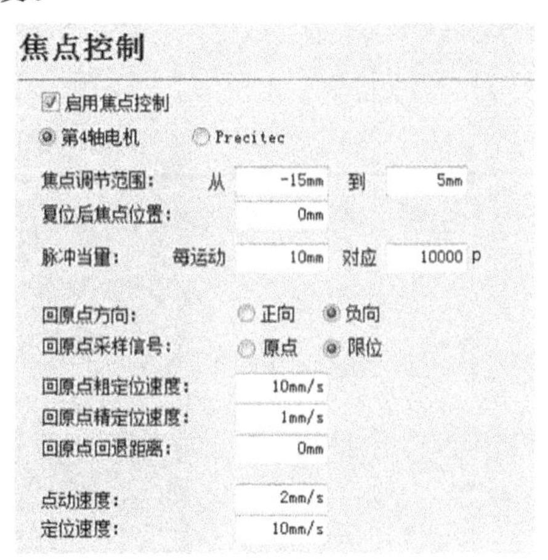

图 8-19 焦点控制对话框

点动速度：用于设置点动移动焦点的速度。

定位速度：用于设置焦点运动时所用的空移速度。

8.8 寻边设置

寻边设置对话框如图 8-20 所示，进入寻边设置以后可以启用光电寻边和电容寻边功能。其中，光电寻边须配合使用欧姆龙 E3Z-L61 型漫反射光电开关；电容寻边须搭配使用 BCS100 V3.0 调高器。

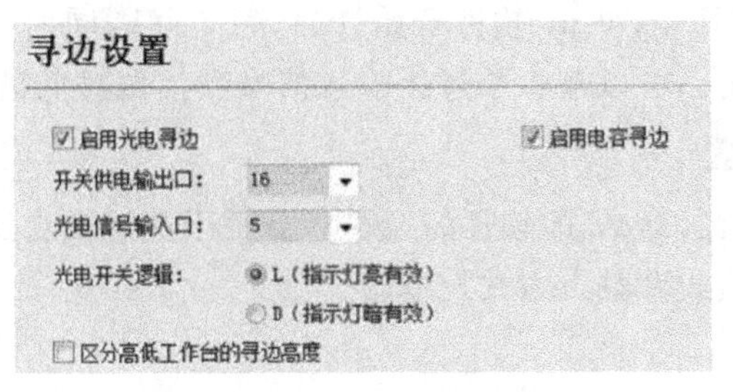

图 8-20　寻边设置对话框

8.9 数控面板

如图 8-21 所示，在数控面板界面可激活 BCP5045 数控面板。在单机环境下使用时，CypCut 软件会自适应匹配 BCP5045 数控面板的 Mac 地址，自动连接控制。在局域网环境下使用 BCP5045 时，请输入 BCP5045 的 ID 号。BCP5045 共有 12 个自定义按键，可配置为

图 8-21　数控面板

双交换工作台或其他自定义 PLC 的控制按钮。

8.10 运动效果优化

机床的惯量比是衡量机床特性的一个非常关键的指标。应用柏楚公司的 ServoTools 工具可以非常轻松地推算机床各轴的惯量比，如图 8-22 所示。

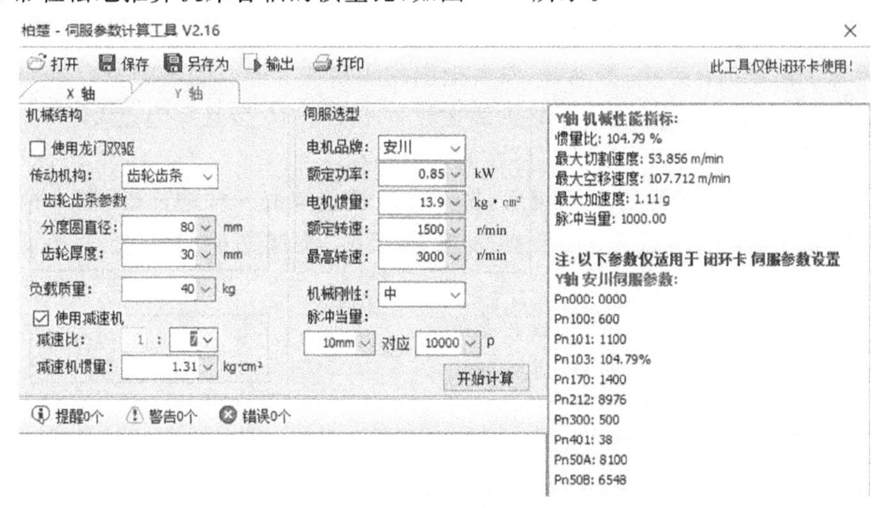

图 8-22 伺服参数计算

在惯量比小于 200%时，设备处于轻载，可进行高速切割。

在惯量比大于 200%小于 300%时，设备处于中载，高速切割时精度有所损失，需适当降低加工加速度和低通滤波频率。

在惯量比大于 300%小于 500%时，设备处于重载，无法实现高速切割。

在惯量比大于 500%时，存在严重的设计缺陷，伺服很难在短时间内完成整定。

应用 ServoTools 工具还可以简单地计算出机床所支持的最大切割速度，最大空移速度，以及最大加速度，这 3 个参数可直接应用于软件的运动控制参数中。有经验的用户也可通过伺服自带的调试软件精确计算惯量比。

ServoTool 工具计算出的伺服参数仅供闭环卡使用，使用开环卡的用户请按照位置模式设置伺服参数。

8.11 伺服增益调整

8.11.1 基本要求

要求伺服调试人员熟悉各种伺服软件，能够使用专业的伺服驱动器软件工具对伺服驱动器进行调试。如松下伺服驱动器自带了 PANATERM 调试软件，安川伺服驱动器自带了 SigmaWin＋调试工具，那就会大大简化调试的过程。

8.11.2 松下伺服增益调整

步骤一，打开 PANATERM 软件的“增益调整”界面。打开目标轴的“实时自动调整”功能，自动测算惯量比。

步骤二，把刚度设置为保守值。比如先设置为 13 级，然后用 CypCut 软件把这个轴高速点动。注意观察轴是否有异响、振动等，慢慢把刚度级数往上调。到轴刚好有异响、振动时，再往下降 1～2 级，确保系统稳定。最终的级数建议不低于 10 级且不超过 20 级。如果是双驱轴，需要同时修改 2 个双驱轴的参数后才能开始运动。

步骤三，X，Y 轴都测算出刚度等级后，把刚性级数设置成一样的，以保证 2 个轴的响应一致。以其中较小的刚度等级为准。比如 X 轴 19 级、Y 轴 16 级时，最终把 X 和 Y 轴都设置为 16 级。

步骤四，关闭“实时自动调整”，并保存参数。

8.11.3 安川伺服增益调整

安川伺服的调试和松下的类似。但是也有一些区别如下。

SigmaWin＋无法对双驱轴进行惯量比推算，可在柏楚官方网站下载惯量比计算工具 ServoTool 来粗略推算各轴惯量比。高级用户也可自行根据一次加速运动的力矩变化和加速时间来精确计算惯量比。

建议关闭 Pn140 的模型追踪功能。

建议关闭 Pn170 的免调整功能。

安川伺服驱动器没有引入刚度概念。可以按照松下伺服驱动器的刚度表来设置如下参数：

Pn102 位置环增益——对应松下 Pr100；

Pn100 速度环增益——对应松下 Pr101；

Pn101 速度环积分时间常数——对应松下 Pr102；

Pn401 转矩滤波器时间常数——对应松下 Pr104＊2。

刚度表如表 8-1 所示，设置的时候应注意单位和小数点。安川速度环积分时间常数 Pn101 的单位是 0.01 ms，松下的是 0.1 ms。

表 8-1 刚度表

刚度	Pr100	Pr101	Pr102	Pr104*2
	位置环增益 [0.1/s]	速度环增益 [0.1 Hz]	速度环积分时间常数[0.1 ms]	转矩滤波器时间常数 [0.01 ms]
10	175	140	400	200
11	320	180	310	126

续表

刚度	Pr100	Pr101	Pr102	Pr104[*2]
	位置环增益 [0.1/s]	速度环增益 [0.1 Hz]	速度环积分时间常数[0.1 ms]	转矩滤波器时间常数 [0.01 ms]
12	390	220	250	103
13	480	270	210	84
14	630	350	160	65
15	720	400	140	57
16	900	500	120	45
17	1080	600	110	38
18	1350	750	90	30
19	1620	900	80	25
20	2060	1150	70	20

8.11.4 台达伺服驱动器调试经验

台达伺服驱动器调试,同样可以参照松下的刚度表。参照方法如下:P2-00 KPP 参数,相当于松下的位置环增益,标称的单位是 rad/s,实际上就是 1/s。比如 P2-00=90 时,相当于松下的位置环增益 Pr100=900。

8.12 运动控制参数调整

8.12.1 参数

运动控制参数如图 8-23 所示,参数均为“图层参数设置”对话框的“全局参数”选项卡中参数。

空移速度:用于设置空移的最大速度。可直接填写 ServoTools 软件计算出的最大空移速度。

空移加速度:用于设置空移的最大加速度。可直接填写 ServoTools 软件计算出的最大加速度。

加工加速度:用于设置切割时的最大加速度。直接决定了切割时拐弯运动的加减速时间。需要通过观察伺服的力矩曲线来调整。

低通滤波频率:用于设置抑制机床振动的滤波器频率。值越小,抑制振动的效果越明

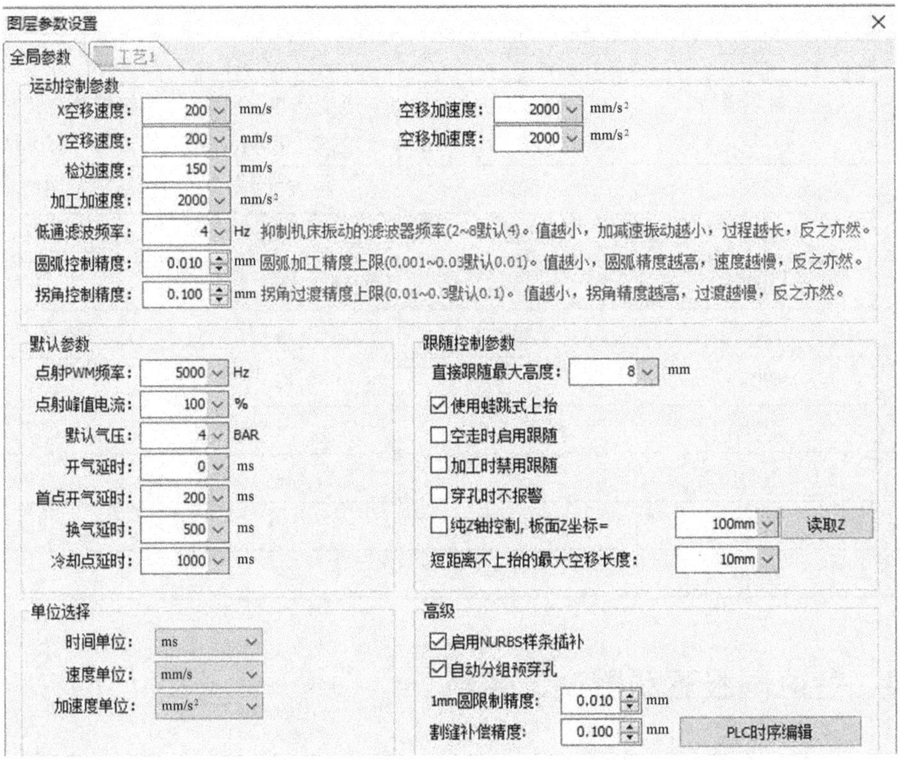

图 8-23 “图层参数设置”对话框

显，但会使加减速时间变长。

圆弧控制精度：用于设置圆弧加工精度上限，该值越低，圆弧限速越明显。

拐角控制精度：用于设置用 NURBS 曲线拟合拐角的精度。该值越低拐角越接近尖角，但降速越明显。

8.12.2 调整加工加速度

将高速点动的速度设置得尽量高，如 500 mm/s，完成一次点动，运动距离需足够长，确保能加速到所设置的速度。

通过伺服调试软件观察本次点动运动的力矩曲线，如最高力矩小于 80%，则适当增加加工加速度；如高于 80%，则适当降低加工加速度。

调整加速度，直至最高力矩接近 80%。丝杠承受的加工加速度一般不超过 0.5g。齿轮齿条一般不超过 2 g。

8.12.3 调整空移加速度

可直接填写 ServoTool 软件计算出的最大加速度。或在加工加速度的基础上适当增加空移加速度，如设置为加工加速度的 1.5～2 倍。要求空移时，伺服驱动器达到的最高力矩不超过 150%，且机械结构在承受此加速度下，不会发生明显的形变、振动等。丝杠承受的空移加速度一般不超过 0.5g。齿轮齿条承受的空移加速度一般不超过 2g。

8.12.4 调整低通滤波频率

设置低通滤波频率参数时，可以切割一个样图。建议先把激光功率调低，在钢板上打标。观察打标路径的精度。切割样图包括各种尺寸的小圆、正六边形、正十二边形、星形、矩形等。如图 8-24 所示。

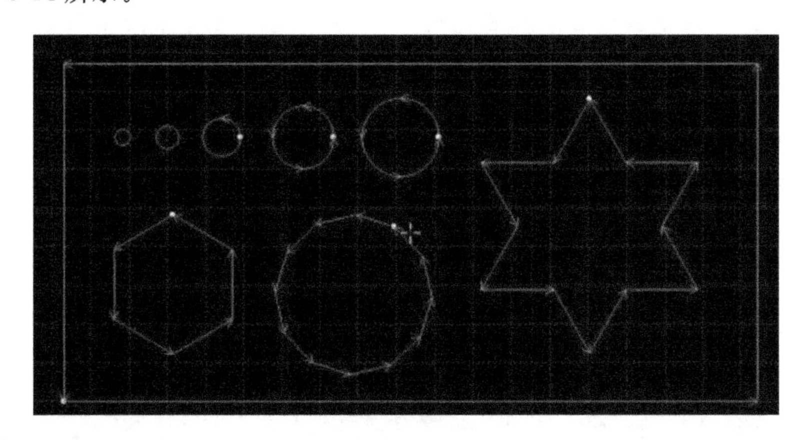

图 8-24 样图

在不影响精度的情况下，尽可能地调高低通滤波频率。要求切割矩形、多边形、星形图案时，拐角前后都不产生波浪。可以按照表 8-2 所示的经验值来设置。或先确定好加工加速度，把低通滤波频率在上下两级范围内调试。加工加速度和低通滤波频率这两个参数必须匹配，千万不要把这两个参数中某个值调得很大，另一个值调得很小(小幅面丝杠和直线电动机平台可不参照表 8-2，低通滤波频率可以设置较大值)。

表 8-2 经验值

级别	1	2	3	4	5	6	7	8	9	10
加工加速度/g	0.1	0.2	0.3	0.4	0.5	0.6	0.8	1	1.5	2
低通滤波频率/Hz	2	3	4	5	5.5	6	6	6	7	8

8.12.5 设置圆弧精度和拐角精度

一般情况下不建议用户修改圆弧精度和拐角精度这两个参数。特殊情况可在默认参数的范围附近微调。如果对圆弧的精度不满意，可以把圆弧精度参数改小，此时加工圆弧会限速。值越小，限速越明显。如果对拐角的精度不满意，可以把拐角精度参数改小，此时拐角处会降速，该值越小拐角处降速会越明显。该值越大，拐角会越接近一个圆角。

例 8-2 激光切割机设备控制要求如下，试完成系统配置。

(1) 切割机床：切割机行程范围 1.8 m×3.2 m，X、Y 轴运动最大速度 600 mm/s，最大加速度 400 mm/s^2，每运动 12 mm 需要 1200 p。Y 轴为龙门双轴驱动。X、Y 轴伺服报警器为常开型。

(2) 激光器：IPG YLR 系列 500W 光纤。选择功率控制端口为 DA2 模拟量口，D/A 转换电压范围为 0～10 V，选择远程启动和使用输出口控制激光。

(3) 激光切割机气体：使用空气、氧气、氮气、高压氧气、高压氮气。空气、氧气经电磁阀控制后同时经过同一个比例阀，控制比例阀的模拟量端口为 DA1，D/A 转换电压范围为 0～5 V。空气、氧气经过电磁阀控制后与氮气同时经过低压总阀。高压氧气、高压氮气经电磁阀控制后同时经过高压总阀控制。低压总阀气体、高压总阀气体最后汇聚总阀。分别对低压总阀气体、高压总阀气体进行气体报警检测。

(4) 报警配置：使用急停按钮处理突发事件。

(5) 交换工作台配置：交换工作台 A、交换工作台 B 分别使用常开型按钮控制。

(6) 输出控制：使用红光；自定义低压总阀气体、高压总阀气体进行气体报警显示。

解 (1) 配置过程：打开激光切割设备平台配置软件，分别对机床、激光器、辅助气体、报警、通用输入和通用输出选项卡逐一配置。

(2) 设备控制和参数设置界面如图 8-25 所示。

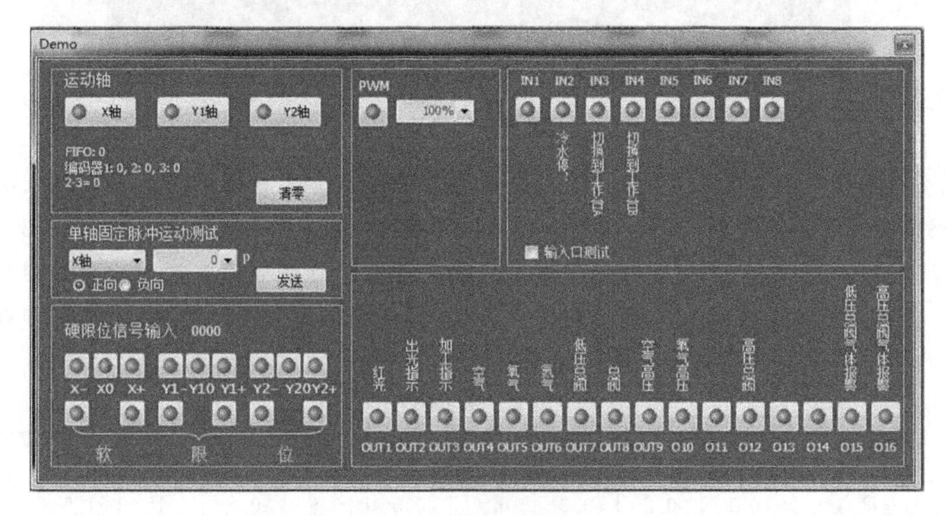

图 8-25 控制卡监控

习 题

8-1 利用激光切割设备平台配置软件，完成对切割机床配置：切割机行程范围 1.8 m×3.2 m，X、Y 轴运动最大速度 600 mm/s，最大加速度 400 mm/s^2，每运动 12 mm 需要 1200 p。Y 轴为龙门双轴驱动。X、Y 轴伺服报警器为常开型。

8-2 利用激光切割设备平台配置软件，完成对激光器配置：IPG YLR 系列 500W 光纤。选择功率控制端口为 DA2 模拟量口，D/A 转换电压范围为 0～10 V，选择远程启动和使用输出口控制激光。

8-3 利用激光切割设备平台配置软件，完成对激光切割机气体配置：使用空气、氧气、氮气、高压氧气、高压氮气。空气、氧气经电磁阀控制后同时经过同一个比例阀，控制比例阀的模拟量端口为DA1，D/A转换电压范围：0～5 V。空气、氧气经过电磁阀控制后与氮气同时经过低压总阀。高压氧气、高压氮气经电磁阀控制后同时经过高压总阀控制。低压总阀气体、高压总阀气体最后汇聚总阀。分别对低压总阀气体、高压总阀气体进行气体报警检测。

8-4 利用激光切割设备平台配置软件，完成下列要求配置：

（1）报警配置：使用急停按钮处理突发事件。

（2）交换工作台配置：交换工作台A、交换工作台B分别使用常开型按钮控制。

（3）输出控制：使用红光；自定义低压总阀气体、高压总阀气体进行气体报警显示。

8-5 利用激光切割设备平台配置软件，完成下列通用输入配置。

功能	输入口	电平检测	
开始/继续	1	◉常开	○常闭
停止	2	◉常开	○常闭
开激光(按下开，松开不变	3	◉常开	○常闭
关激光(按下关，松开不变	4	◉常开	○常闭
开气(按下开，松开不变)	5	◉常开	○常闭
关气(按下关，松开不变)	6	◉常开	○常闭

参考文献

[1] 周德卿，南丽霞，樊明龙. 机电一体化技术与系统[M]. 北京：机械工业出版社，2014.
[2] 董景新，赵长德. 机电一体化系统设计[M]. 北京：机械工业出版社，2007.
[3] 韩兵. 光电控制系统技术与应用[M]. 北京：电子工业出版社，2009.
[4] 吴让大. 高功率激光切割设备与工艺[M]. 武汉：湖北科学技术出版社，2010.
[5] 李金城，等. 三菱 FX 系列 PLC 定位控制应用技术[M]. 北京：电子工业出版社，2014.
[6] 郑启光，邵丹编. 激光加工工艺与设备[M]. 北京：机械工业出版社，2014.
[7] 杨晟. 激光加工设备电气控制[M]. 北京：电子工业出版社，2014.
[8] 三菱公司. FX2N-10GM/20GM 硬件编程手册 [M/CD]. 2004.
[9] 三菱公司. FX1SFX1NFX2NFX2NC 系列编程手册 [M/CD]. 2004.
[10] 柏楚电子. CypCut 激光切割软件用户手册 V6. 3. 6 [M/CD]. 2016.
[11] 北京金橙子科技股份有限公司. EzCad2. 8 国际版用户使用手册 [M/CD]. 2010.
[12] 北京金橙子科技股份有限公司. LMC-2 打标控制卡说明书[M/CD]. 2010.
[13] 深圳大族彼岸数字控制软件技术有限公司. PA8000 PLC 编程手册[M/CD]. 2006.